普通高等院校地理信息科学系列教材

地理空间数据可视化原理

崔铁军 等 编著

天津市品牌专业经费资助

科 学 出 版 社

北 京

内 容 简 介

地理空间数据可视化是地理信息科学理论和技术的重要内容之一，是把地理空间数据转化为可视的表示形式，以提升人类地理空间认知能力。这是一个心智过程，成为近年来地理信息科学与技术研究的热点。本书全面介绍了概论、地理空间数据可视化基础理论、计算机可视化环境、图形可视化基本算法、图形映射变换和图形开窗与裁剪，论述了点状地物、线状地物、面状地物数据可视化和专题地理数据可视化的方法，详细讨论了三维地理空间数据可视化和地理时空数据动态可视化，最后介绍了图形交互技术与用户界面和地理空间数据可视化设计。

本书条理清晰、图文并茂、实例丰富，既适合作为地理信息科学专业或相关专业本科生、研究生教材，又可供从事信息化建设、信息系统开发等有关科研、企事业单位的科技工作者参考。

图书在版编目（CIP）数据

地理空间数据可视化原理 / 崔铁军等编著. —北京：科学出版社，2017.2
普通高等院校地理信息科学系列教材
ISBN 978-7-03-051778-4

Ⅰ. ①地… Ⅱ. ①崔… Ⅲ. ①地理信息系统-可视化仿真-高等学校-教材
Ⅳ. ①P208

中国版本图书馆 CIP 数据核字（2017）第 028903 号

责任编辑：杨　红　程雷星/责任校对：彭珍珍
责任印制：赵　博/封面设计：陈　敬

科 学 出 版 社 出版
北京东黄城根北街 16 号
邮政编码：100717
http://www.sciencep.com
北京中石油彩色印刷有限责任公司 印刷
科学出版社发行　各地新华书店经销
*
2017 年 2 月第　一　版　　开本：787×1092　1/16
2024 年 1 月第六次印刷　印张：22 1/2
字数：564 000
定价：69.00 元
（如有印装质量问题，我社负责调换）

前　言

　　眼睛是人类的重要感觉器官。人眼通过观测和阅读可以感知外界丰富的图形信息。由此,人类创造了文字、图形、图像、地图、电影和电视等可视作品,这些可视作品成为人类获取信息的主要来源。可视化的基本含义是将科学计算中产生的大量非直观的、抽象的或者不可见的数据,借助计算机图形学和图像处理等技术,以图形图像信息的形式,直观、形象地表达出来,并进行交互处理,转化为视觉所能感知的图形形式。

　　地理信息是指与地理事物、现象空间分布、相互联系和动态过程有关的信息,它表示地表物体和现象固有的数量、质量、分布特征,联系和规律的数字、文字、图形、图像等。地图是地理信息最主要和最常用的表现形式,并在发展过程中形成了一系列的理论与方法。地理信息可视化是运用地图制图学、计算机图形学和图像处理等技术,将地学信息输入、处理、查询、分析及预测的结果和数据以图形符号、图标、文字、表格、视频等可视化形式显示并进行交互的理论、方法和技术。地理空间数据可视化是交叉性学科。

　　地理空间数据是地理信息的重要载体之一。地理空间数据可视化是将地理空间数据转换为人们容易理解的图形图像方式。随着计算机图形、图像技术的飞速发展,人们现在已经可以用丰富的色彩、动画技术、三维立体显示及仿真等手段,形象地表现各种地形特征。地理空间数据可视化从表现内容上来分,有地图(图形)、多媒体、虚拟现实等;从空间维数上来分,有二维可视化、三维可视化、多维动态可视化等。地理空间数据可视化是地理信息系统的重要功能之一,伴随着地理信息系统孕育、发展和成熟,成为人们获取地理信息的主要渠道。为此,地理空间数据可视化技术成为地理信息科学专业主修课程之一。国内外许多学者从不同的视角阐述了地理空间数据可视化核心内容,出版了不同版本的地理空间数据可视化书籍。各个版本的专著在内容上缺乏教材的系统性,在教学过程中选择一本适合学生阅读的教材并不易。这是编写本教材的初衷。

　　参加本书写作的有天津师范大学地理信息科学专业老师宋宜全、霍红元、陈磊、张伟、张虎、梁玉斌、毛健等,其中,张伟负责第三章计算机可视化环境和第四章图形可视化基本算法;毛健负责第五章图形映射变换;张虎负责第六章图形开窗与裁剪;霍红元负责第七～九章地图符号可视化方法;陈磊负责第十章专题地理数据可视化;宋宜全负责第十一章三维地理空间数据可视化和第十二章地理时空数据动态可视化;梁玉斌负责第十三章图形交互技术与用户界面;其他章节由崔铁军负责。全书由崔铁军最终定稿。在本书撰写过程中,陈磊协助完成了插图绘图和初稿校对等工作。对此,作者向他们表示衷心的感谢。还需要说明的是,本书在编著过程中吸收了大量国内外有关论著的理论和技术成果,书中仅列出了部分参考文献,未公开出版的文献没有列在书后参考文献中,尽量在正文当页下方作了脚注,部分资料可能来自于某些网站,但未能够注明其出处,请引用资料的作者谅解。

　　值此成书之际,感谢天津师范大学城市与环境科学学院领导和老师的支持;感谢历届博士生、硕士生在地理信息科学研究方面所做出的不懈努力。由于本人水平有限，再加上地理空间数据可视化理论与技术还处在不断发展和完善的阶段，书中疏漏之处在所难免，希望相关专家学者及读者给予批评指正。

作　者

2016 年 12 月 1 日于天津

目　　录

第一章 概 论

可视化（visualization），《牛津英语词典》解释为"构成头脑情境的能力或过程，或不可直接觉察的某种东西的视觉"，是指在人脑中形成对某物（某人）的图像，促进对事物的观察力及建立概念等，这是一个心智处理过程。此术语也指本来不可见的东西成为可见图像的过程。地理信息是人类对地球认知的结果，用图形表示地理世界就有了地图。地图用简单的、抽象的地图符号描述复杂的地理现象。计算机图形学的应用与发展，使地理空间数据成为表达地理信息的重要载体。地理空间数据可视化是把地理空间数据转换成为便于人们理解的图形、图像，动态、形象、多视角、全方位、多层面地描述地理事物与现象，不仅能反映地理现象空间分布、相互联系和动态过程信息，还弥补了人类自然语言对地理现象描述的不足，提高了人们对地理空间的认知能力。

1.1 地理空间数据可视化概述

人类是视觉动物，因此图形、图像比文字更易于人们理解事物的结构。"人脑的神经细胞有一半以上用于处理和理解视觉输入"。因此，"为了在对付大量的数字数据的科学能力上达到最佳，人必须最大限度地利用其极为重要的视觉器官"。可视化是为了适应人脑的形象思维功能而产生的。人类利用形象思维获取视觉符号中所蕴含的信息并发现规律，进而获得科学发现。对科学数据进行可视化表达，使得枯燥抽象的数据变得直观、生动，增强人们对其的理解。同时，提供一系列工具，使人们可以通过交互操作，对大量数据之间的关系进行分析。地理空间数据是指运用计算机图形图像处理技术，将复杂的地理科学现象、自然景观、人类社会经济活动等抽象的概念图形化，以便帮助人们理解地理现象、发现地理学规律和传播地理知识。

1.1.1 地理空间数据与可视化

人们在认识自然和改造自然活动中，长期以来用语言、文字、地图等手段描述自然现象、人文社会发生和演变的空间位置、形状、大小范围及其分布特征等方面的地理信息。随着计算机技术和信息科学的引入，为了使计算机能够识别、存储和处理地理实体，人们不得不将以连续的模拟方式存在于地理空间的物体数字化、离散化，将以图形模拟的空间物体表示成为计算机能够接受的数字形式，用数据描述地球表面地理信息。由此，产生了地理空间数据，用来表示地理空间实体的位置、形状、大小及其分布特征等诸多方面信息。它具有定位、定性、时间和空间关系等特性。

1. 地理世界表达

1）地理现实世界

地理是研究地球表面的地理环境中各种自然现象和人文现象，以及它们之间相互关系的学科。地理学就是研究地球表层自然和人类社会诸事物的空间存在循序秩序，探讨地球表面众多现象、过程、特征及人类和自然环境的相互关系在空间及时间上的分布，如地表自然的地带性、非地带性规律，生物、气候、地形、水文的区域分布、结构、组织，以及空间演化规律。地理现实世界是复杂多样的，正确地认识、掌握与应用这种广泛而复杂的现象，需要进行去粗取精、去伪存真的加工，这就要求对地理环境进行科学的认识。对复杂对象的认识是一个从感性认识到理性认识的抽象过程。对于同一客观世界，不同社会部门或学科领域的人群，往往在所关心的问题、研究的对象等方面存在着差异，这就会产生不同的环境映象。对于现实世界的认识，首先要认识到现实世界是由空间实体构成的，然后要理解空间实体的定位方式，最后理解空间实体的描述及其表达。

2）地理世界的地图表达

人类借助于外感官了解外面的地理现象，在认识过程中，把所感知的事物的共同本质特点抽象出来，加以概括，成为概念。在概念层次的世界充满了复杂的形状、样式、细节。人类在表达概念的过程中形成语言，包括自然语言、文字和图形。地图就是人类表达地理知识的图形语言，是客观存在的地理环境的概念模型。它具有严格的数学基础、符号系统、文字注记，并能用地图概括原则，按照比例建立空间模型，运用符号系统和最佳感受效果表达人类对地理环境的科学认识，是"空间信息的载体"和"空间信息的传递通道"。现代地图不仅是描述和表达地理现象分布规律的信息载体，还是区域综合分析研究的成果，能综合分析自然与社会现象的空间分布、组合、联系、数量和质量特征及其在时间中的发展变化。地图在抽象概括表达过程中有两种观点描述现实世界。

（1）场的观点。地理现象在空间上是连续的充满地球表层空间的。地球表面的任何一点都处于三维空间，如果包含时间，就是四维空间离散世界，如大气污染、大气降水、地表温度、土壤湿度，以及空气与水的流动速度和方向等。场的思想是把地理空间的事物和现象作为连续的变量来看待，借助物理学中场的概念表示一类具有共同属性值的地理实体或者地理目标的集合，根据应用的不同，场可以表现为二维或三维。一个二维场就是在二维空间中任何已知的点上，都有一个表现这一现象的值；而一个三维场就是在三维空间中对于任何位置来说都有一个值，一些现象，如空气污染物在空间中本质上是三维的。基于场模型在地理空间上任意给定的空间位置都对应一个唯一的属性值。根据这种属性分布的表示方法，场模型可分为图斑模型、等值线模型和选样模型。

（2）对象观点。地球表层空间被散布的各种对象（地理实体）所填充，地理对象指自然界现象和社会经济事件中不能再被分割的单元，它是一个具有概括性、复杂性、相对意义的概念。对象之间具有明确的边界，每一个对象都有一系列的属性。对象的思想是采用面向实体的构模方法，将地球表面的现实世界抽象为点、线、面、体的基本单元，每个基本单元表示为一个实体对象。每个对象由唯一的几何位置形态来表示，并用属性表表示对象的质量和数量特征。几何位置形态用来描述实体的位置、形状、大小的信息，在地理空间中可以用经纬度、坐标表达。属性是描述空间对象的质量和数量特性，表明其"是什么"，是对地理要素的语义定义，它包括各个地理单元中社会、经济或其他专题数据，是对地理单元（实体）专题内容的广泛、深刻的描述，如对象的类别、等级、名称、数量等。

地理实体变化也是一个很重要的特征，时间因素赋予了地图要素动态性质。时间特征用资料说明和作业时间（地图出版版本）来反映，时间因素也是评价空间数据质量的重要因素。

3）地理世界数字化表达

计算机的引进使地图学进入信息时代，为了使计算机能够识别、存储和处理地理现象，人们把地理实体数字化，表示成计算机能够接受的数字形式。用数据描述地理世界有两种形式：①基于图形可视化的地图数据。地图数据是一种通过图形和样式表示地理实体特征的数据类型，其中图形是指地理实体的几何信息，样式与地图符号相关。②基于空间分析的地理数据。这种数据主要通过属性数据描述地理实体的定性特征、数量特征、质量特征、时间特征和地理实体的空间关系（拓扑关系）。

（1）地图数据。早期的计算机制图（地图制图自动化）只是把计算机作为工具来完成地图制图的任务。计算机辅助制图的迅速发展，从试验阶段过渡到了应用阶段，它利用软件系统解决了地图投影变换、比例尺缩放和地图地理要素的选取与概括，实现了地图编辑的自动化。许多国家陆续建立了地图数据库。地图在抽象概括表达过程中通常以场和对象两种观点来描述现实世界。地图数据描述地图要素也有两种形式：①基于对象观点，表达地理离散现象的矢量数据；②基于场的观点，表达连续现象的栅格数据。

地图要素矢量数据表示。矢量数据就是在直角坐标系中，用 X、Y 坐标表示地图图形或地理实体的位置和形状的数据。通过记录实体坐标及其关系，尽可能精确地表现点、线、多边形等地理实体，其坐标空间设为连续，允许任意位置、长度和面积的精确定义。地理实体在矢量数据中是一种在现实世界中不能再划分为同类现象的现象。地理实体的表示方法随比例尺、目的等情况的变化而变化。地理实体通常抽象为点状实体、线状实体、面状实体和体状实体，复杂的地理实体由这些类型的实体构成。

点状实体。点状实体是指只有特定的位置，而没有长度的实体。点可以具有实际意义，如水准点、井、道路交叉点、小比例尺地图上的居民地等，也可以无实际意义。点由一对坐标对 (x, y) 来定义，记作为 $P\{x, y\}$，没有长度和面积。

线状实体。线状物体的几何特征用直线段来逼近，把每个直线段串接起来为链。链以结点为起止点，中间点用一串有序坐标对 (x, y) 表达，用直线段连接这些坐标对，近似地逼近了一条线状地物及其形状。链可以看做点的集合，记为 $L\{x, y\}n$，n 表示点的个数。特殊情况下，线状地物用以 $L\{x, y\}n$ 作为已知点所建立的函数来逼近。链可以是道路、河流、各种边界线等线状要素。

面状实体。一个面状要素是一个封闭的图形，其界线包围一个同类型区域。因此，面状物体界线的几何特征用直线段来逼近，即用首尾连接的闭合链来表示，记作 $F\{L\}$。面状地理要素以单个封闭的 $F\{L\}$ 作为一个实体，由面边界的 $(x、y)$ 坐标对集合及说明信息组成，是最简单的一种多边形矢量编码。

体状实体。体状实体用于描述三维空间中的现象与物体，它具有长度、宽度及高度等属性，通常有如下空间特征：①体积；②岛或洞；③表面积。

矢量数据结构是利用欧几里得几何学中的点、线、面及其组合体来表示地理实体空间分布的一种数据组织方式。这种数据组织方式能最好地逼近地理实体的空间分布特征，数据精度高，存储的冗余度低。

地理实体栅格数据表示。栅格结构是以规则的像元阵列来表示空间地物或现象分布的数据结构，其阵列中的每个数据表示地物或现象的属性特征。换句话说，栅格数据就是按栅格阵列单元的行和列排列的有不同"值"的数据集。栅格结构是以大小相等、分布均匀、紧密相连的像元（网格单元）阵列来表示空间地物或现象分布的数据组织，是最简单、最直观的空间数据结构。它将地球表面划分为大小、均匀、紧密相邻的网格阵列。每一个单元（像素）的位置由它的行列号定义，所表示的实体位置隐含在栅格行列位置中，数据组织中的每个数据表示地物或现象的非几何属性或指向其属性的指针。点实体由一个栅格像元来表示；线实体由一定方向上连接成串的相邻栅格像元表示；面实体（区域）由具有相同属性的相邻栅格像元的块集合来表示。

地图数据的特点。地图数据的主要来源是普通地图，早期地图数字化的主要驱动力是地图制图。因此，地图数据有以下几个特点。

地图比例尺影响。地图数据是某一特定比例尺的地图经数字化而产生的。地理物体表示的详细程度，不可避免地受地图综合的影响。经过人为制图综合，地理物体的几何精度（形状）和质量特征已经不是现实世界中的真实反映，只能是现实世界的近似表达。为了满足地图应用的需要，对不同比例尺地图建立不同地理数据库，如1:5万数据库、1:25万数据库和1:100万数据库等。

强调数据可视化，忽略了实体的空间关系。地图数据主要是为地图生产服务的，强调数据的可视化特征，主要采用"图形表现属性"的方式。地图上地理物体的数量特征和质量特征用大量的辅助符号表示，包括线型、粗细、颜色、纹理、文字注记、大小等数十种。地图数据以相应的图式、规范为标准，依然保留着地图的各项特征。数据中不表示各种地理现象之间的空间位置关系，如道路两旁的植被或农田、与之相邻的居民地等，各种地理现象之间的关系是通过读图者的形象思维从地图上获取的。地理物体，如道路、居民地和河流在空间上是相互联系的有机整体，但在地图数据表示中是相互孤立的。因此，地图数据不强调实体的关系表示。

按地图印刷色彩分层管理。为满足地图印刷的需求，依据地图制图覆盖理论，对地图数据按色彩分层管理，而不是按照地理物体的自然属性进行分类分级。这种分层不仅割裂了地理物体之间的有机联系，还导致了同一地物在不同层内的重复存储，如河流两岸的加固陡坎隐含着河流的水涯线信息，道路与绿化带平行接壤使道路边沿线隐含着绿化带的边沿，河流、道路和铁路等线状地物可能隐含着区划界限。

地图图幅限制了数据范围。受印刷机械、纸张和制图设备的限制，传统的地图用图幅限制地图的大小，地图数据用图幅来组织和管理。地图图幅割裂了大区域地理物体的完整性和连续性，如一条境界线因为地图的分幅而断作几条记录存储在不同的图幅内。

（2）地理数据。随着信息科学技术的发展和地图数据应用的深入，地图数据仅仅把各种空间实体简单地抽象成点、线和面，这远远不能满足实际需要，地图数据已不再局限于地图生产，而广泛应用于环境监测、社会管理、公共服务、交通物流、资源考察和军事侦察等。地图数据与其他专题地理信息结合产生各种地理数据，包括资源、环境、经济和社会等领域的一切带有地理坐标的数据，用于解决各种地理问题，由此产生了反映自然和社会现象的分布、组合、联系及其时空发展和变化的地理数据。地理数据利用计算机地理数据科学、真实地描述、表达和模拟现实世界中地理实体或现象、相互关系及分布特征。空间关系是通过一定的数据结构来描述与表达具有一定位置、属性和形态的空间实体之间的相互关系，如图1.1所示。

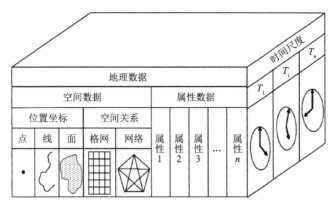

图 1.1 地理数据的多维结构示意图

地理数据是一类具有多维特征，即时间维、空间维及众多的属性维的数据。其空间维决定了空间数据具有方向、距离、层次和地理位置等空间属性；属性维则表示空间数据所代表的空间对象的客观存在的性质和属性特征；时间维则描绘了空间对象随着时间的迁移行为和状态的变化。

地理世界矢量数据表达。矢量数据通常从如下方面对地理实体进行描述：①编码。用于区别不同的实体，有时同一个实体在不同的时间具有不同的编码，如上行和下行的火车。编码通常包括分类码和识别码。分类码标识实体所属的类别，识别码对每个实体进行标识，是唯一的，用于区别不同的实体。②位置。通常用坐标值的形式（或其他方式）给出实体的空间位置。③类型。指明该地理实体属于哪一种实体类型，或由哪些实体类型组成。④行为。指明该地理实体可以具有哪些行为和功能。⑤属性。指明该地理实体所对应的非空间信息，如道路的宽度、路面质量、车流量、交通规则等。⑥说明。用于说明实体数据的来源、质量等相关的信息。⑦关系。与其他实体的关系信息。⑧时间维的描述。

地理世界属性数据表达。属性数据指的是实体质量和数量特征的数据，描述或修饰自然资源要素属性，包括定性数据、定量数据和文本数据。定性数据用来描述自然资源要素的分类、归属等，一般都用拟定的特征码表示，如土地资源分类码、权属代码。定量数据说明自然资源要素的性质、特征或强度等，如耕地面积、产草量、蓄积、河流的宽度、长度等。文本数据进一步描述自然资源要素特征、性质、依据等，主要包括各种文件、法律法规条例、各种证明文件等。一般通过调查、收集和整理资料等方式获取属性数据。属性数据是自然资源评价分析的基础数据。

地理世界关系数据表达。拓扑关系反映了地理实体之间的逻辑关系，可以确定一种地理实体相对于另一种地理实体的空间位置关系，它不需要坐标、距离信息，不受比例尺限制，也不随投影关系变化。空间拓扑关系描述的是基本的空间目标点、线、面之间的邻接、关联和包含关系。基于矢量数据结构的结点-弧段-多边形，用于描述地理实体之间的连通性、邻接性和区域性。这种拓扑关系难以直接描述空间上相邻但并不相连的离散地物之间的空间关系。

地理世界时序数据表达。时间问题是人类认知领域的一个最基本、最重要的问题，也是一个永恒的主题。在地理学中，时间、空间和属性是地理实体和地理现象本身固有的三个基本特征，是反映地理实体的状态和演变过程的重要组成部分。地理数据是地理区域的一个快照，没有对时态数据做专门的处理，因而是静态的，它只能反映事物的当前状态，无法反映对象的历史状态，更无法预测未来发展趋势。而客观事物的存在都与时间紧密相连，因此，在地理数据中增加对时间维的表达，是时空地理研究的一个独特优势。时空数据是指具有时间元素并随时间变化而变化的空间数据，是地球环境中地物要素信息的一种表达方式。狭义上讲，时空数据就是该地物对象的变化历程集合。时空数据即为描述地理实体对象空间和属性状态信息随时间的变化信息。

（3）地理数据与地图数据差异。地理数据是面向计算机系统的分析型数据，而地图数据是面向人类视觉的可视化数据。归纳起来，两者的差异主要表现在：

地理数据能够真实反映客观世界，而地图数据在形成过程中有可能改变原有的空间信息，导致部分地图数据不能真实映射实际的地理实体。例如，在制图综合过程中，为了避免一些地物的互相压盖，在编辑过程中必须位移相应的地理要素，这将改变原有制图对象的空间位置，使地理空间数据与地图数据产生一定的偏差。

地理数据将客观世界看成一个整体，表达的是实体的"本质"，要求保证地理要素完整的地理意义。为了符合读者视觉的要求，地图数据无须考虑地理实体的完整性，它强调的是实体"形式"。在表达一个独立的地理要素时，地理数据一般采用一个目标表示，以保证其目标的完整性，而地图数据可能习惯性地采用多个目标表示，如道路通过居民地和桥梁时应断开。

地理数据可以没有分幅和比例尺的概念。地理数据中的要素应该是完整、不间断的，例如对于一条道路，不会因为地图的分幅而被分割成几条记录。理论上，通过地理数据可以产生任意分幅的地图数据。虽然在实际应用中将地理数据划分为不同的比例尺进行管理，但地理数据本身没有比例尺的含义。比例尺是人类认知局限产生的结果，它含有人类模拟客观世界的主观因素。在可视表达实体时，每个实体的地图信息都对应于某一特定的比例尺，同种要素在不同比例尺下展现的细节不同。

两者表达属性信息的方式不同。地图数据强调的是"图形表现属性"，包括符号、线型、粗细、颜色、文字和大小等，所表达的属性内容有限。在地理数据中，可以用属性表的形式表示任何属性信息。属性信息描述了地理要素的属性特征，也称非几何信息，它说明了要素的名称、类型、等级和状态等信息。

地理数据不包含地图符号。地理数据是对地理世界的抽象表达，它考虑的重点是便于计算机识别和处理。地理数据可视化是为了满足人眼的视觉识别要求，计算机不需要在可视化的基础上进行空间分析，也很难根据这些可视化后产生的地图信息进行分析。因此，地图数据必须包含地理实体的符号信息才能完成制图显示。另外，要素的符号化将会改变要素几何形态，例如，对于一个线状空间目标的位置坐标，在地理数据中表现为一串有序的几何特征点，而在地图数据中则可能表现为单线、双线、虚线等不同的形式。

两者的数据分层方式不同。为了便于计算机识别、处理和查询，地理数据通常以要素分类为依据对地理要素进行分层存储和管理，也叫地理分层方式。由于地图数据考虑更多的是图形效果，分层的主要依据是要素压盖关系、颜色压印等影响图形显示效果的因素，因此这种方式称为地图分层方式。

为了进行有效的空间分析，地理数据中还必须包含拓扑关系。依据拓扑关系提高地理数据的拓扑查询效率，也是地理数据网络分析的基础，而地图数据并不包含拓扑关系。

（4）地理空间数据。地图数据和地理数据都是带有地理坐标的数据，是地理空间信息两种不同的表示方法，地图数据强调数据可视化，采用"图形表现属性"的方式，忽略了实体的空间关系，而地理信息数据主要通过属性数据描述地理实体的数量和质量特征。地图数据和地理信息数据所具有的共同特征就是地理空间坐标，统称为地理空间数据。与其他数据相比，地理空间数据具有特殊的数学基础、非结构化数据结构和动态变化的时间特征。

地理空间数据代表了现实世界地理实体或现象在信息世界的映射，是地理空间抽象的数字描述和离散表达。地理空间数据是描述地球表面一定范围（地理圈、地理空间）内地理事物的（地理实体）位置、形态、数量、质量、分布特征、相互关系和变化规律的数据，是地理空间物体的数字描述和离散表达。地理空间数据作为数据的一类除了具有空间特征、属性特征和时间特征三个基本特征外，还具备抽样性、时序性、详细性与概括性、专题性与选择性、多态性、不确定性、可靠性与完备性等特点。这些特点构成了地理空间数据与其他数据的差别。

2. 地理空间数据可视化

可视化是一种将抽象地理实体转化为几何图形的计算方法，以便研究者能够观察其模拟和计算的过程和结果。可视化用来解释输入计算机中的图像数据和根据复杂的多维数据生成图像。它主要研究人和计算机怎样协调一致地接受、使用和交流视觉信息。地理空间数据可视化表达运行可以帮助用户发现蕴含于地理空间数据中的难以直接发掘的规律，可以将"想象力"与"信息"结合起来。地理空间信息要能被计算机所接受和处理就必须转换为数字信息存入计算机中。这些地理空间数据对于计算机来说是可识别的，但对于人的肉眼来说是不可识别的，必须将这些地理空间数据转换为人眼可识别的地图图形才具有实用的价值。这一转换过程即为地理空间数据的可视化。

地理数据符号化是地理空间数据可视化的一个重要方面，它采用规范的地图符号表现地理数据，如图 1.2 所示。

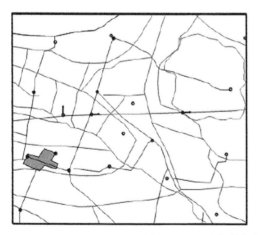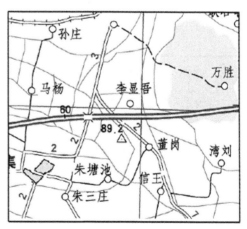

图 1.2　地理空间数据符号化（徐立，2013）

地理空间数据符号化处理过程如图 1.3 所示。

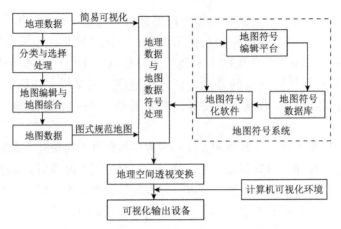

图 1.3 地理空间数据符号化处理过程

地理空间数据分为地理数据和地图数据。地理数据是面向地理学的，侧重于地理空间分析，建立地理数据主要是为地理分析服务，而不是满足地图制图的需要。地理数据中的属性数据决定了地图符号配置，地理数据简易可视化（简单的直接符号化）难以获取高质量的可视化效果（图 1.4），一些地方不符合人们地图符号表达习惯。地图数据是面向地图制图的，侧重于地理信息按图式规范符号化表达（图 1.5）。

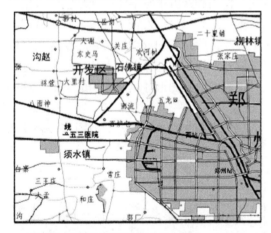

图 1.4 地理数据简易符号化（徐立，2013）

图 1.5 地图数据图式规范符号化（徐立，2013）

地理数据难以直接转换成地图数据，其根源在于地理数据与地图数据的应用目的不同，两者难以在统一的数据模型中表示。由于地理空间分析与地图符号化之间存在矛盾，地理数据还不能自动地转换成地图数据，在地理数据转换成地图数据（地图制图）的过程中人工干预仍然占有很大比例，修改后地理数据的内容成为地图数据，地图数据由地图要素组成，并且每个地图要素有对应的地图符号，这样才能满足地图制图的需求。以至于在很多实际应用中，不得不采用地理数据和地图数据两套数据分别存储，这样不仅增加了劳动成本，还对两种数据的一致性维护带来困难。

地图数据中的几何数据与地理数据中的几何数据相关，地理数据与地图数据可以通过制图综合和符号化处理的方式产生联系。地图数据栅格化后形成像素（pixel）地图，可以直接用于屏幕显示和打印输出。

1) 地理空间到地图数据

从地理空间数据到地图数据，制图综合影响着地理数据符号化过程的各个环节，地理数据的选取、地图符号配置及图形效果处理等都离不开制图综合的指导。形式化的制图综合可以表达地图设计者的思想及制图规范、标准，制图综合技术的发展，最终以自动或半自动的方式作用于地理数据符号化过程，既能减轻制图人员的工作强度，也提高了地图的生产处理效率。

地理空间数据的分类和选取主要解决地理空间数据表达丰富与人类视觉感受及分辨能力有限之间的矛盾。分类和选取是地理空间数据可视化的主要手段，就是采取简明扼要的手法，从地理空间信息中提取主要的、本质的数据，删弃次要的细部，用简单的图形进行表达。

2) 地图符号化系统

地图符号化一般用符号化程序根据符号库中存放的符号信息实现。在符号化之前对所要绘制的符号进行编码，形成符号信息块，建立符号库。地图符号库是利用计算机存储表示地图的各种符号的数据信息、编码及相关软件的集合。常用的符号库有矢量数据符号库和栅格数据符号库。栅格数据符号库一般采取信息块方式，主要用于图形变化太多、也过于复杂、采用程序块方法计算量大、难以满足快速显示的需求等情况。矢量数据的符号库分为符号数据块方式和程序块方式两种。专题要素的符号库，如定点符号、线状符号、质别底色、等值线、定位图表等，涉及专题要素质或量及单个或多个专题变量的描述，一般用专用的处理程序实现。

程序块是采用某种程序设计语言描述一个符号的具体绘制过程。例如，想要绘制圆形和方形就必须用程序语言分别编写各自的绘图符号程序，线状符号和面状符号的绘制也是如此，一种符号的绘制对应着一个绘制程序。这种方法的缺点是难以适应新符号的设计和制作，给绘制程序模块的设计和使用带来很大的困难和不便。随着社会的发展及新事物的出现，每当一个新符号产生时就需要为其设计一个绘制程序，程序设计量太大。特别是如果某个系统中要绘制多种符号，则绘制模块必将包含多个绘制符号的小模块，给系统的设计和使用带来极大的不便。

数据块方法是把符号的制作和符号的绘制完全独立分开，一方面专门制作符号数据，即建立符号库；另一方面采用很少的程序绘制各种各样的符号。数据块中只存储符号图形的几何参数（如图形的长、宽、间隔、半径、夹角等），其余数据都由计算机相应绘图程序的算法解算出来。数据库型符号库中，符号库将符号信息以一种类数据库的形式存储于文件中，并实现其符号数据的管理和维护功能。它将整个符号库的符号制作和符号绘制模块完全分开，由一个程序专门制作符号数据，相应的采用另一个程序来绘制成千上万的符号，而它们之间的联系就是符合某种格式的数据文件。数据块方法的优点是：数据具有高度独立性，符号化软件具有高度的通用性。符号库中的符号数据是具有统一结构的标准化数据，便于符号动态扩充和修改；符号化软件不像采用参数加过程模拟的方法那样对每个符号分别设计一个程序，而是用一个程序绘制一类符号。例如所有点状符号用一个程序绘制，所有线状符号用另一个程序绘制，不需要为每一个符号都设计一个绘制程序，每种具体符号是通过给定一个符号码来确定的，每种符号在符号库中有一确定的符号码标识。

地图矢量符号库是利用计算机存储表示地图的各种符号的数据信息、编码、绘制参数及相关软件的集合。地图符号库就是将地图符号分类整理，并以数据库的形式存储到计算机中，实现对地图符号的管理功能，常用的地图符号库操作，主要是对地图符号进行修改、定义、存储、检索和重组。

地理符号编辑平台不但具有地图图形符号的建立、删除、显示、修改、查询等基本数据库操作功能，而且应具有一个存储地图图形符号的数据库。地理符号编辑平台可以独立于地理信息系统（geographic information system，GIS）进行研发，也易于设计相对标准的地图符号。但地理符号编辑平台也要成为 GIS 的有效组成部分，只有这样的地理符号编辑平台才具有真正的使用价值。

3）地图空间数据符号化处理

地图空间数据符号化处理是将地理空间数据转化为连续图形的过程。地理空间数据符号化系统是一个处理地理空间数据存取、地图符号存取和各种地图符号可视化控制的系统。地理空间数据分为点、线、面三种数据类型，其符号化处理也分为三种形式。

（1）点状地物数据符号化。点状符号是用来表示地图上不依比例尺的小面积地物和点状地物，或其定位点上的地图信息的地图符号，如水塔、烟囱、测量控制点等符号。任何点状符号都可以用基本图元（任意线段和规则几何图形）来组合，图元是点状符号的基础，也是点状符号中常见的规则几何图形。符号制作系统中用来构造符号的基本图元有点、直线、折线（或多边形）、弓形、扇形、文字、曲线、圆、椭圆、圆弧等。利用这几种图元进行合理组合，基本可以构造出地图图式中的所有点状符号。

（2）线状地物数据符号化。线状符号是表达地理空间上沿某个方向延伸的线状或带状现象的符号。线状符号形状的连续变化，可以产生实线和间断线，也可以用叠加、组合和定向构成一个相互联系的线状符号系列。根据线状符号的定位特征（长度依比例尺，而宽度不依比例尺）可知它为半依比例符号。线状符号表示的是存在于地理空间中的有序现象，如河流、道路、运输线、国界线等。线状符号的一个明显特点就是都有一条有形或无形的空间定位线，并且由这条定位线来确定其位置。线状符号可以看做是由若干个基本的线状符号（如直线、虚线、点线等）叠加而成的。线状符号也可以看做是线状单元沿着定位线的前进方向进行周期性重复的结果。

（3）面状地理数据符号化。面状符号以面作为符号本身主要表示呈面状分布的地物或地理现象。面状符号一般有一个封闭轮廓线，这个封闭的轮廓线可以是有形的也可以是无形的，不同的面状符号在轮廓范围内配置不同的点状符号、线状符号或颜色来区别轮廓范围内的地理现象。面状符号轮廓线绘制与线状符号的绘制相似。面状符号填充符号是在面域内按一定方式配置组合而成。面状符号的共同特点就是在面域内填绘不同方向、不同间隔、不同粗细的"晕线"，或规则分布的个体符号、花纹或颜色。

4）透视坐标变换

地理空间物体是三维的，计算机屏幕是二维的。地理空间数据可视化就是把三维空间分布的地物对象（如地形、建筑物模型等）转换为图形或图像在屏幕上显示，经空间可视化模型的计算分析，转换成可被人的视觉感知的计算机二维或三维图形图像。主要内容包括：①数据准备。获取三维地形可视化所需的各类数据，将数据组织成表达地形表面的三角形网格。②透视投影变换。根据视点位置和观察方向，建立地面点与三维图像点之间的透视关系，对地面进行图形变换。③消隐和裁减。消去三维图形的不可视部分，裁剪掉三维图形视野范围以外的部分。④光照模型。建立一种能逼真反映地表明暗、颜色变化的数学模型，计算可见表面的亮度和颜色。⑤图形绘制。依照各种算法（分形几何、纹理映射）绘制并显示三维地形图。⑥三维图形的后处理。在三维地形图上添加各种地物符号、注记等。

坐标变换涉及计算机图形窗口的管理、图形窗口的空间坐标变换、色彩管理、窗口的放大缩小、漫游操作及绘图设备的连接等计算机图形学方面的技术。

3. 数字化和符号化对立统一

地理世界数据表达是把动态的、连续的地理现象和物体（地理信息）离散化、数字化，变成地理空间数据。其目的是地理信息的获取、处理、更新、分析应用等的计算机化，使其获取方法更加多样，技术手段更加丰富，提高地图的现势性和地理信息的应用范围，用计算机代替人类的劳动，提高工作效率。地理空间数据符号化（可视化）是地理信息数字化的逆过程，是把离散化、数字化的地理空间数据转化成连续的、模拟的图形。其目的是直接的视觉感知，是人类地理空间认知的需求，是把非直观的、抽象的或者不可见的数据转化为地理知识。

1.1.2　地理空间数据可视化的发展

地理空间数据可视化是伴随着电子计算机及其外围设备而产生和发展起来的。它是近代计算机科学与雷达、电视及图像处理技术的发展汇合而产生的硕果。

1. 计算机图形学的发展

1）计算机图形学硬件的发展

1950 年，第一台图形显示器作为美国麻省理工学院（Massachusetts Institute of Technology，MIT）"旋风 1 号"（Whirlwind）计算机的附件诞生了。该显示器用一个类似于示波器的CRT 来显示一些简单的图形。1958 年美国 Calcomp 公司由联机的数字记录仪发展成滚筒式绘图仪，GerBer 公司把数控机床发展成为平板式绘图仪。这些设备主要应用于科学计算，仅具有输出功能。计算机图形学处于准备和酝酿时期。1962 年，麻省理工学院林肯实验室的Sutherland 在论文中首次使用了计算机图形学"computer graphics"这个术语，论文中所提出的一些基本概念和技术，如交互技术、分层存储符号的数据结构等至今还在广为应用。20 世纪 60 年代中期，美国麻省理工学院、通用汽车公司、贝尔电话实验室和洛克希德飞机制造公司、英国剑桥大学等也开始了这方面的工作，从而使计算机图形学进入了迅速发展并逐步得到广泛应用的新时期。

20 世纪 70 年代，交互式的图形系统在许多国家得到应用，出现了大量简单易用、价格便宜的基于图形的应用程序，如用户界面、绘图、字处理、游戏等，由此推动了计算机图形学的发展和应用。80 年代，计算机图形系统（含具有光栅图形显示器的个人计算机和工作站）已超过数百万台（套），不仅在工业、管理、艺术领域发挥巨大作用，还进入了家庭。进入90 年代，计算机图形学的功能除了随着计算机图形设备的发展而提高外，其自身也朝着标准化、集成化和智能化的方向发展。在此期间，国际标准化组织（International Organization for Standardization，ISO）公布的有关计算机图形学方面的标准越来越多，且更加成熟。多媒体技术、人工智能及专家系统技术和计算机图形学相结合使其应用效果越来越好。科学计算的可视化、虚拟现实环境的应用向计算机图形学提出了许多更新更高的要求，将促进三维乃至高维计算机图形学在真实性和实时性方面的发展。

2）计算机图形学软件及算法的发展

随着计算机系统、图形输入、图形输出设备的发展，计算机图形软件及其生成控制图形的算法也有了很大的发展。计算机图形软件系统概括起来主要有以下三种。

（1）用现有的某种计算机语言写成的子程序包。用户使用时按相应计算机语言的规定调用所需要的子程序生成各种图形。这类子程序包，其中的子程序可实现各种基本绘图及显示功能，图形设备及交互过程中各种事件的控制和处理。这种类型的图形软件基本上是一些用计算机语言写成的子程序集。一般使用起来难度较大，从熟悉到真正掌握，灵活、正确使用的周期较长。在这类程序包的基础上开发的图形程序有便于移植和推广的优点，但执行速度相对较慢，效率较低。

（2）扩充某一种计算机语言，使其具有图形生成和处理功能。目前具有图形生成和处理功能的计算机语言很多，如 Turbo Pascal、Turbo C、AutoLisp 等，即在相应的计算机语言中扩充了图形生成及控制的语句或函数。对于解释型的语言，这类功能的扩充还方便些；对于编译型的语言，扩充图形功能的工作量较大，且不具备可移植性。用这类语言编写的图形软件比较简练、紧凑，执行速度较快。

（3）专用的图形系统。对于某种类型的设备，可以配置专用的图形生成语言。比起简单的命令语言，它具有更强的功能；比起子程序包，它的执行速度较快，效率更高。

随着通用的、与设备无关的图形软件的发展，图形软件功能标准化的问题被提出。早在1974 年，美国计算机协会（Association of Computing Machinery，ACM）成立了一个图形标准化委员会，开始了有关标准的制定和审批工作。在多年图形软件工作经验的基础上，提出了"核心图形系统"（core graphics system）的规范。随后由 ISO 发布了计算机图形接口（computer graphics interface，CGI）、计算机图形元文件标准（computer graphics metafile，CGM）、计算机图形核心系统（graphics kernel system，GKS）、程序员层次交互式图形系统（programmer's herarchical interactive graphics system，PHIGS）等。这些标准有的是面向图形设备的驱动程序包，有些是面向用户的图形生成及管理程序包，其主要出发点是实现程序和程序员的可移植性。

3）计算机图形学算法分类

计算机图形学所涉及的算法是非常丰富的，围绕着生成、表示物体的图形图像的准确性、真实性和实时性，其算法大致可分为以下几类：①基于图形设备的基本图形元素的生成算法，如用光栅图形显示器生成直线、圆弧、二次曲线、封闭边界内的填色、填图案、反走样等。②基本图形元素的几何变换、投影变换、窗口裁剪等。③自由曲线和曲面的插值、拟合、拼接、分解、过渡、光顺、整体修改、局部修改等。④图形元素（点、线、环、面、体）的求交与分类及集合运算。⑤隐藏线、面消除，以及具有光照颜色效果的真实图形显示。⑥不同字体的点阵表示，矢量中、西文字符的生成及变换。⑦山、水、花、草、烟云等模糊景物的生成。⑧三维或高维数据场的可视化。⑨三维形体的实时显示和图形的并行处理。⑩虚拟现实环境的生成及其控制算法等。

4）计算机图形学的应用

由于计算机图形设备的不断更新、图形软件功能的不断扩充，以及计算机硬件功能的不断增强和系统软件的不断完善，计算机图形学得到了广泛的应用。主要的应用领域有：

（1）用户接口。用户接口是人们使用计算机的第一观感。过去传统的软件中有 60%以上的程序用来处理与用户接口有关的问题和功能，因为用户接口的好坏直接影响着软件的质量和效率。如今用户接口广泛使用了图形和图标，大大提高了其直观性和友好性，也提高了相应软件的执行速度。

（2）计算机辅助设计与制造（computer aided design/manufacturing，CAD/CAM）。这是一个最广泛、最活跃的应用领域。计算机图形学被用来进行土建工程、机械结构和产品的设计，包括设计飞机、汽车、船舶的外形和发电厂、化工厂等的布局，以及电子线路、电子器件等。

（3）科学、技术及事务管理中的交互绘图。可用来绘制数学的、物理的，或表示经济信息的各类二、三维图表，如统计用的直方图、扇形图、工作进程图、仓库和生产的各种统计管理图表等，所有这些图表都用简明的方式提供形象化的数据和变化趋势，以增加对复杂对象的了解并协助作出决策。

（4）绘制勘探、测量图形。计算机图形学被广泛用来绘制地理的、地质的，以及其他自然现象的高精度勘探、测量图形，如地理图、地形图、矿藏分布图、海洋地理图、气象气流图、人口分布图、电场及电荷分布图，以及其他各类等值线、等位面图。

（5）过程控制及系统环境模拟。用户利用计算机图形学实现控制或管理对象间的相互作用。例如，石油化工、金属冶炼、电网控制的有关人员可以根据设备关键部位的传感器送来的图像和数据，对设备运行过程进行有效的监视和控制；机场的飞行控制人员和铁路的调度人员可通过计算机产生运行状态信息来有效、迅速、准确地调度，调整空中交通和铁路运输。

（6）电子印刷及办公室自动化。图文并茂的电子排版制版系统代替了传统的铅字排版，这是印刷史上的一次革命。随着图、声、文结合的多媒体技术的发展，可视电话、电视会议，以及文字、图表等的编辑和硬拷贝正在家庭、办公室普及。

（7）艺术模拟。计算机图形学在艺术领域中的应用成效越来越显著，除了广泛用于艺术品的制作，如各种图案、花纹、工艺外形设计及传统的油画、中国国画和书法等，还成功地用来制作广告、动画片，甚至电视电影。

（8）科学计算的可视化。传统的科学计算的结果是数据流，这种数据流不易理解，也不易于人们检查其中的对错。科学计算的可视化通过对空间数据场构造中间几何图素或用体绘制技术在屏幕上产生二维图像。近年来这种技术已用于有限元分析的后处理、分子模型构造、地震数据处理、大气科学及生物化学等领域。

（9）工业模拟。这是一个十分大的应用领域，包含对各种机构的运动模拟和静、动态装配模拟，产品和工程的设计、数控加工等领域迫切需要。它要求的技术主要是计算机图形学中的产品造型、干涉检测和三维形体的动态显示。

（10）计算机辅助教学。计算机图形学已广泛应用于计算机辅助教学系统中，它可以使教学过程形象、直观、生动，极大地提高了学生的学习兴趣和教学效果。由于个人计算机的普及，计算机辅助教学系统将深入家庭和幼儿教育。

（11）虚拟现实。虚拟现实是指用立体眼镜、传感手套等一系列传感辅助设施来实现的一种三维现实。人们通过这些设施以自然的方式（如头的转动、手的运动等）向计算机送入各种动作信息，并通过视觉、听觉及触觉设施使人们得到三维的视觉、听觉等感觉世界。随着人们不同的动作，这些感觉也随之改变。

还有许多其他的应用领域。例如，农业上利用计算机对作物的生长情况进行综合分析、比较时，就可以借助计算机图形生成技术来保存和再现不同种类和不同生长时期的植物形态，模拟植物的生长过程，从而合理地进行选种、播种、田间管理及收获等。在轻纺行业，除了用计算机图形学来设计花色外，服装行业还用它进行配料、排料、剪裁，甚至是三维人体的服装设计。在医学方面，可视化技术为准确的诊断和治疗提供了更为形象和直观的手段。在刑事侦破方面，计算机图形学被用来根据所提供的线索和特征，如指纹，再现当事人的图像及犯罪场景。总之，交互式计算机图形学的应用极大地提高了人们理解数据、分析趋势、观察现实或想象形体的能力。随着个人计算机和工作站的发展，以及各种图形软件的不断推出，计算机图形学的应用前景将更加广阔。

2. 计算机地图制图发展

1）计算机地图制图发展历程

计算机地图制图又称自动化制图（automatic cartography）或机助地图制图（computer aided cartography），是伴随着电子计算机及其外围设备的产生和发展而兴起的一门正在得到迅速发展的应用技术学科，已在普通地图制图、专题地图制图、数字高程模型（digital elevation model，DEM）、地籍制图、地形因子制图、地理信息系统中得到了广泛的应用，并且显示出强大的生命力，日益受到广大地图制图工作者和地图用户的欢迎和重视。

计算机地图制图是以传统的地图制图原理为基础，以计算机及其外围设备为工具，采用数据库技术和图形数字处理方法，实现地图信息的获取、变换、传输、识别、存储、处理、显示和绘图的应用科学。它的诞生为传统的地图制图学开创了一个崭新的计算机示图技术领域，也有力地推动了地图制图学理论的发展和技术改造的进程。自计算机地图制图诞生以来，它已经历了理论探讨、设备研制、软件开发和应用试验等发展阶段，现在处在实用阶段。

20世纪50年代末～60年代中期，研究和实验的进展、图数转换装置和数控绘图机的问世，使具有传统内容和形式的地图制图工艺有了实现自动化的可能。1970～1980年，人们对计算机地图制图的理论和应用问题，如地图图形的数字表示和数学描述、地图资料的数字化和数据处理方法、地图数据库、制图综合和图形输出等进行了深入的研究，相继建立了硬软件相结合的交互式计算机地图制图系统，进一步推动了地理信息系统的发展。各种类型的地图数据库和地理信息系统都相继建立起来，尤其是机助专题地图制图得到了极大的发展和广泛应用。

我国从20世纪60年代末开始进行计算机地图制图的研究工作，至今已经历了设备研制、软件开发、应用实验和系统建立等发展阶段。在硬件研究方面，采用引进、消化、改造和研制等方法，我国已陆续生产了多种系列或多种型号的计算机、数字化仪、绘图机和图形显示设备。在软件研制方面，地图制图科技工作者本着自力更生、引进改造的原则，研制了大量的基本绘图程序和应用绘图程序，以及相应的程序系统。计算机专题地图制图系统已建立并开始应用于生产，设计和生产过程中都采用或部分采用了自行研制的计算机地图制图系统。至于普通地图的计算机制图，完成了包括地图投影的机助设计和自动展绘、基本要素的自动绘制、图廓及图外整饰、基本符号库的建立、数字地图接边和合幅等成套软件，已绘制了多幅大比例尺地形图和小比例尺地图。一些实用性系统的建立，已在国家和地区的经济建设中发挥了重要作用。

随着计算机技术、图形图像处理技术、网络技术及空间数据库等相关技术在地图制图领域的广泛使用，计算机地图制图无论是在理论研究方面，还是在实际应用的深度和广度方面，都有很大提高，逐步完善数字化测绘生产技术体系，将有力地推动数字地图制图技术的发展，通过数字制图获得的数字地图或电子地图正在各行各业广泛使用。

2）数字地图制图优势

数字地图制图有如下优越性：①数字地图易于储存，并保证了储存中的不变形性，从而提高了地图的使用精度。②数字地图易于校正、编辑和更新，并可方便地根据地图用户要求改编地图，以增加地图的适应性、实用性和用户的广泛性。③用绘图机绘图不仅减轻了制图人员的劳动强度，还减少了制图过程中由于制图人员的主观随意性而产生的偏差，为地图制图进一步标准化、规范化铺平了道路。④提高了成图速度，缩短了成图周期，改进了制图和制印工艺。例如，根据地图要素的属性从地图数据库中提取要素可绘制分要素地图，以减少制印中复照、翻版和部分分涂工作。⑤增加了地图品种，拓宽了服务领域。例如，用计算机处理地图信息，可制作常规制图方法难以完成的坡度图、坡向图、地面切割密度图、通视图、三维立体图和视觉立体图等。⑥数字地图的容量大，它只受计算机存储器的限制，因此可以包含比一般模拟地图多得多的地理信息。

3）数字地图制图过程

地图设计与生产的工艺过程极为复杂，其复杂程度取决于地图资料、地图类型、地图比例尺、地图用途等诸多因素，但归纳起来可分为编辑准备、编辑与设计、编绘与出版前准备三个阶段。而计算机地图制图的过程又与使用的设备和软件、数据源及图形输出的目的要求有关。不论是制作普通地图还是类型繁多的专题地图，只要是使用计算机制图的方法，都必须包括以下三个阶段，即数据获取、数据处理和图形输出阶段。

（1）数据获取阶段。地图、航空航天遥感像片、地图数据或影像数据、统计资料、野外测量数据和地理调查资料等，都可作为计算机地图制图的信息源。数据资料可以通过键盘或转储的方法输入计算机。图形和图像资料一定要通过图数转换装置转换成计算机能够识别和处理的数据。

（2）数据处理阶段。实际上，计算机地图制图的全过程都是在进行数据处理，但这里讲的数据处理阶段是指在数据获取以后、图形输出之前对地图数据的各种处理。具体内容包括：地图数据的预处理，如坐标变换、结点匹配、比例尺的统一、数据格式的变换（"矢—栅"变换或"栅—矢"变换）等；地图投影变换；地图内容的增删与综合；图形处理，如图形编辑、地图符号的图形生成、注记的配置和图廓整饰等。所有这些工作都是通过编辑系统和用户程序来完成的。在数据处理时不但可对地图数据进行交互式处理，而且可进行批处理。无论交互式处理或批处理，一般都采用联机方式，这是因为这种方式使用方便，易于实时处理，不易发生错误，是当前计算机地图数据处理的主要方式。

（3）图形输出阶段。该阶段的主要任务是将地图数据处理的结果，变成图形输出装置可识别的指令，以驱动图形输出装置产生地图图形。根据数据格式、地图用途和图形输出装置的性能不同，可采用矢量绘图机、栅格绘图机、图形显示器、缩微系统等绘制或显示地图图形；如果以产生出版原图为目的，可用激光照排技术，就是将图形和文字通过计算机分解为点阵，然后控制激光在感光底片上扫描，用曝光点的点阵组成文字和图像。它可以产生线划、符号、文字等高质量的地图图形。

3. 地理数据可视化软件

1）地图制图软件

地图制图软件是针对地图制图的各个过程，用计算机语言及指令所编写的各种计算机程序的总称。地图制图软件的主要功能包括绘各种独立符号（如地形符号和专题符号）、绘各种线划符号（如实线、虚线、加粗线、铁路和公路线、堤岸和沟渠线）、绘面状符号（如晕线和晕点）、绘坐标轴和统计图表、绘光滑曲线、绘投影和投影换算等。常用的绘图软件 MicroStation、CorelDRAW、AutoCAD、SuperMap 等都有不同程度的符号设计功能，并且有各自的特色。

MicroStation 软件在符号制作方面有很大的灵活性。在制作点符号方面，它提供了功能强大的编辑工具和精确的尺寸定位，可以制作各种复杂的符号。在制作线符号方面，它通过点符号、点单元、线单元之间的复合构成自定义线型。对于面状符号，它使用填充工具对多边形进行填充，完成面域的符号化。MicroStation 制作符号的缺陷主要有两方面：一方面是编辑符号，它没有提供直接编辑符号的功能，应当说是一个较明显的缺陷；另一方面是通过获取符号属性的工具来获取符号属性时，不能获得符号的类型。

CorelDRAW 软件是基于各种 Windows 平台上的矢量绘图软件，它功能强大、界面友好、操作方便，是最有影响的图形处理软件之一。除了强大的线、面绘制功能以外，它还有一个向用户开放的庞大的矢量符号库，不用编程，用户可以根据需要在这里绘制和建库。在 CorelDRAW 中，可以用两种方式管理地图符号。对于以后经常使用的符号，可以将它们加入 CorelDRAW 的符号库中，CorelDRAW 提供了完善的建立、维护和使用符号库的功能，实现起来相当容易。另一种方式是将大量的符号存放在一个图形文件中，使用时再通过裁剪板或 Import 输入，这对于不经常使用的符号是一种很好的方法。

AutoCAD 是 Autodesk 公司推出的一套图形系统，因为它具有丰富的绘图功能及良好的开放性结构而受到各专业制图员与设计者广泛的欢迎，就目前而言，随着 AutoCAD 软件的广泛使用，相当多的测绘单位已经把 AutoCAD 作为地图数字化和数字化测图的一种工具。AutoCAD 提供了建立点状符号（标志）、线状符号、面状符号（阴影）的功能，各种符号均可由 AutoCAD 所提供的块（Block）文件、形（Shape）文件及其他一些文件来完成。

2）地理信息系统软件

GIS 是以地图为基础的空间信息系统，地图符号在 GIS 中起着非常重要的作用，所以开发的 GIS 软件都应提供符号编辑模块。地图符号主要通过符号库的形式来储存，目前国内对地图符号的研究主要集中在地图符号库的建立上，主要以研究二维符号为主，而对三维符号的研究则是刚刚开始。现在对三维地图符号的应用也非常有限，一般都是简单的球状符号、柱状符号、立体直方图符号等。

当前国内外一些优秀的工具型 GIS 软件都提供了常用的地图符号库，对常用的地图符号按一定的图式要求进行符号化，并且提供了用户自定义符号功能，GIS 用户可以根据自己的要求利用符号库提供的符号编辑制作功能，设计自己需要的符号。从目前来看，建立符号库是一种较为流行的方法，已经有了一些较为成熟的产品，如 GIS 软件（ArcGIS、MapInfo、MapGIS、Geostar 等）及制图软件。

ArcGIS 是美国环境系统研究所（Environmental Systems Research Institute, ESRI）公司在多年研究 GIS 开发软件的基础上于 20 世纪 80 年代初推出的一款 GIS 软件。ArcGIS 采用数据库来存储符号信息，数据库包含了点、线、面和注记等符号数据，而且每一种符号都是通过符号编辑器对话框建立的。ArcGIS 的桌面应用程序 ArcMap 拥有完整的符号管理系统，用于对不同类型的图例符号（legend symbol）、地图要素（map elements）、标注类型（label）、色彩方案（color schemes）、坐标系统（coordinate system）等进行统一管理，这就是图式符号库（style）。ArcMap 系统提供了各种各样的图式符号库，包含了编制不同类型地图所需要的大量图例符号和相关要素，有助于编制符号相应标准或规范的图例。

MapInfo 是美国 MapInfo 公司开发的 GIS 软件，它是目前桌面办公系统中较常用的制图工具，提供了种类繁多的现成符号库，包括点、线、面符号和注记，但 MapInfo 的创建和修改符号的功能不强。MapInfo 的点符号有两种途径实现：一种需借助其他软件生成栅格位图；另一种借助 MapInfo 提供的矢量符号生成程序 Symbol.mbx，可以编辑、修改、删除和增加矢量符号，但制作时不易控制矢量线的尺寸及相互比例关系；MapInfo 的线状符号通过 MapInfo 的 Mi1isted.exe 来开发，其主要思想是把一个线状符号分解成几个组合图形，通过分层、透明叠加而成；MapInfo 中没有提供面状符号的开发工具，其符号库不能扩充。MapInfo 的符号制作功能优缺参半，有很多比较复杂的、不规则的地形图符号无法用其提供的工具设计。

MapGIS 是中国地质大学研制的 GIS 工具软件，它提供了强大的符号制作和编辑功能，包括子图库、线型库、填充图案库，各个库中符号的编辑制作统一在一个系统库编辑工具下进行。系统库编辑子系统内嵌在 MapGIS 的编辑子系统下，所有对符号的编辑修改都直接借助编辑子系统的编辑功能。但 MapGIS 系统规定每个符号最多只能包含 64K 的信息，因此符号库中的每个符号包含的图元数不能太多。

Geostar 是武汉武大吉奥信息工程技术有限公司研制的 GIS 基础软件，它的符号设计包括三部分：点符号设计、线符号设计、面符号设计，它不仅能制作各种国标地图符号，还能方便用户制作出自己设计的符号。每一部分有两个符号文件：索引文件和数据文件。它的各功能模块由主控模块统一在一个界面环境下，采用参数化与图形界面相结合的思想进行。

北京超图地理信息技术有限公司研制的 SuperMap 也提供了线型与符号设计的功能，通过这些功能，用户可以根据需要设计新的符号。与此同时，SuperMap 既设计了适合军队符号标准的符号编辑器，实现了点状符号中的动态文本技术，又提供了线状和面状动、静态军标标注功能。

上述这些 GIS 软件，虽然都包含地图符号制作部分，但由于各系统的差异及符号通用性问题，以及各地图符号制作软件与自身绑定，很难适合其他地理信息系统平台。因而加强地图符号的管理，指定统一的地图符号库标准，开发出通用的地图符号制作软件，将对我国的计算机制图和 GIS 的发展起到重要作用。

1.1.3 计算机可视化技术

可视化技术是以人们惯于接受图形、图像并辅以信息处理技术将客观事物及其内在联系表现出来的方法，是利用计算机图形学和图像处理技术，将数据转换成图形或图像在屏幕上显示出来，并进行交互处理的理论、方法和技术。它涉及计算机图形学、图像处理、计算机视觉、计算机辅助设计等多个领域，成为研究数据表示、数据处理、决策分析等一系列问题的综合技术。

1. 计算机可视化环境

运行环境是指支持计算机可视化工作的计算机硬件和软件环境。它由计算机主机、标准外部设备、专用外部设备及网络系统所组成。计算机图形运行环境与地理信息系统的运行环境完全一样，主要向两个方向发展：一个是微型运行环境；另一个是网络支持下的图形服务器集群。尽管，目前仍大量使用单机普通计算机系统，但网络化是其发展的方向。

1）普通计算机系统可视化环境

普通计算机可视化环境通常由计算机硬件、输入输出设备、计算机系统软件和专用软件、程序设计语言集成环境及应用程序等构成，其核心作用是通过人机交互技术和计算机图形图像等技术，为实现地理空间数据的人机交互、数据处理和数据可视化呈现等提供高效能的服务平台。

2）移动嵌入式可视化环境

嵌入式系统（embedded system）是指以应用为中心，计算机技术为基础，并且软硬件可裁剪，适用于应用系统，对功能、可靠性、成本、体积、功耗等有严格要求的专用计算机系统，主要由硬件环境、嵌入式操作系统及应用软件系统等组成。嵌入式系统是将先进的计算机技术、半导体技术、电子技术和各个行业的具体应用相结合的产物。

嵌入式操作系统是一种实时、支持嵌入式系统应用的操作系统软件，核心通常要求很小，因为硬件的只读内存（read-only memory，ROM）容量有限。一般情况下，它可以分成两类：一类是面向控制、通信等领域的实时操作系统；另一类是面向消费电子产品的非实时操作系统，这类产品包括个人数据助理（personal digital assistant，PDA）、移动电话、机顶盒等，如 WindowsCE、PalmOS、嵌入式 Linux 和 EPOC 等。OpenGLES 是为嵌入式系统而开发的3D 图形绘制编程接口，是在 OpenGL 上发展起来的，针对嵌入式系统所制定的 3D 绘图 API，能够使 3D 绘图在不同的移动设备或是嵌入式系统上方便地使用。OpenGLES 主要功能包括模型绘制、模型变换、颜色模式、光照和材质设置、纹理映射、双缓存动画等。

3）图形工作站可视化环境

图形工作站是一种专业从事图形、图像（静态）、图像（动态）与视频工作的高档次专用电脑的总称。工作站是一种高档的微型计算机，通常配有高分辨率的大屏幕显示器及容量很大的内部存储器和外部存储器，并且具有较强的信息处理功能和高性能的图形、图像处理及联网功能。由于工作站具有特殊的应用定位，这就决定了其在性能、可扩充性、稳定性、图形/图像画质等多方面要大大超越普通电脑。与所有的普通计算机一样，中央处理器（central processing unit，CPU）、显卡、内存等也是图形工作站的核心。

4）图形服务器集群

大型三维场景是由成千上万个模型组成的，每个模型由成千上万个三角形构成，真实模拟大自然环境，对图形图像的分辨率和精度有极高要求。此外，还需要增加光照、阴影、特效等功能，为了达到实时交互效果，在一秒内最少要生成 24 帧以上的画面，以保证模型渲染的逼真度和流畅，其数据处理规模非同一般，因此实时图形处理对计算系统硬件资源消耗量巨大。海量数据可视化的特点是无论画面多大、数据量多少，要求计算机提供超强的实时处理能力，这对图形工作站或图形服务器集群的计算性能、图形生成能力、内存容量、硬盘 IO 响应及网络带宽和延迟等都提出了超出传统计算机性能的极高要求。当然，仅硬件性能强大还不够，还需要配套的可视化软件支持，把硬件的性能发挥到极致。

传统图形可视化软件是建立在单核+单图卡架构，或基于这种架构的分布式集群方式控制的基础上的。海量数据可视化对图形工作站或图形服务器集群有更高的要求，如今 x86 架构图形工作站已经进入多核 CPU+多 GPU（graphics process unit，图形处理器）+海量存储架构，整体计算性能远远超越传统架构集群。通过 Internet 或专用网络，将分布在不同地理位置的各种计算资源，如超级计算机、机群、存储系统和可视化系统，进行互联，形成一个资源整体的方法。相对计算机集群硬件，分布式图形可视化软件研制相对滞后。

随着提供商品化的图形渲染产品和大量数据的宽带网络的市场化，可视化技术研究重心由早期的可视化主要集中在开发先进的图形渲染技术，转移到了如何使图形渲染产品变得更便宜、图形渲染结果能供任何地方的群体和个人使用。解决这个问题的核心技术是可扩展的图形计算机，通用的客户机设备通过网络访问先进的可视化计算资源，一般的客户机通过互联网访问放置在某处的超强可视化计算资源。图形渲染完全在超强的可视化计算资源上实现；图形渲染结果一帧一帧地通过网络传送给客户端；客户端对图形渲染结果解压缩。客户端只发送控制流，而后端的可视化资源根据客户要求发送数据流，满足在当前现有网络上传送图形渲染结果的要求。

可视化软件一般分为三个层次：第一层是操作系统，它的一部分程序直接和硬件打交道，控制工作站或超级计算机各种模块的工作；另一部分程序可进行任务调度，视频同步控制，以 TCP/IP 方式在网络中传输图形信息及通信信息。第二层为可视化软件开发工具，它用来帮助开发人员设计可视化应用软件。第三层为各行各业采用的可视化应用软件。

2. 计算机可视化分类

可视化就是把数据、信息和知识转化为可视的表示形式的过程。随着可视化技术的发展，逐渐形成了一些分类，通常情况下，人们习惯于将可视化分为以下四类：科学计算可视化、数据可视化、信息可视化和知识可视化。这四类可视化的主要区别在于可视化处理对象及目的的不同。

1）科学计算可视化

科学计算可视化（visualization in scientific computing，VISC）也称科学可视化，是指通过运用计算机图形图像处理等相关技术，将科学计算过程中得到的大量数据转换为适当的图形界面显示出来，并能进行人际交互处理的一系列理论、方法和技术。科学计算可视化通过研制计算机工具、技术和系统，把实验或数值计算获得的大量抽象数据转换为人的视觉可以直接感受的计算机图形图像，从而进行数据关系特征探索和分析，以获取新的理解和知识。可视化作为一种技术和方法应用于有关科学和工程技术的各个领域，开始于利用计算机图形来加强信息的传递和理解。然后，计算机图像处理技术和计算机视觉也成功地用来处理各类医学图像和卫星图片，以帮助人们理解和利用各类图像数据。1987 年 McCormick 等根据美国国家科学基金会召开的"科学计算可视化研讨会"内容撰写的一份报告中正式提出了"VISC"的概念，标志这一新的可视化学科问世。它涉及三维数据场的可视化、计算过程的交互控制和引导、图形生成和图像处理的并行算法、面向图形的程序设计环境、图像传输的宽带网络和协议，以及虚拟现实技术等。

科学可视化的核心是三维空间数据场的显示。三维空间数据场可以是标量场（如温度、密度、高度等），也可以是矢量场（如速度、应力等）。根据应用领域的不同，其结构也有很大差异，一般可分为结构化数据场和非结构化数据场。结构化的三维空间数据场又可以分为规则分布的和不规则分布的两大类。由于三维空间数据场分布形式不同，所以有多种不同的图形显示算法，但一般都包括数据获取、数据提炼与处理、可视化映射、绘图和显示五个部分。整个流程的核心是可视化映射。其含义是，将经过处理的原始数据转换为可供绘制的几何图素和属性。这里，"映射"的含义包括可视化方案的设计，即需要决定在最后的图像中应该看到什么、又如何将其表现出来，也就是说，如何用形状、光亮度、颜色及其他属性表示出原始数据中人们感兴趣的性质和特点。

科学可视化的主要过程是建模和渲染。建模是把数据映射成物体的几何图元。渲染是把几何图元描绘成图形或图像。渲染是绘制真实感图形的主要技术。严格地说，渲染就是基于光学原理的光照模型计算物体可见面投影到观察者眼中的光亮度大小和色彩的组成，并把它转换成适合图形显示设备的颜色值，从而确定投影画面上每一像素的颜色和光照效果，最终生成具有真实感的图形。真实感图形是通过物体表面的颜色和明暗色调来表现的，它与物体表面的材料性质、表面向视线方向辐射的光能有关，计算复杂，计算量很大。因此，人们投入很多力量来开发渲染技术。

科学计算可视化主要用于处理科研领域实验产生和收集的海量数据，力求真实地反映数据原貌。地学可视化是 VISC 与地球科学结合而形成的概念，是关于地学数据的视觉表达与分析。VISC 作为一门新兴学科，其理论和技术对地学信息可视表达、分析的研究与实践产生了很大影响。地学专家通过对可视化在地学研究中地位和作用的讨论，从不同角度提出了地图可视化、地理可视化和 GIS 可视化等概念。

随着可视化技术的发展，科学计算可视化也出现了一些分支方向，如体可视化、流场可视化。可视化概念扩展到测量数据和工程数据等空间数据场时，衍生出了空间数据场可视化，一般称为体可视化（volume visualization）。体可视化技术主要研究如何表示、绘制体数据集，以观察数据内部结构，方便理解事物的复杂特性。体数据集存在于很多领域，如工程建筑和气象卫星测量的空间场、超声波探测工业产品和核磁共振产生的人体器官形成的密度场、地震预报的力场，以及航空航天实验和核爆炸模拟等大型实验产生的速度场、温度场数据等。

流场可视化技术是流体力学的重要组成部分，是科学计算可视化的分支之一。流场可视化技术的形成与发展有力地促进了计算流力学（computational fluid dynamics）研究的深入。流场可视化技术用箭头、流线和粒子跟踪技术研究二维流场，重现计算流力学中的向量场和张量场数据。

科学计算可视化的应用大至高速飞行模拟，小至分子结构的演示、气象预报、医学图像处理、物理、油气勘探、地学、有限元分析、生命科学等众多领域。科学可视化本身并不是最终目的，而是许多科学技术工作的一个构成要素。这些工作通常包括对于科学技术数据和模型的解释、操作与处理。科学工作者对数据加以可视化，旨在寻找其中的种种模式、特点、关系及异常情况。因此，应当把可视化看做是任务驱动型，而不是数据驱动型。

2）数据可视化

种类繁多的信息源产生的大量数据，远远超出了人脑分析解释这些数据的能力。由于缺乏大量数据的有效分析手段，大量数据中约有 95% 的信息无法被人接受，这严重阻碍了科学研究的进展。数据可视化借助计算机的快速处理能力，并结合计算机图形图像学方面的技术，能够把海量的数据以图形、图像或者动画等多种可视化形式更加友好地展现给人们，将大型集中的数据以图形图像形式表示，并利用数据分析和开发工具发现其中未知信息的处理过程。

数据可视化技术的基本思想是，将数据库中每一个数据项作为单个图元元素表示，大量的数据集构成数据图像，同时将数据的各个属性值以多维数据的形式表示，从不同的维度观察数据，从而对数据进行更深入的观察和分析。用户可以通过人机交互的手段对显示数据进行分类、筛选，并控制图表的生成，便于以最佳的方式看到想要的数据。人机交互使得数据可视化技术更利于发现数据背后隐藏的规律，为人们分析使用数据、发现规律获取知识提供了强有力的手段。

经过 20 多年的发展，数据可视化已经有了许多方法，根据可视化的原理不同可以划分为基于几何的技术、面向像素技术、基于图标的技术、基于层次的技术、基于图像的技术和分布式技术等。按照数据类型进行归类，可以将数据可视化分成一维数据、二维数据、三维数据、多维数据、时序数据、层次结构数据和网络结构数据等七类。广义的数据可视化则在一定程度上或全部包含了科学计算可视化、信息可视化和知识可视化。

3）信息可视化

信息可视化（information visualization）抽象层次较高，其目的主要在于让使用者方便地发现数据内部隐藏的规律。信息可视化主要是指利用计算机支撑的、交互的、对非空间的、非数值型的和高维信息的可视化表示，增强使用者对其背后抽象信息的认知。信息可视化技术已经在信息管理的大部分环节中得以应用，如信息提供的可视化技术、信息组织与描述，以及结构描述的可视化方法、信息检索和利用的可视化等。

信息可视化的框架技术还可以分为三种：映射技术、显示技术和交互控制技术。映射技术主要是降维技术，如因素分析、自组织特征图、寻径网（pathfinder）、潜在语义分析和多维测量等。显示技术把经过映射的数据信息以图形的形式显示出来，交互控制技术通过改变视图的各种参数，以适当的空间排列方式和图形界面展示合理的需求数据，从而将尽可能多的信息以可理解的方式传递给使用者，主要技术有变形、变焦距、扩展轮廓、三维设计。

4）知识可视化

知识可视化（knowledge visualization）主要是指通过可视化技术来构建和传递各种复杂知识的一种图解手段，以提高知识在目标人群中的传播效率。知识域可视化（knowledge domain visualization）是指对基于领域内容的结构进行可视化，通过使用多种可视化的思维、发现、探索和分析技术从知识单元中抽取结构模式并将其在二维或三维知识空间中表示出来，即对某一知识领域智力结构的可视化。知识域可视化技术可以帮助使用者快速进入新的知识领域并对其有一个总体上的直接理解，能使使用者更加高效地认识到感兴趣的领域概念及概念间的关系。

科学计算可视化技术开创以来，现代可视化技术得到了长足的发展，逐渐形成数据可视化、信息可视化和知识可视化，四种可视化技术相互联系又互有区别。其处理对象从数据到知识是一个越发抽象的过程，数据是信息的载体，信息是数据的内涵，而知识又是信息的"结晶"。数据、信息、知识、智慧（data、information、knowledge、wisdom，DIKW）至今没有一个明确的普遍认可的定义，它们是相对的且依赖于所处的环境。Zeleny 认为 DIKW 金字塔最能准确表达四者之间的相互关系，数据是塔基，而智慧是塔尖。Ackoff 认为贯穿于 DIKW 金字塔的核心因素是"理解"（understanding），只有通过"理解"，才能从塔基升华到塔尖。实际上，四种可视化技术之间的关系没有明显的界限，从广义上看科学计算可视化则从属于数据可视化。数据、信息和知识在一定程度也是相通的，因此它们彼此都有交叉。

1.1.4 地理空间数据可视化方法

地理信息可视化为人们提供了一种空间认知的工具。地图是地理信息可视化的主要视觉样式。这些符号或形式不仅易于人类辨别、记忆、分析，并能被计算机所识别、存储、转换和输出。传统的表达方式有图形与图像类，如地形图、专题地图和遥感图等；文字数据类，如原始的测绘数据、文字报表等。计算机技术出现后，地理空间数据可视化借助计算机图形学和图像处理等技术，用几何图形、色彩、纹理、透明度、对比度等技术手段，以图形图像信息的形式直观、形象地表达出来，并进行交互处理。它涉及计算机图形学、图像处理、计算机视觉、计算机辅助设计等多个领域，成为研究数据表示、数据处理、决策分析等一系列问题的综合技术。目前，正在飞速发展的虚拟现实技术也是以图形图像的可视化技术为依托的。其内容表现在以下四个方面。

1. 普通地图可视化方法

普通地图（general map）是综合、全面地反映一定制图区域内的自然要素和社会经济现象一般特征的地图。该地图内包含有地形、水系、土壤、植被、居民点、交通网、境界线等内容。普通地图分为地形图和普通地理图。

地形图是着重表示地形的普通地图。它的特点是：①具有统一的数学基础。各国的地形图除了选用一种椭球体数据作为推算地形图数学基础的依据外，还有统一的地图投影、统一的大地坐标系统和高程系统，完整的比例尺系统、统一的分幅和编号系统。②按照国家统一的测量和编绘规范完成，即精度、制图综合原则、等高距、图式符号和整饰规格等都有统一的要求。③几何精度高、内容详细。地形图有国家基本地形图和专业生产部门测制的大比例尺地形图。前者是由国家统一组织测制的，并提供各地区、各部门使用。后者的地形图都有自订的规范，内容一般按专业部门需要而有所增减。大比例尺地形图多是实测的，中、小比例尺地形图则编绘而成。

普通地理图是普通地图中除地形图以外的地图，又称一览图或参考图。它的特点是：①数学基础因制图区域的不同而异，具体表现在比例尺灵活，地图投影多样，图廓范围大小不同。②内容和表示方法因用途而异，具体表现在地图内容灵活，表示方法和图式符号不统一，而且重视反映区域地理特征。普通地理图的品种多、数量大，除了有不同比例尺、不同范围的各种普通地理图以外，还有单张图、多张图拼合而成的图，有大挂图、桌图和合订成册的普通地理图集，在用途上还有科学参考图、教学用图和普及用图等。

地图符号是空间信息和视觉形象的复合体。根据地理空间数据分类、分级特点，选择相应的视觉变量（如形状、尺寸、颜色等），制作全要素或分要素表示的可阅读的地图，如屏幕地图、纸质地图或印刷胶片等。在地图设计工作中，地图数据的符号化是指利用符号将连续的数据进行分类分级、概括化、抽象化的过程。而在数字地图转换为模拟地图的过程中，地理空间数据的符号化指的是将已处理好的矢量地图数据恢复成连续图形，并附之以不同符号表示的过程。这里所讲的符号化是指地理空间数据的符号化。

地理空间数据符号化的原则是按实际形状确定地图符号的基本形状，以符号的颜色或者形状区分事物的性质。例如，用点、线、面符号表示呈点、线、面分布特征的交通要素，点表示建筑或者特定地点，线表示公路和铁路，面表示地区。一般来说，符号化方法可分为以下八类：单一符号、分类符号、分级符号、分级色彩、比率符号、组合符号、统计符号和彩色阴影。无论点状、线状，还是面状要素，都可以根据要素的属性特征采取单一符号、分类符号、分级符号、分组色彩、比率符号、组合符号和统计图形等多种表示方法，实现数据的符号化，编制符合需要的各种地图。

2. 专题地图可视化方法

地理空间数据专题符号化是利用各种数学模型，把各类统计数据、实验数据、观察数据、地理调查资料等进行分级处理，然后选择适当的视觉变量以专题地图的形式表示出来，着重表示一种或数种自然要素或社会经济现象，如分级统计图、分区统计图、直方图等。这种类型的可视化正体现了科学计算可视化的初始含义。专题地图的内容由两部分构成：①专题内容。图上突出表示自然或社会经济现象及其有关特征。②地理基础。用以标明专题要素空间位置与地理背景的普通地图内容，主要有经纬网、水系、境界、居民地等。

专题地图按内容性质可分为：自然地图、社会经济（人文）地图和其他专题地图。①自然地图：反映制图区中自然要素的空间分布规律及其相互关系的地图。主要包括：地质图、地貌图、地势图、地球物理图、水文图、气象气候图、植被图、土壤图、动物图、综合自然地理图（景观图）、天体图、月球图、火星图等。②社会经济（人文）地图：反映制图区中的社会、经济等人文要素的地理分布、区域特征和相互关系的地图。主要包括人口图、城镇图、行政区划图、交通图、文化建设图、历史图、科技教育图、工业图、农业图、经济图等。③其他专题地图：不宜直接划归自然或社会经济地图的，而用于专门用途的专题地图。主要包括航海图、宇宙图、规划图、工程设计图、军用图、环境图、教学图、旅游图等。

专题地图与普通地图相比，具有独有的特征：①主题化。普通地图强调表达制图要素的一般特征，专题地图强调表达主题要素的重要特征，且尽可能完善、详尽。②特殊化。专题地图突出表达了普通地图中的一种或几种要素，有些专题地图的主题内容是普通地图中所没有的要素。③多元化。专题地图不仅能像普通地图那样，表示制图对象的空间分布规律及其相互关系，还能反映制图对象的发展变化和动态规律，如动态地图（人口变化）、预测地图（天气预报）等。④多样化。一个国家的普通地图特别是地形图，往往都有规范的图式符号系统，但专题地图却由于制图内容的广泛，除个别专题地图外，大体上没有规定的符号系统，表示方法多种多样，地图符号可自己设计创新，因而其表达形式多种多样、丰富多彩。⑤前瞻化。普通地图侧重客观地反映地表现实，而专题地图取材学科广泛，许多编图资料都由相关的科研成果、论文报告、研究资料、遥感图像等构成，能反映学科前沿信息及成果。

专题符号化表示方法是地理对象图形表达的基本方法，是利用地图符号视觉变量显示专题地理要素的特征，是对地理对象实质的科学处理技能，是图形思维方法在地理领域的具体体现。地理空间数据专题符号化表示方法种类繁多、复杂多样，通常要求直观地显示地理对象的空间地理分布特征，数量、质量特征，空间结构特征及时空演变特征，其中空间地理分布特征是最基本的内容。专题要素的空间分布特征，如铁路线分布、城市分布等；专题要素的质量特征（类别、性质），如小麦地、稻地等；专题要素的数量指标，如亩（1 亩 $\approx 666.67\text{m}^2$）产、总产量等；专题要素的内部组成，如农作物中优良、一般和低产品种的构成比重；专题要素的动态变化，如制图区内小麦总产的年度变化；专题要素的发展趋势，如小麦产量预测等。常用的统计图有饼状图、柱状图、累计柱状图等。饼状图主要用于表示制图要素的整体属性与组成部分之间的比例关系；柱状图常用于表示制图要素的两项可比较的属性或变化趋势；累计柱状图既可以表示相互关系与比例，也可以表示相互比较与趋势。

专题地图的符号化有定点符号法、线状符号法、范围法、质底法、等值线法、定位图表法、点数法、运动线法、分级统计图法和分区统计图表法等十余种类。各种方法常交叉应用。

3. 地理三维可视化方法

随着计算机软硬件技术、图形学、空间测量、空间数据存储等技术的日益成熟，地理空间数据开始由二维向三维转变。三维空间数据表达是依靠视觉效果将数据所要表达的信息直观显示出来的一种最好的方法。三维可视化将地理学、几何学、计算机科学、CAD 技术、遥感技术、GPS 技术、互联网、多媒体技术和虚拟现实技术等融为一体，利用计算机图形学与数据库技术来采集、存储、编辑、显示、转换、分析和输出地理图形及其属性数据。在计算机软硬件技术支持下的三维可视化技术是目前计算机图形学领域的热点之一，其出发点是运用三维立体透视技术和计算机仿真技术，将真实世界的三维坐标变换成为计算机坐标，通过光学和电子学处理，模仿真实的世界并显示在屏幕上，便于分析及决策。

三维可视化可分为地形三维可视化、地物三维可视化和地物/地形可视化。

1）地形三维可视化

地形三维可视化是利用计算机对数字地面模型进行简化、渲染、显示等处理，从而实现地形三维逼真显示的技术。它包括数字地面模型的构建、数字地面模型的简化与多分辨率表达、地形数据的组织和金字塔结构索引建立。地形三维可视化可以产生更逼真的三维视景，常用遥感影像作为三维地形可视化中地形表面纹理图，对各类地形地物建模处理，并经过一系列必要的变换，包括数据预处理、几何变换、选择光照模型和纹理映射等，最后真实地显示在计算机屏幕上。

随着计算机硬件和软件水平的不断提高，人们对三维地形的真实性要求也越来越高。除了利用光照技术使三维地形有明暗显示外，还可以添加图像纹理（如叠加卫星照片、彩色地形图等）、分形纹理（利用分形产生植被和水系等）和叠加地表地物（道路、河流、建筑物等）等来提高三维地形的真实性。

2）地物三维可视化

地物三维可视化中主要考虑建筑物、道路、桥梁和水域等地物的三维可视化，而建筑物是城市模型中最关键的地物，它的三维可视化对于三维城市可视化具有十分重要的意义。对于建筑物，人们不只是关心其外形的描述，而且要求知道其几何结构和属性信息，以便对其进行空间分析和不同层的属性查询。

建筑物建模分为几何形状建模和纹理映射建模，建筑物三维几何形体的建模最有效的方法就是利用现有的三维建模工具（如 3DMax）来造型，常用的地物三维建模方法可分为三种类型：基于二维 GIS（包括数据和正射影像数据）建模方法、基于倾斜摄影三维模型的建模方法和基于激光探测与测量（light detection and ranging，LiDAR）三维模型的建模方法。三种方法在三维地物建模和可视化应用中各有优势和不足。对于简单的建筑物，可以将其多边形先用三角剖分方法进行剖分，然后将其拉伸到一定的高度，形成三维实体。而对于河流、道路、湖泊等地表地物，由于存在多边形的拓扑关系，如湖中有岛，所以这时的三角剖分就要复杂得多，往往采用约束三角形保证在三角形剖分过程中，将河流或湖泊中的岛保留，也采用在三角形中插入新的点的方法，既保留了多边形的边界线，又保证剖分后的三角形具有良好的数学性质（没有扁平三角形）。

几何变换是生成三维场景的重要基础和关键步骤，包括坐标变换和投影变换。坐标变换是指对需要显示的对象进行平移、旋转或缩放等数学变换。投影变换是指选取某种投影变换方式，对物体进行变换，完成从物体坐标到视点坐标的变换，它是生成三维模型的重要基础。

投影变换分为透视投影变换和正射投影变换两类。投影方式的选择取决于显示的内容和用途。透视投影类似于人眼对客观世界的观察方式，最明显的特点是按透视法缩小，物体离相机越远，成的像就越小，因而广泛用于三维城市模拟、飞行仿真、步行穿越等模拟人眼效果的研究领域。正射投影的物体或场景的几何属性不变，视点位置不影响投影的结果，一般用于制作地形晕渲图。

3）地物/地形可视化

地物/地形可视化一般将地物建模导入三维地形模型中，经地物和地形匹配处理，实现地物/地形三维实时显示。地物/地形可视化是指通过研究三维地形、地物的构成，建立分析应用模型，运用计算机图形学和图像处理技术，将城市实体以三维图形的方式在屏幕上显示出来。

三维地物模型的构建是一项十分复杂的工程，随着三维可视化技术应用的深入，在大规模三维景观浏览、高效的实体数据模型构建和实时动态显示等方面还有许多问题需要进行深入的研究。

4. 地理时空过程可视化方法

地理时空过程是指地理事物现象发生发展演变的过程。任何一种地理要素或现象，都伴随着复杂的时空过程，如景观空间格局演变、河道洪水、地震、森林生长动态模拟、林火蔓延等。人们常常需要在对地理实体及其空间关系的简化和抽象基础上，利用专业模型对地理对象的行为进行模拟，分析其驱动机制、重建其发展过程，并预测其发展变化趋势。时空数据是对地理时空过程的时间、空间和属性的描述，能够反映地球表层空间地理对象随时间变化而变化的时空过程信息。时空数据动态可视化，是借助计算机图形学和图像处理技术动态表达地表现象的空间和属性在时间维上的变化，便于理解和分析地理时空过程演变的进程和趋势。

地理时空过程可以理解为地理时空对象的形态或属性随长期或短期时间推移所产生的连续或离散的变化过程。与传统的空间数据相比，时空数据增加了时间维度，在数据的语义理解、数据结构、数据互操作、存储上都更为复杂。地理时空过程的动态可视化主要是展示地理信息数据随时间变化而变化的动态过程。

与传统的地图可视化、地理信息可视化相比，动态可视化对技术方法和表达效果的要求更高，包括以下几个方面：①动态效果。时空数据可视化最大的特点是能表现出时空数据的变化过程，反映动态现象在时间上的趋势性、顺序性和周期性，产生动态效果。这种动态效果是在时间轴上对时空过程进行捡选或插值而产生的伸缩后的近似效果，与人们对动态现象的过程感知一致。②可交互性。交互是人与计算机互动的过程，按需实现人对动态可视化的介入和控制，而不是计算机单方面按程序指令进行展示，这也是科学可视化发展的需要。可交互性是方便人们对地理时空过程观察和感知的有利手段和方法，需要研究和发展诸如多通道界面的多种人机交互方式，提高人机信息的交流和感知。③可回溯性。时空数据蕴含丰富的历史信息，是时空数据区别于静态现势数据的价值所在，回溯时空数据的历史状态是动态可视化的基本要求之一，其作用：一是再现历史情景；二是不同历史状态的对比，从而使人们感知历史的状态和发生的变化。④平滑流畅。动态可视化需要实时从数据库中访问和调度时空数据，并随时间变化展示相应的时态数据，所以高效地检索和提取所需的数据是动态可视化流畅性的保障，可增强动态可视化的用户体验。

1.2　可视化在学科中的地位与作用

可视化充分利用计算机图形学、图像处理、用户界面、人机交互等技术，形象、直观地显示科学计算的中间结果和最终结果并进行交互处理。可视化技术以人们惯于接受的表格、图形、图像等方法并辅以信息处理技术将客观事物及其内在的联系表现为可视化结果，便于人们记忆和理解。可视化为人类与计算机这两个信息处理系统提供了一个接口，对信息的处理和表达方式有其他方式无法取代的优势。

1.2.1　可视化是地理空间认知的主要途径

空间认知是对地理空间物体与现象的表征、大小、形状、方位和距离、空间区分和空间关系的理解等空间概念在人脑中的放映。地理空间认知就是研究人类赖以生存的地理环境（主要指地球的四大圈层，岩石圈、水圈、大气圈、生物圈），包括位置、分布、关系、变化和规律等。人类对地理空间的认知包括地理感知、表现再现、地理记忆和地理思维四个过程。感知过程是指刺激物作用于人的感觉器官，产生对地理空间的感觉和知觉的过程。人们日常生活中接受的信息 80%来自视觉，而图形图像是人类最容易接受的视觉信息。"一幅图胜过万语千言"，信息可视化技术使人们可以通过观看可视化的图形图像获取信息的内涵和潜在结构，这大大降低了人们的认知负担。

地图是地学及其相关信息的图示。图示在信息世界中占有独特的位置；图具有极高的信息密度；图采用平行方式传输信息，其传输通道宽、速率高，使地图成为表达地学信息并使人们获得空间认知的最佳工具。通过地图传递的相关信息而获得关于制图区域相关事物的认识，这便是地图空间认知。地图空间认知的功能已被人们普遍认同并在地图的实际应用中带来了巨大的效益。

地图空间认知就是利用地图学方法来实现人对地理空间的认识。通过地图上的图斑直接刺激物，读者获得关于现实土地利用中的个别地块的属性、特性，这是知觉过程的基础。知觉是对客观事物的各种属性、各个部分及其相互关系的综合整体的反映。在感知过程中，人脑把地图看做是由符号构成的地理空间，地图符号刺激人的视觉神经产生兴奋，使大脑形成关于事物个别属性的认识，大脑再经过知觉过程，形成地理事物整体的本质的映像。空间认知的思维过程是地图空间认知的高级阶段，是对同类事物的本质特性和空间关系的概括和抽象过程，是对事物本质特性、分布规律和内在联系的深刻认识，它具有概括性和间接性的特点，能从成因上对事物的特性予以解释。它通过概念、判断、推理来反映事物的本质和内在联系，是借助于心像地图来完成思维过程的。

人类在地图使用过程中，经历了视觉选择性思维、视觉注视性思维和视觉结构联想性思维等具体形式。视觉选择性思维，就是人们根据自己研究的目的需要，在全部地图内容观察研究的过程中，把与自己研究有关的地图符号加以注意，而把无关的内容予以迅速的抛弃。这样做可以提高寻找目标的速度，便于快速地发现目标。视觉注视性思维，就是用图者一旦发现自己要找的目标，就会在该目标上停留较长的时间进行注视，加强对视觉的刺激，产生较强的神经冲动，刺激大脑使业已存在的心像地图复活，通过联想与已知的目标进行对比。视觉结构联想性思维，就是当注视思维的冲动激活大脑中已有的目标时，原来储藏的心像地图就呈现出来，并按原来的地物心像分布规律，在注视点周围寻找相类似的目标，把这些目标形成心像，并与原有心像进行对比判断，当二者相符合时，判断心像是正确的。这里的目标符合已知的分布规律。当符合程度低于一定比例时，就通过判断提出问题，然后去探求深层次的原因。

可视化技术充分利用人类的视觉潜能，把数据、信息和知识转化为可视的表示形式并获得对数据更深层次的认识。可视化作为一种可以放大人类感知的数据、信息、知识的表示方法，日益受到重视并得到越来越广泛的应用。可视化充分利用计算机图形学、图像处理、用户界面、人机交互等技术，形象、直观地显示科学计算的中间结果和最终结果并进行交互处理。信息时代地图作为人类空间认知的重要工具仍然是地图的最主要功能。地图产品从平面地图扩展为三维或多维地图，进而扩展为可"进入"的、具有临场感的环境仿真地图；从静态地图扩展为动态地图；从实地图扩展为虚地图。

可视化结果便于人们记忆和理解，同时其对信息的处理和表达方式有其他方法无法取代的优势。可视化不仅是客观现实形象的再现，还是客观规律、知识和信息的有机融合。

1.2.2　可视化是地理信息表示的主要方法

长期以来，人们用语言、文字、地图等手段描述自然现象和人文社会文化的发生和演变的空间位置、形状、大小范围及其分布特征等方面的地理信息。人类利用形象思维获取视觉符号中所蕴含的信息并发现规律，进而获得科学发现，学会用地图图形科学地、抽象概括地反映自然界和人类社会各种现象空间分布、组合、相互联系及其随时间的动态变化和发展。地图是空间信息的载体，是客观地理世界的一种最有效的表示形式，是人们认识所生存的空间世界环境的最有力工具。地图对空间信息的反映，是通过对现实世界的科学抽象和概括，依据一定的数学法则，运用地图语言——地图符号实现的。符号化的原则是按实际形状确定地图符号的基本形状，以符号的颜色或者形状区分事物的性质。地图符号一般分为点状符号、线状符号和面状符号。点状符号是一种表达不能依比例尺表示的小面积事物（如油库等）和点状事物（如控制点）所采用的符号。线状符号是一种表达呈线状或带状分布事物的符号，如河流，其长度能按比例尺表示，而宽度一般不能按比例尺表示，需要进行适当的夸大。面状符号是一种能按地图比例尺表示出事物分布范围的符号，并可以从图上量测其长度、宽度和面积。

传统上，纸质地图一直作为地理信息的传媒载体，其本身集数据存储与数据显示于一体，限制了许多事物和现象的直观表示，不能很好地解释地理事物和现象形成、发展的原因，从而为地学的研究带来了一些困难。随着计算机技术和信息科学的引入，人们可以用数字（数据）描述地球表面地理信息。地理数据不仅反映了地理系统的海量信息，还是对地理现象近似的描述。地理信息多重性、复杂性、不精确性、不确定性等特点使得地理现象的信息表达普遍存在着模糊性，还使人类对信息的获取不能准确地反映到意识层面上。将大量非直观的、抽象的或者不可见的地理空间数据，借助计算机图形学和图像处理等技术，用几何图形、色彩、纹理、透明度、对比度及动画技术手段，以图形图像信息的形式，直观、形象地表达出来，并进行交互处理，很容易被人们所理解和接受，并能很快形成具体概念，实现空间关系的高效关联分析。没有可视化，地理空间数据无法感知，也无法操作，计算机可视化技术给地理空间数据获取、处理、编辑等人机交互带来一场新的革命。

地理信息的可视化表示包括三个方面：①地理空间数据的可视化表示（屏幕地图、纸质地图）；②地理信息的可视化表示（分级统计图、直方图）；③空间分析结果的可视化表示（专题地图和过程模拟）。

地理信息可视化表达有如下特点：①直观形象性。现代地理信息可视化是通过生动、直观、形象的图形、图像、影像、声音、模型等方式，把各种地理信息展示给读者，以便进行图形图像分析和信息查询。②多源数据的采集和集成性。地理信息可视化技术，可方便地接收与采集不同类型、不同介质和不同格式的数据，不论它们被收集时的形式是图形、图像、文字、数字还是视频，也不论它们的数据格式是否一致，都能用统一的数据库进行管理，从而为多源数据的综合分析提供便利。③交互探讨性。大量数据中，交互方式有利于视觉思维，在探讨分析的过程中，数据可以灵活地被检索，信息可以交互地被改变。多源地学信息集成在一起，并用统一数据库进行管理，同时具有较强的空间分析与查询功能，因此地学工作者可以方便地用交互方式对多源地学信息进行对比、综合、分析，从中获得新的规律，以利于规划、决策与经营。④时空信息的动态性。地理信息不但是空间信息，而且具有动态性，即时空信息。计算机技术的发展和时间维的加入，使地理信息的动态表示和动态检索成为可能。⑤信息载体的多样性。随着多媒体技术的发展，表达地理信息的方式不再局限于表格、图形和文件，而拓展到图像、声音、动画、视频图像、三维仿真乃至虚拟现实等，真实再现地理现象。

由于自然地理和人文现象的复杂性，人们不可能用现有的表达手段完全彻底描述地理现象。地理信息在各领域中的广泛应用导致多源地理空间数据产生，但这些信息数据只能从某一个（些）侧面或角度描述地理事物的属性特征，空间数据融合处理能力的滞后迫切需要研究和开发新的信息处理技术和方法。基于此，海量、异构、时变、多维数据的可视化表示和分析在各领域中日益受到重视并得到越来越广泛的应用。可视化可以把数据、信息和知识转化为可视的表示形式，并放大人类感知的数据、信息、知识，获得对数据更深层次的认识。

可视化分析主要应用于海量数据关联分析，由于所涉及的信息比较分散、数据结构有可能不统一，而且通常以人工分析为主，加上分析过程的非结构性和不确定性，所以不易形成固定的分析流程或模式，很难将数据调入应用系统中进行分析挖掘。功能强大的可视化数据分析平台，可辅助人工操作将数据进行关联分析，并做出完整的分析图表。图表中包含所有事件的相关信息，也完整展示数据分析的过程和数据链走向。同时，这些分析图表也可通过另存为其他格式，供相关人员调阅。可视化是一种使复杂信息能够容易和快速被人理解的手段，是一种聚焦在信息重要特征的信息压缩语言，是可以放大人类感知的图形化表示方法。可视化可以应用到简单问题，也可以应用到复杂系统状态表示，从可视化的表示中人们可以发现新的线索、新的关联、新的结构、新的知识，促进人机系统的结合，促进科学决策。

1.2.3　可视化是地理信息系统的主要功能

地理空间数据的可视化表达是地理信息系统最基本的功能。地理信息系统发展早期是计算机地图制图，它把计算机作为工具来完成地图制图的任务，把人们从繁重的手工地图制图劳动中解脱出来，由此产生了大量的地图数据。地图数据主要是为地图生产服务的，强调数据的可视化特征，忽略了实体的空间关系。采取的方式主要为"图形表现属性"，地理物体的数量特征和质量特征用大量的辅助符号表示，包括线型、粗细、颜色、纹理、文字注记、大小等数十种。地图数据是以相应的图式、规范为标准的，依然保留着地图的各项特征。

科学技术的发展和地图数据应用的深入，特别是计算机技术、数据库理论、信息系统理论的发展和实践的成功，使人们对地理信息的应用不再局限于地图这一单一产品上，研究和解决空间问题需要综合利用各种数据，包括资源、环境、经济和社会等领域的一切带有地理坐标的数据。与地图数据相比，这种数据主要通过属性数据描述地理实体的定性特征，用数字表示空间实体的数量特征、质量特征和时间特征。从数据内容、获取手段、表示方法和数据组织上看，这些数据已经超出了地图数据表示范畴，为了与地图数据区分，人们称之为地理信息数据。地理信息数据的获取、处理、管理和分析及其在地学领域的应用导致了地理信息系统的产生和发展。它是利用计算机及其外部设备，采集、存储、分析和描述整个或部分地球表面的空间信息系统。它的研究对象是整个地理空间，为人们采用数字形式和分析现实空间世界提供了一系列空间操作和分析方法。地理信息系统的核心是地理信息数据库，但地理空间数据的表示方法仍然是可视化。

地理信息系统可视化功能包括：①电子地图，在计算机屏幕上产生的地图。②动态地图，由于地学数据存储于计算机内存，可以动态显示地学数据的不同角度的观察，不同方法的表示结果，或者随时间的变化结果。③交互交融地图，是指人可与地图进行相互作用和信息交流。交互即相互改变显示行为，交融即投入感和沉浸感。④超地图，即多媒体地图，与超文本概念是对应的关系。

随着相关技术进步，空间数据的图形表达也从二维静态的图形显示发展到了动态交互的三维可视化及虚拟现实技术。地理信息系统可视化处理功能是把获取的各种地理空间数据，经空间可视化模型的计算分析，转换成可被人的视觉感知的计算机二维或三维图形图像，并对生成的影像进行二维或三维的空间查询或地学模型的计算分析。地理空间可视化功能包括地理空间二维可视化、地理空间三维可视化和专业可视化。地理空间三维可视化主要指真三维的可视化、2.5维、动态可视化等。专业可视化是指专业应用领域的计算、模拟和结果在GIS支持下的可视化显示。

1.3 研究内容与发展趋势

1.3.1 地理空间数据可视化研究内容

地理空间数据可视化是在计算机、网络通信技术支持下，大量信息及信息间关系进行抽象后，借助一定的图形化方式进行表达，从而揭示隐藏其中的模式和规律，以便让人们更加有效、直观地与信息进行交互的理论、技术与方法。其相关的理论和技术对地理信息科学产生了很大的影响。从理论层面来看，可视化是通过计算机图形显示来表达地理信息数据的过程，是人们对某种地理对象建立在脑海中的意象，更是人与人之间有关地理信息认知和交流的过程，人们可以获得自己所需要的地理知识，进而发现地理发展规律。从技术层面来看，可视化技术与地理信息系统技术的结合，促进了地理信息数据的图形表达。

1. 地理空间数据可视化理论研究

随着计算机图形、图像技术的飞速发展，人们现在已经可以用丰富的色彩、动画技术、三维立体显示及仿真等手段，形象地表现各种地形特征。尺度是地理空间数据的重要特征，凡是与地球参考位置有关的数据都具有尺度特性。地理信息可视化载体必须具有空间尺度。地理空间数据的尺度依赖性影响着空间信息表达的内容，不同尺度的变化不仅引起比例大小的缩放，还带来了空间结构的重新组合。

2. 计算机图形系统

计算机图形系统主要研究在计算机中表示图形及利用计算机进行图形计算、处理和显示的相关原理与算法。图形通常由点、线、面、体等几何元素和灰度、色彩、线型、线宽等非几何属性组成。从构成要素上看，图形主要分为两类：一类是几何要素在构图中具有突出作用的图形，如工程图、等高线地图、曲面的线框图等；另一类是非几何要素在构图中具有突出作用的图形，如明暗图、晕渲图、真实感图形等。计算机图形系统一个主要的目的就是利用计算机产生令人赏心悦目的真实感图形。从应用的角度可将计算机图形系统归纳为三类：用于专业图形工作站的图形系统、用于 PC 微机的图形系统和用于嵌入式设备的图形系统（称为嵌入式图形系统）。这些图形系统大多基于一种实时绘制的体系架构，采用高性能的图形引擎（graphic engine），即图形硬件加速器，支持开放式的图形编程接口。

计算机图形系统的研究内容非常广泛，如图形硬件、图形标准、图形交互技术、光栅图形生成算法、曲线曲面造型、实体造型、真实感图形计算与显示算法、非真实感绘制，以及科学计算可视化、计算机动画、自然景物仿真、虚拟现实等。

3. 计算机图形基本算法

随着计算机图形设备的不断更新和图形应用领域的不断扩大，计算机图形基本算法所包含的内容也在不断增加。主要内容有：最基本的直线与曲线生成、绘制；线、多边形的裁剪；隐藏线与隐藏面的消除，以及目前图形学领域中热点研究的内容，包括真实感显示技术、虚拟现实技术、动画与仿真技术、科学计算可视化技术、三维重建技术及建模与绘制技术等。

平面简单多边形的布尔运算是计算机图形的基本算法之一。国内外许多专家对此进行了大量有益的探索，并提出了相应的算法，但是这些算法大部分没有建立完整的数学模型，只局限于对凸多边形进行操作，还有一些算法虽然可以对任意多边形进行操作，但是运算过程大多比较烦琐，而且在某些特殊情况下还不是很有效，甚至无法得出正确的结果。在几何模型的应用中，常常要对模型表示的几何实体进行分解。在特殊问题的解决中，需要对算法进行分析和设计。常用来表示多边形的方法有：三角化法、梯形化法、凸形分解法、二进制空间分区树法。

图形的裁剪是计算机图形学的一个基本内容，裁剪是对图形数据进行选择性摘取。它将处于用户规定的窗口或视见区内的图形进行显示或做进一步处理。裁剪是计算机图形学在许多方面应用的基础，例如，从不同的物体模型中裁取事物体进行拼接而产生新的物体模型。三维显示中的隐藏线、隐藏面消除和表面阴影处理等技术中有些算法也结合了裁剪算法。裁剪在图形合成中是基础和必需的操作。裁剪的原理并不复杂，但对速度要求很高，提高裁剪速度具有重要的意义。裁剪算法的研究主要集中在裁剪直线和裁剪多边形两方面。

4. 普通地图可视化

地理空间数据非常复杂，地图显示的主题内容和要素类型特征众多，完美地显示各种内容要素往往需要建立一套完善的地图符号。地图符号主要通过符号库的形式来储存和管理。地图符号库标准化研究对于地理空间数据可视化来说具有重要意义。再者，不同比例尺的地图往往对地物的详细表达程度不同，这时要对地物的表达进行不同程度的取舍及综合。所以，不同比例尺的地图图式中的符号种类、大小和个数也存在差异，这样就要求对不同比例尺的地图采用不同的符号库，与之相对的是建立一套多比例尺的地图符号库。按照事物的存在状态可以将符号分为点状符号、线状符号、面状符号，符号绘制的好坏直接影响着地图成图的质量及对地图信息的获取。

5. 专题地图可视化

专题地图能够深入地揭示制图区域内某一种或者几种自然或社会经济现象，对地理要素的表达比较深刻，其类型已经由单一的定性分析专题地图发展到定量、评价、三维综合景观等多类型专题地图。专题地图制图实质上就是对空间位置数据（底图要素）和属性数据（专题要素）进行处理并符号化的过程。重点在于对属性数据（专题要素）的处理和符号化，因此数据处理和符号化是专题地图制图的核心环节。由于专题地图符号是由数据决定的，所以符号的尺寸、色彩、密度等每一个图形变量与专题数据密切相关。专题地图符号的数据相关性是专题地图制图的核心，符号化和数据处理的关系决定着专题地图制图的灵活性和自动化程度，因此专题地图符号与数据的相关性就成为一个重点。需要深入研究专题地图符号构成的基本变量及其与专题数据的关系，即是否相关、如何相关，从而把握专题地图符号的本质，实现专题地图符号的灵活生成和动态扩充。此外，还应当研究专题地图的符号类型、电子地图条件下的扩展符号类型及各类符号的设计方法，以提高各类专题地图符号的视觉感受效果。

目前的专题地图制图模块，对专题地图符号的数据相关性考虑较少，专题地图符号的类型和样式单一，缺乏一些实用的多要素、多指标的符号，一些专题地图制图模块生成的专题地图还存在着对专题要素表达不够恰当的地方。符号的生成技术方面，对普通地图符号库的研究较多，专题地图符号库的研究较少。专题地图的类型和符号的种类有限，不能满足实际需求；符号库不能自由扩充；偏重于考虑专题地图符号在图形上的技术实现，忽视了符号所代表的制图涵义；专题地图的制作过程较为复杂，不仅非专业用户很难快速制作出科学美观的地图，即使是专业用户在制图时也需要反复尝试等。

6. 三维地图可视化

三维 GIS 的研究对象从二维地图转变为三维世界，使地形地物的空间形态、结构与相互之间的关系变得更加复杂，相应的 GIS 数据模型和技术方法都需要颠覆性的创新，如传统分幅镶嵌的二维平面地图数据结构需要转变为无缝的三维模型（几何+外观+语义）数据结构；离散比例尺地图符号可视化需要转变为多细节层次（level of detail，LOD）真实感场景的自适应可视化等。同时，三维实体空间一体化的高精度建模、准确度量分析、高效集成管理与实时可视化分析等一直是三维 GIS 研究的主题与核心，近年来取得了系统性的突破。

1）真三维 GIS 数据模型

三维空间数据模型是三维 GIS 的基础，也是决定三维 GIS 系统能力的最基本因素。传统三维空间数据模型大多面向特定的专业领域，如地质模型、矿山模型、地表景观模型等，这些模型大部分针对单一数据类型，不能表示多源异构数据，并且缺乏统一的语义表达，在多尺度表达一致性的方面较差，需要在线进行坐标转换、数据结构转换，不同系统功能难以并行处理、增加三维绘制状态的切换频率等，导致三维 GIS 系统利用率低，多种应用需要多套数据和多种软硬件系统，难以满足地上下和室内外三维空间信息的精准表达、动态更新与一致性维护，以及综合分析的需要。因此，传统三维 GIS 难以提供一个城市完整的空间表达与管理的解决方案，尤其是宏观规划管理跟微观精细化管理之间的矛盾十分突出。针对地上下和室内外多粒度对象统一表达的复杂性与高效性难题，地上下和室内外一体化表达的真三维 GIS 模型刻画了三维空间对象几何、拓扑和语义的特征及其相互关系，统一了空间基准与数据结构、多层次语义与拓扑关系，以及几何与纹理的多细节层次表达等。特别是基于三维几何的精细化表达，实现了建筑、道路等设施及其部件级别的物理性能和功能的语义描述，使得三维 GIS 进一步拓展能有效支撑互联网信息的承载和关联分析，以及室内外无缝定位与导航应用。该模型扩展了开放地理信息联盟（Open Geospatial Consortium, OGC）标准 CityGML四种主要的常用专题模型：建筑模型、道路模型、管线模型和地质模型，实现了将复杂的三维地理环境划分为三个层次进行描述：地形表面层次、地上下立体空间层次和建筑物三维内部空间层次。地形表面层次是面向完整的 2.5 维地表空间管理，在整个区域地形表面空间层次上确保合理的空间划分与区域识别；地上下立体层次是基于基本的立体层次描述的三维空间，主要解决三维空间对象在二维抽象表示中产生的地上下交叠问题，满足三维空间层面的对象精确表达与分析需求；建筑物三维内部空间层次是基于建筑结构的语义关系进一步详细划分的内部空间层次，使用"位于"和"部分-组成"语义关系来表达建筑物的内部逻辑构成，从而建立完整的三维内部空间表示。

2）精确高效的三维 GIS 集成建模

随着三维 GIS 在设施规划设计、建设与运行维护等全生命周期中的深化应用，三维 CAD模型、三维建筑信息模型（building information modeling，BIM）与三维 GIS 模型的集成与融合成为新的前沿技术。建筑对象的工业基础类（industry foundation class，IFC）数据模型标准和 CityGML 两个标准定义的 CAD/BIM 模型与三维 GIS 模型分别采用两种不同的表达机制，即实体模型和表面模型。因此，高细节层次的复杂建筑物或者城市尺度，以及高速铁路和高速公路等大范围三维 GIS 建模的技术难点为高细节层次模型到低细节层次模型的自动转化。

3）大规模三维 GIS 数据的高效组织管理模式

高效、一体化地组织与管理复杂的不均匀分布的地上下和室内外三维空间模型数据一直是研究的前沿难点问题，也是三维 GIS 从局部范围示范到城市级综合应用面临的主要技术挑战。三维 GIS 数据高效组织管理存在两大技术瓶颈：①由模型数据量大、三维空间对象几何形状各异、空间分布稀疏不均，且结构化的二维纹理数据与非结构化的三维几何数据紧耦合引起的数据密集导致数据动态存取存在严重的 I/O 瓶颈。②三维空间数据分析与实时可视化等应用越来越复杂引起的计算密集导致了复杂空间数据操作存在服务器的性能瓶颈。传统三维 GIS 可视化系统由于采用一次性装载的数据组织管理方式，能处理的数据量受限于计算机内存和显存的大小，而且数据和软件常常还要绑定，难以充分发挥系统应用效能。针对这些技术瓶颈，国际上的研究一方面在最基本的模型表示和数据结构上通过标准化进行统一，尽量减少运行时不同格式模型的转换导致的时间和空间浪费；另一方面，在系统研制上主要是发展三维 GIS 特有的数据组织模式和相应的空间索引结构，以及动态调度机制。三维 GIS 作为时空数据的基本承载引擎，急需大大提升三维 GIS 支持多维动态时空数据的组织管理能力，特别是时空关联和语义感知的数据库智能搜索能力；急需不断提升三维 GIS 组织管理与动态更新更加复杂的 BIM/CAD 模型，以及与各专业 CAD 系统之间有机协同的能力，支撑三维环境中的地理设计（GeoDesign）。

4）高性能三维数据动态调度

众所周知，平滑流畅、逼真高效的三维可视化是三维 GIS 的基本功能之一。实际上，三维 GIS 可视化不同于传统二维 GIS 地图可视化。最明显的特征就是真实感，或者说具有"相片质感"。这种真实感来自精细的几何特征和逼真的纹理细节。同时，三维 GIS 数据的真实感可视化还特别强调人机交互响应的实时、低延迟、稳定的图像质量和逼真的场景效果。一般都需要对整个区域的数据进行预先的全局优化处理，以便系统运行时静态装载；即使动态装载也受限于场景复杂性和细节程度，难以兼顾大范围场景的宏观表现和局部场景的精细表现，动态漫游过程中视觉效果和性能易发生跳变。简化场景细节层次、图形硬件加速和并行绘制等手段，可提高真实感三维图形可视化效率。

在信息交流过程中，认知能力是地图制作者和地图使用者需要共同拥有的一种基本能力，其中地图制作者要有良好的识别环境能力和很好的视觉鉴别能力，从而设计出准确的地理信息模型。同时，地图使用者具有较高的认知能力将有助于提高地理信息的可视化水平。地理信息是地图学发展的重点，建立更加符合人们认知要求的地理信息可视化形式，提高地理空间的认知效率是地理信息可视化研究的重点内容。

1.3.2 地理空间数据可视化发展趋势

1. 心理学和认知科学的研究

据有关研究，人的大脑有一半以上的神经元与视觉有关，而人从外界所获得的信息中，大部分是通过眼睛得到的。因此，人类对客观环境的认知行为体现在感知、识别、分析、思考等方面。人类具有高效的、大容量的图形和图像信息通道，人的知觉系统对图像信息的感知、把握能力远胜于对简单的文字符号处理能力，只是由于技术水平的限制，这一潜能远未充分发挥。人类所获得地理信息以怎样的方式进入人的大脑及人脑对它们做出怎样的反应，其机制如何，尚待进一步研究。

2. 地理信息可视化认知机理

地理信息是关于自然、人文现象的空间分布与组合的信息，它表征地理环境的数量、质量、分布特征、内在联系和运动规律。在信息化条件下地理信息的内容多种多样、表达形式丰富。地理信息可视化是在地理数据库驱动下，以地图形式表达地理信息的过程。它是可视化表达的重要组成部分。从空间认知的角度，深入研究地理信息可视化的过程，结合地理信息可视化的特点，提出了研究空间地理信息的表现形式及空间认知的基本模式。因此，地理信息可视化的发展符合人类获取、理解和使用地理信息认知需求，是地理信息可视化认知研究的主要内容。

3. 符号系统的研究

由于地理信息是通过一系列的符号进行表达和传输的，因此，为了更好地揭示空间信息的本质和规律，便于人类认识并改造世界，空间信息的表达和传输必须借助一些规则、直观、形象、系统的符号或视觉化形式，这些符号或形式不仅易于人类辨别、记忆、分析，还能被计算机所识别、存储、转换和输出。因此，符号系统作为认知科学的理论基础，是目前的研究方向之一。

4. 海量时空数据处理的研究

卫星遥感、气象气候、地震预报等地学领域中产生了大量的不同时间、不同类型、不同介质的数据，及时地判读、理解、抽取信息日益显得重要。因此，借助图形图像来进行的信息表达、存储和传递等方面将面临巨大的挑战。

5. 空间数据可视化处理算法研究

在地理信息系统中，空间数据可视化更重要的是为人们提供一种空间认知的工具。它在提高空间数据的复杂过程、分析的洞察能力、多维多时相数据和过程的显示等方面，将有效地改善和增强空间地理环境信息的传播能力。目前空间可视化中，特别是地形三维可视化、地面建筑物三维可视化及空间数据的多尺度显示等许多问题（如思路、算法等）需要进一步研究。

6. 仿真技术和虚拟技术的研究

真三维 GIS 概念旨在强调地上下和室内外三维空间实体的集成表示，既有自然的地形地貌和地表的各种人工建筑物，也有地下的地质结构、各种工程设施与建筑物，突出整个三维实体空间一体化的高精度建模和准确度量分析。三维意味着多维，真三维 GIS 技术框架自然包含了传统二维和 2.5 维的 GIS 技术内涵，并能根据需要提供恰当的多维表示。三维可视化仅仅是三维 GIS 的基本功能之一，还需要三维数据编辑、分析和可视化处理能力。

虚拟地理环境（virtual geographic environments，VGE）是以化身人、化身人群、化身人类为主体的一个虚拟共享空间与环境，它既可以是现实地理环境的表达、模拟、延伸与超越，也可以是赛博空间中存在的一个虚拟社会世界。狭义的虚拟地理环境是一种传统意义上的软件信息系统，作为一种工具，帮助人们理解和分析现实地理环境。虚拟地理环境，特称为虚拟地理环境系统。广义上的虚拟地理环境，是人类可以生活、工作、生产和消费的一个新的空间世界，它与现实地理环境一样，是一个包含空间系统、生态系统和社会系统的一个开放的、复杂性巨系统。

仿真技术和虚拟现实技术都是在可视化技术基础上发展起来的，是由计算机进行科学计算和多维表达显示的。仿真技术是虚拟现实技术的核心，仿真技术的特点是用户对可视化的对象只有视觉和听觉，而没有触觉；不存在交互作用；用户没有身临其境的感觉；操纵计算机环境的物体，不会产生符合物理的、力学的动作和行为，不能形象逼真地表达地理信息。而虚拟现实技术则是指运用计算机技术生成一个逼真的，具有视觉、听觉、触觉等效果的、可交互的、动态的世界，人们可以对虚拟对象进行操纵和考察。其特点是利用计算机生成一个三维视觉、立体视觉和触觉效果的逼真世界，用户可通过各种器官与虚拟对象进行交互，操纵由计算机生成的虚拟对象时，能产生符合物理的、地学的和生物原理的行为和动作；具有从外到内或从内到外观察数据空间的特征，在不同空间漫游；借助三维传感技术（如数据头盔、手套及外衣等），用户可产生具有三维视觉、立体听觉和触觉的身临其境的感觉。虚拟技术的最大特点就是把过去善于处理数字化的单维信息发展为能适合人的特征的多维信息。它支持的多维信息空间为人类认识和改造世界提供强大的武器，使人类处于一种交互作用的环境。虚拟现实技术还可进行远距离的操作或远距离的影像显示。目前虚拟现实技术在其他行业和领域得到了广泛的应用，但在地学领域仍处于研究状态。

1.4 与其他学科的关系

地理空间数据可视化是传统地图学、地图制图学与计算机图形学技术相结合的产物。地理信息可视化则以地理信息科学、计算机科学、地图学、认知科学、信息传输学与地理信息系统为基础，并通过计算机技术、数字技术、多媒体技术动态，直观、形象地表现、解释、传输地理空间信息并揭示其规律，是关于信息表达和传输的理论、方法与技术的一门学科。这些学科又不同程度地提供了一些构成地理信息可视化的技术与方法。因此，认识和理解地理信息可视化与这些相关学科的关系，对于准确地定义和深刻地理解地理信息可视化有很大的帮助。

1. 与地图学及地图制图学的关系

地理空间数据可视化就是将地理数据转换成可视的形态，脱胎于地图，并成为地图信息的又一种新的表现形式，是信息时代人们进行空间认知的一种重要工具。地图学是研究地图的实质（性质、内容及其表示方法）、地图制作与应用的理论与技术和制作地图的学科。地图制图学是研究地图及其编制和应用的一门学科。传统的地图制图学由地图学总论、地图投影、地图编制、地图整饰和地图制印等部分组成。地图学理论与地图制图技术方法是地理空间数据可视化的理论技术基础。对地图学来说，地理数据可视化技术已远远超出了传统的符号化及视觉变量表示法的水平，进入了在动态、时空变换、多维可交互的地图条件下探索视觉效果和提高视觉工具功能的阶段，它的重点是要将那些通常难以设想和接近的环境与事物，以动态直观的方式表现出来。在计算机技术飞速发展的今天，地理空间数据的可视化在一定意义上，可以看做是数字时代的地图学。地理信息可视化已经成为现代地图学的核心内容之一，对现代地图学的理论、方法产生了深远影响，并且拓展了地图产品的功能和应用。

2. 与计算机图形学的关系

计算机图形学是地理空间数据可视化的技术基础。计算机图形学是一种使用数学算法把二维或三维图形转化为计算机显示器的栅格形式的科学。简单地说，计算机图形学的主要研究内容就是如何在计算机中表示图形，以及利用计算机进行图形的计算、处理和显示的相关原理与算法。计算机图形学的一个重要研究内容就是利用计算机产生令人赏心悦目的真实感图形。从处理技术上来看，图形主要分为两类：一类是由线条组成的图形，如工程图、等高线地图、曲面的线框图等；另一类是类似于照片的明暗图，也就是通常所说的真实感图形。地理空间数据可视化也分为二维图形和图像可视化、三维地形和地物真实感场景可视化。从这个角度说，地理空间数据可视化是计算机图形技术的扩展，或者说是在计算机图形基础上的二次开发。

3. 与认知及地理空间认知科学的关系

"认知"是心理学界普遍使用的一个心理学术语，指人类通过感觉、知觉、表象、想象、记忆、思维等形式，把握客观事物的性质和规律的认识活动。认知科学就是以认知过程及其规律为研究对象的科学。信息的获得就是接受直接作用于感官的刺激信息。感觉的作用就在于获得信息。人类在知觉、表象、想象、记忆、思维等认知活动中都有相应的信息编码方式。地理空间认知是研究人类如何认识自己赖以生存的地理环境，包括位置、分布、关系、变化和规律等。人类对地理空间的认知包括地理感知、表现再现、地理记忆和地理思维四个过程。人们通过视觉、听觉、触觉等多种感觉通道进行空间感知，进而完成对世界的认识和改造。在进行地理空间认知过程中，视觉是获取地理空间信息的重要途径。地理空间数据可视化是地理空间数据转化为地理信息的最重要通道，也是地理认知过程中的重要阶段。基于地理空间数据可视化的空间认知成为地理空间认知的重要研究内容。

4. 与地理学的关系

地理学是研究地球表层各圈层相互作用关系及其空间差异与变化过程的学科体系，研究地球表层自然要素与人文要素相互作用及其形成演化的特征、结构、格局、过程、地域分异与人地关系等。地理信息是与地理环境要素有关的物质的数量、质量、性质、分布特征、联系和规律的数字、文字、图像和图形等的总称。地理空间数据是地理信息的载体。地理是地理空间数据可视化的对象。地理空间数据可视化恰恰适应了地理学的需要，因为地理空间数据可视化的任务就在于研究如何把地球表面上的事物或现象用各种图像和符号直观地表现它们的位置、组合及结构。地理空间数据可视化是地理学中表达"它在哪里"的最明确、最有成效的方式，是检验人们地理概念正确与否的有力武器，也是推动地理学发展的必要手段。著名的地理学家厄尔曼说："地理思想必然要与地图挂钩，如果你不能把思想画成地图，你就没有地理思想"。地理学研究的理论、方法、模型和数据等成果是地理空间数据可视化的基础。地理空间数据可视化可以展示地理要素空间分布、空间差异、空间关系和变化过程，直观、形象地表现、解释、传输地理空间信息并揭示其规律。地理学与地理空间数据可视化是"你中有我"和"我中有你"的关系。

5. 与数学的关系

地理空间数据可视化从表现内容上来分，有地图（图形）、多媒体、虚拟现实等；从空间维数上来分有二维可视化、三维可视化、多维动态可视化等。数学是研究现实世界空间形式和数量关系的一门科学。初等数学中的一些数量关系可以用可视化方式表达，如解析几何。复杂的数量关系也可以用可视化直观解释，如黎曼映照。随着地理计算研究的深入，许多地理问题和地理过程的可计算性可以解决：使用可视化和虚拟现实的手段，实现地理问题的理解和交流。地理问题和地理过程的虚拟和模拟，需要能解决复杂非线性问题的数学工具。

1.5　学　习　指　南

地理空间数据可视化是地理信息科学的主要技术之一，是地理信息系统的主要功能，是在计算机图形学、地图学、应用数学、地理学和计算机科学等学科基础上发展起来的。学习本书必须了解或掌握五类学科领域的知识：第一类为数学。数学是地理空间分析的基础，必须掌握高等数学、线性代数、概率论与数理统计、离散数学等数学知识。第二类为地理科学知识，如地理科学概论、自然地理学、人文地理和环境与生态科学、经济地理、环境科学等。第三类为地图学知识，地图学是地理空间数据可视化的基础。第四类为计算机科学知识和技能，主要掌握程序语言设计、数据结构算法、计算机图形学、数据库原理、计算机网络和人工智能等。第五类为地理信息科学基础理论知识，包括地理空间认知、地理实体表达、地理时空基础、地理信息可视化与尺度、地理信息传输与解译、地理信息不确定性。地理空间数据获取与处理和地理空间数据库原理可作为先修内容。每类所含学科内容如图 1.6 所示。

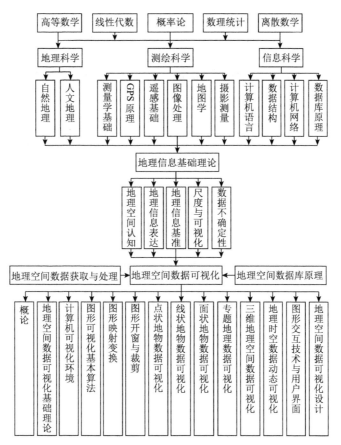

图 1.6 阅读本书所需知识及主要内容

第二章 地理空间数据可视化基础理论

地理空间数据可视化是科学又是艺术。科学性表现在地理空间数据可视化为人们提供一种空间认知的工具。地理空间数据可视化可为地学研究提供直观而高效的显示结果，已成为人们获取地理空间信息的主要方法。人类为了更好地揭示地理信息的本质和规律，认识并改造世界，借助一些规则、直观、形象、系统的符号或视觉化形式来表达和传输地理信息，用人类视觉感受和认知地球上自然现象和社会发展。可视化也是视觉艺术，视觉所直接感知的，是直观的形状、色彩（或色调）和质感（质地或体量）及其构成关系。在视觉艺术中，无论是平面还是立体造型，都十分重视形式美规律的运用，多样统一、对称、均衡、对比、和谐及图与底的关系等，这些构成了视觉艺术审美特性的重要因素。艺术用形象来反映现实，但比现实更具典型性，艺术是语言的重要补充方法。本章从人的视觉与感受、心理学与心理物理学、透视原理与平面构图、符号与地图符号、视觉变量与感受理论 5 节来探讨地理空间数据可视化理论问题。

2.1 视觉与感受

2.1.1 人眼生理特性

1. 眼睛的构造及其折光系统

眼球形状似球，由眼球壁和眼球内容物构成。眼球壁分三层，外层为巩膜和角膜，光线通过角膜发生折射进入眼内。中层为虹膜、睫状肌等。虹膜中间有一个孔称为瞳孔，它随光线的强弱而调节其大小。内层为视网膜和部分视神经。

眼球内容物有水晶体、房水和玻璃体，它们都是屈光介质。光线透过角膜穿入瞳孔经过水晶体折射，最后聚焦在视网膜上。当注视外物时，由于角膜、虹膜及这些屈光介质的调节作用，物像才得以聚集在视网膜的适当部位上。

2. 视网膜的构造和感觉机制

视网膜上有感光细胞，包括锥体细胞、棒体细胞及双极细胞和神经节细胞。在眼底视网膜中央有一小块碟形区域叫中央窝，其间含有密集的锥体细胞，具有敏锐的视觉、颜色和空间细节辨别力。在离中央窝 15°附近，神经节细胞在此聚集成束形成视神经而进入大脑，这个地方叫盲点。

光线到达视网膜后，首先穿过视神经纤维的节状细胞、双极细胞，引起感光细胞（锥体细胞和棒体细胞）的变化，然后通过一定的光-化学反应影响双极细胞和节状细胞，从而引起视神经纤维的冲动传入视觉中枢。

视网膜上亿的神经细胞排列成三层，通过突触组成一个处理信息的复杂网络。第一层是光感受器；第二层是中间神经细胞，包括双极细胞、水平细胞和无长突细胞等；第三层是神经节细胞。它们间的突触形成两个突触层，即光感受器与双极细胞、水平细胞间突触组成的外网状层，以及双极细胞、无长突细胞和神经节细胞间突触组成的内网状层。光感受器兴奋后，其信号主要经过双极细胞传至神经节细胞，然后，经后者的轴突（视神经纤维）传至神经中枢，激起感光细胞引起神经冲动，光能便转换为神经信息，这种信息经由三级神经元传递至大脑的视觉中枢而产生视觉。

在脊椎动物的视网膜中，棒体细胞的适应占主导地位。脊椎动物、头足类等通过瞳孔反射调节入射到眼底的光量，从广义来说虽然可以包含在明暗适应之中，但一般是与视网膜运动现象合称为物理适应（德文 physikalische adaptation），与由视细胞变化的固有适应，即生理适应（德文 physiologische adaptation）相区别。在测定人的适应（暗适应）程度时，可采用内格尔（Nagel）暗适应计等，即让被试者看一个照度可在很宽范围内变化的圆形视野——测试野（test field）。体色与适应状态的关系随动物的种类而异，对于虾类、竹节虫、鲶等，明适应时体色变亮（色素颗粒聚集）、暗适应时变暗（扩散），而对于蟹类、蛙等则显示相反的关系。视网膜的视感度在明处降低（明适应），在暗处增大（暗适应），从而可以在很宽的照度范围[称适应范围，对于人为 $101\sim104$ 毫朗伯（millilambert）]保持适当的视感度。与远近调节相反，主要是一种视细胞本身的变化，即基于其兴奋性或阈值变化的现象，已知这种现象存在于蚯蚓眼点的那种原始眼中。

3. 视觉中枢的信息处理过程

人眼能看清物体是由于物体所发出的光线经过眼内折光系统（包括角膜、房水、晶状体、玻璃体）发生折射，成像于视网膜上，视网膜上的感光细胞——锥体细胞和棒体细胞能将光刺激所包含的视觉信息转变成神经信息，经视神经传入大脑视觉中枢而产生视觉。因此，视觉生理可分为物体在视网膜上成像的过程与视网膜感光细胞将物像转变为神经冲动的过程。视觉形成过程：光线→角膜→瞳孔→晶状体（折射光线）→玻璃体（固定眼球）→视网膜（形成物像）→视神经（传导视觉信息）→大脑视觉中枢（形成视觉）。

光作用于视觉器官，使其感受细胞兴奋，其信息经视觉神经系统加工后便产生视觉（vision）。通过视觉，人和动物感知外界物体的大小、明暗、颜色、动静，获得对机体生存具有重要意义的各种信息，视觉是人和动物最重要的感觉。

2.1.2　几何分辨力

人眼的分辨力是指人眼对所观察的实物细节或图像细节的辨别能力，具体量化起来就是能分辨出平面上两个点的能力。人眼的分辨力是有限的，在一定距离、一定对比度和一定亮度的条件下，人眼只能区分出小到一定程度的点，如果点更小，就无法看清了。人眼的分辨力，决定了影视工作者力求达到的影像清晰度的指标，也决定了采用图像像素的合理值。

1. 人眼的黑白分辨力

在白纸上有两个相距很近的黑点，当人眼与它超过一定距离时，会分不清是两个点，而只模糊地看到一个黑点。这一事实表明，人眼的分辨景物细节的能力有一极限值。越过此值，景物细节划分得再细也是没有用的。因此，一幅图像分为多少个像素点比较合适，也要根据人眼的分辨力来确定。

1）分辨力的确定

分辨力的大小常用视敏角（即分辨角）θ 的倒数来表示，即分辨力=$1/\theta$。视敏角是指观测点

（即眼睛）与被测的两个点所形成的最小夹角，θ 越小，分辨力越高。$\tan\theta/2=(d/2)/L=d/2L$（$\theta$ 很小，$\tan\theta/2\approx\theta/2$），所以 $\theta/2=d/(2L)$，$\theta=d/L$（弧度）$=3438d/L$（分）。

2）分辨力的有关因素

分辨力与景物在视网膜上成像的位置有关。若成像在人眼的黄斑区中央，因那里集中了大量的锥状细胞，其分辨力最高；若偏离黄斑区，则分辨力下降。据统计，若偏离 5°，则下降 50%，若偏离 40°～50°，则只有最大分辨力的 5%。这也是人们看电视时往往中间清晰，可达 500 线以上，而边缘模糊往往不足 500 线的原因。

分辨力与照明强度 E 有关（即与景物亮度有关）。当亮度很小时，只有杆状细胞起作用，这时分辨力很低，甚至不能分辨彩色。当亮度很大时（过大），会使人产生眼晕的情况（即眩目），这时分辨力反而会下降，所以一般取中等照度（亮度）。

分辨力与景物的相对对比度有关。相对对比度 $Cr=(B-B_0)/B_0$（B 为景物亮度，B_0 为背景亮度）。当 Cr 过小时，B 与 B_0 比较接近，细节自然分不清，分辨力下降。通常在中等亮度、中等对比度情况下，观察静止图像时：$\theta\approx1'\sim1.5'$，观察运动图像时 θ 会更小一些。

2. 人眼的彩色细节的分辨力

实验证明，人眼对彩色的分辨能力比对黑白（即亮度）的分辨能力低，而且对于不同色调的分辨力也各不相同。例如，若人眼对与其相隔一定距离的黑白相间的条纹刚能分辨出黑白差别，则把黑白条纹换成红绿相间的条纹后，就不再能分辨出红绿条纹来，而是一片黄色。实验还表明，人眼对不同彩色的分辨能力也各不相同。如果人眼对黑白细节的分辨能力定为 100%，则实验测得人眼对各种彩色细节的分辨力为表 2.1 所示值。

表 2.1　人眼对彩色细节的分辨力

色别	黑白	黑绿	黑红	黑蓝	绿红	红蓝	绿蓝
分辨力	100%	94%	90%	26%	40%	23%	19%

表 2.1 数据说明，人眼分辨景物彩色细节的能力很差。因此，彩色电视系统在传送彩色图像时，细节部分可以只送黑白图像，而不传送彩色信息。这就是利用大面积着色原理节省传输频带的依据。彩色电视把彩色图像信息压缩到 0～1.5MHz，而黑白（亮度）信号都需要 0～6MHz 的带宽。显然彩色信息的带宽越窄，所需彩色电视系统的复杂性也将随之减少。

3. 观察距离、观察角和符号尺寸

观察距离是指人眼到显示屏幕的距离，由人眼调节或改变焦点的能力所决定，随着年龄的增加这种调节能力逐渐衰退。图像的观察距离范围为 0.15（年轻人）～2.5m。一般以 0.4m 定为可以长时间舒服观察的最近观察距离。作为娱乐用的显示，理想观察距离定为图像高度的 4～8 倍。

观察角是观察者对显示屏幕的张角。可接受的最大观察角依环境亮度、对比度、清晰度、符号尺寸与容许的观察距离而定，一般大于 30° 而小于 60°。

符号尺寸是指显示画面上符号本身的高与宽之比。准确地辨别符号与符号的尺寸和清晰度有关，人眼辨别一个清晰度单元的极限为 1 弧分。一般由七个清晰度单元组成符号高度（其张角为 7 弧分）。符号尺寸的选择与所用的亮度、对比度、符号产生方法（点阵法还是成形束法）和观察距离等有关。符号尺寸太大会减少显示画面的最大数据量；符号尺寸太小会影响观察效果。

符号尺寸与观察距离的关系一般遵循公式 $H=0.003D$（H 为符号高度；D 为观察距离）。显示的符号尺寸取 0.13～0.64cm；观察距离达 9m 的大屏幕显示，符号尺寸取 2.5～13cm。强调数据的重要性时，对那些不易辨认的符号可加大符号尺寸。

2.1.3　时间分辨力

人的眼睛有一个重要的特性，那就是视觉惰性，即光像一旦在视网膜上形成，视觉将会对这个光像的感觉维持一个有限的时间，这种生理现象叫做视觉暂留现象。对于中等亮度的光刺激，视觉暂留时间为 0.05～0.2s。根据视觉暂留现象，当一幅图像消失后，人眼对图像亮度的感觉并不立即消失，而有瞬时的保留，然后才逐渐消失，若两幅图像出现的时间间隔小于人眼视觉暂留的时间（0.1s），人们就能看到流畅变化的电视画面，这是电影和电视的基本原理。

视觉暂留现象是近代电影与电视的基础，因为运动的视频图像都是运用快速更换静态图像来得到的。正因为人眼具有视觉暂留的特性，所以人们的眼睛在看任何东西时，都会产生一种很短暂的记忆。把这些记忆记下来，联结在一起，就会看到动作，从而在大脑中形成图像内容连续运动的错觉。这也是目前卡通动画、计算机动画的基本原理。我国采用 PAL 制的电视制式，即每秒钟传送 25 幅（帧）图像，每幅图像又分两次（场）扫描，从而实现活动图像的传送。

刺激停止作用于视觉感受器后，感觉现象并不立即消失而保留片刻，从而产生后像。但这种暂存的后像在性质上与原刺激并不总是相同的。与原刺激性质相同的后像称为正后像，例如，注视打开的电灯几分钟后闭上眼睛，眼前会产生一片黑背景，黑背景中间还有一电灯形状的光亮形状，这就是正后像。与原刺激性质相反的后像叫负后像。在前面的例子中，看到正后像后眼睛不睁开，过一会儿发现背景上的光亮形状变成暗色形态，这就是负后像。

颜色视觉中也存在着后像现象，一般均为负后像。在颜色上与原颜色互补，在明度上与原颜色相反。例如，眼睛注视一个红色光圈几分钟后，把视线移向一白色背景时，会见到一蓝绿色光圈出现在白色的背景上，这就是因为产生了颜色视觉的负后像的缘故。

2.1.4　颜色分辨力

光有三个物理特征：波长、振幅及纯度。波长决定了光的色调，不同波长的光有不同的颜色。振幅表示光的强度，它所引起的视觉的心理量是明度。纯度表示光波成分的复杂程度，它引起视觉的心理量是饱和度。光的这些物理特性，使人们产生了一系列的视觉现象。光感受器对物理强度相同，但波长不同的光，其电反应的幅度也各不相同，这种特点通常用光谱敏感性来描述。对于具有色觉的动物（包括人），其数百万的锥体细胞按光谱敏感性可分为三类，分别对红光、绿光、蓝光有最佳反应，与锥体细胞三种视色素的吸收光谱十分接近，色觉具有三变量性，任一颜色在原理上都可由三种经选择的原色（红、绿、蓝）相混合而得以匹配。视网膜中可能存在着三种分别对红、绿、蓝光敏感的光感受器，它们的兴奋信号独立传递至大脑，然后综合产生各种色觉。色盲的一个重要原因正是在视网膜中缺少一种或两种锥体细胞色素。

1. 颜色

颜色可分为非彩色与彩色两大类，颜色是非彩色与彩色的总称。非彩色指白色、黑色与各种深浅不同的灰色。白色、灰色、黑色物体对光谱各波长的反射没有选择性，它们是中性色。彩色物体对光谱各波长反射具有选择性，所以它们在白光照射下出现彩色。白色物体反射系数接近于1，黑色物接近于0，灰色物体介于0~1。彩色物体的反射率是随频率变化的，其数值介于0~1。彩色是指白黑系列以外的各种颜色，颜色有三特性：亮度、色调和饱和度。

（1）亮度（luminance）：是指色光的明暗程度，它与色光所含的能量有关。对于彩色光而言，彩色光的亮度正比于它的光通量（光功率）。对物体而言，物体各点的亮度正比于该点反射（或透射）色光的光通量大小。一般来说，照射光源功率越大，物体反射（或透射）的能力越强，则物体越亮；反之，越暗。

（2）色调（hue）：指颜色的类别，通常所说的红色、绿色、蓝色等，就是指色调。光源的色调由其光谱分布 $P(1)$ 决定；物体的色调由照射光源的光谱 $P(1)$ 和物体本身反射特性 $r(1)$ 或者透射特性 $t(1)$ 决定，即取决于 $P(1)r(1)$ 或 $P(1)t(1)$。例如，蓝布在日光照射下，只反射蓝光而吸收其他成分。如果分别在红光、黄光或绿光的照射下，它会呈现黑色。红玻璃在日光照射下，只透射红光，所以是红色。

（3）饱和度（saturation）：是指色调深浅的程度。各种单色光饱和度最高，单色光中掺入的白光越多，饱和度越低，白光占绝大部分时，饱和度接近于零，白光的饱和度等于零。物体色调的饱和度取决于该物体表面反射光谱辐射的选择性程度，物体对光谱某一较窄波段的反射率很高，而对其他波长的反射率很低或不反射，表明它有很高的光谱选择性，物体这一颜色的饱和度就高。

色调与饱和度合称为色度（chromaticity），它既说明彩色光的颜色类别，又说明颜色的深浅程度。色度加上亮度，就能对颜色做完整的说明。

非彩色只有亮度的差别，而没有色调和饱和度这两种特性。

2. 颜色视觉理论

现代颜色视觉理论主要有两大类：一类是杨·赫姆霍尔兹的三色学说；另一类是赫林的"对立"颜色学说。前者从颜色混合的物理规律出发，后者从视学现象出发，两者都能解释大量现象，但是各有不足之处。例如，三色学说的最大优点是能充分说明各种颜色的混合现象，但最大的缺点是不能满意地解释色盲现象。对立学说对于色盲现象能够得到满意的解释，但最大的缺点是对三基色能产生所有颜色这一现象没有充分的说明，而这一物理现象正是近代色度学的基础，一直有效地指导着电视技术、彩色电视技术的发展。彩色电视技术是以三色学说为理论基础的。

一个世纪以来，以上两种学说一直处于对立地位，似乎是要肯定一个，就要否定另一个。在一个时期，三色学说曾占上风，因为它有更大的实用意义。然而最近一二十年的发展，人们对这两种学说有了新的认识，证明两者并不是不可调和的。现代彩色视觉理论产生了一种"颜色视觉的阶段学说"，将这两个似乎是完全对立的古老颜色学说统一在一起。下面只介绍作为彩色电视理论基础之一的三色学说。

3. 三基色原理与混色规律

混色规律：不同颜色混合在一起，能产生新的颜色，这种方法称为混色法。混色分为相加混色和相减混色。相加混色是各分色的光谱成分相加，彩色电视就是利用红、绿、蓝三基色相加产生各种不同的彩色。相减混色中存在光谱成分的相减，彩色印刷、绘画和电影就是利用相减混色。它们采用了颜色料，白光照射在颜色料上后，光谱的某些部分被吸收，而其他部分被反射或透射，从而表现出某种颜色。混合颜料时，每增加一种颜料，都要从白光中减去更多的光谱成分，因此，颜料混合过程称为相减混色。

1853 年格拉斯曼（Grasman）总结出下列相加混色定律。

（1）补色律：自然界任一颜色都有其补色，它与它的补色按一定比例混合，可以得到白色或灰色。

（2）中间律：两个非补色相混合，便产生中间色。其色调取决于两个颜色的相对数量，饱和度取决于二者在颜色顺序上的远近。

（3）代替律：相似色混合仍相似，不管它们的光谱成分是否相同。

（4）亮度相加律：混合色光的亮度等于各分色光的亮度之和。

还可以用麦克斯韦（Maxwell）提出的表示颜色的色度图。麦克斯韦首先用等边三角形简单而直观地表示颜色的色度，这个三角形称为 Maxwell 颜色三角形。它的三个顶点分别表示[R]、[G]、[B]，三角形内任一点都代表自然界的一种颜色，如果设每个顶点到对边的距离为 1，则三角形内任一点 P 到三边距离之和等于 1（这由几何知识不难证明）。如果令 P 点到红、绿、蓝三顶点对应的三边的距离分别为 r、g、b，则 r、g、b 就是 P 点所代表彩色的色度坐标。简便地记忆相加混色和相减混色的规律：

（1）相加混合：红＋青＝白；红＋绿＝黄；蓝＋黄＝白；绿＋蓝＝青；绿＋品红＝白；红＋蓝＝品红；红＋绿＋蓝＝白。

（2）相减混合：黄＝白－蓝；黄＋品红＝白－蓝－绿＝红；青＝白－红；黄＋青＝白－蓝－红＝绿；品红＝白－绿；品红＋青＝白－绿－红＝蓝；黄＋青＋品红＝白－蓝－红－绿＝黑色。

三基色原理是指自然界常见的多数彩色都可以用三种相互独立的基色按不同比例混合而成，独立的三基色是指其中任一色都不能由另外两色合成。三基色原理可用混色规律中的"中间律"证明：先让两种基色按不同比例合成所有中间色，然后让第三基色与每一种中间色按不同比例再合成所有中间色，这样三基色按不同比例就能合成以三基色为顶点的三角形所包围的各种颜色。在彩色电视中，经过适当地选择，确定以红、绿、蓝为三基色，就可以合成自然界常见的多数彩色。三基色原理对彩色电视有着极其重要的意义，它使传送具有成千上万、瞬息万变彩色的任务，简化为只需要传送三个基色图像信号。

为了实现相加混色，除了将三种不同的基色，同时投射到某一全反射面产生相加混色外，还可以利用人眼的某些视觉特性实现相加混色。

（1）时间混色法：将三种不同的基色以足够快的速度轮流投射到某一平面，因为人眼的视觉惰性，分辨不出三种基色，而只能看到它们的混合色。时间混色法是顺序制彩色电视的基础。

（2）空间混色法：将三种基色分别投射到同一表面上相邻的三点，只要这些点足够近，由于人眼分辨力的有限性，不能分辨出这三种基色，而只能感觉到它们的混合色。空间混色法是同时制彩色电视的基础。

（3）生理混色法：两只眼睛同时分别观看不同的颜色，也会产生混色效应。例如，两只眼睛分别戴上红、绿滤波眼镜，当两眼单独观看时，只能看到红光或绿光；当两眼同时观看时，正好是黄色，这就是生理混色法。

日常生活中，当人们走近看电视屏幕或是用放大镜看电视屏幕时，会发现彩色图像由很多红、绿、蓝三点构成。这是利用人眼空间细节分辨力差的特点，将三种基色光分别投射在同一表面的红、绿、蓝三个荧光粉上，因为点距很小，人眼就会产生三基色光混合后的彩色感觉，这就是空间相加混色法。人们在进行混色实验时发现：自然界中出现的各种彩色，都可以用某三种单色光以不同比例混合而得到。具有这种特性的三个单色光叫基色光，这三种颜色叫三基色。电视技术中使用的三基色是红、绿、蓝三色，其主要原因是人眼对这三种颜色的光最敏感，且用红、绿、蓝三色混合相加可以配出较多的彩色。根据三基色原理，人们只需要把要传送的各种彩色分解成红、绿、蓝三种基色，然后将它们转变成三种电信号进行传送。在接收端，用彩色显像管将这三种电信号分别转换成红、绿、蓝三色光，就能重显原来的彩色图像。利用三基色原理，将彩色分解和重现，实现视觉上的各种彩色，是彩色图像显示和表达的基本方法。

世界上的一切光色，都由赤、橙、黄、绿、青、蓝、紫七色组成，在一定空间，客观存在物都以一定的形式表现出来，通过视觉器官对可视之物、可见光色进行感受。

2.1.5 视觉感受

视觉感受，要求感受者运用视觉器官去辨别光的明暗强弱、色的色素组成，以及物体的大小远近、状貌变化，从而准确把握事物的特征，真实反映客观事物。

1. 亮度视觉范围

人眼所能感觉到的亮度范围称为亮度视觉范围，这一范围非常宽，明视觉时，一～几百万尼特（nt，$1nt=1cd/m^2$）；暗视觉时，千分之几～几尼特，这主要靠人眼瞳孔的调节作用。当然，人眼并不能同时感觉这么宽的视觉范围。当人眼适应了某一环境的平均亮度之后，视觉范围就有了一定的限度。一般能分辨的亮度上下限之比为 1000：1。当平均亮度很低时，这一比值只有 10：1。这说明人眼是不能同时观看那么宽的范围的，这也是人眼感觉的局限性。另外，在不同的环境下，对同一亮度的主观感觉也不相同。例如，在白天（晴朗）环境亮度约 10000nt 时，可分辨 200～20000nt，这时低于 200nt 的亮度就给人以黑色的感觉。但环境亮度由 10000nt 变到 30nt 时，可分辨 1～200nt，这时 200nt 的亮度就能引起更亮的感觉，只有低于 1nt 的亮度才能形成黑色的感觉。这就是人眼的相对性。

2. 人眼的适应性

适应是指感受器在刺激物的持续作用下所发生的感受性的变化。适应既可引起感受性的提高，也可使感受性降低。适应性是指人眼对外界光的强弱变化而产生的自动调节能力。视觉的适应最常见的有亮适应和暗适应。

1）暗适应

从亮处到暗处，人眼开始看不见周围东西，经过一段时间后才逐渐区分出物体，人眼这种感受性逐渐增高的过程叫暗适应。暗适应所需时间较长，感受性的变化也较大。暗适应主要是棒体细胞的功能，但在暗视觉中锥体细胞和棒体细胞起作用的大小和阶段不同。在暗视觉中，中央视觉转变成了边缘视觉。由实验可得到暗适应曲线。在暗适应的最初 5～7min 里，感受性提高很快，之后出现棒、锥裂，但感受性仍上升，方向发生了变化。在实验中，如果将只使锥体细胞活动的红光投在视网膜上，使得只有锥体细胞参与暗适应过程，会发现棒、锥裂消失。可见，暗适应的头一阶段是锥体细胞与棒体细胞共同参与的，之后只有棒体细胞继续起作用。

暗适应包括两种基本过程：瞳孔大小的变化及视网膜感光化学物质的变化。从光亮到黑暗过程中，瞳孔直径可由 2mm 扩大到 8mm，使进入眼球的光线增加 10～20 倍，这个适应范围是很有限的，瞳孔的变化并不是暗适应的主要机制。暗适应的主要机制是视网膜的感光物质——视紫红质的恢复。人眼接受光线后，锥体细胞和棒体细胞内的一种光化学物质——视黄醛与视蛋白重新结合，产生漂白过程；当光线停止作用后，视黄醛与视蛋白重新结合，产生还原过程。由于漂白过程而产生明适应，由于还原过程使感受性升高而产生暗适应。视觉的暗适应程度是与视紫红质的合成程度相适应的。

从阳光下走进电影院，人们会感到一片漆黑。稍待片刻（几分钟乃至十几分钟），视觉才能逐渐恢复。人眼的这种功能称为暗适应力。该适应过程一般需要 30min 才能达到稳定。暗适应一方面依赖瞳孔的调节作用，当从亮环境进入暗环境时，瞳孔直径可由 2mm 扩大到 8mm，进入眼球的光能量增加 16 倍，然而这种调节作用是有限的；另一方面也是主要的方面，依靠完成视觉过程的光敏细胞的更换，即从锥体细胞起作用转换到灵敏度更高的棒体细胞起作用。后者的视敏度约为前者的 10000 倍。

2）亮适应

亮适应又称光适应。由暗处到光亮处，特别是在强光下，最初一瞬间会感到光线刺眼发眩，几乎看不清外界物体，几秒钟后逐渐看清物体。这种对光的感受性下降的变化现象称为明适应。明适应的时间很短，最初 30s 内，感受性急剧下降，称为 α 适应部分，之后感受性下降逐渐缓慢，称为 β 适应部分，大约在 1min 明适应就全部完成。眼睛在光适应时，一方面，瞳孔相应缩小以减少落在视网膜上的光量；另一方面，由暗适应时棒体细胞的作用转到锥体细胞发生作用。当在黑暗的房间里打开电灯时，很快就能分辨出景物（包括明暗与彩色）。这说明环境由暗到亮时，锥体细胞很快（几秒钟）就恢复了作用，并在 1min 内达到稳定（即由棒体细胞起作用转换到锥体细胞起作用）。

3）局部适应

当视网膜上某点受到强光照射时，这一点的视敏度就与其他部位的不同。当再看均匀亮度背景时，就会感到背景中相应点呈现黑色。这是强光照的光敏细胞的灵敏度还来不及恢复的缘故。

视觉适应有其特殊的意义。工程心理学对视觉适应现象进行了更具体的研究，如改善工作环境的照明条件以提高工作效率等。

视觉对比分为无彩色对比和彩色对比。无彩色对比的结果是明度感觉的变化，例如，同样两个灰色正方形，一个放在白色背景上，一个放在黑色背景上，结果在白色背景上的正方形看起来比黑色背景上的正方形要暗得多。

彩色对比是指在视野中相邻区域不同颜色的相互影响现象。彩色对比的结果是引起颜色感觉的变化，它使颜色向其背景颜色的补色变化。例如，两块绿色纸片，一块放在蓝色背景上，一块放在黄色背景上，在黄色背景上的带上了蓝，在蓝色背景上的带上了黄，这是色调对比的结果。一种颜色与背景色之间的对比，会从背景中诱导出一种补色。由于黄和蓝是互补色，因此当绿纸片放在蓝色背景上时它会带上黄色。视觉对比对人类的生存和发展有着重要意义，由于视觉对比的存在，人类才能分辨出物体的轮廓和细节、识别物体的形状和颜色。

色觉缺陷包括色弱和色盲。色弱（color weakness）主要表现为对光谱的红色和绿色区的颜色分辨能力较差。色盲（color blindness）又分为两类：局部色盲和全色盲。局部色盲包括红绿色盲和蓝黄色盲。前者是最常见的色盲类型，后者则少见。红绿色盲的人在光谱上只能看到蓝和黄两种颜色，即把光谱的整个红、橙、黄、绿部分看成黄色，把光谱的青、蓝、紫部分看成蓝色。在 500nm 附近，他们看不出它的颜色，只觉得是白色或灰色的样子。蓝黄色盲的人把整个光谱看成是红和绿两种颜色。全色盲（achromatism）的人把整个光谱看成是一条不同明暗的灰带，没有色调感。在他们看来，整个世界是由明暗不同的白、灰、黑所组成的，如同正常人看到的黑白电视那样。全色盲的人是极为罕见的。

3. 对光强度的感受

在适当的条件下，视觉对光的强度具有极高的感受性，其感觉阈限是很低的。人眼能对 2~7 个光能量子起反应。视觉对光的强度的差别阈限在中等强度时近似于 1/60。但在光刺激极弱时，比值可达 1，光刺激极强时，比值可缩小到 1/167。

视觉对光强度的感受性与眼的机能状态、光波的波长、刺激落在网膜上的位置等因素有关。眼睛对暗适应越久，对光的反应越敏感。波长 500nm 左右的光比其他波长的光更容易被觉察到。光刺激离中央凹 8°~12°时，视觉有最高的感受性；刺激盲点时，对光完全没有感受性。

4. 对光波长的感受

视觉对光波长的感受性不同于对光强度的感受性。一般来说，看见哪里有光总比说出光的颜色要容易些。任何一种确定的波长中都有这样一段强度区域，在这一区域中，人眼只能看出光亮却看不出颜色。

视网膜的不同部位对色调的感受性是不同的。视网膜中央凹能分辨各种颜色。从中央凹到边缘部分，视锥细胞减少，视杆细胞增多，对颜色的辨别能力逐渐减弱；先丧失红、绿色的感受性，最后黄、蓝色的感受性也丧失，成了全色盲。

人对颜色的辨别能力在不同波长是不一样的。在光谱的某些部位，只要改变波长 1nm 就能看出颜色的差别，但在多数部位则要改变 1~2nm 才能看出其变化。在整个光谱上，人眼能分辨出大约 150 种不同的颜色。

5. 视敏度

视觉辨别物体细节的能力叫视敏度（sight），也称视力。一个人辨别物体细节的尺寸越小，视敏度就越高，反之视敏度越差。视敏度与视网膜物像的大小有关，而视网膜物像的大小则取决于视角的大小。视角（visual angle）就是物体的大小对眼球光心所形成的夹角。同一距离，物体的大小同视角成正比；同一物体，物体距离眼睛的远近同视角成反比。视角大，在视网膜的物像就大。分辨两点的视角越小，表示一个人的视敏度越高，视力越好。常用测定视敏度的视标有"C"字形和"E"字形。视角等于 1′时，正常的眼睛是可以分别地感受这两个点的。因为 1′视角的视像大小是 4.4μm，相当于一个视锥细胞的直径。从理论上说，物体的两点便分别刺激到两个视锥细胞上，因而能把它们区分开来。如果视角小于 1′，物体两点便刺激在同一视锥细胞上，这样就觉察不出是两个点了。正常人的视力为 1.0，但有的人可达 1.5，甚至更大。这不仅取决于中央凹视锥细胞的直径，也取决于大脑皮质视区的分析能力，即对于两个相邻视锥细胞产生不同兴奋程度的分析能力。

影响视敏度的因素较多，起决定因素的是光线落在视网膜的哪个部位。如果光线恰好落在中央凹，这一部位视锥细胞密集且直径最小，因此视敏度最大。光线落在视网膜周围部分，视敏度大减。此外，明度不同、物体与背景之间的对比不同、眼的适应状态不同等也都对视敏度有一定的影响。在中等亮度和中等对比度的条件下，观察静止图像时，对正常视力的人来说，其视敏角为 $1'\sim1.5'$，观察运动图像时，视敏角更大一些。

人眼分辨图像细节的能力也称为"视觉锐度"，视觉锐度的大小可以用能观察清楚的两个点的视角来表示，这个最小分辨视角称为"视敏角"。视敏角越大，能鉴别的图像细节越粗糙；视敏角越小，能鉴别的图像细节越细致。

2.2　心理学与心理物理学

人类通过视觉获取地理信息是一个心智过程。人认识外界事物的过程，或者说，人对作用于人的感觉器官的外界事物进行信息加工的过程，包括感觉、知觉、记忆、思维、想象、言语，是指人们认识活动，即个体对感觉信号接收、检测、转换、简约、合成、编码、储存、提取、重建、概念形成、判断和问题解决的信息加工处理过程。在心理学中是指通过形成概念、知觉、判断或想象等心理活动来获取知识的过程，即个体思维进行信息处理的心理功能。

2.2.1　心理学

1. 心理学概论

心理学是研究行为和心理活动的学科。"心理学"一词来源于希腊文，意思是关于灵魂的科学。灵魂在希腊文中也有气体或呼吸的意思，因为古代人们认为生命依赖于呼吸，呼吸停止，生命就完结了。随着科学的发展，心理学的对象由灵魂改为心灵。19世纪末，心理学成为一门独立的学科，到了20世纪中期，心理学才有了相对统一的定义。

心理学研究涉及知觉、认知、情绪、人格、行为、人际关系、社会关系等许多领域，也与日常生活的许多领域——家庭、教育、健康等发生关联。心理学一方面尝试用大脑运作来解释个人基本的行为与心理机能，另一方面尝试解释个人心理机能在社会行为与社会动力中的角色。它也与神经科学、医学、生物学等科学有关，因为这些科学所探讨的生理作用会影响个人的心智。

心理学研究方法是研究心理学问题所采用的各种具体途径和手段，包括仪器和工具的利用。心理学的研究方法很多，如自然观察法、实验法、调查法、测验法、临床法等。

（1）自然观察法。自然观察法是研究者有目的、有计划地在自然条件下，通过感官或借助于一定的科学仪器，对社会生活中人们行为的各种资料的搜集过程。

从观察的时间上看，可以分为长期观察和定期观察；从观察的内容上看，可以分为全面观察和重点观察，前者是观察被试在一定时期内全部的心理表现，后者是重点观察被试某一方面的心理表现；从观察者身份上看，可以分为参与性观察和非参与性观察，前者是观察者主动参与被试活动，以被试身份进行观察，后者是观察者不参与被试活动，以旁观者身份进行观察；从观察的场所上看，可分为自然场所的现场观察和人为场所的情境观察。

观察法的优点是保持了人的心理活动的自然性和客观性，获得的资料比较真实。不足之处是观察者往往处于被动的地位，带有被动性。另外，观察法得到的结果有时可能是一种表面现象，不能精确地确定心理活动产生和变化的原因。为了克服观察法的弱点，就出现了有控制的观察，即实验法。

（2）实验法。实验法是指在控制条件下操纵某种变量来考查它对其他变量影响的研究方法，是有目的地控制一定的条件或创设一定的情境，以引起被试的某些心理活动从而进行研究的一种方法。①实验室实验。这是在实验室内利用一定的设施，控制一定的条件，并借助专门的实验仪器进行研究的一种方法，是探索自变量和因变量之间关系的一种方法。实验室实验法，便于严格控制各种因素，并通过专门仪器进行测试和记录实验数据，一般具有较高的信度。通常多用于研究心理过程和某些心理活动生理机制等方面的问题。②自然实验法。这是在日常生活等自然条件下，有目的、有计划地创设和控制一定的条件来进行研究的一种方法。自然实验法比较接近人的生活实际，易于实施，又兼有实验法和观察法的优点，所以这种方法被广泛用于研究教育心理学、儿童心理学和社会心理学等学科的大量课程中。

（3）调查法。调查法是指通过书面或口头回答问题的方式，了解被试的心理活动的方法。调查法的主要特点是，以问题的方式要求被调查者针对问题进行陈述。根据研究的需要，可以向被调查者本人做调查，也可以向熟悉被调查者的人做调查。调查法可以分为书面调查和口头调查两种。

（4）测验法。测验法即心理测验法，是采用标准化的心理测验量表或精密的测验仪器，来测量被试者有关的心理品质的研究方法。常用的心理测验有能力测验、品格测验、智力测验、个体测验、团体测验等。在管理心理学的研究中，心理测验常常被作为人员考核、员工选拔、人事安置的一种工具。

（5）临床法。用实验方法去研究抑郁、精神错乱等精神障碍问题是很困难或是根本不可能的。事实上，很多心理学实验在道德上令人难以接受，或者在操作上是不可行的。这种情况下，通过个案研究来获取信息或许是最好的方法。个案研究有时被认为属于自然临床检验，也就是对能够提供心理学数据的偶发事件或者自然事件的检验。

从科学心理学的角度对各种心理现象进行科学界定，以建立和发展心理学中有关心理现象的一个完整的、科学的概念体系，这涉及大至对整个心理现象、小至对某一具体心理现象的概念内涵和外延的确定。

科学的心理学不能只限于描述心理事实，而应从现象的描述过渡到现象的说明，即揭示某些现象所遵循的规律。一方面，研究各种心理现象的发生、发展、相互联系，以及表现出的特性和作用等；另一方面，研究心理现象所赖以发生和表现的机制。它包括心理机制和生理机制两个层面上的研究。前者研究心理现象所涉及的心理结构组成成分间相互关系的变化；后者研究心理现象背后所涉及的生理或生化成分的相互关系和变化。

心理学可以指导人们在实践中了解、预测、控制和调节人的心理。例如，可以根据智力、性格、气质、兴趣、态度等各种心理现象表现的情况，研制各种测试量表，借以了解人们的心理发展水平和特点，为因材施教和人职匹配提供依据。

2. 格式塔心理学理论

格式塔心理学理论是 20 世纪初由德国心理学家韦特墨、苛勒和考夫卡在研究似动现象的基础上创立的。该学派反对把心理还原为基本元素，把行为还原为刺激-反应联结。他们认为思维是整体的、有意义的知觉，而不是联结起来的表象的简单集合；主张学习在于构成一种完形，是改变一个完形为另一完形。格式塔是德语 Gestalt 的译音，即"完形"；他们认为学习的过程不是尝试错误的过程，而是顿悟的过程，即结合当前整个情境对问题的突然解决。

格式塔心理学家把重点放在整体上，这并不意味着他们不承认分离性。事实上，格式塔也可以是指一个分离的整体。在与地理环境、行为环境相互作用的过程中，人被视为一个开放的系统。韦特墨在 1924 年写道，人类是一个整体，其行为并非由作为个体的人所决定，而是取决于这个整体的内在特征，个体的人及其行为只不过是这个整体过程中的一部分罢了。格式塔理论恰好能解释这个整体的内在特征。格式塔理论的整体法则包括：①相近（proximity）。距离相近的各部分趋于组成整体。②相似（similarity）。在某一方面相似的各部分趋于组成整体。③封闭（closure）。彼此相属、构成封闭实体的各部分趋于组成整体。④简单（simplicity）。具有对称、规则、平滑的简单图形特征的各部分趋于组成整体。这些空间组织规律即"完形法则"（law of organization），是心理学家在认知领域中的研究成果。因此，格式塔理论也称作"完形理论"。

似动现象是形成格式塔心理学的基础。似动知觉是指在一定的条件下人们把客观静止的物体看成是运动的，或把客观上不连续的位移看成是连续的、运动的。静止之物，相继刺激视网膜上邻近部位所产生的物体在运动的知觉，是一种错觉性的运动知觉。物体本身并未移动而只是刺激在特定的时间间隔和空间间距条件下交替呈现所产生的运动知觉现象。它是最有代表性的似动现象。实际生活中的电影和霓虹灯的运动都属于运动知觉现象。运动知觉现象受两个刺激物先后呈现的时间间隔长度的影响。一般情况下，间隔时间短于 0.03s 或长于 0.2s 都不会产生似动现象，此时将会看到前者为两个刺激物同时出现，后者为两个刺激物先后出现。当间隔时间为 0.06s 时，能非常清楚地看到运动知觉现象，此时的似动现象叫做最适似动现象。

科尔特定律：似动主要依赖于刺激物的强度、时间间隔和空间距离。这些物理参数的相互关系可以用科尔特定律来表示：①当刺激物间的时距不变时，产生最佳运动的刺激物强度和空间距离成正比；②当空间距离恒定时，刺激物的强度与时距成反比；③当强度不变时，时距与空间距离成正比。

（1）图形与背景。人们倾向于把知觉组织成被观察的对象（图形）和对象赖以产生的背景。图形似乎更加实在，从背景中凸现出来。在具有一定配置的场内，有些对象突现出来形成图形，有些对象退居到衬托地位而成为背景（详见图形背景论）。

（2）接近与连续。在时间或空间上紧密在一起的部分似乎是相属的，倾向于被知觉在一起（图 2.1）。某些距离较短或互相接近的部分，容易组成整体。例如，距离较近而毗邻的两线，自然而然地组合起来成为一个整体。连续性指对线条的一种知觉倾向，尽管线条受其他线条阻断，却仍像未阻断或仍然连续着一样被人们经验所感觉到。

（3）完整与闭合。知觉有一种完成不完善图形、填补缺口的倾向。知觉印象随环境而呈现最为完善的形式。彼此相属的部分，容易组合成整体。反之，彼此不相属的部分，则容易被隔离开来。这种完整倾向说明知觉者心理的一种推论倾向，即把一种不连贯的有缺口的图形尽可能在心理上使之趋合，那便是闭合倾向，如图 2.2 所示。完整和闭合倾向在所有感觉中都起作用，它为知觉图形提供完善的定界、对称和形式。

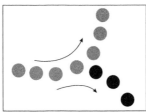

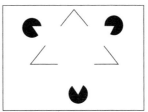

图 2.1　接近和连续　　　　　图 2.2　完整和闭合

（4）相似性。如果各部分的距离相等，但它的颜色有异，那么颜色相同的部分就自然组合成为整体。这说明相似的部分容易组成整体。

（5）简单原则。尽可能地把图形知觉为完好形式。一个完好的格式塔是对称的、简单的和稳定的，不可能再简单、再整齐的。

（6）共同方向运动。一个整体中的部分，如果做共同方向的移动，则这些做共同方向移动的部分容易组成新的整体。

3. 图形背景论

图形背景论是以突显原则为基础的一种理论。图形背景分离原则是空间组织的一个基本认知原则。图形背景论是约一个世纪前由丹麦心理学家鲁宾首先提出来的，后由完形心理学家借鉴来研究知觉及描写空间组织的方式。当人们观看周围环境中的某个物体时，通常会把这个物体作为知觉上突显的图形，把环境作为背景，这就是突显原则（图2.3和图2.4）。完形心理学家对视觉和听觉输入是如何根据突显原则来组织的这一问题很感兴趣。他们认为，知觉场总是被分成图形和背景两部分。图形这部分知觉场具有高度的结构，是人们所注意的那一部分；而背景则是与图形相对的、细节模糊的、未分化的部分。人们观看某一客体时，总是在未分化的背景中看到图形。图形和背景的感知是人类体验的直接结果，这是因为日常生活中人们总是会用一个物体或概念作为认知参照点去说明或解释另一个物体或概念，这里的背景就是图形的认知参照点。

一般来说，图形与背景的区分度越大，图形就越可突出而成为知觉对象，如寂静中比较容易听到清脆的钟声、绿叶中比较容易发现红花。反之，图形与背景的区分度越小，就越是难以把图形与背景分开，军事上的伪装便是如此。要使图形成为知觉的对象，不仅要具备突出的特点，还应具有明确的轮廓。

鲁宾著名的脸/花瓶（图2.5）幻觉证明了图画中的确存在着知觉突显。人们不可能同时识别脸和花瓶，只能要么把脸作为图形，要么把花瓶作为图形。这一事实启发了这样一个问题，什么因素支配人们对图形的选择？当然，这里的脸/花瓶幻觉只是一个特殊的例子，因为它允许图形与背景相互转换。但在日常生活中，大多数视觉情景只是图形-背景分离现象。例如，当看到墙上有幅画这样的情景时，画通常会被认为是图形，墙是背景，而不是相反。根据完形心理学家的观点，图形的确定应遵循普雷格郎茨原则，即通常是具有完形特征的物体，小的物体，容易移动或运动的物体用做图形。

图2.3　隐藏的王后轮廓

图2.4　隐藏的拿破仑

图2.5　鲁宾脸/花瓶

兰盖克根据感知突显的程度对图形和背景进行了这样的论述：从印象上来看，一个情景中的图形是一个次结构，它在感知上比其余部分要显眼些，并且作为一个中心实体具有特殊的突显，情景围绕它组织起来，并为它提供一个环境。他还揭示了图形与背景区别的一种自然体现：与环境形成鲜明对比的一个相对密集的区域，具有被选作图形的强烈倾向。兰盖克的这番话实际上道出了一个实质性的问题，那就是内包这一概念：图形必须恰当地包含在背景中，因此它比背景小。

图形和背景具有定义特征和联想特征。图形没有已知的空间或时间特征可确定，而背景具有已知的空间或时间特征，可以作为参照点用来描写，确定图形的未知特征。这就是图形和背景的定义特征。联想特征可以从不同的维度进行描写，如空间大小、时间长短、动态性、可及性、依赖性、突显性、关联性和预料性等。定义特征在确定图形和背景时起着决定性的作用，而联想特征只起辅助作用。当用它们来确定图形和背景时，如发生冲突，联想特征应服从于定义特征。

拓扑空间方位中的图形与背景的关系是不对称的，其中一个物体只能用作图形，另一个物体只能用作背景。拓扑空间方位中图形和背景的选择通常是根据定义特征、空间大小、突显性、复杂性、依赖性和预料性等联想特征决定的。

4. 视觉错觉

人的眼睛不仅可以区分物体的形状、明暗及颜色，还在视觉分析器与运动分析器（眼肌活动等）的协调作用下，产生更多的视觉功能，使各功能在时间上与空间上相互影响、互为补充，使视觉更精美、完善。因此视觉为多功能名称，人们常说的视力仅为其内容之一，广义的视功能应由视觉感觉、量子吸收、特定的空间时间构图及心理神经一致性四个连续阶段组成。

错觉是指人们对外界事物的不正确的感觉或知觉。最常见的是视觉方面的错觉。产生错觉的原因，除来自客观刺激本身特点的影响外，还有观察者生理上和心理上的原因。来自生理方面的原因是与人们感觉器官的机构和特性有关；来自心理方面的原因是与人们生存的条件及生活的经验有关。

人们在实际生活中，经常在不断的纠正错误中来感知和适应客观世界。对外界刺激（信息）特征的辨别能力，是人们认识世界和习得知识的重要手段。在人们的视觉中，当物体的图像落在视网膜的盲点部分，人们就会产生"视而不见"的错觉。例如，图 2.6 中谢泼德桌面，这两个桌面的大小、形状完全一样。虽然图是平面的，但它暗示了一个三维物体，桌子边和桌子腿的感知提示，影响人们对桌子的形状做出三维解释。这个奇妙的幻觉图形清楚地表明，人的大脑并不按照它所看到的进行逐字解释。图 2.7 中线 *AB* 和线 *CD* 长度完全相等，虽然它们看起来相差很大。

图 2.6　两个桌面完全一样　　　　　图 2.7　线 *AB* 和线 *CD* 长度完全相等

图 2.8 中，明暗和阴影的影响，使人们得到凸出或凹入的知觉。图 2.9 中正方形变形。图 2.10

中两条平行线弯曲。图 2.11 中圆的大小不一样。这些例子说明感觉和知觉都会受背景的条件影响而有所改变，都是生理性的现象造成的错觉。

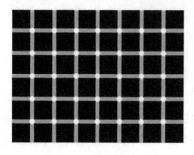

图 2.8　闪烁的网格正方形

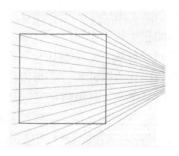

图 2.9　变形了吗

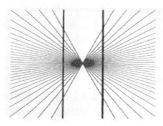

图 2.10　黑线向外弯曲了吗

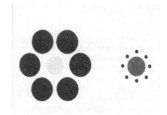

图 2.11　两个圆大小一样吗

此外，在颜色知觉中，每一种颜色都有它相应的互补色（互补色如用混色轮混合时，会成为灰色、白色，只有亮度而无彩色）。红和绿是一对互补色，黄和蓝也是一对互补色，其他颜色也都各有其相应的互补色。黑和白也有互补关系。如果互补色同时呈现在一个画面上时，会显得分外鲜明。如果在周围充满一种颜色刺激时，无刺激的"空档"处便会产生互补色的感觉，从而产生"无中生有"的错觉。最常见的事实是，在蓝色的天幕上出现的月亮（无色）会显黄色。汽车司机夜间行车时都有这样的经验，走在高压水银灯照明（蓝紫色光源）的道路上，自己的车灯（白炽灯）灯光显橙黄色；而走在钠灯照明（黄色光源）的道路上，自己的车灯显蓝色。

有些情况下，人们得到的知觉与事实不相符合，那是因为这种知觉是在特定的条件影响下形成的，并非错觉。例如，将筷子斜插在有水的水杯里，看上去筷子变得不直了，在水中的部分向下错开了，这是因为插入水中的部分进入与空气不同的介质，而产生的折射现象所引起的。又如，海市蜃楼、汽车上凸面的倒车镜及哈哈镜，这些幻影或所产生变形的图像，都不能看成是错觉。

对错觉的了解使人们在观察上能摆脱它而不致将错觉认为是正确的。错觉在艺术上、技术上及军事上都有积极的作用。例如，电影摄制中用移动布景的方法造成交通工具的运行，汽车、飞机以至宇宙航行等供训练驾驶员的模拟装置，军事上的各种伪装及按形体设计服装，花色的匹配等与错觉有一定的关系。

总之，错觉的产生既有生理因素，也有心理因素。人们要防止错觉而造成认识上的错误，也可利用错觉为人们服务。视觉错觉原理，可以有效地改变人对空间信息的接收，改变人和空间的交互感受。例如，可以通过视觉错觉原理改变"眼中"的方位、大小，甚至是呈现美好的精致画面。众多设计师在做室内或者是室外广告设计的时候都会运用到视觉错觉原理。运用视觉错觉和透视原理可以设计出具有空间感的作品。

5. 双重编码理论

双重编码理论（dual coding theory）由佩维奥于 20 世纪 70 年代提出，它的一个重要原则是：同时以视觉形式和语言形式呈现信息能够增强记忆和识别。该理论试图把语言和非语言放在同等重要的位置上。佩维奥声明：人类认知是独特的，它在同时处理语言和非语言对象时非常特别。该理论认为，语言系统直接处理语言的输入和输出（以演讲和书写的形式），同时充当非语言对象、事件和行为的符号功能，任何的表征理论都必须符合这一二重性。佩维奥的主要贡献在于认知心理学方面，他在研究中想方设法促进人们对心理表象及它在记忆、语言和思维方面的作用的理解，他的研究结果导致双重编码理论的发展。双重编码理论假设存在着两个认知的子系统：其一专用于对非语词事物、事件（即映象）的表征与处理；而另一个则用于语言的处理。佩维奥同时还假定，存在两种不同的表征单元：适用于心理映像的"图像单元"和适用于语言实体的"语言单元"。前者是根据部分与整体的关系组织的，而后者是根据联想与层级组织的。

双重编码理论还识别出三种加工类型：①表征的，直接激活语词的或非语词的表征；②参照性的，利用非语词系统激活语词系统；③联想性的，在同一语词或非语词系统的内部激活表征。当然，有时一个既定的任务也许只需要其中的一种加工过程，有时则需要三种加工过程。双重编码理论可用于许多认知现象，其中有记忆、问题解决、概念学习和语言习得。双重编码理论说明了吉尔福特智力理论中空间能力的重要性。因为，大量通过视觉获得的映象所涉及的正是空间领域的信息。因此，双重编码理论最重要的原则就是：可通过同时用视觉和语言的形式呈现信息来增强信息的回忆与识别。从双重编码理论可以看出，可视化将知识以图解的方式表示出来，为基于语言的理解提供了很好的辅助和补充，大大降低了语言通道的认知负荷，加速了思维的发生。

2.2.2 心理物理学

人类通过视觉获取地理信息时，不仅要获取地理物体和现象质量特征，还要获取地理对象的数量特征，真实地认识客观世界。人们感觉虽有量的差异，但不可能像物理学那样对它进行精确的测量。解决这个问题的科学就是心理物理学。

心理物理学是研究心理量和物理量之间关系的科学。1860 年，德国物理学家费希纳编著的《心理物理学纲要》一书，创立了心理物理学。他把心理物理学概括为"一门讨论心身的函数关系或相互关系的精密科学"。他把自然科学的研究方法引入心理学，为感觉的测量提供了方法和理论，为心理学的实验研究方法的发展奠定了基础。心理学的实验方法是现代心理学的主要研究方法，现代心理学是实验的心理学。时至今日，心理物理法仍然是实验心理学的核心。心理物理学创立 100 多年来，在理论上和方法上都有很大的发展和变化，特别是信号检测论、信息论和电子计算机在心理学中的广泛应用，为心理学的实验研究打开了新局面。

美籍德裔心理学家考夫卡认为，世界是心物的，经验世界与物理世界不一样。观察者知觉现实的观念称做心理场（psychological field），被知觉的现实称做物理场（physical field）。心理场与物理场之间并不存在一一对应的关系，但是人类的心理活动却是两者结合而成的心物场：同样一把老式椅子，年迈的母亲视作珍品，它蕴含着一段历史、一个故事，而在时髦的儿子眼里，如同一堆破烂。

对物理刺激和它引起的感觉进行数量化研究的心理学领域，所要解决的问题是：①多强的刺激才能引起感觉，即绝对感觉阈限的测量；②物理刺激有多大变化才能被觉察到，即差别感觉阈限的测量；③感觉怎样随物理刺激的大小而变化，即阈上感觉的测量，或者说心理量表的制作。

1. 韦伯-费希纳定律

韦伯-费希纳定律是表明心理量和物理量之间关系的定律，是以德国物理学家、心理物理学创始人费希纳与韦伯名字命名的用于揭示心理量与物理量之间数量关系的定律。该定律是在韦伯定律的基础上发展而来的。韦伯发现同一刺激差别量必须达到一定比例，才能引起差别感觉，即感觉的差别阈限随原来刺激量的变化而变化，而且表现为一定的规律性，这一比例是个常数，用公式表示：ΔI（差别阈限）/I（标准刺激强度）=k（常数/韦伯分数），这就是韦伯定律。为了描述连续意义上心理量与物理量的关系，德国物理学家费希纳在韦伯研究的基础上，于 1860 年提出了一个假定：把最小可觉差（连续的差别阈限）作为感觉量的单位，即每增加一个差别阈限，心理量增加一个单位。这样可推导出如下公式：$S=k\lg I+C$（S 为感觉量；k 为常数；I 为物理量；C 为积分常数），通式：$S=k\lg I$，其含义是感觉量与物理量的对数值成正比。也就是说，感觉量的增加落后于物理量的增加，物理量呈几何级数增长，心理量呈算术级数增长，这个经验公式被称为费希纳定律或韦伯-费希纳定律，适用于中等强度的刺激。

心理物理定律（psychophysical law）是关于物理连续体上的变量和相应的感官反应之间的函数关系及其数量化的描述。这些定律的目的是解释感官系统的活动和预测感觉行为。心理物理定律描述的现象主要有两类：一类是对刺激探察力或阈限的测量；一类是对阈限刺激分辨能力的测量。心理物理学的方法主要用于人类被试（传统上也称为观察者）的实验，但有些方法现在也用来研究动物的感觉。

2. 测量感觉阈限

与阈限测量一样，阈上感觉的测量也取决于行为反应。心理物理学理论的目的是试图解释刺激变量和有关反应（通过相应的感觉到的中介）间的关系。这些理论的基础是三个独立而相关的维度或连续体：①物理（刺激）连续体；②假设的主观或感觉连续体；③判断或行为反应连续体。经典的"感觉"概念指的是第二个连续体。但是必须指出，"感觉"其实不是一个心理存在，而是一个假设的结构，是一个根据刺激范围加以操作定义，并与反应范围相关的函数。假定每个向被试呈现的刺激都能产生一个辨别过程或中介连续体上的表象，心理物理学理论直接指向假设连续体上出现的事物，因此能够解释作为中介的感觉（行为）反应。基于假设连续体和判断反应连续体之间存在一个正线性相关的假定，获得的行为反应可以作为假设连续体的相关变量的测量。差别阈限测量的是观察者对刺激间阈上差异的辨别能力。根据韦伯定律，感觉辨别是相对的，即能引起感觉变化的刺激强度升高或降低的量（$\Delta\Phi$）是原始刺激（Φ）的强度的固定比率。用数学公式表示就是 $\Delta\Phi=K\Phi$，其中，K 为相应的常量。

测量感觉阈限的基本方法主要有极限法、调整法和恒定刺激法三种，它们是 1860 年费希纳在他的《心理物理学纲要》上最早提出来的，费希纳用它们来测定绝对阈限和差别阈限。从操作的角度来说，绝对阈限（RL）是指有 50% 的次数能引起感觉，50% 的次数不能引起感觉的刺激的强度；差别阈限（DL）是指有 50% 的次数能觉察出差别，50% 的次数不能觉察出差别的刺激强度的差异。

（1）极限法。刺激以相等间距变化，从远离阈限值开始，或渐增或渐减，找被试从感觉不到到感觉到，或从感觉到到感觉不到的转折点。以此转折点的刺激强度作为阈限值的方法。

（2）调整法，也叫平均差误法、复制法或均等法。这个方法的典型实验程序是让被试调整一个连续变化的比较刺激，使它与标准刺激相等。每次实验主试都让被试从一个明显大于或小于标准刺激的点开始，直到比较刺激看起来与标准刺激相等为止。比较刺激的起点是随机的，且大于和小于标准刺激的次数相等，交替呈现。调整法主要用于差别阈限的测量，有时也可用来测绝对阈限。

（3）恒定刺激法，也叫正误法、恒定法、次数法。它的特点是只采用少数几个刺激（一般是4~9个），且这几个刺激在整个测定阈限的过程中是固定不变的，主试把这几个刺激以随机的方式反复向被试呈现。用恒定刺激法测感觉阈限之前，先要进行预备实验，以选定刺激并确定各刺激呈现的顺序。所选刺激的最大强度应为每次呈现几乎都能被感觉到的强度，被感觉到的可能性最好在95%左右；所选刺激的最小强度应为每次呈现几乎都不能被感觉到的强度，被感觉到的可能性最好在5%左右。选定刺激范围以后，再在这个范围内选出4~9个间距相等的刺激。

3. 制作心理量表

心理量表法是度量阈上感觉的方法。作用于人的物理刺激是用物理量表来测量的，例如，刺激的长度可以用米或尺来度量，刺激的重量可以用千克或克来度量。有了物理量表，就可以根据需要改变刺激的强度。可是，有一个工程师在照明设计时，需要使一间屋子的亮度看起来是另一间屋子的2倍，他把这间屋子里原来15W的灯泡换成30W，却发现屋内的亮度并没有增加1倍。这说明物理刺激与心理感觉并不是对应的，只用物理量表不能解决这类问题，还得建立能够度量阈上感觉的心理量表。

从量表有无相等单位和有无绝对零点来说，心理量表可以分为顺序量表、等距量表和比例量表三类。顺序量表既没有相等单位，又没有绝对零点，只是把事物按照某种标志排出一个顺序。等距量表有相等单位，但没有绝对零点。比例量表既有相等单位，又有绝对零点，可以用各种数学手段处理数据，是一种比较理想的量表。量表的性质不同，制作的方法也不同。

1）顺序量表制作

顺序量表可以用等级排列法和对偶比较法来制作。等级排列法是一种制作顺序量表的直接方法。实验时把许多刺激同时呈现给被试，让被试按一定标准把它们排成一个顺序，然后把许多被试对同一刺激评定的等级加以平均，把各刺激按平均等级的大小排列，得到的就是顺序量表。

对偶比较法是把所有要比较的刺激配对呈现，让被试对刺激的某一特性进行比较，最后根据每个刺激的得分多少，排出顺序量表。

2）等距量表制作

等距量表可以用感觉等距法和差别阈限法来制作。感觉等距法是制作等距量表的直接方法，它是通过把一个感觉分成主观上相等的距离来制作的。例如，有一种叫二分法的方法就是呈现两个刺激 R_1 和 R_5，$R_5 > R_1$，要求被试找出一个 R_3，使 R_3 的强度刚好在 R_1 和 R_5 之间，即 $R_5 - R_3 = R_3 - R_1$。然后，要求被试找出一个 R_2，使 R_2 的强度刚好在 R_1 和 R_3 之间；找出 R_4，

使 R_4 的强度刚好在 R_3 和 R_5 之间。这样，利用三次二分法把 R_1 和 R_5 之间的强度分成了四等分，就得到了一个刺激 R 的感觉等距量表。

差别阈限法是一种制作等距量表的间接方法。根据韦伯定律，差别阈限是标准刺激的物理强度随着标准刺激的增加按韦伯比例相应的增加，使主观增量始终保持在最小可觉察的水平上，这就是用差别阈限法制作等距量表的基本原理。

3）比例量表制作

比例量表可以用分段法和数量估计法来制作。分段法是制作比例量表的直接方法，它是通过把一个感觉量加倍或减半或取任何其他比例来建立心理量表的。例如，可以以一个固定的阈上刺激作为标准，让被试调整比较刺激，使它所引起的感觉为标准刺激的 2 倍（也可以是 3 倍、1/2 倍、1/3 倍等，每个实验只能选一个比例进行比较）。用一个标准刺激比较以后，再换另外几个标准刺激进行比较,这样就能找出哪些刺激引起的感觉是哪些标准刺激的 2 倍。以这些数据为根据，就可以建立起一个感觉的比例量表。

数量估计法也是制作比例量表的直接方法。它的步骤是：主试先呈现一个标准刺激，规定它的主观值为某个数字；然后让被试以这个主观值为标准，把其他同类但强度不同的刺激放在这个标准刺激与主观值的关系中进行比较，并用一个数字表示出来。

心理物理量表的制作方法有两种：一是直接的方法，即实验者设置的量表值和观察者的判断值存在直接的对应关系，如数量估计法；二是间接的方法，即量表值和观察值之间没有一一对应关系，如分类估计法。如果把这两种方法分别用于同一组数据，预期将会得到两个线性相关的量表，在它们构成的直角坐标系中，会产生一条直线。但是，事实上在实验过程中人们极难获得这种理想的相关关系，在分类量表（间接的方法）和比例量表（直接的方法）构成的坐标系中，绘出的通常是一条向下的凹型曲线，位置介于对数函数和幂函数之间。这一结果表明，判断变量随刺激值在测验连续体上由低到高变化而不断增值。未能得到线性结果的另一个可能的原因是，两种制作方法的反应范围或其他因素不同，影响了观察者的适应水平。

如果假定费希纳定律是正确的，那么二分法所得变异刺激的强度应该等于两个终端刺激的几何平均数。但是，许多研究结果发现中间那个值更接近于算术平均数，而不是几何平均数。因此，费希纳通过刺激辨别的间接方式测量感觉反应的结果，并没有得到相等感觉距离的直接测量证明。假如观察者能够有效地判断两个感觉的间距是否相等，那么直接测量程序产生的是感觉量的等距量表和感觉间距的比率量表。

用二分法制作感觉等距量表时，研究者向观察者呈现两个大小不同的刺激，要求观察者对与前两个刺激同在一个刺激连续体上的第三个刺激进行调节，直至第三个刺激在感觉上与前两个刺激的距离相等。观察者调整刺激的值取决于两个标准刺激呈现的方向、顺序。如果标准刺激按从大到小的顺序呈现，二分法结果的值将大于标准刺激按从小到大的顺序呈现测得的值。科索把这种滞后现象归因于观察者的反应倾向或适应水平。

因为量表值受各种非感觉因素（如刺激顺序、刺激范围、反应范围、标准刺激的值等）的影响，所以对物理量表及由此而来的心理物理定律的解释就难免不太准确。严格地说，心理物理定律与感觉大小并不是一回事，它所涉及的是刺激和相应的判断反应间的关系，并从中推测出感觉大小来。

有些研究者相信心理物理量表反映了感觉神经活动的某些特定方面，他们把心理物理函数看做是一种"转换"函数,说明了感觉机制如何把刺激能量变成神经活动。但是,史蒂文斯在查阅了有关的研究文献后发现,虽然有些生理反应符合幂函数,但它们的指数常常不等于从心理物理实验中得到的幂函数指数。从理论的角度来看,"转换"函数的比喻只会把事情弄得更复杂,因为这样一来,心理物理定律涉及的就不止是三个连续体,而是四个:①物理刺激;②生理反应;③感觉反应;④判断反应。如果第三个连续体是不重要的,那么心理物理定律就不用保留主观大小这个潜在的参考框架。不论心理物理理论涉及的连续体究竟是三个还是四个,任何两个邻近的连续体之间总是存在一个非线性的心理物理量表(遵循对数定律或幂定律)。一些有限的研究结果表明,刺激在感受器发生了指数转换,感觉信息传向大脑的途中发生的是线性转换。不管怎样,即便神经系统中不存在一个刺激按幂定律转换的水平,感觉系统作为一个整体仍然遵循幂定律。

另一种可能的情形是,非线性不是边缘感觉系统的功能,而是在大脑中枢的信息加工过程中呈现出来的。因此,感觉量表实验中的判断反应会受到以前学习经验、刺激、反应方式、实验程序等因素的影响。

4. 信号检测法

用经典的心理物理法测感觉阈限时,常有一些非感觉的因素如动机、期望、态度等对阈限的估计产生影响,这些因素称为反应的倾向性。例如,在用恒定刺激法测阈限时,即便没有刺激呈现,被试有时也会做出"有"的反应。为了消除这些影响,心理物理学家想出了许多措施,如在实验前对被试加以训练,使他在实验中采取的反应标准前后一致;用统计方法校正实验结果,以除去判断比较中猜测的成分等。但这些措施主要是使影响阈限估计的因素保持恒定,并不能测量反应的倾向性,也不能把所测得的阈限和反应倾向性阶段分开。信号检测论对心理学的贡献就在于使实验者可以用一些方法测量反应的倾向性,并使所测得的被试的辨别力不受反应倾向性的影响。

信号检测论对被试的反应做了区分,把被试正确觉察到刺激的呈现叫做"击中",把没有刺激呈现而被误以为有刺激呈现的情况叫做"虚报"。动机、期望、态度等反应倾向性的改变有时会提高击中率,但这种结果往往伴随着虚报率的上升。经典心理物理法总是试图把虚报率控制在较低的水平,以便在计算阈限时可以忽略不计。但信号检测论在计算辨别力时,兼顾了击中率和虚报率这两个指标,使实验的结果更客观、更可靠。

辨别力的计算程序取决于实验所用的方法。信号检测实验包括三种基本方法:有无法、评价法和迫选法。有无法的基本程序是,主试呈现刺激,让被试判断刚才呈现的刺激中有无信号,然后根据被试判断的结果来估计击中率和虚报率。评价法呈现刺激的方式与有无法一样,但要求被试反应的方式与有无法不同。在做的有无法实验中,只要求被试以"有信号"或"无信号"来反应,在评价法中,还要求被试对信号出现的可能性做出评价。迫选法和有无法、评价法不同的地方在于,让被试判断以前,至少要连续呈现两次刺激。在两次或多次呈现的刺激中,只有一次有信号出现,但信号在哪一次出现则是随机的。被试的任务就是判断哪一次呈现的刺激中最可能有信号。

2.3 透视原理与平面构图

日常生活中,当人们在不同的距离、不同方位观察同一物体时,会发现同一物体在不同的距离上观察会出现近大远小的现象，这个现象就是透视现象，并且会因观察者的角度、高度等发生大的形体变化。所以，学习地理空间数据可视化有必要了解和掌握透视的基本原理，它可以帮助人们把三维物体的结构、阴影、造型直观地表现在二维的平面上。

2.3.1　透视原理

透视是人的眼睛观察物象时产生的一种视觉现象。透视变化，是通过人的视觉器官所产生的一种视觉反映。客观世界的一切物体，只要为人的视觉所感知，都毫不例外地受着透视规律的支配和制约。人的眼睛观看物象，是通过瞳孔反映于眼睛的视网膜上而被感知的，远近距离不同的相同物象，距离越近的在视网膜上的成像越大，距离越远的在视网膜上的成像越小，这一近大远小的视觉现象，称为透视现象。由透视形体所产生的透视变化，是人的视觉器官观察物体时所产生的一种视觉反应。人们观察外部世界时，都会遵循透视的原理去观察和表现。透视原理可以帮助人们了解和掌握形体的透视变化，把错综复杂的物象通过透视分类来加以理解。

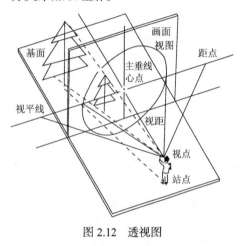

图 2.12　透视图

1. 透视的基本概念

透视就是可视化时将三维景物的立体空间形状落实到二维平面上的基本规律。"透视"一词源于拉丁文"perspclre"（看透）。最初透视研究是采取通过一块透明的平面去看景物的方法，将所见景物准确描画在这块平面上，即成该景物的透视图。后来将在平面画幅上根据一定原理，用线条来显示物体的空间位置、轮廓和投影的科学称为透视学。含义就是通过透明平面(透视学中称为"画面"，是透视图形产生的平面）观察、研究透视图形的发生原理、变化规律和图形画法，最终使三维景物的立体空间形状落实在二维平面上（图 2.12）。

透视图的常用术语：

（1）视点（EP）。观察者眼睛所在的地点与位置。

（2）站点（SP）。观察者在地面上的位置。

（3）视平线（HL）。与画面平行的一条水平线。水平线与目点等高，并且是视平面（目点、目线高度所在的水平面）与画面垂直相交的线。

（4）视角（Va）。视锥的角顶，即两条视锥对称边线形成的夹角。有效范围为 60°，即在此范围之内的景物才能看得最清楚。

（5）视锥（VC）。由视点放射到视域（视圈）的线段所形成的圆锥体。

（6）视线（LS）。由视点放射到物体的线段。

（7）心点（CV）。又称主点，是视中线与画面的垂直交点。它是平行透视的消失点。

（8）视高（H）。平视时视点到物体底基面之间的距离。

（9）视距（Sd）。视点到心点的垂直距离。

（10）灭点。画面上不平行的直线无限延伸，在画面上最终消失于一点。

（11）主垂线。通过心点且与视平线垂直的直线叫主垂线。

（12）距点（dP）。视平线两端与视圈相交的两个对称点，离心点的距离等于视点到心点的距离，是成角透视中与画面成45°的水平线的消失点。

（13）画面（PP）。视点与被画物之间假设的一透明平面。

（14）基面（GP）。通常是指物体放置的平面，户外多指观察者所站立的地平面。

（15）基线（GL）。画面与地平面（桌面、台面）的交线。

（16）余点。与画面成任意角度（除 90°、45°以外的任何角度）的水平线段的灭点。在视平线上可以有很多个余点，余点的位置因水平线与画面所成的角度而定。与画面所成角度小于60°的水平线段灭点在视圈以外。

（17）天点（UP）。近低远高（如向上的阶梯、房盖的前面）向上倾斜，与画面不平行的线段的延长线，在水平线上方的消失点。

（18）地点（DP）。近高远低（如向下的阶梯、房盖的后面）向下倾斜与画面不平行的线段的延长线，在水平线下方的消失点。

（19）原线（SL）。凡与画面平行的直线，在视圈内永不消失；相互平行的原线在画面上仍保持平行，没有灭点。

（20）变线（LC）。凡是与画面不平行的直线均称变线，这种线段一定消失；相互平行的变线消失于同一灭点。

2. 透视的基本规律

由于人的眼睛特殊的生理结构和视觉功能，任何一个客观事物在人的视野中都具有近大远小、近长远短、近清晰远模糊的变化规律。同时，人与物之间由于空气对光线的阻隔，物体的远、近在明暗、色彩等方面也会有不同的变化。

（1）近大远小。相同大小、长短、高低的物体，距离观察者近的大、长、高，距离观察者远的小、短、低。确定物体近大远小是以物体离开画面的距离为标准的。

（2）近者清晰远者模糊。人们在写生中经常发现距离近的物体比较清晰，距离远的物体就要模糊一些，这种现象的产生主要就是近距离的物体进入视网膜的图像大，受刺激的细胞多，所以眼睛看到的物体就会清晰，反之，远处的则会模糊。同时，受大气、风、雪、雾等自然条件的影响，也会产生近者清晰远者模糊的现象。

（3）垂直大平行小。在素描中，同大的平面或等长的直线，若与视线接近垂直，看起来就较大；若与视线接近平行，看起来就较小。

3. 透视的种类

透视分为两类：形体透视和空间透视。形体透视又称几何透视，即对物体轮廓、透视变形、内部结构的描述，如平行透视、成角透视、倾斜透视、圆形透视等。空间透视又称色彩透视和空气透视，是指看形体近大远小、近实远虚的变化规律。远近不同，其饱和度、清晰度等也不同。近，深、暗、饱和度高、清晰；远，浅、淡、饱和度低、模糊。

1）平行透视

平行透视又称为单点透视，由于在透视的结构中，只有一个透视消失点，因而得名。在一个立方体的六面中，只要有一个面与画面平行，那么它的变线（共四条）在画面中消失于灭点（心点）的作图方法叫做平行透视，又称一点透视。如图2.13所示，平行透视的立方体，无论位置高低、远近，在正常的视圈以内，正面都是正方形，只有大小上的变化，没有透视变化。

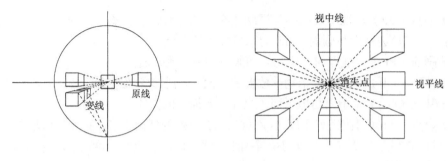

图 2.13 平行透视

平行透视是一种表达三维空间的方法。当观者直接面对景物时，可将眼前所见的景物，表达在画面之上。通过画面上线条的特别安排，来组成人与物或物与物的空间关系，令其具有视觉上立体及距离的表象。

平行透视的特点：①平行透视的三组边线只有一个消失点，这个消失点就是视平线上的心点。②立方体的边棱在画面上呈三种状态，水平边、垂直边、直角边，其中直角边是变线，其他两种是原线，不发生透视消失。③立方体只有一个平面与画面平行。④水平面离视平线越近，透视变化后就越窄，离得越远透视变化后就越宽。

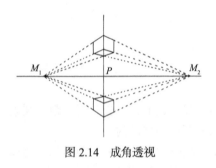

图 2.14 成角透视

2）成角透视

成角透视又称为两点透视，在透视结构中，有两个透视消失点，因而得名。立方体与画面成一定的角度，而且立方体没有一个面与画面平行，但有一条棱与水平面垂直，它的变线（共 8 条）描绘在画面中，分别消失于灭点的作图方法称为成角透视，也叫二点透视，如图 2.14 所示。

成角透视是指观者从一个斜摆的角度，而不是从正面的角度来观察目标物。因此，观者看到各景物不同空间上的面块，也看到各面块消失在两个不同的消失点上。这两个消失点皆在水平线上。成角透视在画面上的构成，先从各景物最接近观者视线的边界开始。景物会从这条边界往两侧消失，直到水平线处的两个消失点。

成角透视的特点：①成角透视的变线有两个消失点；②立方体没有一个平面与画面平行；③有一条边近离或贴切画面。

3）倾斜透视

斜角透视又称为三点透视，是在画面中有三个消失点的透视。此种透视的形成，是因为景物没有任何一条边缘或面块与画面平行，相对于画面，景物是倾斜的。当物体与视线形成角度时，因立体的特性，会呈现往长、宽、高三重空间延伸的块面，并消失于三个不同空间的消失点上。

三点透视的构成，是在两点透视的基础上多加一个消失点。第三个消失点可作为高度空间的透视表达，而消失点正在水平线之上或下。如果第三消失点在水平线之上，正好像微物体往高空伸展，观者仰头看着物体。如果第三消失点在水平线之下，则可认为物体往地心延伸，观者垂头观看着物体。

在透视中，组成物体的平面和基面不平行也不垂直而是形成一定的角度，它们相互平行的边线成为变线，消失到天点或地点上，这些平面所产生的透视现象就是倾斜透视，如屋顶、桥面的上下引桥、斜坡等，如图 2.15 所示。

倾斜透视的特点分为两种情况：一种是平行倾斜透视；另一种是成角倾斜透视。

（1）平行倾斜透视的特点：天点在心点以上，地点在心点以下；方形物体的透视斜面，上斜其消失点是天点，下斜其消失点是地点；正中线以左的

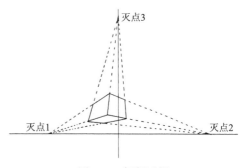

图 2.15　倾斜透视

变线向右消失，正中线以右的变线向左消失；前低后高的线向上消失，消失到天点，前高后低的线向下消失，消失到地点；与画面成同一角度的倾斜变线不管有多少条都消失到一个灭点；天点、地点离开斜边底迹线的天点的远近由斜边斜度的大小决定，斜度大就远，斜度小就近。

（2）成角倾斜透视的特点：天点和地点在过余点的垂直线上，天点在余点以上，地点在余点以下；与画面成同一角度又和基面成同一角度的倾斜变线不管有多少条都消失到同一组天点或地点；与画面成不同角度的倾斜变线消失到不同的天点或地点。

4）散点透视

散点透视也称动点透视法，它在画面构图上不受透视学的约束，从多角度表现事物的特征，或从多个侧面表现人物形象。散点透视是我国传统绘画技术中一种独特的表现形式，不受视域的限制，可根据作者构思需要，将若干个视域中的景物综合归纳统一在一个画面中，它是传统中国画经常采用的一种特殊形式，也是中国绘画区别于西方绘画的一大特点。

散点透视还有一个特点是，它不同于西方的焦点透视，焦点透视只有一个焦点，而散点透视可以有多个点。宋代郭熙的"千里之山，不能尽奇，万里之水，岂能尽秀，一概画之，版图何异，凡此之类，皆在于所取之不精粹也"形象地说明了中国画不受透视学的束缚，可以将有代表性的几个景点放置在同一画面当中。

5）色彩的透视

自然界中的物体与视点之间，无论距离远近，总存在着一层空气，物体反射的色光必须通过空气这个介质，传递给视觉。随着眼睛与物体距离的远近变化、空气厚度增加，从而使物体的色彩在人们的视觉上发生了变化，这种变化就叫做色彩透视，也叫空间色。

形体的一般透视规律是近大远小，而色彩的透视首先体现在形体的明暗效果和色彩效果上。近处的物体明暗对比强烈，色相明显，色彩纯度高，而远处的物体轮廓模糊，明暗色调差别小，色彩纯度弱而且概括。

色彩的透视现象在风景写生中最为常见，也是用色彩表现空间最常用的手段。选景时近处的树木、建筑色彩关系明确而强烈，远处的山由于空气厚度作用变成蓝灰色，与远山相接的地平线或天际间的色彩朦胧而概括。这样的色彩处理既吻合人们的视觉感受，又能在画面上表现出一定的三度空间。

有时画室内某个角落也需运用色彩透视的原理，只不过这种色彩的透视不像野外那样明显，而是运用色彩透视中的色彩渐变去完成，同样能产生自然的深远感、空间感。

色彩透视的基本规律是：近暖远冷、近纯远灰、近处对比强烈而远处对比模糊概括。准

确表现色彩的透视是营造空间的重要手段，了解并掌握色彩透视规律可以在绘画实践中自如地表现色彩的对比关系、层次和空间。

6）空气透视

空气透视是大气及空气介质（雨、雪、烟、雾、尘土、水汽等）使人们看到近处的景物比远处的景物浓重、色彩饱满、清晰度高等的视觉现象，又称"色调透视""影调透视""阶调透视"。当光线通过大气层时，由于空气介质对于光线的扩散作用，空间距离不同的景物在明暗反差、轮廓的清晰度及色彩的饱和度方面也都不同。这种现象在照片上就形成了影调透视效果，借以表现空间深度和物体所处的空间位置。空气透视指通过模仿空气效果（空气中的物体离视点越远越灰、越蓝）来表现画面的深度，能够使画面产生十分迷人的效果和意境，大大地增强画面的空间深度感。

7）隐没透视

隐没透视是指能见度范围越远的景物轮廓越模糊，固有色越会糅合到背景色之中；色彩透视通常指前景颜色偏亮偏暖，越远的景物颜色越会偏冷偏灰。隐没透视用物体清晰度的大小表现物体的远近，如"远山无坡，远水无波，远树无枝，远人无目"。

2.3.2　平面构图

平面构图是将不同的基本图形，按照一定的规则在平面上组合成图案。主要在二度空间范围之内以轮廓线划分图与地之间的界限，描绘形象。而平面设计所表现的立体空间感，并非实在的三度空间，而仅仅是图形对人的视觉引导作用形成的幻觉空间。

1. 平面设计的构成定义

构成就是将不同形态的两个以上的单元重新综合成为一个新的单元，并赋予视觉化的概念。这是一个造型概念，也是现代造型设计的用语。平面构成不以表现具体的物象为特征，但是它反映了自然界变化的规律。平面构成在构成中采取数量的等级增长、位置的远近聚散、方向的正反转折等变化，在结构上整体或局部地运用重复、渐变、变异、放射、密集等方法分解组合，构成有组织、有秩序的运动。平面构成就是通过这种视觉语言对人的心理和生理状态产生影响，如紧张、松弛、平静、刺激、喜悦、痛苦、茫然等。实际设计过程中，经常会运用视觉语言中的构成来传达作品的特征。

依据构成的原理，任何形态都可以进行构成。构成对象的形态主要有自然形态和抽象形态。自然形态的构成是通过对形象整体或者是局部的分割、组合、排列，重新构成一个新图形。抽象形态的构成是以抽象的几何形象为基础的构成，即以点、线、面等构成元素，按照一定的规律进行组合排列。

平面构图的元素如下。

（1）概念元素。概念元素是那些实际不存在的，不可见的，但人们的意识又能感觉到的东西。例如，人们看到尖角的图形，感到上面有点，物体的轮廓上有边缘线。概念元素包括点、线、面。

（2）视觉元素。概念元素不在实际的设计中加以体现，它将是没有意义的。概念元素通常是通过视觉元素体现的，视觉元素包括图形的大小、形状、色彩等。

（3）关系元素。视觉元素在画面上如何组织、排列，是靠关系元素来决定的。包括方向、位置、空间、重心等。

（4）实用元素。实用元素指设计所表达的含义、内容、设计的目的及功能。下面具体介绍平面设计的构成方式。

2. 平面构成的形式美法则

探讨形式美法则，几乎是艺术学科共通的话题。形式美是美的事物外在形式所具有的相对独立的审美特性，而视觉美表现为具体的美的形式。狭义地说，形式美是指自然、生活、艺术中各类形式因素（色彩、线条、形体、声音等）及其有规律组合所具有的美。

（1）和谐。从狭义上理解，和谐的平面设计是统一与对比两者之间是否乏味单调或杂乱无章。广义上理解，是在判断两种以上的要素或部分与部分的相互关系时，各部分给人们的感觉和意识是一种整体协调的关系。

（2）对比。对比又称对照，把质或量反差很大的两个要素成功地配列在一起，使人感觉鲜明强烈又具有统一感，使主体更加鲜明、作品更加活跃。

（3）对称。假定在一个图形的中央设定一条垂直线，将图形分为相等的左右两个部分，其左右两个部分的图形完全相等，这就是对称图。

（4）平衡。从物理上理解指的是重量关系，在平面设计中指的是图像的形状、大小、轻重、色彩和材质的分布作用与视觉判断上的平衡。

（5）比例。比例是指部分与部分或部分与全体之间的数量关系。比例是构成设计中一切单位大小，以及各单位间编排组合的重要因素。

（6）重心。画面的中心点，就是视觉的重心点，画面图像轮廓的变化、图形的聚散、色彩或明暗的分布都可对视觉中心产生影响。

（7）节奏。节奏具有时间感，在构成设计上，指同一要素连续重复时所产生的运动感。

（8）韵律。平面构成中单纯的单元组合重复易于单调，由有规律变化的形象或色群以数比、等比处理排列，使之产生音乐的旋律感，称为韵律。

变化与统一的辩证关系是一切艺术都必须遵循的规律与原则。变化是指将性质不同的东西并置在一起，形成鲜明对比、活泼、生动、丰富的特征。统一则是将性质不同的、相近的或者相同的东西，按照一定的意念秩序并置在一起，造成一种同存和谐、严肃、稳定的趋势感觉，而过分地追求又易流于单调死板。因此，在变化中求统一，在统一中求变化，"乱中求整""平中求奇"，是一切艺术形式美所遵循的基本法则。

3. 平面构成之点、线、面

点、线、面的构成形象是物体的外部特征，是可见的。形象包括视觉元素的各部分，所有的概念元素如点、线、面在见于画面时，也具有各自的形象。形象是指能引起人的思想或感情活动的具体形状或姿态。设计中使用形象作为激发人们思想感情、传递信息的一种视觉语言，它是一切视觉艺术与商业设计不可缺少的部分。

1）点的构成

点最主要的作用就是吸引视线，多点可以创造生动感。单一的点具有集中凝固视线的效用，容易形成视觉中心。多点会创造生动感，大小各异就更加突出了。连续的点会产生节奏、韵律，点的大小不一的排列也容易形成空间感。点的构成方法包括：等间隔、规律间隔、不规律间隔、点的线化、点的面化。

在空间中放置一点，会使人产生集中的注意力。把点置于空间的正中心，它保持着平静的安定感，既单纯又引人注目。如果把点放置于中心偏上的位置，重心上移，在不稳定中产生了动感。如果把点置于空间上方的角落，则产生强烈的不安定感。在实际的设计中，居中的构图、左下方重心和右下方重心构图比较合理，当然也要根据设计对象的不同而定，需要综合考虑的因素非常多。

由于点的位置、距离、大小的不同，给人的视觉感受也不一样。画面的运动感、远近感、层次感也需要不断调整元素之间的位置、大小、远近等关系来完成。点的构成达到了很好的引导视觉流程和突出主题的作用。

2）线的构成

线可以起到引导视线的作用，这点在平面设计中应用很广，尤为重要。画面的工整感、速度感也是由线形来实现的，优雅的线型多为曲线。线的视觉特性：垂直的线刚直、有升降感；水平的线静止、安定；斜线飞跃、积极；曲线优雅、动感；曲折线不安定；粗线稳重踏实，有前进感；细线锐利、速度、有柔弱感。线的构成方法：几何线形工整、古板、冷淡；自由线形自由、个性分明。

线可以分为直线和曲线，线的不同状态给人的视觉印象也各有不同。直线产生的印象是速度感、紧张感，此外还寓意着直率、锐气、现代、简洁、成熟、稳重等特征。曲线给人营造的视觉感觉则是柔软、优雅、轻快等特征。在设计中的运用也比较广泛，当然在设计中并不是把线条生硬地照搬上去，而是解构成线条的形态，或者说在整体的设计中应该塑造一种有线的"印象"。

3）面的构成

点生线、线成面。意思就是说面是由线构成的，线则是由点构成的。几何学里是这样定义面的含意的：面是线移动的轨迹。相信很多朋友应该可以理解这一点。点扩大成面，密集也能成面；线转移成面，加宽也能成面。点、线、面之间没有绝对的界限，它们的界限是相对的。例如，在50楼往下看地面行走的人，这个时候人们就定义为点；如果在15楼看地面上躺着的人，那就定义为线了；如果在地面面对着那个人，那他就定义为面了。是点、是线、是面，要看具体的视觉环境，它们之间没有绝对的界限，而是相对的。

在平面设计中，一组相同或相似的形象组成，其每一组成单位称为基本形，基本形是一个最小的单位，利用它根据一定的构成原则排列、组合、便可得到最好的构成效果。在构成中，基本的组合，产生了形与形之间的组合关系，这种关系主要有：①分离。形与形之间不接触，有一定距离。②接触。形与形之间边缘正好相切。③复叠。形与形之间是复叠关系，由此产生上下前后左右的空间关系。④透叠。形与形之间透明性的相互交叠，但不产生上下前后的空间关系。⑤结合。形与形之间相互结合成为较大的新形状。⑥减却。形与形之间相互覆盖，覆盖的地方被剪掉。⑦差叠。形与形之间相互交叠，交叠的地方产生新的形。⑧重合。形与形之间相互重合，变为一体。

4. 平面构成之重复构成

相同或近似的形态连续的、有规律地反复出现叫做重复。重复构成就是把视觉形象秩序化、整齐化，在图形或者说是在设计作品中呈现出和谐统一、富有整体感的视觉效果。重复是设计中比较常用的手法，以加强给人留的印象，造成有规律的节奏感，使画面统一。相同，在重复的构成中主要是指形状、颜色、大小等方面的相同。用来重复的形状称为基本形，每一基本形为一个单位，然后以重复的手法进行设计，基本形不宜复杂，以简单为主。重复的类型有：

（1）基本形的重复。在构成设计中使用同一个基本形构成的图面叫基本形的重复，这种重复在日常生活中到处可见，如高楼上的一个个窗户。

（2）骨骼的重复。如果骨骼每一单位的形状和面积均完全相等，这就是一个重复的骨骼，重复的骨骼是规律的骨骼的一种，最简单的一种。

（3）形状的重复。形状是最常用的重复元素，在整个构成中重复的形状可在大小、色彩等方面有所变动。

（4）大小重复。相似或相同的形状，在大小上进行重复。

（5）色彩重复。在色彩相同的条件下，形状、大小可有所变动。

（6）肌理的重复。在肌理相同的条件下，大小、色彩可有所变动。

（7）方向的重复。形状在构成中有着明显一致的方向性。

重复构成在生活中非常常见，如建筑物中整齐排列的窗户、室内的壁纸图案、地面的瓷砖、纺织面料中的图案、军事阅兵中的方队等。这些重复的结构都有一个共同的特点，那就是它们都是由两个以上的元素排列成一个整体，使人感觉到井然有序、和谐统一、节奏感强。同时，采用重复的构成形式使形象（单个样式、图案、元素）反复出现，也具有加强设计作品视觉效果的作用。

5. 平面构成之近似构成

近似指的是在形状、大小、色彩、肌理等方面有共同特征，它表现了在统一中呈现生动变化的效果。近似的程度可大可小，如果近似的程度大就产生了重复感，近似程度小就会破坏统一。近似的分类：

（1）形状的近似。两个形象如果属同一族类，它们的形状均是近似的，如同人类的形象一样。

（2）骨骼的近似。骨骼可以不是重复而是近似的，也就是说骨骼单位的形状、大小有一定变化，是近似的。注意：近似与渐变的区别，渐变的变化是规律性很强的，基本形排列非常严谨，而近似的变化规律性不强，基本和其他视觉要素的变化较大，也比较活泼。

两个完全一模一样的形状是不多见的，但近似的形状却很多，像树上的叶子、网块状的田野、石头、同科属动物等。

6. 平面构成之渐变构成

渐变是人们常常听说的一种效果，在自然界中能亲身体验到，在行驶的道路上人们会感到树木由近到远、由大到小的渐变。渐变的类型：

（1）形状的渐变。一个基本形渐变到另一个基本形，基本形可以由完整的渐变到残缺，也可以由简单到复杂，由抽象渐变到具象。

（2）方向的渐变。基本形可在平面上做有方向的渐变。

（3）位置的渐变。基本形做位置渐变时需用骨架，因为基本形在做位置渐变时，超出骨架的部分会被切掉。

（4）大小的渐变。基本形由大到小的渐变排列，会产生远近深度及空间感。

（5）色彩的渐变。在色彩中，色相、明度、纯度都可以有渐变效果，并产生有层次感的美感。

（6）骨骼的渐变。骨骼的渐变是指骨骼有规律的变化，使基本形在形状、大小、方向上进行变化。划分骨骼的线可以做水平、垂直、斜线、折线、曲线等各种骨骼的渐变。渐变的骨骼精心排列，会产生特殊的视觉效果，有时还会产生错视和运动感。

7. 平面构成之骨骼构成

骨骼网决定了基本形在构图中彼此的关系。有时，骨骼也成为形象的一部分，骨骼的不同变化会使整体构图发生变化。骨骼分为：

（1）规律性骨骼。规律性骨骼有精确严谨的骨骼线，有规律的数字关系，基本形按照骨骼排列，有强烈的秩序感。主要有重复、渐变、发射等骨骼。

（2）非规律性骨骼。非规律性骨骼一般没有严谨的骨骼线，构成方式比较自由。

（3）作用性骨骼。作用性骨骼是使基本形彼此分成各自单位的界线，其中，骨骼为对象提供形象准确的空间信息，基本形在骨骼单位内可自由改变位置、方向、正负，甚至越出骨骼线。

（4）非作用性骨骼。非作用性骨骼是概念性的，非作用性骨骼线有助于基本形的排列组织，但不会影响它们的形状，也不会将空间分割为相对独立的骨骼单位。

（5）重复性骨骼。重复性骨骼是指骨骼线分割的空间单位在形状、大小上完全相同，它是最有规律性的骨骼，基本形按骨骼连续性排列。平面设计是将不同的基本图形，按照一定的规则在平面上组合成图案。

8. 平面构图常用表现手法

平面构图分为基本形与骨架。基本形就是构成图案的最基本的要素，基本形间的关系有分离、接触、覆盖、透叠、联合、减缺、差叠、重合。骨架就如同坐标一样，用来把感性的想法理性地呈现。先画骨架再作图可以表现得很工整。生动的图像一定是图底分明的，这样才有层次感。当然也有矛盾图形，如太极图，分辨不出图与底，一般来讲都是要求图底分明的，也可以利用图底不分明做出一些有个性的图像来。平面构成的表现手段：重复、近似、渐变、发射、特异、对比、立体空间、肌理、韵律。

1）密集

密集在设计中是一种常用的组织图面的手法，基本形在整个构图中可自由散布，有疏有密。最疏或最密的地方常常成为整个设计的视觉焦点。在图面中造成一种视觉上的张力，像磁场一样，具有节奏感。密集也是一种对比的情况，利用基本形数量排列的多少，产生疏密、虚实、松紧的对比效果。密集的分类：①点的密集。在设计中将一个概念性的点放于构图上的某一点，基本形在组织排列上都趋向于这个点密集，越接近此点越密，远离此点越疏。②线的密集。在构图中有一概念性的线，基本形向此线密集，在线的位置上密集最大，离线越远则基本形越疏。③自由密集。在构图中，基本形的组织没有点或线的密集约束，完全是自由散布，没有规律，基本形的疏密变化比较微妙。④拥挤与疏离。拥挤是过度密集，所有基本形在整个构图中是一种拥挤状态，占满了全部空间，没有疏的地方。疏离与密集相反，整个构图中基本形彼此疏远，散布在各个角落，散布可以是均匀的，也可以是不均匀的。需要注意的是，在密集效果处理中，基本形的面积要细小，数量要多，以便有密集的效果。基本形的形状可以是相同或近似的，在大小和方向上可有一些变化。在密集的构成中，重要的是基本形的密集组织，一定要有张力和动感的趋势，不能组织涣散。

2）空间

一般所说的空间，指的是二维空间。空间感表现手法有以下几点：①利用大小表现空间感。大小相同的东西，由于远近不同产生大小的感觉，近大远小。在平面上也一样，面积大的感觉近，面积小的觉得远。②利用重叠表现。在平面上一个形状叠在另一个形状之上，会有前后、上下的感觉，产生空间感。③利用阴影表现。阴影的区分会使物体具有立体感觉和物体的凹凸感。④利用间隔疏密表现。细小的形象或线条的疏密变化可产生空间感，在现实中如一款有点状图案的窗帘，在其卷着处的图案会变得密集，间隔小，越密感觉越远。⑤利用平行线的方向改变来表现。改变排列平行线的方向，会产生三次元的幻象。⑥利用色彩变化来表现。利用色彩的冷暖变化，冷色远离，暖色靠近。⑦利用肌理变化来表现。粗糙的表面使人感到接近，细致的表面感到远离。⑧利用矛盾空间来表现。矛盾空间是指在真实空间里不可能存在的，只有在假设的空间中才存在。

3）图与底

图与底存在一种对比、衬托之中产生出来的关系。自然界中蓝天白云、红花绿叶都反映了一种对比与衬托的关系。在平面设计中图与底是密不可分的关系。图与底在设计中的运用：①色彩明度较高的有图的感觉。②凹凸变化中的凸的形象有正图感。③面积大小的比较中，小的有图感。④在空间被包围的形状有图感。⑤在静与动的这两种比较中，动态的具有图感。⑥在抽象的与具象的之间，具象的有图感。⑦在几何图案中，图底可根据对比关系而定，对比越大越容易区别图与底。图与底的反转现象：有时候图与底的特征十分相似，不容易区别，这就是图底的反转现象。

4）打散

打散是一种分解组合的构成方法，就是把一个完整的东西，分为各个部分，然后根据一定的构成原则重新组合。这种方法有利于抓住事物的内部结构及特征，从不同的角度去观察、解剖事物，从一个具象的形态中提炼出抽象的成分，用这些抽象的成分再组成一个新的形态，产生新的美感。

5）分割

在平面构成中，把整体分成部分，叫分割。日常生活中这种现象随时可见，如房屋的吊顶、地板都构成了分割。常用的分割方法：①等形分割。要求形状完全一样，分割后再把分隔界线加以取舍，会有良好的效果。②自由分割。自由分割是不规则的，将画面自由分割的方法，不同于数学规则分割产生的整齐效果，但它的随意性分割，给人活泼不受约束的感觉。③比例与数列。利用比例完成的构图通常具有秩序、明朗的特性，给人清新之感。

6）平衡

在造型的时候，平衡的感觉是非常重要的，平衡造成的视觉满足，使人的眼睛能够在观察对象时产生一种平衡、安稳的感受。平衡主要分为：①对称平衡，如人、蝴蝶，一些以中轴线为中心左右对称的形状。②非对称平衡，虽然没有中轴线，不是对称的关系，却有很端正的平衡美感。

7）近似

近似指的是在形状、大小、色彩、肌理等方面有着共同的特征，它是在统一中富有变化的效果。近视主要分为：①同形异构法。同形异构是指外形相同、内部结构不同的造型方法，如外形和大小相同，但是内部的指针及结构不一样的手表；外形相同，但是内部结构不同的键盘等。②异形同构法。正好与同形异构相反，即外形不同，但是内部结构相同、一致。毛笔字讲究神韵，设计师很巧妙地把设计作品的内部结构和毛笔字的神韵洒脱融合起来。外形看似造型各异、各具情态的骏马，内部结构却如此一致。③异形异构法。异形异构属于差异性很大、关联性较小的一类构成方式（设计手法）。其外形和内部机构都不同，但是内在的意趣和艺术表现形式是一样的。

8）排列

基本形是构成中最基本的单位元素，在单位元素的群集化过程中，可能变化出无数的组合形式，为使构成变化不杂乱，基本形以简单的几何形态为最好的组合形式。基本形的排列原则：①基本形线状排列。排列向横向发展，发展成为线状图形，有很强的方向性。可以水平方向或斜线方向发展。②面状排列。基本形以二次方向排列，构成面状图形。③环状排列。把基本形线状的排列发展成为曲线，使两端连接。④放射状排列。基本形由中心向外排列，构成放射图形。⑤对称排列。基本形左右对称排列，排列规律、整齐。

2.4 符号与地图符号

2.4.1 符号

符号是指具有某种代表意义的标识，来源于规定或者约定成俗，其形式简单，种类繁多，用途广泛，具有很强的艺术魅力。符号是表达观念、传输一定信息的工具、用来代表某种事物现象的代号，以约定关系为基础，表示抽象的概念。符号是人类第二语言，是一种图形语言。它与文字语言相比较，最大的特点是形象直观。符号是人们共同约定用来指称一定对象的标志物，它可以包括以任何形式通过感觉来显示意义的全部现象。在这些现象中某种可以感觉的东西就是对象及其意义的体现者。

符号是信息的外在形式或物质载体，是信息表达和传播中不可缺少的一种基本要素。符号通常可分成语言符号和非语言符号两大类，这两大符号在传播过程中通常是结合在一起的。无论是语言符号还是非语言符号，在人类社会传播中都能起到指代功能和交流功能。符号具有三个基本特征：

（1）抽象性。卡西尔把符号理解为由特殊抽象到普遍的一种形式。"在人那里已经发展起一种分离各种关系的能力"。德国哲学家赫尔德把这种分离各种关系的能力称为"反思"，即人能够从漂浮不定的感性之流中抽取出某些固定的成分，从而把它们分离出来进行研究。这种抽象能力在动物中是没有的。这就说明关系的思想依赖于符号的思想，没有一套相当复杂的符号体系，"关系"的思想根本不可能。所以，"如果没有符号系统，人的生活就被限定在他的生物需要和实际利益的范围内，就会找不到通向理想世界的道路"。

（2）普遍性。普遍性是指符号的功能并不局限于特殊的状况，而是一个普遍适用的原理，这个原理包括了人类思想的全部领域。这一特性表明人的符号功能不受任何感性材料的限制。此一时、彼一时、此地、彼地，其意义具有相对的稳定性。由于每物都有一个名称，普遍适用就是人类符号系统的最大特点之一。这也就是聋、哑、盲儿童的世界比一些高度发达的动物世界还要无可比拟地宽广和丰富的原因，这也是唯独人类能打开文化世界之门的奥秘所在。

（3）多变性。一个符号不仅是普遍的，还是极其多变的。人们可以用不同的语言表达同样的意思，也可以在同一种语言内，用不同的词表达某种思想和观念。"真正的人类符号并不体现在它的一律性上，而是体现在它的多面性上，它不是僵硬呆板的，而是灵活多变的"。

卡西尔认为，符号的这三大特性使符号超越于信号。卡西尔以巴甫洛夫所作的狗的第二信号系统实验为例来予以说明。他认为，"铃声"作为"信号"是一个物理事实，是物理世界的一部分。相反，人的"符号"不是"事实性的"而是"理想性的"，它是人类意义世界的一部分。信号是"操作者"，而符号是"指称者"，信号有着某种物理或实体性的存在，而符号是观念性的、意义性的存在，具有功能性的价值。人类由于有了这个特殊的功能，才不仅是被动地接受世界所给予的影响做出事实上的反应，还能对世界做出主动的创造与解释。正是有了这个符号功能，才使人从动物的纯粹自然世界升华到人的文化世界。

2.4.2　地图符号

地图符号就是用概括性、综合性和概念化的手段，通过归纳、分类、分级等方法，用抽象的具有共性的符号，来表示某一类（级）地理事物。对地理事物的制图综合，表示了复杂繁多的地理事物，科学地反映了地理事物的群体特征和本质规律。地图符号的实质是以约定关系为基础，用一种视觉形象图形来代指事物现象的抽象概念，表示地理信息空间位置、大小、数量和质量特征的特定的点、线、几何图形、文字和数字等。广义的地图符号是指表示各种事物现象的线划图形、色彩、数学语言和记注的总和，也称为地图符号系统。狭义的地图符号由形状不同、大小不一、色彩有别的图形和文字组成，是具有空间特征的一种视觉符号，直观形象表达某个事物的空间位置、大小、质量和数量特征的特定图形记号或文字。地图符号是地图的图解语言，用来沟通客观世界、制图者和用图者，传输地图信息。

1. 构成特点

地面上错综复杂的物体，经过归纳（分类、分级）进行抽象，并用特定的符号表示在地图上，不仅解决了逐一描绘各个物体的困难，还能反映物体全局的本质规律。地理事物是通过符号来表达的，地图符号是表示地理事物内容的基本手段，它由形状不同、大小不一、色彩有别的图形和文字组成。因此符号具有如下特点：①符号应与实际事物的具体特征有联系，以便于根据符号联想实际事物；②符号之间应有明显的差异，以便相互区别；③同类事物的符号应该类似，以便分析各类事物总的分布情况，以及研究各类事物之间的相互联系；④简单、美观、便于记忆、使用方便。

作为符号，地图符号与其他符号的区别在于，它既能提供对象的信息，又能反映其空间结构，其主要特性是：①地图符号是空间信息和视觉形象的复合体；②地图符号有一定的约定性；③地图符号可以等价变换。

就单个符号而言，它可以表示客观事物的类别、空间分布位置、数量多少；就同类事物而言，它可以反映该类事物的分布特点。各类符号的总和，则可以表示各类事物之间的相互关系及区域总体特征。

2. 地图符号构成

图形、尺寸和颜色是地图符号构成的三要素。

（1）符号的图形是反映地理要素的外形和特征的，具有象征性、艺术性和表现力，要便于区分，又便于阅读记忆。常以图形区别事物的类别，以正射投影为主，以透视图形和几何图形为辅。

（2）符号的尺寸。尺寸大小与地图内容、用途、比例尺、分辨率、制图印刷有关，常以尺寸区别等级。

（3）符号的颜色提高地图的视觉效果，增强地理各要素分类分级的概念，简化了符号图形。

3. 地图符号量表

地理学者为了在地图上直接或间接描述空间信息的数量特征，应用心理物理学惯常采用的度量方法——量表法对空间数据进行数学处理，根据被处理数据的属性，量表法可分为四种：定名量表、顺序量表、间距量表和比率量表。

（1）定名量表：对空间信息的处理只使用定性关系，一般不使用定量关系的量表，是最低水平的量表尺度。众数是最佳的数学统计量，它以一个群体中出现频率最高的类别定名。

（2）顺序量表：是按某种区分标志把事物现象构成的数组进行排序，区分为一种相对等级的方法。顺序量表的运算方法是选择中位数，并以四分位法研究观测结果的排列位置或编号的离差。

（3）间距量表：利用某种统计单位对顺序量表的排序增加距离信息，即为间距量表。间距量表可以区分空间数据量的差别，常用的统计量是算术平均值，而描述数据平均值的离散度是标准差。

（4）比率量表：它与间距量表一样，按已知数据的间隔排序，但呈比率变化，从绝对零值开始又能进行各种算术运算，它实际上是间距量表的精确化。

4. 符号分类

1）按定位情况分类

按定位情况分为两种：①定位符号，即在地图上有确定的位置，一般不能任意移动的符号。地图上大部分符号都属于定位符号，如河流、居民地、道路、境界、地类界等。它们都可以根据符号的位置确定出相应物体的实地位置。②非定位符号，只表明某范围质量特征的一类符号，如森林、果园、沙漠等。它们的配置，有整列、散列两种形式，没有定位意义。

2）按符号的空间分布情况分类

按符号的空间分布有四种类型：点位分布、线状分布、面积分布、体积分布。

（1）点位分布。存在于一个独立位置上的事物、离散的空间现象、一个测量控制点、一座城市等，代表一个地区的国名经济统计图形，也算做点位分布。因此，点状符号在地图上是一个定位点。

（2）线状分布。指存在于空间的有序现象，如河流、河堤、道路、运输线，它们可能扩散成一个宽带，以具有相对长度和路线为主要特征。线状符号在地图上是一个线段。

（3）面积分布。指事物的占有范围、连续的空间现象。区域性的自然资源、民族、语言和宗教分布、气候类型、城市的范围，都可以用面状符号表示。因此，面状符号在地图上是一个图斑。

（4）体积分布。从某一基准面向上下延伸的空间体，如人口或一座城市，可以表示具有体积量度特征的有形实物或概念产物，这些空间现象可以构成一个光滑曲面。因此，体积符号在地图上可以表现为点状、线状或面状三维模型。

3）按符号的形状特征分类

（1）几何符号，指用简单的几何形状和颜色构成的记号性符号，这些符号能体现制图现象的数量变化。其特征为：①形状特征，分为规则和不规则；②符号尺寸，分为分级和比率；③结构变化，分为组合结构和扩张结构。

（2）透视符号，指从不同视点将地面物体加以透视投影得到的符号，根据观测制图对象的角度不同，可将地图符号分为正视符号和侧视符号。

（3）象形符号，指对应于制图对象形态特征的符号。

（4）艺术符号，指与被表示的制图对象相似、艺术性较强的符号。

4）按对地图比例尺的依存关系分类

按对地图比例尺的依存关系，地图符号可分为依比例符号、半依比例符号、不依比例符号。除依比例符号能反映地物的真实形状外，其余都是规格化了的符号，它们反映地物位置是通过规定它们的"主点"或"主线"即定位点或定位线与相应地物正射投影后的"点位"或"线位"即实地中心位置相适应的。

（1）依比例符号：又称真形或轮廓符号，即能保持地物平面轮廓形状的符号，如街区、湖泊、林区、沼泽地、草地等。

（2）不依比例符号：又称点状符号或记号性符号。无法显示其平面轮廓，按比例尺缩小后为一个小点子。只能放大表示，只表示位置、类别，不能表示其实际大小，如三角点、水井、独立树等。

（3）半依比例符号：又称线状符号，只能保持地物平面轮廓的长度，不能保持其宽度的符号，宽度不能依比例，只能夸大表示，如道路、堤、城墙、河流等。

5）按符号表示的地理尺度分类

按符号表示的地理尺度分为定性符号、定量符号和等级符号三种。

（1）定性符号，表示制图对象质量特征的符号称为定性符号。这种符号主要反映制图对象的名义尺度，即性质上的差别。

（2）定量符号，表示制图对象数量特征的符号称为定量符号。这种符号主要反映制图对象的定量尺度，即数量上的差别。

（3）等级符号，表示制图对象大、中、小顺序的符号称为等级符号。这种符号主要反映制图对象的顺序尺度，即等级上的差别。

2.4.3　地图符号学

地图符号学是探讨用符号学的基本概念和原理来研究地图符号的特征、意义、本质、发展变化规律及符号与人类多种活动之间的关系科学。用符号学的基本概念和原理来研究地图符号的特征、规律和本质的理论，包括符号系统的结构、意义与实用性。将地图符号作为一种特殊语言，探讨其"语法"规则及符号的"语义"和"语用"特征，从而研究地图符号的构图规律的理论。

地图符号学包括三方面内容：①地图符号的结构（句法）。应形成相互联系的、完整的符号系统结构。②地图符号的意义（语义）。符号系统应能表达任何信息内容，并保证符号明确代表所表达的内容。③地图符号的实用性（语用）。符号系统应保证快速感受和牢固记忆。这三个方面，涉及符号与符号间、符号与制图对象间及符号与用图者之间的关系。研究和设计地图符号时，应考虑和处理好这三个关系。

2.5　视觉变量与感受理论

2.5.1　地图感受理论

地图视觉感受理论主要是运用生理学、心理学和心理物理学的一些理论来探讨地图的读图过程和地图的视觉感受效果，为取得最好的地图信息传输效果，为最佳地图的图形与色彩设计提供科学依据。自 20 世纪 70 年代以来，地图视觉感受理论的研究受到国内外地图学界的高度重视，进行了许多有关地图视觉感受方面的实验，如对各种形状的分级符号的感受特点、颜色的使用和等级灰度尺的视觉效果的实验，几种地图实际应用的检核等。地图视觉感受理论的研究内容主要是地图的视觉感受过程、视觉变量与视觉感受效果、地图视觉感受的生理与心理因素等。

地图是空间信息的可视化产品，地图的信息传输大部分是通过人的视觉感受来进行的，对地图信息的提取和地图质量的评价是由人的视觉系统将图形信息传送至大脑，再由大脑加上一些心理因素而做出判定的。地图的视觉感受是个复杂的过程，但无论使用哪种类型的地图，读图过程都须经过觉察、辨别、识别和解译。其中，觉察、辨别过程是视觉感受研究的重点，主要受生理、心理因素的影响。识别和解译过程是地图认知的研究重点，与读图者的知识水平、实践经验、思维能力有关。

地图视觉感受理论主要研究与地图视觉感受有关的一些生理与心理因素。读图者在阅读地图时，其视觉生理机能主要由三个参数确定：视力敏锐度、反差敏感度及眼睛的运动反应。人们在阅读地图过程中，不自觉地受到一系列视觉心理因素的影响。这些视觉心理因素主要是：轮廓与主观轮廓、图形与背景、知觉的恒常性和视错觉。

地图视觉感受的实验方法主要是利用心理物理学的实验方法，寻求各种制图对象的刺激与视觉反应之间的关系。实验的对象是实际的地图或简化了的地图，目的是通过心理物理学实验，找出一些能够指导地图设计的实验根据。

地图视觉感受理论的研究对纸质地图的符号设计、色彩设计起了重要的指导作用。地图感受论是地图符号学的基本理论之一，也是地图符号图形设计和地图整饰的理论基础，是研究用图者对地图图形（包括符号、色彩、注记）的感受过程和对图像的心理反应特征与地图视觉效果的理论。从用图者的视觉感受机制入手，采用物理-心理-生理学方法，经过大量实验，为改进和提高地图设计和地图的表达功能提供科学依据，与心理学、色彩学等有密切联系。

地图是运用易被人们感受的图形符号表示地面景物，使用符号具有以下功效。

（1）有选择地表示地理环境中的主要事物，因而在较小比例尺的地图上所表现的地面情况，仍能一目了然，重点突出。对于那些由于缩小而不能按比例尺表示的重要地面景物，可用不依比例的符号夸大表示。

（2）用平面的图形符号表示地面的起伏状况，也可以说是在二维平面上，能够表达出三维空间状况，而且可以量测其长度、高度和坡度等。

（3）除了用符号表示出地面景物的外形，还能表示出景物看不见的本质特征，如在海图上可以表示出海底地形、海底地质、海水的温度和含盐度等。

（4）用符号可以表示出地面没有外形的许多自然和社会经济现象，如气压、雨量、政区划分和人口移动等。此外，还可以表现出事物间的联系和制约关系，如森林分布和木材加工工业之间的联系。地图上还有说明作用的文字和数字，它们也是地图的重要组成部分，用以标明地面景物的名称、质量和数量。

地图感受论为地图整饰理论和方法的基础。它从视觉感受角度研究地图符号，从心理过程与美学观点研究地图色彩的选择与组合。一方面，人们对各种符号、图形、色彩及其组合的视觉感受效果不同；另一方面，不同读者对地图的视觉感受过程与效果也不同。研究感受论的目的在于建立地图整饰设计的理论依据，改变依靠经验与样图试验的传统方法，进一步提高地图表达力，使用图者获得最好的感受效果。

2.5.2　地图符号视觉变量

能引起视觉差别的图形和色彩变化因素称为视觉变量或图形变量。地图符号能成为种类繁多、形式多样的符号系统，是构成地图符号的各种基本元素变化组合的结果。地图上能引起视觉变化的基本图形、色彩因素称为视觉变量，也叫图形变量。视觉变量是构成地图符号的基本元素。视觉变量通常是指能引起视觉差别的最基本的图形和色彩因素的变化。

视觉变量最先由法国人贝尔廷于 1967 年提出。他领导的巴黎大学图形实验室经 20 多年的研究，总结出一套图形符号规律——视觉变量，即形状、方向、尺寸、亮度、密度和色彩（图 2.16）。1984 年美国人鲁宾逊等在《地图学原理》一书中提出基本图形要素是：色相、亮度、尺寸、形状、密度、方向和位置。1995 年他又把基本图形要素改为视觉变量，认为其由基本视觉变量（形状、尺寸、方向、色相、亮度、纯度）和从属视觉变量（网纹排列、网纹纹理、网纹方向）两部分组成。

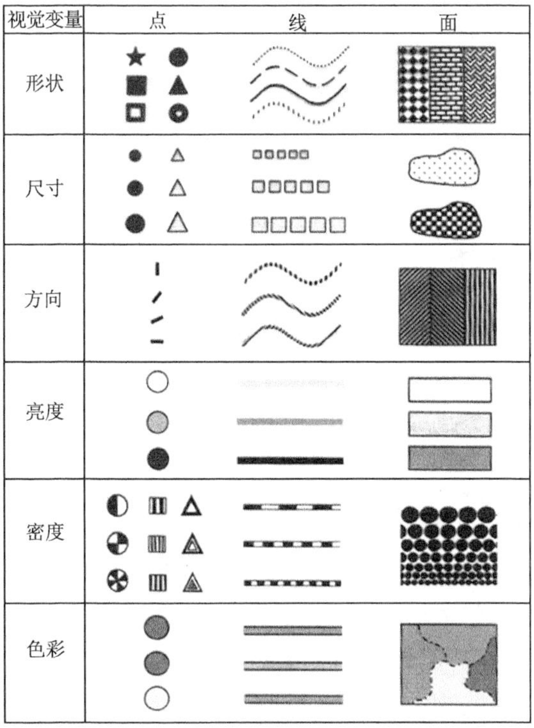

图 2.16　贝尔廷的六个视觉变量

视觉变量作为地图图形符号设计的基础，在提高符号构图规律和加强地图表达效果方面起到很大作用，一经提出即引起广泛重视，但目前国内外对符号视觉变量的构成看法并不一致，这是正常的。趋于相同的观点是：视觉变量是分析图形符号较好的方法；视觉变量至少应包括形状、尺寸、颜色、方向变量等。

视觉变量应由六元素组成，即位置 P（position）、形状 F（form）、色彩 H（hue，含色相 H1、纯度 H2 和亮度 H3）、尺寸 S（size，含大小 S1、粗细 S2、长短 S3 和分割比例 S4）、网纹 T（texture，含排列 T1 和疏密 T2）和方向 D（direction），可分别在点、线、面状符号形态中体现。

1. 位置

位置是指符号在图上的定位点或线。大多数情况下它是由制图对象的坐标和相邻地物的关系所确定的，是被动的空间定位，往往不被认为是视觉变量。但位置并非不含符号设计意义，图上仍有某些可移动位置的成分，如可移位的区域内统计图表、符号；注记位置的变化；处理符号"争位"矛盾时的符号位置移动；符号的位置配置对整个图面效果的影响；有些线状、面状符号的线条、轮廓曲直变化，实际上反映的是特征点位置的变化。符号的位置常常表示了地理对象的空间分布。

2. 形状

形状是指符号的外形，是视觉上能够区别开来的几何单体。对于点状符号来说，符号本身就体现了形状的变量。点状符号有圆、三角形、椭圆、方形、菱形及任何复杂的图形。线状符号有点线、虚线、实线等形状差异，形状变量在线状符号中是一个个形状变量的连续。面状符号的形状变化是指填充符号的形状变化，是一排排形状的连续。图 2.17 中点、小三角、小箭头等显示了填充符号的形状差别。形状主要用于反映制图要素的质量差异，如用圆表示村镇、用"★"表示首都、用实线表示公路、用虚线表示小路等。

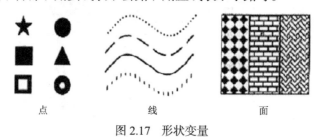

点　　　　　　　　线　　　　　　　　面

图 2.17　形状变量

3. 尺寸

点、线、面状符号的最基本构成要素是点，因为面是由线组成的，而线是由点组成的。尺寸是指点状符号及其组成线、面状符号的大小、粗细、长短、分割比变化。符号的大小、粗细、长短主要用于区分制图对象的数量差异或主、次等级。例如，用大圆表示大城市，小圆表示小城市；粗实线表示主要公路，细实线表示次要公路等，如图 2.18 所示。分割比例主要用于表示制图要素的内部组成变化。

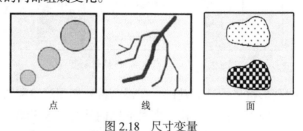

点　　　　　　　　线　　　　　　　　面

图 2.18　尺寸变量

4. 色彩

色彩的差异是视觉变量中应用最广泛、区别最明显的变量。颜色的变化主要体现在色相的变化上。点状、线状符号常用不同色相来表示事物。符号除了用色相的变化来表示外，还可用变化纯度、亮度的方法来表示。

符号的色彩主要用于区分制图对象的质量特征，它常与形状相配合增强表达效果，如图 2.19 所示，用深色调表示河流，浅色调表示道路。色彩的纯度、亮度变化也可表示制图对象的数量差异。例如，用深色调表示人口密度数值大的区域，用浅色调表示人口密度数值小的区域。

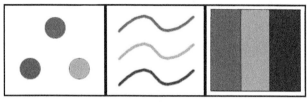

图 2.19　色彩变量

5. 网纹

网纹即构成符号的晕线、花纹。它有排列方向，包括疏密、粗细、晕线组合、花纹、晕线花纹组合等几种形式（图 2.20）。不同排列方向、晕线组合、花纹、晕线花纹组合的网纹符号用于表示制图对象的质量特征。

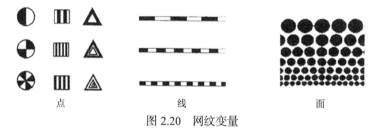

点　　　　　　　　　　　线　　　　　　　　　　　面

图 2.20　网纹变量

不同疏密、粗细网纹符号用于表示制图对象的主、次等级或数量特征。晕线花纹也可有颜色变化，用来区分制图对象的质量特征。

6. 方向

方向指符号方向的变化。点状符号并不一定都有方向变化，如圆就无方向之分。点状、线状符号的方向变化指构成符号本身的指向变化。符号的方向常用于表示制图对象的空间分布或其他特征（图 2.21）。

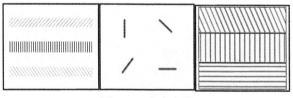

图 2.21　方向变量

7. 亮度

亮度指亮度不同而引起视觉上的差别，指色调的明暗程度。亮度差别并不限于消色，它也是各种色彩变化的因素之一。不同亮度来表现地理对象的数量差异，特别是同一色相的不同亮度更能明显地表达数量的增减，如图 2.22 所示。

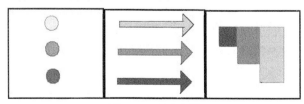

图 2.22　亮度变量

2.5.3 视觉变量的视觉感受效果

贝尔廷的视觉变量理论引起了地图学家的广泛兴趣，许多学者根据贝尔廷的理论提出了自己的见解。视觉变量是构成地图符号的基础，各种视觉变量引起的心理反应不同，就产生了不同的视觉感受效果。由视觉变量组合产生的视觉感受效果有：整体感、等级感、数量感、质量感、动态感和立体感。

1. 整体感与选择感

整体感是指阅读不同视觉变量构成的符号图形时，感觉好像一个整体，没有哪一种显得特别突出。整体感可以表示一种现象、一个事物、一个概念或一种环境等。例如，在不同颜色表示的行政区划图上，应有行政区划分布的整体概念感受，不应产生哪一个行政区重要、不重要的感觉。整体感可通过调节视觉变量所构成符号的差异性和构图的完整性来实现。形状、方向、色彩、网纹、尺寸等变量都可产生符号图形的整体感。表达定名量表的视觉变量形成的整体感较强，如形状、色相、网纹等；而表达数量概念的视觉变量整体感相对较差，如尺寸、亮度等。与整体感相反的感受是选择感，整体感强则选择感就弱。要把某种要素的符号突出于其他符号之上，就要增大视觉变量所构成符号的差异感，即增强其视觉差别。例如，选用强烈对比的色相或增大亮度、纯度、尺寸差别，可起到增强选择感的效果（图2.23）。

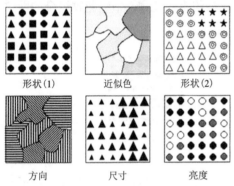

图 2.23　视觉变量的整体感与选择感

2. 等级感

等级感是指符号图形被观察时能迅速、明确地产生出的等级感受效果。客观事物现象有等级之分，普通地图、专题地图上的符号等级感是非常重要的。尺寸、亮度是形成等级感的主要视觉变量，如居民地图形符号的大小、道路的粗细等（图2.24）。色相、纯度、网纹和亮度变量结合，也可产生等级感，但等级感没有尺寸、亮度那么显著。

图 2.24　视觉变量的等级感

3. 数量感

数量感是指读图时从符号的对比中获得的数量差异感受效果。等级感易辨识，但数量感则需对符号图形进行认真比较、判断和思考，其受读者的文化素质、实践经验等影响较大。尺寸是产生数量感最有效的视觉变量。简单的几何图形如圆、三角形、正方形、矩形等，由于其可量度性强，所以数量感较好（图 2.25）。图形越复杂，数量感的差别准确率越低。

4. 质量感

被观察对象能被读者区分成不同的类别或性质的感受效果称为质量感。质量（主要指制图对象的类别、性质等）的概念主要依据形状和色相变量产生。例如，实心三角形表示铁矿，实心正方形表示煤矿；绿色表示平原，橙色、棕色表示山地，蓝色表示水体等。形状和色相结合产生的符号的质量感最有效。网纹和方向在一定条件下也可产生质量感，但效果不如形状和色相明显，不宜单独使用（图 2.26）。

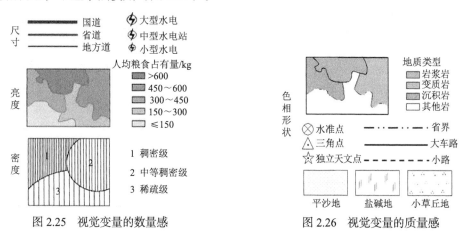

图 2.25　视觉变量的数量感　　　　　　　　图 2.26　视觉变量的质量感

5. 动态感

阅读符号图形使读者产生一种运动的视觉感受叫动态感。单视觉变量较难产生动态感受，但一些视觉变量有序排列和变化可产生运动感觉（图 2.27）。箭形符号是一种常用、特殊的反映动态感的有效方法。动态感与形状、尺寸、方向、亮度、网纹等视觉变量有关，位置变量也可产生动态感。例如，古今河道位置的变化，则有河流变迁的动态感觉。

6. 立体感

立体感是指通过视觉变量组合，使读者从二维平面上产生三维空间的视觉效果。一般根据空间透视规律组织图形，利用近大远小（尺寸）、光影变化（亮度）、压盖遮挡、色彩空间透视、网纹变化等形成立体感（图 2.28）。

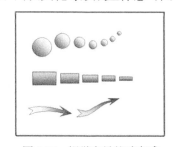

图 2.27　视觉变量的动态感　　　　　　　图 2.28　视觉变量的立体感

地图符号的形成过程，可以说是一种约定的过程，经过很长时间的检验，由约定而达到俗成的程度，为广大用图者所熟悉和承认。地图符号的作用，在于它能保证所表示的客观事物空间位置具有较高的几何精度，从而提供了可测量性；能不依据比例符号或半依据比例符号表示出事物的质量和数量特征。

第三章　计算机可视化环境

计算机可视化环境通常由计算机硬件、输入输出设备、计算机系统软件和专用软件、程序设计语言集成环境及应用程序等构成，其核心作用是通过人机交互技术和计算机图形图像等技术，为实现地理空间数据的人机交互、数据处理和数据可视化呈现等提供高效能的服务平台。

3.1　计算机可视化环境的构成及功能

3.1.1　计算机可视化系统的构成

地理空间数据可视化环境是面向可视化应用的计算机系统，计算机可视化环境由计算机硬件系统、软件系统和使用可视化环境的用户三部分构成，可视化环境组成如图 3.1 所示。硬件系统是可视化环境存在、发展的物质基础与功能实现的主体，主要由主机、通用输入/输出设备和图形（图像）输入/输出设备组成；软件系统是可视化功能的体现，主要包括操作系统、高级语言开发集成环境、图形图像软件、应用程序等；用户是使用可视化环境的主体，在系统运行过程中，用户处于主导地位。

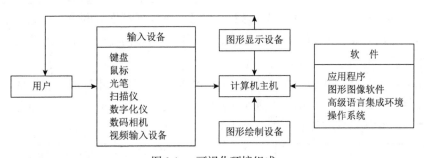

图 3.1　可视化环境组成

在可视化环境运行过程中，用户使用主机执行所需功能软件，通过人机交互装置、专用输入设备或存储设备读取地理空间数据，按照一定的数据结构组织数据，执行相应的功能处理程序，将处理、加工后得到的有效信息以图形、图像等可视化形式进行展示，通过图形显示器或其他专用输出设备输出结果。

1. 地理空间可视化环境硬件

地理空间可视化环境对计算机系统的计算能力、处理速度、主存容量、图形（图像）输入/输出设备等有较高的要求，因此在构建可视化环境时，硬件设备的选择方面应注意以下几点。

（1）可视化环境涉及大量的图形与图像的处理运算，通常选择具有强大的浮点运算能力和较大缓存的中央处理器（CPU），并配备容量较大的主存和高速辅存，通过提升计算机整体的计算能力和处理速度，满足可视化环境对浮点运算的要求。

（2）图形加速器（graphics processing unit）是专为执行复杂的数学和几何计算设计的微处理器，带有高速图形加速器和高速显存的专业图形加速卡，显示过程中不仅减少了 CPU 的工作量，还可以替代 CPU 的部分工作，并提升了显示速度和效果。

（3）作为可视化环境数据采集方面，目前无论是照片、文本、图纸、菲林软片等二维对象，还是模型、房间、街道、大厦等三维对象和场景都可以作为扫描对象，通过数字化设备转换为可以处理的数据，为可视化环境提供便捷的数字化手段和充分的数据源，如用于线条输入的数字化仪、用于面状图像输入的扫描仪及 LiDAR 系统等。

（4）在可视化环境数据处理结果呈现方面，高清晰大屏幕图形显示器、彩色打印机和笔式绘图仪等是可视化环境的一般配置。

2. 地理空间可视化环境软件系统

可视化环境的软件系统从层次角度可以划分为操作系统、高级语言集成环境、专用软件及工具、应用程序四部分，如图 3.2 所示。

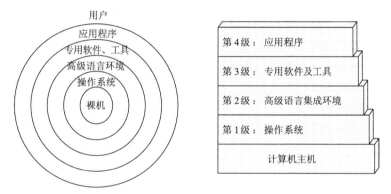

图 3.2 可视化环境软件系统层次结构

（1）操作系统：在应用领域，操作系统主要分为桌面操作系统、服务器操作系统和嵌入式操作系统。桌面操作系统主要用于个人计算机和专用工作站，个人计算机主流操作系统包括 Windows、Mac OS 及 Linux 三种，工作站主要使用 UNIX 系统或类 UNIX 系统。服务器操作系统通常包括安装在大型计算机上的操作系统和以各种服务器为中心的计算机网络所使用的网络操作系统，主流操作系统为 UNIX 系列、Linux 系列和 Windows Server （Windows NT）系列。嵌入式操作系统的主流产品有嵌入式 Linux、Windows Embedded、VxWorks 等，而广泛使用在手机、平板电脑等智能终端设备中的操作系统有 Android、iOS、Symbian 等。

（2）高级语言集成环境：可视化环境要求程序设计语言必须具备较强的图形、图像处理能力。因此，应选择 C、C++、C#等具有很强的图形图像处理能力、应用广泛和具有丰富中间件支持的程序设计语言及其集成环境。

（3）专用软件及工具：可视化专用软件和工具种类众多，但通常都是针对某一应用领域的，图形图像的处理和显示功能分散在不同的软件和工具中，如面向地理信息系统的 ArcGIS、面向三维动画和渲染的 3D Studio Max、面向产品设计和工程设计的 AutoCAD 等。

（4）应用程序：不同的用户对可视化应用有着针对性需求，而专用软件的可视化功能分散在不同的专用软件中。因此，必须针对用户的需求设计、开发、定制专门的应用平台和程序，以满足用户的个性化需求。

3.1.2　可视化环境的基本功能

一个可视化环境通常具有计算、存储、对话、输入、输出五个方面的基本功能。

（1）计算功能：计算功能是系统最基本的功能，数据处理与分析、图形图像的生成与变换等操作都需要大量的计算才能够完成。

（2）存储功能：计算机的主存和辅存能够存放图形图像数据，尤其要存放各种形体的几何数据、形体间的相互关系及各种属性信息，并且可基于设计人员的要求对有关信息进行实时检索、保存、增加、删除等操作。

（3）对话功能：设计人员必须能通过图形显示器或其他人机交互设备直接进行人机通信。用户通过显示屏幕观察设计的结果和图形，利用定位、选择、拾取设备对不满意的部分做出修改指示，同时系统可以追溯设计者或操作人员以前的工作步骤，对错误给予必要的提示和帮助等。

（4）输入功能：将图形形体在设计和绘制过程中的有关定位数据、定形尺寸及必要的参数和命令输入系统中。

（5）输出功能：为了较长期地保存、分析计算的结果或对话需要的各种信息，可视化环境应具备文字、图形、图像等信息的输出功能，且输出设备应具有多样性，以满足对输出结果不同的精度、形式、时间等要求。例如，在显示屏幕上显示当前设计过程的状态及图形图像等处理的结果，还应能够通过打印机、绘图仪等设备硬拷贝输出或通过过程记录软件记录操作过程，以便长期保存。

可视化环境因需求的不同而具有不同的功能和能力，而上述五种功能则是一个可视化环境应具备的最基本功能。

3.1.3　可视化环境的分类

可视化环境可以根据硬件的配置规模、软件功能和种类的丰富程度、实现功能的强弱等几个方面，大致划分为以下几类。

（1）以超级计算机系统为基础的可视化环境。超级计算机和大型计算机具有极强的计算能力和数据处理能力，拥有海量的存储空间和高速 I/O 设备，配有多种外部和外围设备及丰富的、功能齐全的软件系统，多用于国家高科技领域和尖端技术研究。以超级计算机系统为基础的可视化环境在具有强大的计算能力和数据处理能力的同时，拥有功能齐全、种类丰富的专用软件系统，并配有大量的高清晰显示终端和高精度、大幅面的硬拷贝设备等，主要应用于高端制造业的研发与设计及虚拟现实系统等方面。

（2）以中型或小型计算机为基础的可视化环境。这类可视化环境以中型机或小型计算机为基础，拥有较强的计算能力和数据处理能力，配置较大容量的主存、辅存及高精度、大幅面的硬拷贝设备，并配备专业级的可视化软件、支持工具和开发集成环境。主要的应用对象是大中型企业和科研机构，用于辅助设计、图形图像处理技术研究等领域。

（3）以工作站为基础的可视化环境。这类可视化环境以集成了完整的人机界面、高性能计算和图形处理能力的工作站（或高性能服务器）为基础，配置较高的主存和大量辅存，并通过完善的网络功能实现多用户、多任务的资源共享。这类环境既可以满足高性能任务的需求，又可以充分共享资源，且具有很高的开放性和扩展性，推动了可视化环境的快速发展，广泛应用于设计制造、工程、商业及办公等诸多领域。

（4）以个人计算机为基础的可视化环境。个人计算机具有体积小、价格低、使用简单和普及率高等特点，从而使得以个人计算机为基础的可视化环境得到广泛的应用。这种环境虽然在计算能力、处理速度和存储空间等方面存在一定的局限性，但随着计算机技术和网络通信技术的高速发展，系统的性能和功能不断提升。这种环境通常以高档个人计算机为基础，配备有浮点计算部件，并配备交互设备、图形显示器、普通绘图仪及打印机等，具有成本低、较高的开放性和扩展性、操作简单、应用面广等特点，属于目前最常见的可视化环境。

3.2 图形输入设备

在交互式计算机图形系统中，图形的生成、修改和标注等人机交互操作都是由用户通过图形输入设备进行控制的。

3.2.1 图形输入设备的种类

图形输入设备的种类繁多，在国际图形标准中按照逻辑功能可划分为六类：

（1）定位设备（Locator）。此类逻辑设备实现定位功能，即输入一个点的坐标，物理设备主要包括鼠标、光笔、触摸板（屏）、数字化仪、图形输入板、操纵杆及跟踪球等。

（2）笔画设备（Stroke）。此类逻辑设备实现描画功能，即输入一系列点的坐标，物理设备与定位功能的物理设备基本一致。

（3）数值设备（Valuator）。此类逻辑设备实现定值功能，即输入一个整数或实数，物理设备主要包括数字键盘、旋钮、数字化仪、方向键及编程功能键等。

（4）选择设备（Choice）。此类逻辑设备实现选择功能，即根据一个正整数得到某一种选择，物理设备主要包括鼠标、光笔、触摸板（屏）、数字化仪、字符串输入设备及声音识别仪等。

（5）拾取设备（Pick）。此类逻辑设备实现拾取功能，即识别一个显示的图形元素，物理设备主要包括定位设备、编程功能键及字符串输入设备等。

（6）字符串设备（String）。此类逻辑设备实现字符串功能，即输入一串字符，物理设备主要包括键盘、数字化仪、光笔、声音识别仪及触摸板（屏）等。

以上分类是按照物理设备所能实现的逻辑功能划分的，一种逻辑功能可以由若干种物理设备提供，而且一种物理设备通常能够实现多种逻辑输入功能。

如果根据图形输入设备的工作方式，输入设备又可以分为光栅型和矢量型两大系列。光栅型输入设备采用逐行扫描、按一定密度采样的方式输入图形，获取的数据为一副由亮度值构成的像素矩阵——图像（image），并经过图形识别过程，将所获得的图像数据转换为图形（graphics）数据。常用的光栅扫描型图形输入设备包括扫描仪、数码相机和摄像机等。矢量型输入设备采取跟踪轨迹、记录坐标点的方法输入图形数据，得到的数据形式为点、直线或折线构成的数据。常用的矢量型输入设备有鼠标、跟踪式数字化仪、光笔等。

3.2.2 鼠标

鼠标（Mouse）的标准名称为鼠标器，是一种移动光标和进行选择操作的小型手控设备，基本作用是替代键盘输入的烦琐指令。伴随"所见即所得"环境的普及，鼠标已经成为除键盘外最为主要的计算机输入设备。鼠标的基本工作原理是：当移动鼠标时，它将移动距离和方向的信息转换成脉冲信号传送给计算机，计算机再将脉冲信号转换为鼠标光标的坐标数据，从而实现指示位置的功能。鼠标根据其内部测量位移的部件，可分为光学鼠标、光电鼠标、光机鼠标和机械鼠标四种。

1. 光学鼠标

光学鼠标主要部件包括发光二极管（light emitting diode，LED）、透镜组件和光学引擎（optical engine）等，其中光学引擎由 CMOS 图像感应器和数字信号处理器（digital signal processor，DSP）构成，如图 3.3 所示。鼠标通过底部 LED 发出的灯光，以约 30°射向桌面，照射出粗糙的表面所产生的阴影，然后通过平面的折射，透过另外一块透镜反馈到传感器上。当鼠标移动的时候，图像感应器录得连续的图案，然后通过数字信号处理器对每张图片的前后对比分析处理，以判断鼠标移动的方向及位移，从而得出鼠标 X、Y 方向的移动数值和运动轨迹，再通过串行外设接口（serial peripheral interface，SPI）传给鼠标的微型控制单元（micro controller unit）。鼠标的处理器对这些数值处理之后，传送给电脑主机。

(a) 光学鼠标　　　　　　　　　　(b) 无线光学鼠标

图 3.3　鼠标

光学鼠标是目前使用最广泛的鼠标，其性能主要受到图像感应器的精度、数字处理信号器的处理速度等影响。目前广受"发烧友"喜爱的激光鼠标，其工作原理与光学鼠标是一致的，但是将发光光源由发光二极管改为激光，反射原理由漫反射改为镜面反射，并高配图像感应器和数字处理信号器等，从而提高了鼠标的性能和可靠性。

2. 光电鼠标

光电鼠标是利用发光二极管与光敏晶体管的组合来测量位移的。工作时，光电鼠标需要放在一块专用的鼠标板上，鼠标板上有水平线和垂直线构成的网格；LED 与光敏晶体管之间的夹角使前者发出的光照到鼠标板后，正好反射给后者。鼠标移动时，由于鼠标板上网格的作用，反射的光会产生强弱的变化，而鼠标器中的检测电路根据反射光强弱变化转换成表示位移的脉冲。光电鼠标有两种发射-测光元件，分别用来测量 X 轴和 Y 轴两个方向的位移。

3. 光机鼠标

光机鼠标也是通过光敏半导体元器件来测量位移的，其内部装有空轴、X 方向和 Y 方向三个滚轴。这三个滚轴都与一个可以滚动的小球接触，小球的一部分露出鼠标器的底部。当移动鼠标时，摩擦力使小球发生滚动，小球带动三个滚轴转动，X 方向轴和 Y 方向轴又各带动一个带有一圈小孔的小轮（译码轮）转动。因此，LED 发出的光时而照射到光敏晶体管上，时而被阻断，从而产生表示位移的脉冲。传感器 A 和传感器 B 的位置被安放成使脉冲 A 与脉冲 B 有一个 90°的相位差，利用相位差可以测试鼠标的移动方向。

4. 机械鼠标

机械鼠标实际上是机电鼠标，其中测量位移的译码轮上没有小孔，而是有一圈金属片，译码轮插在两组电刷对之间。当译码轮转动时，电刷接触到金属片就接通开关；反之就断开开关，从而产生脉冲。译码轮上金属片的布局及两组电刷对的位置，使两组点脉冲存在一个相位差，根据相位差可以判断鼠标的移动方向。

目前，常用的鼠标如果按照键数可划分为二键式、三键式、五键式和多键式。在不同的应用中，相应软件定义鼠标的按键操作方式及其功能、含义各不相同。鼠标按键一般包括以下五种操作：①点击（Click）。按下一键，立即释放。②按住（Press）。按下一键，不释放。③拖动（Drag）。按下一键不释放，并移动鼠标。④同时按住（Chord）。同时按住 2 个或 3 个键，并且立即释放。⑤改变（Change）。不移动鼠标，连续点击同一个键 2 次或者 3 次。

3.2.3　光笔

光笔（Light Pen）是计算机的一种输入设备，对光敏感，外形像钢笔，多用电缆与主机相连，与显示器配合使用，可以在屏幕上进行绘图等操作。光笔实际上是一种检测装置，确切地说是能检测出光的笔，其基本结构如图 3.4 所示。光笔的笔尖处开有一个圆孔，使显示器上的光通过这个孔进入光笔。光笔的头部有一组透镜，把所收集的光聚集到光纤的一个端面上，光纤再将光传导到另一端的光电倍增管，从而实现光信号到电信号的转换，经过整形后输出一个有合适信噪比的逻辑电平，并作为中断信号传送给计算机和显示器的显示控制器。光笔具有定位、拾取、笔画跟踪等多种功能，利用光笔能直接在显示器屏幕上对所显示的图形进行修改。

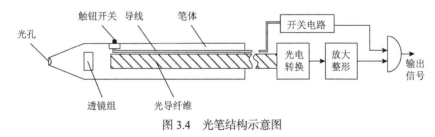

图 3.4　光笔结构示意图

光笔结构简单、价格低廉、响应速度快、操作简单，常用于交互式计算机图形系统中。在图形系统中，光笔将人的干预、显示器和计算机三者有机地结合起来，构成人机交互系统。

3.2.4　触摸屏

触摸屏（Touch Screen）是一种定位设备，是一种对于物体触摸能产生反应的屏幕，用来替代键盘或鼠标。触摸屏由触摸检测部件和触摸屏控制器组成，当人的手指或其他物体触到屏幕不同位置时，计算机能接收到触摸信号并按照软件要求进行相应的处理。根据采用的技术不同，主要分为电阻式、电容式、红外线式和表面声波式。

1. 电阻式触摸屏

电阻式触摸屏使用一个两层导电和高透明度物质做的薄膜涂层，涂在玻璃或塑料表面上后安装到屏幕上，或直接涂到屏幕上。这两个透明涂层之间约有 0.0025mm 的距离把两层导电层绝缘。当手指触摸屏幕时，两层导电层在触摸点位置就有了接触，电阻发生变化，在 X 和 Y 两个方向上分别测得电阻的改变量就能确定触摸的位置。

2. 电容式触摸屏

电容式触摸屏是利用人体的电流感应进行工作的。电容式触摸屏是一块四层复合玻璃屏，玻璃屏的内表面和夹层各涂有一金属涂层，最外层是一薄保护层，金属涂层作为工作面，四个角上引出四个电极，内层金属涂层为屏蔽层。当手指触摸在金属层上时，由于人体电场，用户和触摸屏表面形成以一个耦合电容，电流分别从触摸屏四角上的电极中流出，并且流经这四个电极的电流与手指到四角的距离成正比，控制器通过对这四个电流比例的精确计算，得出触摸点的位置。

3. 红外线式触摸屏

红外线式触摸屏通常是在屏幕的一边用红外器件发射红外光，在另一边设置接收装置，用于检测光线的遮挡情况，通常分为直线式和倾斜角式两种方式。直线式红外线式触摸屏利用相互垂直排列的两列红外发光器件在屏幕上方与屏幕平行的平面内组成一个网格，在相对应的另外两边用光电器件接收红外光，检查红外光的遮挡情况，当手指触摸在屏幕上时，就会遮挡一些光束，光电器件因为接收不到光线而发生电平变化。倾斜角光束扫描系统是利用扇形的光束从屏幕的两角照射屏幕，在与屏幕平行的平面内形成一个光平面，当产生接触时，通过测量投射在屏幕其余两边的阴影覆盖面积以确定手指的位置；这种方式产生的数据量大，要求有较高的处理速度，但是分辨率比直线式高。

4. 表面声波式触摸屏

表面声波式触摸屏由声波发生器、反射器和声波接收器组成。表面声波是一种由机械振动产生沿介质表面传播的机械波；机械波的传播需要特定的介质，并且可以是横波和纵波。表面声波触摸屏的触摸屏部分可以是一块平面、球面或是柱面的玻璃平板，没有任何贴膜和覆盖层。玻璃屏的左上角和右下角各固定了竖直和水平方向的声波发射换能器，右上角则固定了两个相应的声波接收换能器。玻璃屏的四个周边则刻有 45°角由疏到密间隔非常精密的反射条纹。声波发生器能发送一种高频声波跨越屏幕表面，当手指触及屏幕时，触点上的声波即被阻止，通过测量每个声波发送和反射到接收器的时间间隔，分别计算 X、Y 坐标，从而确定坐标位置。

3.2.5　数字化仪

数字化仪是一种获取和交互选择图形坐标与位置的常用输入设备，可以将图形转变成坐标数据传送给计算机，从而实现图形数字化功能，如图 3.5 所示。数字化仪通常由数字化板和游标组成。数字化板也称为感应板，当游标在板上移动时，就得到相应的电信号。游标也称为标示器，提供图形的位置等信息，常用的有 4 键、16 键和接触笔开关等，每个键都可以赋予特定的功能。数字化板和标示器内有相应的控制电路。

当把图形输入计算机时，将要数字化的图纸放置在数字化板的有效区域内，然后将游标的十字线对准要输入的点并按下

图 3.5　数字化仪

键，将坐标输入计算机中。连续地移动定位器，可以将图形上的一系列点的坐标输入。此外，数字化仪还具有笔画、选择、拾取等功能。根据数字化仪的工作原理可分为电子式、超声波式、磁致伸缩式、电磁感应式等多种。

电子式数字化仪的数字化板下是一块由 X 方向和 Y 方向金属栅格阵列组成的图板。平板内装有一套电子线路，它向金属栅格阵列的 X 方向线与 Y 方向线依次时序脉冲扫描。扫描电流对金属导线的瞬间激励会引起一个时序脉冲，对产生脉冲的时间进行比较之后即可自动得到游标所在的位置数据，并将其传输给计算机。

超声波式数字化仪利用 X 方向、Y 方向的超声波接收器和用于拾取坐标点的接触笔笔尖上的超声波发生器，通过所记录的超声波到 X、Y 边的最小时间换算出两点间的距离。

磁致伸缩式数字化仪的数字化板用非磁性材料制成，沿 X、Y 方向分布有密集的网状磁致伸缩线，在板的左侧和下侧有脉冲磁场发生器，接收线圈安装在游标传感器中。工作时利用磁致伸缩效应，使磁场 X、Y 方向先后产生表面震荡波，根据传感器接收到震荡波的时间差，换算出相应位置的坐标。

电磁感应式数字化仪的数字化板内部密布相互绝缘的特殊铜线作为网格线，利用游标线圈和栅格阵列的电磁耦合，通过鉴相方式，实现位移量到数字的转换。工作时以正弦、余弦信号分 X、Y 方向轮流激励网格，根据传感器接收到激励信号的相位差换算坐标。

目前，三维数字化仪能够自动将三维物体的表面形状和色彩信息输入计算机中，形成计算机内的三维线框图模型，直接用于真实感显示。三维数字化仪利用声波或电磁波传播记录位置。对于非金属对象，它以电磁波在发送器和接收器之间的耦合参数来计算游标移动时的位置；对于金属表面的物体，则可用声波或超声波来计算位置。

3.2.6 扫描仪

扫描仪可以将胶片、图片、图纸等扫描输入计算机，转换为数字化的图像数据进行保存和使用，如图 3.6 所示。扫描仪的物理特性及对原稿色彩与色阶的再现能力会直接对最终的图像复制效果产生影响。

(a) 平板扫描仪　　　　　　　　　　　　　　(b) 滚筒式扫描仪

图 3.6　扫描仪

扫描仪通过光源、光学系统、光电转换器件、放大器等零部件完成对彩色图像的扫描与记录工作。目前通常采用长条形 LED 作为光源，光学系统主要由用于分光和分色的滤光片、光孔等组成，光电转换与放大由各种电子元器件构成。画面通过扫描仪变为一副数字矩阵图像，每一点的值代表画面上对应点的光线波长和强度，即该点的颜色和亮度。

扫描仪分投射式扫描仪和反射式扫描仪，分别用于扫描胶片或图片类图像。按支持的颜色分类，扫描仪又可分为单色扫描仪和彩色扫描仪。常见的扫描仪有平板式扫描仪和滚筒式扫描仪。

目前，大多数平板式扫描仪采用的光电转换器件是电荷耦合器件（charge coupled device, CCD）。CCD 扫描仪的工作原理是：用光源照射原稿，投射光线经过一组光学镜头射到 CCD 器件上，得到器件的颜色信息，再经过模/数转换器、图像数据暂存器等最终输入计算机或图形/文件输出设备中。扫描仪的两个重要性能指标是分辨率和色彩位数，常用扫描仪的分辨率一般为 4800dpi 或 9600dpi，色彩位数为 24 位、36 位或 48 位真彩色。

在各种光电转换器件中，光电倍增管目前是性能最好的一种，无论在灵敏度、噪声系数还是动态范围上都遥遥领先于其他器件，而且它的输出信号在相当大范围内保持着高度的线性输出，使输出信号几乎不用做任何修正就可以获得准确的色彩还原。光电倍增管实际是一种电子管，其感光材料主要由金属铯的氧化物及其他一些活性金属（一般是镧系金属）的氧化物共同构成。这些感光材料在光线的照射下能够发射电子，经栅极加速后冲击阳电极，最后形成电流，再经过扫描仪的控制芯片进行转换，就生成了物体的图像。但是这种扫描仪的成本极高，一般只用在最专业的滚筒式扫描仪上。

3.2.7　数码照相机

数码照相机（digital still camera, DSC）简称数码相机（DC），又称为数字式相机，是一种利用电子传感器把光学影像转换成电子数据的照相机，是一种集光、机、电于一体的数字化设备。数码相机利用光学镜头对物体聚焦拍摄，利用光电转换器件转换为数字信号，数字信号通过影像运算芯片存储在存储设备中。光电转换器件是数码相机的主要部件，目前主要有电荷耦合器件（CCD）和互补金属氧化物半导体（complementary metal oxide semiconductor, CMOS）两大类。数码相机的主要技术指标包括像素数、颜色位数、感光度及动态范围等。

3.3　图形输出设备

图形输出包括图形的显示和图形的绘制，图形显示指的是在屏幕上输出图形，图形绘制通常指把图形画在纸上，又称为硬拷贝，打印机和绘图仪是两种最常用的硬拷贝设备。

图形输出设备可分为光栅扫描型和矢量型两大类。矢量型设备是以画笔的方式绘制图画，此类设备具有绘图精度高、图形精细的优点，但是绘图速度慢、色彩较少，如笔式绘图机等。光栅型设备是按光栅矩阵方式扫描输出图画，这类设备速度快、色彩丰富、品种繁多，应用范围广泛，如图形显示器、激光打印机、喷墨打印机等。

3.3.1　图形显示设备

图形显示设备是计算机图形环境中不可或缺的装置，目前，图形设备中的显示器（监视器）主要有采用标准的阴极射线管（cathode ray tube, CRT）显示器和采用液晶电光效应的液晶显示器（liquid crystal display, LCD）等。

1. 阴极射线管

阴极射线管是将电信号转变为光学图像的一类电子束管，一般是利用电磁场产生高速的、经过聚焦的电子束，偏转到屏幕的不同位置轰击屏幕表面的荧光材料产生可见图形。典型的阴极射线管的结构如图 3.7 所示，主要由阴极、控制栅、加速结构、聚焦系统、偏转系统和荧光屏组成，以上部件全部封装在一个真空的圆锥形玻璃壳内。灯丝加热阴极，阴极表面向外发射自由电子，控制栅控制自由电子是否向荧光屏发出，若允许电子通过，形成的电子流在到达屏幕的途中，被聚焦系统聚焦成很细的电子束，由偏转系统产生电子束的偏转电场，控制电子束左右、上下偏转，从而控制荧光屏上的光点左右、上下运动，使电子束轰击屏幕指定位置的荧光涂层并产生亮点。

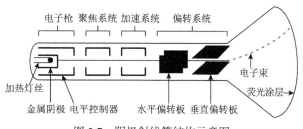

图 3.7　阴极射线管结构示意图

　　一个阴极射线管在水平和垂直方向单位长度上能识别的最大光点数称为分辨率，光点称为像素。对于相同尺寸的屏幕，点数越多，距离越小，分辨率越高，显示的图形就会越精细。

2. 彩色阴极射线管

　　一个阴极射线管能显示不同颜色的图形是通过把不同颜色的荧光物质进行组合而实现的。彩色阴极射线管的荧光屏涂有三种荧光物质，分别能够发红、绿、蓝三种颜色的光，由电子枪发出的三束电子来激发这三种物质，中间通过一个控制栅来决定三束电子到达的位置。

　　常用的实现方法包括射线穿透法和影孔板法。影孔板法广泛用于光栅扫描的显示器和家用电视机中。这种阴极射线管荧光屏内部涂有很多组呈三角形的荧光材料，每一组有三个荧光点，当某组荧光材料被激励时，分别发出不同强度的红、绿、蓝三种光，混合后即产生不同颜色。例如，关闭红、绿电子枪就会产生蓝色，以相同强度的电子束去激发全部 3 个荧光点，就会得到白色。廉价的彩色阴极射线管显示器，电子枪只有发射和关闭两种状态，因此只能产生 8 种颜色，而比较复杂的显示器可以产生中间等级强度的电子束，颜色可以达到几百万种。

3. 随机扫描显示器

　　随机扫描显示器是最早出现的一种计算机显示图形的设备。在随机扫描显示方式中，显示器电子束的定位和偏转具有随机性，即电子束的扫描轨迹随显示的内容而变化，可以按照显示命令用画线的方式绘制出图形，如图 3.8 所示。采用随机扫描显示方式的显示器又称为矢量显示器或画笔显示器。

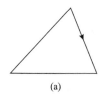
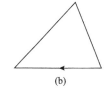
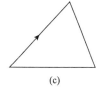

(a)　　　　　　　　　　(b)　　　　　　　　　　(c)

图 3.8　随机扫描显示方式

　　随机扫描显示器的图形定义以矢量命令的形式存放在显示文件（显示档案）中，显示指令经接口电路送到显示器的缓冲存储器，而固定存储器中则存放各种常用字符、数字等显示指令。图形控制器取出缓冲存储器或固定存储器中的显示指令，依次执行。显示指令中的亮度、位移量等数字信息经线产生器转化为控制电子束偏转和明暗的物理量，即电压或电流。应用程序若要修改屏幕所显示的图形，则要修改显示文件中的某些绘图命令，修改的结果在下一次刷新时显示。

随机扫描显示器是为画线应用设计的，由于图形修改方便，因此交互性好；图形可以无限放大，而不会出现锯齿状。但是，随机扫描显示器不能显示色彩逼真的图形，即不能进行区域填充，并且图形的显示质量与一帧的画线数量有关，当一帧画线太多无法维持刷新频率时，会出现屏幕闪烁现象。

4. 存储管式显示器

存储管式显示器出现于 20 世纪 70 年代后期，采用通过电子束管本身存储信息的技术，解决随机扫描显示器刷新速度和成本高的问题。存储管式显示器采用与阴极射线管相似的结构，但在荧光屏后面加了一个涂有绝缘材料的细网栅格（存储栅），其上有由写入枪画出的正电荷图形，再通过独立的读出枪（泛流枪）发出连续的低能电子流将存储栅上的图形"重写"到屏幕上。因此，存储管式显示器可以在足够长的时间内清晰且不闪烁地显示任意多的线条而不需要刷新。

存储管式存储器虽然能够随机描绘图形和画线框图，但不能够进行区域填充。同时，在修改、删除图形时，只能一次性擦除整个屏幕的内容，且由于需先清除存储栅上的图形，而导致擦除时间较长。因此，在动态作图和交互修改作图方面存在缺陷。

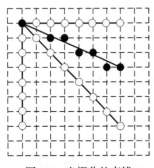

图 3.9　光栅化的直线

5. 光栅扫描显示器

光栅扫描显示器（raster-scan display），简称光栅显示器，是画点设备，可看做是一个点阵单元发生器，并控制每个点阵单元的亮度，这些点阵单元被称为像素。光栅扫描显示器不能从单元阵列中的一个可编址的像素点直接画一条直线到达另一个可编址的像素点，只能用靠近这条直线路径的像素点来近似地表示这条直线。显然，只有在绘制水平直线、垂直直线及对角线时，像素点集在直线路径上的位置才是准确的，其他情况下的直线均呈阶梯状，形成锯齿线，即直线的走样，如图 3.9 所示，采用反走样技术可适当减轻锯齿线效果。

在光栅扫描方式中，电子束横向扫描屏幕，一次一行，从顶到底依次进行，每一行称为一个扫描行。当电子束横向沿每一行移动时，电子束的强度不断变化，从而建立亮点组成的一个图案，如图 3.10 所示。

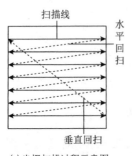

(a) 光栅扫描过程示意图

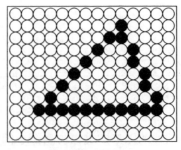

(b) 三角形光栅显示

图 3.10　光栅扫描方式

光栅显示器能够控制每一像素点的灰度或色彩，不但能够显示二维和三维线框结构的图形，而且能够区域填充和显示二维、三维实体图形。利用隐藏面消除算法、光照模型及明暗处理算法，光栅显示器可以使图像显示更具真实感。但在显示过程中，斜线的显示存在走样问题，并且存在将图形信息转换为像素信息比较费时的问题。

6. 液晶显示器

液晶显示器是一种广泛使用的平面超薄的显示设备，通过能阻塞或传递光的液晶材料，传递周围或内部光源的偏振光以生成图形。目前，主流产品为薄膜晶体管（thin film transistor, TFT）液晶显示器，属于有源矩阵液晶设备。

液晶材料由长晶线分子构成，同时具备了液体的流动性和类似晶体的某种排列特性。在电场的作用下，液晶分子的排列会产生变化，从而影响它的光学性质，这种现象叫做电光效应。这时如果给它配合偏振光片，就具有阻止光线通过的作用（在不施加电场时，光线可以顺利透过）；如果再配合彩色滤光片，改变加给液晶电压的大小，就能改变某一颜色透光量的多少。

TFT-LCD 主要由背光源（荧光管或者 LED Light Bar）、导光板、偏光板、滤光板、玻璃基板、配向膜、液晶层、薄模式晶体管等构成。首先，液晶显示器必须利用背光源投射出光源，光线先经过一个偏光板，再经过液晶层，此时液晶分子的排列方式可改变穿透液晶中传播的光线的偏振角度。然后，光线经过前方的彩色滤光膜与另一块偏光板。因此，通过控制薄膜式晶体管改变加在液晶上的电压值就可以控制最后出现的光线强度与色彩，在液晶面板上产生出各种图案。

7. 自由立体显示器

一般，二维显示器只能看到准三维图像，其实现方法是通过三维坐标系向二维坐标系投影，将三维点坐标（x, y, z）变换成屏幕设备坐标（x, y）。而采用了"裸眼式 3D 技术"的自由立体显示器是一种建立在人眼立体视觉机制上的新一代显示设备，观察者不需要佩戴任何观察仪器就可以直接获得具有完整深度信息的图像。

人的两眼因为相距有一定距离，所以在看特定事物的时候，用左眼看到的影像和用右眼看到的影像有所不同，就是这种角度不同的两个影像在大脑里合成后才会使人们产生立体感。3D影像由通过带有跟左右两眼效果一样的特殊摄影机所拍摄的影像构成。被拍摄的左右两个影像通过立体显示设备后分别送到两眼，在大脑里合成立体影像，这样人们就看到了 3D 影像。

基于液晶显示器的自由立体显示器采用的立体显示技术主要分为以下几类。

（1）视差照明技术是自动立体显示技术中研究最早的一种技术，基本的原理是：在透射式的显示屏（如液晶显示屏）后形成离散的、极细的照明亮线，将这些亮线以一定的间距分开，人的左眼通过液晶显示屏的偶像素列能看到亮线，而右眼通过显示屏的偶像素列是看不到亮线的，反之亦然。因此，人的左眼只能看到显示屏偶像素列显示的图像，而右眼只能看到显示屏的奇像素列显示的图像，从而得到立体感图像。

（2）视差屏障技术也称为光屏障式 3D 技术或视差障栅技术，基本的原理是：在液晶显示器的基础上增加一个偏振膜和一个高分子液晶层，利用一个液晶层和一层偏振膜制造出一系列的旋光方向成 90°的垂直条纹。这些条纹宽几十微米，通过这些条纹的光就形成了垂直的细条栅模式，即"视差障栅"。在立体显示模式时，哪只眼睛能看到液晶显示屏上的像素就由这些视差障栅来控制。应该由左眼看到的图像显示在液晶屏上时，不透明的条纹会遮挡右眼。同理，应该由右眼看到的图像显示在液晶屏上时，不透明的条纹会遮挡左眼。

（3）微柱透镜投射技术基本的原理是：在液晶显示屏的前面加一层微柱透镜，使液晶屏的像平面位于透镜的焦平面上。在每个柱透镜下面的图像的像素被分成几个子像素，这样透镜就能以不同的方向投影每个子像素，双眼从不同的角度观看显示屏，就看到不同的子像素所形成的不同图像。

除了以上三种技术外，裸眼式 3D 技术还包括微数字镜面投射技术、指向光源技术及多层显示技术等。

8. 光栅扫描系统

光栅扫描显示系统的逻辑组成主要由图像生成器、帧缓冲存储器（帧缓存）和视频控制器三部分构成，如图 3.11 所示。

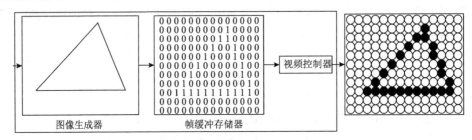

图 3.11　光栅扫描显示系统组成及其关系

光栅扫描显示系统将显示器整个屏幕范围分成由像素构成的点阵，其中像素具有灰度和颜色等属性值，这些信息保存在一个专门的存储区域内，统称为帧缓冲存储器。帧缓存中保存一组对应屏幕所有像素的强度值，电子束在屏幕逐点移动时从帧缓存中取出强度值控制其强度，从而建立由亮点组成的图案。

视频控制器的作用是建立帧缓冲存储器与屏幕像素之间的一一对应，是负责屏幕刷新的部件。

图像生成器的逻辑结构从概念上说由显示处理器（display processor）和工作存储器两部分组成。显示处理器可选用通用或专用微处理器，工作存储器存放将几何图形转换为点阵信息所必需的全部解释程序、完成扫描转换的各种算法等。

显示处理器有时也指图形控制器（graphics controller）或显示协处理器（display coprocesser），其主要任务是将程序给出的图形定义数字化为一组像素强度值，并存放在帧缓存中。也就是由显示处理器代替 CPU 完成部分图形处理工作，扫描待显示的几何图形并转换为显示位图（点阵），这个位图的每一个点与屏幕像素一一对应，位图中每个元素就是像素的值。由若干位数据来对应屏幕上一点的光栅图形显示技术称为位映射技术，相当于由显示处理器把图形画在帧缓存中，即在帧缓存中生成所显示画面的位映射图（简称位图）。功能较强的显示处理器还能执行直线几何变换、裁剪、纹理映射等操作。

确定图形的像素集合并显示的过程称为图形的扫描转换（scan conversion）或光栅化。光栅化过程分为两个步骤：一是确定像素的集合；二是对该像素赋予颜色和其他属性，并进行写操作。

3.3.2　图形绘制设备

图形显示设备能在屏幕上产生各种图形，通常用来观察和修改图形；当需要将图形长久保存下来时，就需要借助纸张、胶片等介质和图形绘制设备（又称为硬拷贝设备）。图形绘制设备同图形显示设备一样，也可分为矢量型和光栅型两类。

1. 针式打印机

针式打印机是最早得到普及的打印设备。针式打印机属于光栅型击打式打印机，打印时需要事先将矢量图像转换为打印机用信号。针式打印机通过打印头中的打印针击打色带，将色带上的油墨压在打印纸上；如果使用彩色色带，可以产生彩色输出，如图 3.12 所示。

图 3.12 针式打印机

打印头中包含一组矩形阵列机构的金属针，通常有 7～24 针，针的总数决定打印机的打印质量；打印单个字符或图案时，可以缩回某些针而让余下的针进行打印。由于可以打印较厚的纸张，并且可以使用多联纸张或在纸张之间夹复写纸，实现多层打印，因此目前针式打印机比较多地使用在报表打印和票据打印方面。

2. 喷墨打印机

喷墨打印机是使墨水从极细的喷嘴射出，并控制墨水喷射位置和色彩，在纸质介质上生成图形、图像的输出设备，属于光栅矩阵型非撞击式打印机。

喷墨打印机采用的技术主要有连续式和随机式两种。连续式喷墨技术利用驱动装置对喷头中墨水加以固定压力，使其连续喷射，利用振荡器的振动信号激励射流生成墨水滴，并对墨水滴大小和间距进行控制。连续式喷墨打印机喷射速度较快，打印速度快，但需要墨水泵和墨水回收装置，机械结构比较复杂。随机式喷墨技术只在需要印字印图时才喷出墨滴，即墨滴的喷射是随机的。随机式喷墨打印机结构简单，无需墨水泵和回收装置，且可靠性高，但受射流惯性的影响墨滴喷射速度较低，目前多采用多喷嘴方法以获得较高的输出速度。随机式喷墨技术常用于普及型便携式打印机，连续式喷墨技术多用于喷墨绘图仪（图 3.13 和图 3.14）。

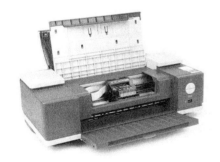

图 3.13 便携式喷墨打印机

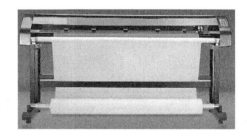

图 3.14 滚筒式绘图仪

喷墨打印机的关键部件是喷墨头，不同的墨水喷射方法和墨粒控制方法影响打印质量。目前，常用的喷头有四种：

（1）压电式。使用压电器件代替墨水泵的压力，根据印字印图的信息对压电器件作用电压，压迫墨水喷成墨滴进行印字印图。这种喷墨头是早期喷墨打印机采用最多的一种，并一直沿用至今，但进一步提高分辨率会受到压电器件尺寸的限制。

（2）气泡式。在喷嘴内安装有发热体，需要印字印图时，对发热体加电使墨水受热而产生气泡，随着温度的升高气泡膨胀，将墨水挤出喷嘴进行印字印图。

（3）静电式。采用高沸点的油性墨水，利用静电吸引力将墨水喷在介质上。

（4）固体式。采用固体墨，通常有 96 个喷嘴，其中 48 个喷嘴用于黑色印字印图，青、黄、品红三原色各用 16 个喷嘴。打印彩色图像的输出速度比上述喷墨头快。

彩色喷墨打印机具有良好的打印效果，且拥有灵活的纸张处理能力，在打印介质的选择上具有一定的打印优势。喷墨打印机可以打印各种常规页面尺寸的介质，最大打印宽度甚至可达 5～7m。

图 3.15　激光打印机

3. 激光打印机

激光打印机是将激光扫描技术和电子显像技术相结合的非击打式输出设备，既可用于文字输出，又可用于图形绘制。激光打印机有效地利用了激光定向性、单色性和能量密集性，结合激光扫描技术的高灵敏度和快存快取等特性，使得输出图形图像的质量非常高，如图 3.15 所示。

无论是黑白激光打印机还是彩色激光打印机，其基本工作原理是相同的，均采用激光束为光源，将打印内容转变为感光鼓上的以像素点为单位的点阵位图图像，再转印到打印纸上形成打印内容。从功能结构上看，激光打印机主要由打印控制器和打印引擎两部分构成。其中，打印控制器的作用是与计算机通过接口或网络进行通信，接收计算机发送的控制和打印信息，同时向计算机传送打印机状态等。打印引擎在打印控制器的控制下将接收到的打印内容转印到打印纸上。打印引擎主要由激光扫描器、反射棱镜、感光鼓、碳粉盒、热转印单元和走纸机构等几大部分组成。

激光打印机工作时，感光鼓开始旋转；通过感光鼓附近的一根屏蔽的电晕丝，使整个感光鼓的表面带上电荷。打印数据从计算机传至打印机，经处理后送至激光扫描器，依据打印数据决定激光的发射或停止，激光经不断变换角度的反射棱镜反射到感光鼓上。感光鼓上被激光照射到的点失去电荷，从而在感光鼓表面形成一幅肉眼看不到的图像。感光鼓旋转到碳粉盒时，带有静电的碳粉颗粒被吸附到感光鼓表面不带电荷的点上，形成将要打印的碳粉图像。打印纸从感光鼓和转印电极中通过，转印电极使纸张带有与墨粉图像极性相反的电荷，当纸张通过转印辊时，经显影后的图像就会转印到纸张上。当纸张从定影辊和压力辊之间经过时，受到定影辊内加热电极的烘干和压力辊的挤压作用，定型在打印纸上，形成可永久保存的图像。同时，感光鼓旋转至清洁器，通过消除感光鼓表面的电荷将所有剩余碳粉颗粒清除干净，开始新一轮的打印工作。

激光打印机打印的图形及文本效果和质量很高，可以与印刷品相媲美，且打印速度快，噪声较小，但大幅面激光打印机价格较高。彩色激光打印采用 CMYK 打印方式，打印材料成本较高。

4. 静电绘图仪

静电绘图仪是一种光栅扫描设备，利用静电同极相斥、异极相吸的原理进行工作。单色静电绘图仪是把像素化后的绘图数据输出到静电写头上，一般静电写头是双行排列，头内装有很多电极针。写头随输入信号控制每根电极针放出高电压，绘图纸正好横跨在写头与背板电极之间，纸通过写头时，写头便将图像信号转换到纸上。带电的绘图纸经过墨水槽时，由于墨水的碳微粒带正电，所以墨水被纸上的电子吸附，在纸上形成图像。彩色绘图仪的工作原理与单色绘图仪的原理基本相同，不同之处是彩色绘图时需要将绘图纸来回往返多次，分别套上紫、黄、青、黑四色，这四种颜色分布在不同位置可形成4000多种色彩。彩色静电绘图仪产生的效果质量比彩色照片更好，但高质量的彩色图像需要高质量的墨水和纸张。

5. 笔式绘图仪

笔式绘图仪是矢量型输出设备，绘图笔相对绘图纸做随机运动，通过抬笔和落笔实现绘图。在笔式绘图仪上，一个电脉冲驱动电机与传动机构使绘图笔移动的距离称为步距（一个脉冲当量），步距越小，绘制出的图形越精细。当绘制直线时，绘图仪控制绘图笔到线段起点，落笔绘制直线到终点，然后抬笔到另一直线的起点，绘制下一条直线。笔式绘图仪分为平板式和滚筒式，平板式笔式绘图仪是在一个平台上画图，绘图笔分别由 X、Y 两个方向进行驱动；滚筒式绘图仪是在一个滚筒上绘图，绘图纸在一个方向（如 X 方向）滚动，绘图笔在另一个方向（如 Y 方向）移动。

笔式绘图仪绘图速度慢，色彩不够丰富，但具有精度高和可使用多种介质的优点，同时，绘图工具可根据需要进行选择，如墨水笔、纤维笔、刻针和刻刀等。

3.4　图形软件系统

3.4.1　图形软件的层次

图形软件系统应该具备合理的层次结构和模块结构，为了使整个系统易于设计、调试和维护，便于扩充和移植，通常将图形软件划分为以下层次。

（1）零级图形软件。零级图形软件面向系统，是最底层的软件，位于计算机操作系统之上，是一些最基本的输入、输出子程序。主要解决图形设备与计算机的通信、接口等问题，由于使用频繁，程序质量要求高，因此常用汇编语言、机器语言或接近机器语言的高级语言编写。

（2）一级图形软件。一级图形软件既面向系统又面向用户，又称基本子程序，包括生成基本图形元素，对设备进行管理的各程序模块。出于程序执行效率、开发难度、可移植性等方面综合考虑，可以采用汇编语言或高级语言编写。

（3）二级图形软件。二级图形软件面向用户，又称为功能子程序，是在一级图形软件的基础上编制的，包括建立图形数据结构（图形档案），定义、修改和输出图形，以及建立各图形设备之间的联系。其编写要求是有较强的交互功能、使用方便、便于维护和移植。

（4）三级图形软件。三级图形软件是为解决某种应用问题而编制的图形软件，是整体应用软件的一部分，通常由用户编写或由系统设计者与用户一起编写。

一般把零级到二级图形软件称为基本图形软件，或称为图形支撑软件；将三级或三级以上图形软件称为图形应用软件。图形支撑软件通常由一组公用的图形子程序组成，扩展了系统中原有的程序设计语言和操作系统的图形处理功能；图形应用软件则是图形技术在不同应用中的抽象，是用户图形应用需求功能的具体体现，是图形系统中的核心部分。

3.4.2　图形系统标准

计算机图形系统的标准通常是指图形系统及其相关应用系统中各界面（接口）之间进行数据传送和通信的接口标准（称为数据及文件格式标准），以及供图形应用程序调用的子程序功能及其格式标准（称为子程序界面标准）。标准化工作对于解决计算机图形软件、计算机图形的应用软件，以及编程人员在计算机和图形设备之间的可移植性问题至关重要，为实现图形软件能够与硬件无关、方便的跨平台移植、可用于不同的实现与应用等提供了技术标准，推动了图形技术的发展与应用。

1. 图形系统标准分类

根据计算机图形标准在图形及其应用系统各界面之间的作用和关系，可以将图形系统标准分为三类，如图 3.16 所示。

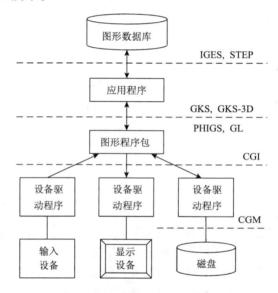

图 3.16　图形系统中各界面的标准

（1）面向图形设备的接口标准。面向图形设备的接口标准包括图形软件包与图形硬件之间的接口和数据文件接口。其中，图形软件包与图形硬件之间的接口属于低层程序接口，主要提供与硬件设备物理参数无关的图形硬件的控制接口标准，如计算机图形接口（CGI）；数据文件接口标准是程序与程序之间或系统与系统之间交换图形数据的标准，以实现图形数据的通信标准化，如计算机图形元文件（CGM）。

（2）面向应用软件的标准。面向应用软件的标准是应用程序与图形软件之间的接口标准，其作用是为了实现不同系统间的应用程序在源程序级的可移植性，如程序员层次交互式图形系统（PHIGS）及其语言联编、图形程序包（graphic library, GL）、计算机图形核心系统（GKS）及其语言联编和三维图形核心系统（GKS-3D）及其语言联编等。

（3）面向图形应用系统中工程和产品数据模型及其文件格式标准。面向图形应用系统中工程和产品数据模型及其文件格式标准是图形应用程序与其所处理的数据之间的数据接口标准，其作用是实现不同应用程序系统之间信息交换的标准化，如基本图形转换规范（initial graphics exchange specification, IGES）和产品数据转换标准（standard for the exchange of product data，STEP）等。

2. 计算机图形接口

计算机图形接口标准（CGI）是 ISO TC97 组提出的图形设备接口标准，标准号是 ISO DP 9636，CGI 是第一个针对图形设备接口的交互式计算机图形标准。CGI 的目标是使应用程序和图形库直接与各种图形设备相互作用，使其在各种图形设备上不经修改就可以运行，即在用户程序和图形设备之间以一种独立于设备的方式提供图形信息的描述和通信。CGI 规定了发送图形数据到设备的输出和控制功能，用图形设备接收图形数据的输入、查询和控制功能等。CGI 提供的功能集包括控制功能集、独立于设备的图形对象输出功能集、图段功能集、输入和应答功能集，以及产生、修改、检索和显示以像素数据形式存储的光栅功能集。

CGI 的目的是提供控制图形硬件的一种与设备无关的方法，实现图形软件与图形设备的无关性。CGI 也可以看做是图形设备驱动程序的一种标准，既可以以子程序包的形式直接提供给用户使用，也可作为隐含的标准支持软件实现 GKS、PHIGS 等高层的图形标准，使有经验的用户最大限度地直接控制图形设备。

3. 计算机图形元文件

计算机图形元文件（CGM）是由美国国家标准化组织（American National Standards Institute，ANSI）在 1986 年公布的标准，1987 年成为 ISO 标准，标准号是 ISO IS8632。CGM 是一套与设备无关的语义、词法定义的图形文件格式，提供了随机存取、传送、简洁定义图像的手段，使程序与程序之间或系统与系统之间交换图形数据成为可能。

CGM 由两部分组成：一是功能规格说明，以抽象的词法描述相应的文件格式；二是描述了 CGM 的三种标准编码形式，即字符、二进制和正文编码。CGM 的关键属性是通用性，即一种静态的图形元文件。一个符合标准的图形元文件由一个元文件描述体和若干个逻辑上独立的图形描述体顺序组成，每个图形描述体由一个图形描述单元和一个图形数据单元构成。

4. 图形核心系统

图形核心系统（GKS）是由德意志联邦共和国标准化学会（Deutsches Institut für Normung，DIN）提出的，1985 年成为 ISO 正式标准，标准号是 ISO 9742。图形核心系统是一组由基本图元（点、线、面）和属性（线型、颜色等）构成的标准通用图形系统，提供了在应用程序和图形输入输出设备之间的功能接口，是一个子程序接口标准，是一个独立于语言的图形核心系统，在具体应用中，必须符合所使用语言的约定方式，把 GKS 嵌入相应的语言之中。

GKS 作为一个二维图形的功能描述，包括一系列交互和非交互图形设备的全部图形处理功能；独立于图形设备和各种高级语言，定义了用高级语言编写应用程序与图形软件包的接口。用户可以根据自己的需要，在应用程序中调用 GKS 的各种功能。

随着三维图形应用的增加与普及，GKS-3D 在 GKS 的基础上，对其进行了功能扩充，作为三维图形软件标准，并与 GKS 完全兼容。GKS-3D 新增的功能主要是与三维有关的图形输入、输出及三维视图功能。

5. 程序员层次交互式图形系统

程序员层次交互式图形系统（PHIGS）是 ISO 在 1986 年公布的计算机图形系统标准，标准号是 ISO IS 9592。PHIGS 是向应用程序员提供的控制图形设备的子程序接口，其图形数据按层次结构组织，使多层次的应用模型能方便地应用 PHIGS 进行描述，提供了动态修改和绘制显示图形数据的手段。

PHIGS 是为具有高度动态性、交互性的三维图形应用而设计的图形软件工具库，其主要特点包括：①能够在系统中高效率地描述应用模型，迅速修改图形模型的数据，并能够绘制显示修改后的图形模型；②在图形数据组织上，建立了独立的中心结构存储区与图形档案管理文件；③在图形操作上，建立了适应网状的图形结构模式的各种操作；④在图素的设置上，既考虑了二维与三维的结合，又兼顾了矢量与光栅图形设备的特点。

PHIGS+是 PHIGS 的扩充版本，其编号是 ISO/IEC 9592，不仅包含 PHIGS 的全部功能，还增加了曲线、曲面、光源与光线、真实图形显示等功能。

6. 图形库

图形库（GL）是在 SUN、IBM、HP 等工作站上广泛应用的一个工业标准图形程序库。GL 在 UNIX 操作系统下运行，具有 C、Fortran、Pascal 等语言联编形式。GL 提供了包括基本图素、坐标变换、设置属性与显示方式、输入输出处理和真实图形显示等主要功能，与其他三维图形相比具有以下特点。

（1）图元丰富：除具备一般图元外，还具有 B 样条曲线、Bezier 曲线、NURBS 曲面等。

（2）颜色：具有 RGB 和颜色索引两种方式，有 Gouraud 和 Phong 光照模型，使表面显示的亮度和色彩变化柔和。

（3）Z 缓冲技术：Z 缓冲技术是在每个像素上附加一个 24 位或 48 位的表示 Z 值的缓冲存储器，这对曲线曲面的消隐、亮度随深度变化的处理和提高图形处理效率等具有重要作用。

（4）光源：光源的强度、颜色、物体的反射方向、镜面反射系数、漫反射系数等都影响一定光源照射下物体最终的显示效果。GL 提供了充分的光源处理能力，使用户能得到非常生动的图像。

（5）GL 和 X 窗口：GL 既可以单独运行，也可以在 X 窗口环境下运行，进而可支持网络上的用户。

由于微型计算机的处理速度和性能迅速提高，图形系统在微型计算机上的应用日趋普及，SGI 公司有针对性地对 GL 进行了改进，扩展了 GL 的可移植性，推出了跨平台的开放式图形软件接口 OpenGL，并成为该领域的工业标准。OpenGL 由若干函数库组成，提供了数百条图形命令函数，用来建立二、三维模型和进行三维实时交互等。

7. 基本图形转换规范

基本图形转换规范（IGES）1982 年成为 ANSI 标准，目前的应用版本为 5.3，属于事实上的工业标准。IGES 定义了一套表示 CAD/CAM 系统中常用的几何和非几何数据格式及相应的文件结构，以解决数据在不同的 CAD/CAM 系统之间的交换数据问题。

IGES 文件由 5 个段或 6 个段组成：标志段（flag）、开始段（start）、全局段（global）、目录入口段（directory entry）、参数数据段（parameter data）和结束段（terminate）。其中，标志段仅出现在二进制或压缩 ASCII 文件格式中。

8. 产品数据转换标准

产品数据转换标准（STEP）由 ISO/IEC JTC1 的分技术委员会（SC4）开发，在克服了 IGES 标准不能精确地完整转换数据、不能转换属性信息、层信息常丢失等问题的同时，扩大了转换 CAD/CAM 系统中几何、拓扑数据的范围。该标准实际上是定义了一些标准的文件格式，如广泛使用的 AutoCAD 的 DXF 文件格式。

9. OpenGL

OpenGL（open graphics library）是一组图形命令应用程序接口集合，用户能够很方便地利用它描述出高质量的二维和三维几何物体，并有多种特殊视觉效果。OpenGL 的前身是美国硅图公司（Silicon Graphics，SGI）为其图形工作站设计的图形软件库 IRIS GL，其性能优越但可移植性较差，于是 SGI 公司在 IRIS GL 基础上，有针对性地开发了 OpenGL，使之成为一个跨平台的开放式图形软件接口。在计算机图形市场，OpenGL 在高端绘图领域占有巨大的份额，属于事实上的工业标准。

OpenGL 是一个与硬件无关的软件接口，独立于窗口系统和操作系统，并具有网络透明性，以它为基础开发的应用程序可以十分方便地在各种平台间移植。OpenGL 由核心库、实用程序库、窗口系统扩展库等多个函数库组成，提供了数百个命令函数（也称为图形命令或函数），这些命令函数基本涵盖了开发二维和三维图形所需要的各个方面。OpenGL 的功能主要包括：

（1）建模。OpenGL 图形库除了提供基本的点、线、多边形的绘制函数外，还提供了复杂的三维物体（球、锥、多面体、茶壶等），以及复杂曲线和曲面绘制函数。

（2）变换。OpenGL 图形库的变换包括基本变换和投影变换。基本变换有平移、旋转、缩放、镜像四种，投影变换有平行投影（又称正射投影）和透视投影两种。其变换方法有效地减少了算法的运行时间，提高了三维图形的显示速度。

（3）颜色模式设置。OpenGL 颜色模式有两种，即 RGBA 模式和颜色索引（color index）。

（4）光照和材质设置。OpenGL 光有自发光（emitted light）、环境光（ambient light）、漫反射光（diffuse light）和镜面光（specular light），材质是用光反射率来表示的。场景中物体最终反映到人眼的颜色是光的红绿蓝分量与材质红绿蓝分量的反射率相乘后形成的颜色。

（5）纹理映射（texture mapping）。利用 OpenGL 纹理映射功能可以十分逼真地表达物体表面细节。

（6）位图显示和图像增强。图像功能除了基本的拷贝和像素读写外，还提供融合（blending）、反走样（antialiasing）和雾（fog）的特殊图像效果处理。

以上三条可使被仿真物更具真实感，增强图形显示的效果。

（7）双缓存动画（double buffering）。双缓存即前台缓存和后台缓存，后台缓存计算场景、生成画面，前台缓存显示后台缓存已画好的画面。

此外，利用 OpenGL 还能实现深度暗示、运动模糊等特殊效果，从而实现消隐。

OpenGL 使用简便，效率高。与一般的图形开发工具相比，OpenGL 具有非常优秀的跨平台性，基本能够在所有主流操作系统上运行，可以方便地利用 API 进行功能扩充，具有良好的可扩展性，并具有网络透明性和良好的可缩放性。所以，OpenGL 在行业内被广泛应用，并催生了各种计算机平台及设备上的大量优秀图形软件。

10. DirectX

DirectX（Direct eXtension，DX）是由美国微软公司推出的多媒体编程接口，是使基于 Windows 的计算机成为运行和显示全色图形、视频、3D 动画及丰富音频等多媒体元素的应用程序的平台。DirectX 由 C++语言编制，遵循组件对象模型（component object model, COM）设计，被广泛使用于 Microsoft Windows、Microsoft Xbox、Microsoft Xbox 360 和 Microsoft Xbox ONE 电子游戏等的开发。在计算机图形市场，DirectX 在家用市场中占据领先地位，也属于事实上的工业标准。

DirectX 提供了一整套的多媒体接口方案，不是一个单纯的图形 API，而是由微软公司开发的用途广泛的多个 API 组成的，按照性质分类，可以分为显示、声音、输入和网络四部分。

（1）显示部分：显示部分是图形处理的关键，主要包括 Direct Draw（DDraw）和 Direct 3D（D3D）。其中，DDraw 主要负责 2D 图像处理与加速，应用于图像显示、影像播放及 2D 游戏等方面；Direct3D 承担 3D 效果的处理，应用于各种 3D 场景。

（2）声音部分：声音部分中，最主要的 API 是 Direct Sound，主要包括播放声音、处理混音和录音功能，同时加强了 3D 音效。

（3）输入部分：Direct Input 可以支持多种游戏输入设备，并能够使设备的全部功能发挥到最佳状态，如手柄、摇杆、模拟器等。

（4）网络部分：Direct Play 主要为网络游戏提供支持，支持 TCP/IP、IPX、Modem、串口等多种网络连接方式，使用户可以通过各种联网方式参与游戏，并提供了网络对话功能和保密措施等。

DirectX 作为完整的多媒体接口方案，由于 DirectX 在 3D 图形方面的优秀表现，通常使得用户忽略了其他方面。DirectX 最初是为了弥补 Windows 3.1 系统对图形、声音处理能力不足而设计开发的，目前已发展成为对整个多媒体系统的各个方面都有决定性影响的接口。

3.4.3 窗口系统

20 世纪 80 年代中期以来，不论是个人计算机、工作站，还是大、中型计算机，都配备了图形化的用户接口环境，即窗口系统。

1. 窗口系统的特点

窗口系统起源于 20 世纪 70 年代中期，美国 Xerox 公司的 Palo Alto 研究中心开发的 Smalltalk 语言，既是一个面向对象的语言，又是一个真正的集成开发环境。1984 年美国 Apple 公司开发的 Macintosh 窗口系统成为个人计算机发展的主流，并推动了窗口系统在其他类型计算机系统中的广泛应用。窗口系统的典型代表有：个人计算机的 MS-Windows、OS/2 下的 Presentation Manager、基于 UNIX 的 X-Windows 和 NeWS 窗口系统等。窗口系统的主要特点如下。

（1）定义简洁。窗口系统是控制光栅显示器与输入设备的系统软件，所管理的资源有屏幕、窗口、像素位图、颜色表、字体、光标、图形资源及输入设备。

（2）界面清晰。窗口系统通常向用户提供应用界面、编程界面和窗口管理界面。其中，应用界面是用户与所显示窗口之间的交互接口，为用户提供灵活、高效、功能丰富的多窗口机制，包括各种类型的窗口、菜单、图形、正文、对话框等对象的操作及对象间的相互通信。编程界面是为程序设计人员构造应用程序的多窗口界面，由窗口系统提供的各类函数、工具箱、对象类等编程机制构成，具有较强的图形功能、设备独立性和网络透明性。窗口管理界面用来对窗口进行"宏观"管理，包括应用程序各窗口的布局、大小、重显、编辑及标题等的控制。

（3）目标明确。窗口系统的一个重要设计思想是提供各种界面的机制，而不是具体策略。窗口系统的设计目标包括：窗口系统与显示设备的独立性、应用程序与程序员的独立性、系统的网络透明性、系统的可扩充性、支持重叠型和瓦片型窗口等。

（4）实现紧凑。窗口系统的实现通常分为两种类型：①基于核心的窗口系统。将窗口系统的核心放入操作系统的内核中，这种类型的窗口系统对窗口功能的使用类似于系统调用，典型的代表为 MS-Windows。②基于客户/服务器模型的窗口系统。将窗口系统的核心作为操作系统的用户进程（作为服务器进程）处理，将窗口系统的应用程序作为另一个用户进程（作为客户进程）处理，通过进程间通信的方式，由窗口服务器进程实现窗口的核心功能。典型的代表为 X-Windows、NeWS 等。

（5）功能齐全。由于窗口系统只规定了应用程序的编程接口，因此具有非常好的开发性和扩展性，不同厂商或用户均可以在此基础上实现各种基于窗口的功能与应用。

（6）使用方便。窗口系统是一致性用户接口，使用窗口系统使计算机的屏幕如同日常使用的办公桌，实现了"所见及所得"，用户可以通过多种手段方便快捷地使用计算机。同时，窗口系统也是与设备无关的图形接口，实现了图形硬件的"透明"，用户通过使用窗口系统提供的图形库可以方便地实现图形处理。

2. 几种常用的窗口系统

（1）Smalltalk。Smalltalk 是 20 世纪 70 年代初期美国施乐公司（Xerox）开发的，作为第二个面向对象的语言，它不仅是一个窗口系统，还是一个完整的编程环境，一个集编程、调试、运行和输出于一体的集成开发环境（integrated development environment，IDE）。Smalltalk 被称为"面向对象程序设计之母"，像鼠标、位图传送、窗口系统等概念也对其他窗口系统的开发产生了重要影响。Smalltalk 开始运行在具有 16 位字长的处理器上，需要一个光栅显示器、键盘和鼠标构成的交互环境。Smalltalk 是一个解释系统，其程序可以随时修改，所有的应用程序都是通过修改、重新组合系统中已有的对象和方法来实现的。

（2）Macintosh。Macintosh 是第一个得到广泛应用的窗口系统，在用户接口和用户友好方面有很大创新，其操作系统基于窗口和图标，用户使用鼠标进行操作。Macintosh 提供了工具库，在 Macintosh 计算机上编写的所有应用程序也具有同样风格。用户所进行的各种操作，如打开文件、执行应用程序、读写磁盘、删除文件等功能全部图符化，而且 Macintosh 把窗口管理程序大部分都固化了，因此具有较快的响应速度。

（3）NeWS。NeWS 是美国太阳微系统公司（Sun 公司，已被甲骨文股份有限公司收购）基于 UNIX 系统开发的窗口系统，并支持网络功能。目前，Sun 工作站上采用的窗口服务器 X11/ NeWS，既支持 X-Windows，又支持 NeWS 窗口系统。

NeWS 窗口系统是以 PS（PostScript，页面描述）语言为基础的，使用 PS 的成像模型，不采用常见的像素操作，而是使用模板/着色模型，因此可以支持无级变换的字体显示。

（4）X-Windows。X-Windows 是由美国麻省理工学院开发的一套窗口系统，其目的是要建立一个图形化的用户接口的工业标准，并能够在网络环境下运行，使软件可以在不同厂商生产的硬件上运行，并且让用户无需担心如何与系统交互。X-Windows 目前已被几乎所有的工作站厂商所接受，并且已经有了个人计算机和超级计算机版本。

X-Windows 流行的版本是 11 版，简称为 X11，其中 X11.3 版本已成为美国国家标准学会 ANSI 发布的标准，由 X 协议、X 库函数（XLib）、X 工具箱（X Toolkit）和字体标准格式（bitmap distributed format，BDF）四部分组成。

（5）MS-Windows。1986 年美国微软公司在个人计算机的 DOS 操作系统下开发了 Windows 窗口系统，于 1990 年正式发布了 Windows 3.0 版本，伴随并推动了个人计算机的发展与普及，在个人计算机的桌面系统上占据了统治地位。目前，Windows 的桌面版本是 Windows10，服务器版本是 Windows Server 2012。

Windows 窗口系统提供了大量的函数支持基于窗口系统的应用程序的设计与开发，主要由三个函数库组成：①User 函数库，提供窗口管理功能；②Kernel 函数库，提供多任务、存储管理和资源管理等系统服务功能；③GDI 函数库，提供图形设备接口。

Windows 函数库是特殊的动态链接库（dynamic link library，DLL），只有当系统加载应用程序时，才将 DLL 文件和应用程序连接在一起，从而最大限度地减少了每个应用程序的代码量。

3. 多窗口系统

计算机应用日趋广泛，而计算机的推广与普及所面临的最大问题之一就是使用的"傻瓜化"，即为用户提供一个更为方便、简单的操作环境与使用方法。要方便用户使用，很重要的就是要求计算机系统向用户提供友好的交互界面和输入方法，为用户提供简单、直观而且醒目的提示，尽可能地减少键盘操作，因此多窗口系统是一个很好的解决方案和发展方向。

通常用户与计算机的交互通过显示器、键盘和鼠标来完成，屏幕的输出管理是用户界面的重要组成部分，最初的多窗口系统基本上是指管理屏幕上规定部分的输出与输入的工具。伴随着计算机技术的发展，多窗口系统功能在不断的增强和扩充，目前的多窗口系统已远远超出了管理屏幕输入与输出的概念范畴。

多窗口系统是将计算机的显示屏幕划分为多个区域，每个区域称为一个窗口，每个窗口负责处理和显示某一类的信息。从不同的角度出发，多窗口系统有不同的认识：

（1）一般可以认为多窗口系统是拥有事件驱动、菜单功能、功能图符化，具有图形处理能力的友善的用户界面的操作环境。

（2）从用户或应用的角度出发，多窗口系统是用户可以同时运行多道程序的集成化环境。

（3）从程序设计者的角度出发，多窗口系统是能够在无关程序之间共享信息的集成化环境。

从上述对多窗口的认识中，可以发现目前的多窗口系统在资源共享、多任务与并发及事件调度等方面与操作系统有很多的相似之处。

4. 多窗口系统与用户界面

多窗口系统与其他软件系统一样有着不同的实现方法，主要分为基于核心的窗口系统和基于客户/服务器模型的窗口系统。虽然实现的方法不同，但是用户界面友好是一个主要的设计目标和基本的出发点，主要表现包括以下几方面。

（1）灵活、方便的窗口操作。窗口操作是多窗口系统的基本特点，也是用户使用时的基本操作，灵活、方便的窗口操作功能使用户感到便捷，窗口操作通常包括开辟窗口、选择活动窗口、窗口展开、窗口移动、改变窗口大小、执行窗口命令及对话框操作等。这些操作既可以用简单的键盘定义的热键操作实现，也可以通过鼠标操作完成，方便了用户的使用。

（2）下拉式菜单。"菜单"驱动已成为软件中用户接口的典型方式，并被用户广泛使用。由于多窗口系统下，系统有自己的主菜单，同时各个窗口又有自己的菜单，所以这些菜单不可能同时显示。因此，多窗口系统一般采用下拉方式处理，即每个应用程序的命令按照其性质分组，在窗口上只列出菜单的名字，需要时点击菜单名，显示其中的命令清单，用户选择所需命令后下拉部分消失。

（3）命令对话框。许多命令在执行过程中要与用户对话，或者提示用户输入必要的一些内容，或是提示用户某些信息或结果。多窗口系统中，这种交互一般是通过对话框来实现的。当需要与用户对话交互时，在屏幕上显示一个对话框，用户的操作限定在对话框范围内，交互完成后对话框消失或出现新的对话框。

（4）多任务与信息共享。多窗口系统能提供多个作业同时展示的操作环境，每个作业占据一个窗口，窗口位置和大小等可以自由调整，用户可在同览各窗口内容的同时与某个作业交互，也可以交替与各个窗口对话；各窗口之间可以通信、交换信息。

正是这些为简化用户操作而设计的功能与界面，保证了交互界面具有充足的友好性，从而推动了多窗口系统的发展与普及。

第四章 图形可视化基本算法

图形光栅化显示是计算机可视化的最终方式。光栅可以看做一个像素的矩阵，每个像素可以用一种或多种颜色显示。任何一种图形光栅化，实质上就是转换成一种或多种颜色的像素的集合。光栅化是一个图形确定一个像素集合及其颜色的过程。一般情况下，图形光栅化先确定有关像素，再用图形的颜色和其他属性对像素进行某种写操作。其核心是将矢量坐标表示的图形映射成最佳逼近于图形的像素集。对于线状图形，在不考虑线宽时，用一个像素宽的直或曲"线"（即像素序列）来显示。面状图形的区域填充，必须确定区域所对应的像素集，并且用所要求的颜色或图案进行显示。

4.1 直线的生成算法

在数学上，理想的直线是没有宽度的，是由无数个点构成的集合。当对直线进行扫描转换时，只能在显示器所给定的有限个像素组成的矩阵中，确定最佳逼近理想直线段的像素点集合，并且按扫描线顺序，用当前写方式对像素集合进行写操作。这个过程也称为直线的光栅化。

直线段是生成其他图形的基础图形元素。在图形显示过程中，不但要求直线生成时线段的端点位置要准确，构成线段的像素点分布均匀，而且要求算法快速、高效。生成直线的算法有多种，本节介绍三种常用的算法：数值微分（DDA）法、中点画线算法和布兰森汉姆（Bresenham）画线算法。

4.1.1 数值微分法

数值微分生成算法是一种通过直线的微分方程计算像素点生成直线的方法，是最简单的直线扫描转换的方法。

根据直线的几何特征可以确定直线路径的像素位置，直线的笛卡儿斜率截距方程为

$$y = k \cdot x + b \tag{4-1}$$

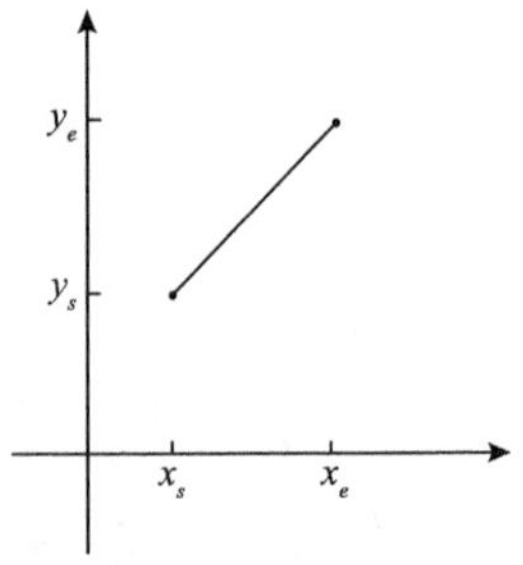

式中，k 为直线的斜率；b 为 y 轴截距，如图 4.1 所示。

给定线段的两个端点 (x_s, y_s) 和 (x_e, y_e)，可以计算斜率 k 和 y 轴截距 b：

$$k = \frac{y_e - y_s}{x_e - x_s} \tag{4-2}$$

$$b = y_s - k \cdot x_s \tag{4-3}$$

图 4.1 两点之间的直线段

显示直线的算法是以直线方程（4-1）、等式（4-2）及式（4-3）给出的计算方法为基础的，对于任意一条直线可通过给定 x 方向的增量 Δx，计算 y 方向的增量 Δy 生成直线。

$$
\begin{aligned}
x_{i+1} &= x_i + \Delta x \\
y_{i+1} &= y_i + \Delta y \\
&= y_i + k \cdot \Delta x
\end{aligned}
\tag{4-4}
$$

同样，也可以通过计算给定 y 方向的增量 Δy，计算 x 方向的增量 Δx 生成直线。

$$
\begin{aligned}
y_{i+1} &= y_i + \Delta y \\
x_{i+1} &= x_i + \Delta x \\
&= x_i + \frac{1}{k} \cdot \Delta y
\end{aligned}
\tag{4-5}
$$

式（4-4）和式（4-5）是递推的，以直线段的起点 (x_s, y_s) 为初值，可以确定逼近直线的像素集合。由于公式中含有乘法，且取像素值时需要进行取整操作，算法虽然直观、可行，但效率较低。因此，当将增量设置为 1 时，如 $\Delta x = 1$，则有 $y_{i+1} = y_i + k$，即当 x 每递增 1 时，y 递增 k，可以有效地避免生成算法中的乘法运算，提高算法的执行效率。如图 4.2 所示，图中以各个像素的中心构造一组虚拟网格线。

在生成算法中，确定一条直线是 x 方向还是 y 方向作为增量步进方向，可依据 k 值进行判断：

当 $|k| \leqslant 1$ 时，可选择 x 方向作为增量步进方向，从起点 (x_s, y_s) 开始，每步递增（或递减）1（即一个像素单元），即令 $\Delta x = \pm 1$，由式（4-4）计算像素点的坐标 (x_{i+1}, y_{i+1})。

当 $|k| > 1$ 时，可选择 y 方向作为增量步进方向，从起点 (x_s, y_s) 开始，每步递增（或递减）1（即一个像素单元），即令 $\Delta y = \pm 1$，由式（4-5）计算像素点的坐标 (x_{i+1}, y_{i+1})。

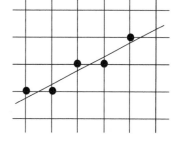

图 4.2 数值微分法示意图

将每次计算出的 (x_{i+1}, y_{i+1}) 经取整（或四舍五入）后顺序输出到显示器，得到扫描转换后的直线。

```
void    DDA_Line（CPoint P_start，CPoint P_end）
//DDA 算法
//通过参数获得直线段起点 P_start 和终点 P_end 的坐标
{
    CPoint    p = P_start；
    float    dx，dy；    // x、y 方向距离变量
    int    steps，i；
    float    xIncrement，yIncrement；// x、y 方向增量变量
    dx = P_end.x – P_start.x；    // 计算 x 方向距离
    dy = P_end.y – P_start.y；    // 计算 y 方向距离
    /* 判断 x、y 方向距离，取最大值    */
  if（fabs（dx）> fabs（dy）） //在实现过程中注意 fabs 函数类型要求
        steps = fabs（dx）；
```

```
else
        steps = fabs（dy）;
/*计算 x、y 方向步进增量*/
xIncrement = dx / steps;
yIncrement = dy / steps;
Draw_Point（p）; //绘制起点
/*计算并绘制*/
for（i = 0; i < steps; i++）
    {
        p.x += xIncrement;
        p.y += yIncrement;
        Draw_Point（p）;    //绘制点
    }
}
```

上面给出了简单的数值微分算法描述，其中，选择 x、y 方向距离绝对值较大者为步进方向，其相应的增量自动为 1，以步进次数作为循环控制，依次计算步进后的坐标。但在算法中由于坐标是通过斜率计算得到的，必须进行取整运算，所以无法避免像素点偏离实际直线的某一侧。

4.1.2　中点画线算法

在数值微分法中，斜率必须采用浮点表示，导致每一步运算都必须对坐标进行取整操作，不利于硬件实现，如果采用中点画线法则可以解决这个问题。为了便于讨论该算法，本节假定斜率 k 在 0~1，其他情况可类似处理。中点画线算法的原理如下。

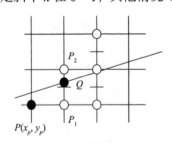

在图 4.3 中，假定斜率 k 在 0~1，若直线在 x 方向上增加一个单位，则在 y 方向上的增量也只能在 0~1。假设在 x 轴坐标值为 x_p 的各像素点中，已确定与直线最近的为 $P（x_p, y_p）$，用实心圆点表示，那么，下一个与直线最近的像素只能是正右方的 $P_1（x_p+1, y_p）$ 或 $P_2（x_p+1, y_p+1）$ 中的一个，用空心小圆表示。以 M 表示 P_1 与 P_2 之间的中点，即 $M=（x_p+1, y_p+0.5）$。设 Q 为理想直线与垂直线 $x=x_p+1$ 的交点。显然，若 M 在 Q 的下方，则 P_2 离直线近，应取为下一个像素；否则取 P_1。

图 4.3　中点画线法每步迭代涉及的像素和中点示意图

假设直线的两个端点分别为 $（x_s, y_s）$ 和 $（x_e, y_e）$，且直线方程为

$$F(x,y) = a \cdot x + b \cdot x + c = 0 \tag{4-6}$$

式中，$a = y_s - y_e$；$b = x_e - x_s$；$c = x_s \cdot y_e - x_e \cdot y_s$。

对于直线上的点，$F(x,y)=0$；对于直线上方的点，$F(x,y)>0$；而直线下方的点，$F(x,y)<0$。因此，要判断点 Q 在 M 的上方还是下方，只要将 M 带入式（4-5），并判断其符号即可。构造判别式（4-7）。

$$d = F(M) = F(x_p + 1, y_p + 0.5) = a \cdot (x_p + 1) + b \cdot (y_p + 0.5) + c \qquad （4\text{-}7）$$

当 $d < 0$ 时，M 在直线下方，即 M 位于 Q 的下方，则应取右上方点 P_2 作为下一个像素点。而当 $d > 0$ 时，则应取正右方的点 P_1。当 $d = 0$ 时，两个点都可以，通常约定取正右点 P_1。

对于每个像素需要分别计算判别式 d，根据它的符号确定下一像素。但是，由于 d 是 x_p 和 y_p 的线型函数，可以采用增量计算，提高运算效率。在 $d \geqslant 0$ 的情况下，取正右方像素 P_1，欲判断下一个像素的取值，需计算式（4-8），d 的增量为 a。

$$d_1 = F(x_p + 2, y_p + 0.5) = a \cdot (x_p +) + b \cdot (y_p + 0.5) + c = d + a \qquad （4\text{-}8）$$

若 $d < 0$，则取右上方像素 P_2，欲判断下一个像素的取值，需计算式（4-9），d 的增量为 $a + b$。

$$d_2 = F(x_p + 2, y_p + 1.5) = a \cdot (x_p + 2) + b \cdot (y_p + 1.5) + c = d + a + b \qquad （4\text{-}9）$$

对于 d 的初始值，第一个像素应取左端点 (x_s, y_s)，相应的判别式值为式（4-10），但由于 (x_s, y_s) 在直线上，所以 $F(x_s, y_s) = 0$，因此，d 的初值为 $d_0 = a + 0.5 \cdot b$。

$$\begin{aligned}
d_0 &= F(x_s + 1, y_s + 0.5) = a \cdot (x_s + 1) + b \cdot (y_s + 0.5) + c \\
&= ax_s + by_s + c + a + 0.5 \cdot b \\
&= F(x_s, y_s) + a + 0.5 \cdot b
\end{aligned} \qquad （4\text{-}10）$$

由于在计算过程中，使用的只是 d 的符号，而且 d 的增量都是整数，仅初始值为小数，因此，在计算过程中可以使用 $2 \cdot d$ 代替 d，从而算法中仅包含整数运算。

```
void Midpoint_Line（CPoint P_start，CPoint P_end）        //中点画线算法
//通过参数获得直线段起点 P_start 和终点 P_end 的坐标
{      //通过参数获得直线段起点 P_start 和终点 P_end 的坐标
CPoint   p = P_start;
int   a，b，d1，d2，d;
a = P_start.y – P_end.y;    //计算 y 方向距离
b = P_end.x – P_start.x;    //计算 x 方向距离
/*依据式（4-9）、4-7）和（4-7）计算 d、d1 和 d2    */
d= 2*a+b;
d1 = 2*a;
d2 = 2*（a+b）;
Draw_Point（p）; //绘制起点
/*计算并绘制*/
while（p.x < P_end.x）
{
if（d < 0）//取右上方点
{
```

```
p.x ++, p.y ++;
d += d2;
}
else// 取右侧点
```

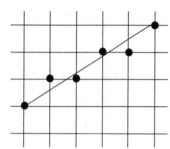

图 4.4 用中点画线算法对连接两点的直线进行扫描转换的结果示意图

```
{
p.x ++;
d += d1;
}
Draw_Point（p）; //绘制点
}
}
```

用上述中点画线算法绘制的直线如图 4.4 所示。在该算法中，如果进一步将其中的 2a 改写为 a +a 等，则算法中只包括整数运算，不包含乘除法，更加适合硬件实现。

4.1.3 布兰森汉姆画线算法

1965 年，布兰森汉姆提出了借助一个决策参数的符号判断以确定下一个像素位置的直线生成算法，该算法精确、高效，是使用最为广泛的直线扫描转换算法。为了便于讨论该算法，本节假定斜率 k 在 0 与 1 之间，其他情况可类似处理。布兰森汉姆算法原理如下：

以过各行各列像素中心构造一组虚拟网格线，按直线从起点到终点的顺序计算直线与各垂直网格线的交点，然后根据误差项的符号，确定该列像素中与此交点最近的像素。

如图 4.5 所示，在转换过程中，沿线路径的像素位置以单位 x 间隔取样确定。从给定线段的左端点 (x_0, y_0) 开始，逐步处理后续列，并在其扫描线 y 值最接近线段的像素上绘出一点。假如已经确定了第 i 步要显示的像素坐标 (x_i, y_i)，则第 $i+1$ 步的像素点 (x_{i+1}, y_{i+1}) 应选择其右方或右上方两个像素点中垂直偏离直线段更小的一点，即列坐标为 x_{i+1}，行坐标为 y_i 或 y_{i+1}。是否增 1 取决于图 4.5 中误差项 d 的值。因为直线的起始点在像素中心，则 d 的初始值为 0。x 每增加 1，d 的值相应递增值为直线的斜率值，即 $d = d + k$（直线斜率 $k = \Delta y / \Delta x$），一旦 $d > 1$ 就减去 1，从而保证 d 始终在 0 与 1 之间。当 $d > 0.5$ 时，最接近直线段的像素为当前像素的右上方像素 (x_{i+1}, y_{i+1})；当 $d < 0.5$ 时，最接近直线段的像素为当前像素的右方像素 (x_{i+1}, y_i)；当 $d = 0.5$ 时，约定取当前像素的右上方像素 (x_{i+1}, y_{i+1})。为了计算方便，令 $e = d - 0.5$，且 e 的初值为 -0.5，则当 $e \geqslant 0$ 时，下一像素的 y 值增 1；当 $e < 0$ 时，y 值不变。

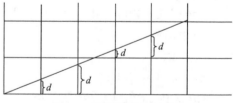

图 4.5 误差项的几何意义

布兰森汉姆算法具体如下：

```
void Bresenham_Line（CPoint P_start, CPoint P_end ） //布兰森汉姆算法
//通过参数获得直线段起点 P_start 和终点 P_end 的坐标
{
CPoint  p = P_start;
```

```
int   x，y，dx，dy；
float   k，e；
/*计算增量和斜率*/
dx = P_end.x – P_start.x；
dy = P_end.y – P_start.y；
    k =（float）dy /（float）dx ； //注意将整型数据转换为浮点或双精度数据
e = –0.5；
/*计算并绘制*/
for（int i = 0； i <= dx； i ++）
｛
Draw_Point（p）；      //绘制点
p.x ++；
e += k ；
if（e >= 0）
｛
p.y ++；
e–= 1；
｝
｝
｝
```

上面算法在实现过程中，计算斜率 k 和误差项 e 时，涉及小数和除法运算，如果令 $e' = 2 \cdot e \cdot dx$，则可改用整数以避免除法。

布兰森汉姆算法可以采用增量计算，并使得每一列只要检查一个误差项的符号，就可以确定该列的所求像素，便于硬件实现。

4.2　圆与椭圆的生成算法

由于圆是图形中经常使用的元素，因此大多数图形软件都包含生成圆和圆弧的函数。这些软件会提供一个能显示包括圆和椭圆在内的多种曲线的通用函数。

4.2.1　圆的特性

将圆定义为所有与中心位置（x_c, y_c）的距离为给定值 r 的点集，对于圆周上的任意一点（x，y），可用以下方程定义：

$$(x - x_c)^2 + (y - y_c)^2 = r^2 \tag{4-11}$$

根据式（4-11），可以沿 x 轴从 $x_c - r$ 到 $x_c + r$ 以单位步长计算对应的 y 值，从而得到圆周上每点的位置：

$$y = y_c \pm \sqrt{r^2 - (x_c - x)^2} \qquad （4\text{-}12）$$

该方法每一步都包含大量的计算，且所画圆像素点位置的间距不一致，在靠近 x 轴的 0° 和 180°处像素点的间距越来越大。虽然可以在圆斜率的绝对值大于 1 后，交换 x 和 y 来调整间距，但进一步增加了算法的计算量。所以，该方法并不适合硬件的实现。

计算圆周上任意点的另一种常见方法是使用极坐标 r 和 θ，如图 4.6 所示，以参数极坐标形式表示圆方程，方程组为

$$
\begin{aligned}
x &= x_c + r \cdot \cos\theta \\
y &= y_c + r \cdot \sin\theta
\end{aligned}
\qquad （4\text{-}13）
$$

根据式（4-13），以固定角度为步长，就可以计算出圆周上的等距点并绘制出圆。但由于在计算过程中使用了三角函数和浮点运算，运算速度依然较慢。虽然，可以通过在相邻点间使用较大的角度间隔并用线段连接相邻点来逼近圆的路径的方法，在得到比较连续的边界同时减少计算量，但计算量依然较大。

圆具有对称性，即圆的形状在每个象限中是相似的。因此，只需要生成八分圆，就可以通过简单的变换得到整个圆的其他部分。假设已知一个圆心在原点的圆，如图 4.7 所示，圆上一个点（x，y），根据圆的对称性可以得到其他 7 个八分圆上的对应点：$(y,x),(y,-x),(x,-y),(-x,-y),(-y,-x),(-y,x),(-x,y)$。因此，只需计算从 $x=0$ 到 $x=y$ 分段内的点就可得到整个圆的所有像素位置。

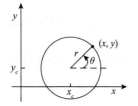
　　　　图 4.6　圆心为（x_c, y_c）、半径为 r 的圆

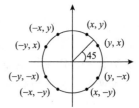
　　　　图 4.7　圆的对称性

本节为了便于讨论，只考虑中心在原点、半径为整数 r 的圆。对于中心不在原点的圆，可先通过平移变换，转化为中心在原点上的圆，再进行扫描转换，把所得到的像素坐标加上一个位移量就可以得到所求像素坐标。

4.2.2　中点画圆算法

在中点画圆算法中，只考虑中心在原点、半径为 r 的圆的第二个八分圆，即讨论如何从 $(0,r)$ 到 $(r/\sqrt{2}, r/\sqrt{2})$ 顺时针地确定逼近于该圆弧的像素序列。

假定已确定点 P（x_p, y_p）为圆弧上的当前像素点，则下一个像素点只能是右方的点 P_1（x_p+1, y_p）或右下方的点 P_2（x_p+1, y_p-1）中的一个，如图 4.8 所示。其构造函数为

$$F(x,y) = x^2 + y^2 - r^2 \qquad （4\text{-}14）$$

　　当$F(x, y) = 0$时，点位于圆周上；当$F(x, y) > 0$时，点位于圆的外部；当$F(x, y) < 0$时，点位于圆的内部。假设M是P_1和P_2的中点，坐标为$(x_p + 1, y_p - 0.5)$，那么，当$F(M) < 0$时，M在圆内，说明P_1距离圆弧更近，应取P_1为下一像素；当$F(M) > 0$时，M在圆外，说明P_2距离圆弧更近，应取P_2为下一像素；当$F(M) = 0$时，可选取P_1与P_2中的任一点，约定取P_2。

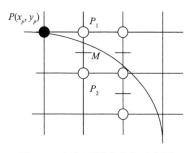

图 4.8　中点画圆法取点示意图

　　与中点画线法一样，构造判别式

$$d = F(M) = F(x_p + 1, y_p - 0.5)$$
$$= (x_p + 1)^2 + (y_p - 0.5)^2 - r^2 \tag{4-15}$$

　　当$d < 0$时，则应取为P_1下一像素，而且下一个像素的判别式为

$$d = F(x_p + 2, y_p - 0.5) = (x_p + 2)^2 + (y_p - 0.5)^2 - r^2$$
$$= d + 2 \cdot x_p + 3 \tag{4-16}$$

　　所以，沿正右方向，d的增量为$2 \cdot x_p + 3$。

　　当$d \geqslant 0$时，则应取为P_2下一像素，而且下一个像素的判别式为

$$d' = F(x_p + 2, y_p - 1.5) = (x_p + 2)^2 + (y_p - 1.5)^2 - r^2$$
$$= d + (2 \cdot x_p + 3) + (-2 \cdot y_p + 2) \tag{4-17}$$

　　所以，沿正右方向，d的增量为$2 \cdot (x_p - y_p) + 5$。

　　由于这里讨论的是按顺时针方向生成第二个八分圆，因此第一个像素的坐标是$(0, r)$，判别式d的初始值为

$$d_1 = F(1, r - 0.5) = 1 + (r - 0.5)^2 - r^2 = 1.25 - r \tag{4-18}$$

　　上述求导过程中，使用了浮点数表示判别式d，为了简化算法，避免浮点运算，在算法中全部使用整数，可以使用$e = d - 0.25$代替d。因此，初始化运算$d = 1.25 - r$对应于$e = 1 - r$，判别式$d < 0$对应于$e < 0.25$，算法中其他与d有关的公式可把d直接换成e。又由于e的初值为整数，且在运算过程中增量也是整数，所以e始终是整数，从而$e < 0.25$等价于$e < 0$。至此，这样写出完全用整数实现的中点画圆算法，算法中e仍然用d来表示。

```
class myCircle// 圆类定义
{
public:
int radius; //半径
CPoint center; //圆心
};
void MidPoint_draw_Circle（myCircle myCir）    //中点画圆算法
//通过参数获得圆的数据
```

```
{
CPoint  p;
int   d;
p.x = 0;
p.y =myCir.radius; //起点坐标为（0，r）
d = 1−myCir.radius;
Draw_Circle_Point（p）；    //绘制起始点
while（p.x < p.y） //循环控制，只绘制第一个八分之一圆
{
if（d <=0）//取右侧点
{
d +=2 * p.x+ 3;    //增量计算
}
else //取右下方点
{
d += 2*（x −y）+5; //增量计算
p.y —;
}
p.x++;
Draw_Circle_Point（p）; //end of while
}// MidPoint_draw_Circle  结束
```

上述算法中，判别式 d 的增量是 x、y 的线性函数，每当 x 递增 1，d 递增 $\Delta x = 2$；每当 y 递减 1，d 递增 $\Delta y = 2$。由于初始像素为 $(0, r)$，所以 Δx 的初值为 3，Δy 的初值为 $-2 \cdot r + 2$。由于乘 2 运算可以改用加法实现，所以可以写出不含乘法且仅用整数实现的中点画圆算法。

```
void MidPoint_draw_Circle（ myCircle myCir） //不含乘法的中点画圆算法
//通过参数获得圆的数据
{
CPoint p;
int d，dx，dy;
p.x = 0;
p.y = myCir.radius; //起点坐标为（0，r）
d = 1−myCir.radius;
dx =3;
dy = 2− r−r
Draw_Circle_Point（p）; //绘制起始点
while（p.x < p.y） //循环控制，只绘制第一个八分之一圆
{
if（d <= 0）//取右侧点
{
```

```
d += dx  ;
dx += 2;
}
else//取右下点
{
d += dx + dy;
dx += 2;
dy += 3;
p.y ––;
}
p.x++;
Draw_Circle_Point（p）；
}//end of while
}// MidPoint_draw_Circle  结束
```

4.2.3　布兰森汉姆画圆算法

　　布兰森汉姆画圆算法是一种常用的画圆算法。为了便于讨论，本节只考虑圆心在原点、半径为 r 的第一个四分圆，即讨论如何从（0，r）到（r，0）顺时针地确定逼近于该圆弧的像素序列，如图 4.9 所示。

　　从圆弧的任意一点出发，按顺时针方向生成圆时，为了逼近该圆，下一像素的取法只有三种可能的选择：正右方像素 H、右下方像素 D 和正下方像素 V，如图 4.10 所示。这三个像素中，与理想圆弧最近者为所求像素。理想圆弧与这三个候选点之间的关系只有下列五种情况：①H、D、V 全在圆内；②H 在圆外，D、V 在圆内；③D 在圆上，H 在圆外，V 在圆内；④H、D 在圆外，V 在圆内；⑤H、D、V 全在圆外。

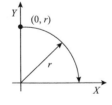

图 4.9　第一个四分圆

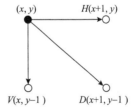

图 4.10　下一个像素的选择

　　上述三点到圆心的距离平方与圆弧上移动到圆心的距离平方差分别为

$$
\begin{aligned}
\Delta_H &= (x+1)^2 + y^2 - r^2 \\
\Delta_D &= (x+1)^2 + (y-1)^2 - r^2 \\
\Delta_V &= (x)^2 + (y-1)^2 - r^2
\end{aligned}
\qquad（4\text{-}19）
$$

　　在选择最佳逼近该圆的像素时，人们希望只对误差项的符号进行判别。

　　（1）如果 $\Delta_D < 0$，那么右下方像素 D 在圆内，圆弧与候选点的关系只能是①或者②的情况。显然，候选点只能是 H 或 D，为了确定 H、D 哪一个更接近圆弧，令

$$\begin{aligned}\delta_{HD} &= |\varDelta_H| - |\varDelta_D| \\ &= |(x+1)^2 + y^2 - r^2| - |(x+1)^2 + (y-1)^2 - r^2|\end{aligned} \tag{4-20}$$

若 $\delta_{HD} < 0$ ，则圆到正右方像素 H 的距离小于圆到右下方像素 D 的距离，应取 H 为下一像素；若 $\delta_{HD} > 0$ ，则取右下方像素 D 为下一像素；若 $\delta_{HD} = 0$ ，则二者均可，约定取正右方像素 H。

对于情况②， H 在圆外， D 在圆内， $\varDelta_H > 0$ ， $\varDelta_D < 0$ ，所以 δ_{HD} 可以简化为

$$\begin{aligned}\delta_{HD} &= \varDelta_H + \varDelta_D \\ &= (x+1)^2 + y^2 - r^2 + (x+1)^2 + (y-1)^2 - r^2 \\ &= 2 \cdot \varDelta_D + 2 \cdot y - 1\end{aligned} \tag{4-21}$$

所以可以根据 $2 \cdot \varDelta_D + 2 \cdot y - 1$ 的符号，判断应取 H 或 D。

对应情况①， H 和 D 都在圆内，而在这段圆弧上， y 是 x 的单调递减函数，所以只能取 H 为下一像素。又由于 $\varDelta_H < 0$ ，且 $\varDelta_D < 0$ ，因此 $\varDelta_H + \varDelta_D < 0$ ，则 $2 \cdot \varDelta_D + 2 \cdot y - 1 < 0$ 与情况②的判别条件一致。可见在 $\varDelta_D < 0$ 的情况下，若 $2 \cdot \varDelta_D + 2 \cdot y - 1 \leqslant 0$ ，则应取 H 为下一像素，否则取 D 为下一个元素。

（2）如果 $\varDelta_D > 0$ ，右下方元素 D 在圆外，候选点只能是 D 或 V。先考虑情况④，令

$$\begin{aligned}\delta_{DV} &= |\varDelta_D| - |\varDelta_V| \\ &= |(x+1)^2 + (y-1)^2 - r^2| - |x^2 + (y-1)^2 - r^2|\end{aligned} \tag{4-22}$$

若 $\delta_{DV} < 0$ ，则圆到正下方像素 D 的距离小于圆到下方像素 V 的距离，应取 D 为下一像素；若 $\delta_{DV} > 0$ ，则取正下方像素 V 为下一像素；若 $\delta_{DV} = 0$ ，则二者均可，约定取右下方像素 D。

对于情况④， D 在圆外， V 在圆内， $\varDelta_D > 0$ ， $\varDelta_V < 0$ ，所以 δ_{DV} 可以简化为

$$\begin{aligned}\delta_{DV} &= \varDelta_D + \varDelta_V \\ &= (x+1)^2 + (y-1)^2 - r^2 + x^2 + (y-1)^2 - r^2 \\ &= 2 \cdot \varDelta_D - 2 \cdot x - 1\end{aligned} \tag{4-23}$$

所以可以根据 $2 \cdot \varDelta_D - 2 \cdot x - 1$ 的符号，判断应取 D 或 V。

对于情况⑤， D 和 V 都在圆外，显然应取 V 为下一像素。又由于 $\varDelta_D > 0$ ，且 $\varDelta_V > 0$ ，因此 $\varDelta_D + \varDelta_V > 0$ ，则 $2 \cdot \varDelta_D - 2 \cdot x - 1 > 0$ ，与情况④的判别条件一致。可见在 $\varDelta_D > 0$ 的情况下，若 $2 \cdot \varDelta_D + 2 \cdot y - 1 \leqslant 0$ ，则应取 D 为下一像素，否则取 V 为下一个像素。

（3）如果 $\varDelta_D = 0$ ，此刻，右下方像素 D 正好在圆上，所以应取 D 为下一像素。

归纳上述讨论，可得计算下一像素的算法：

当 $\varDelta_D > 0$ 时，若 $\delta_{DV} \leqslant 0$ ，则取 D ，否则取 V ；

当 $\varDelta_D < 0$ 时，若 $\delta_{HD} \leqslant 0$ ，则取 H ，否则取 D ；

当 $\varDelta_D = 0$ 时，则取 D。

由于 δ_{DV} 与 δ_{HD} 均可由 $\varDelta_D$ 推算出来，所以，下面讨论如何用增量法简化 $\varDelta_D$ 的计算。

首先考虑下一像素是 H 的情况。对于像素 H 的坐标为 $(x', y') = (x+1, y)$ ，其误差项为

$$\Delta_D' = ((x+1)+1)^2 + (y-1)^2 - r^2$$
$$= (x+1)^2 + (y-1)^2 - r^2 + 2 \cdot (x+1) + 1 \qquad (4\text{-}24)$$
$$= \Delta_D + 2 \cdot (x+1) + 1 = \Delta_D + 2 \cdot x' + 1$$

下一个像素是 D 的情况，坐标为 $(x', y') = (x+1, y-1)$，其误差项为 $\Delta_D' = \Delta_D + 2 \cdot x' - 2 \cdot y' + 2$。

下一个像素是 V 的情况，坐标为 $(x', y') = (x, y-1)$，其误差项为 $\Delta_D' = \Delta_D - 2 \cdot y' + 1$。

综上所述，布兰森汉姆画圆算法如下：

```
void Bresenham_draw_Circle（CmyCircle  myCir ） //布兰森汉姆画圆算法
//通过参数获得圆的数据
{
    CPoint  p；
    int  d_D，d_HD，d_DV，next；
    p.x = 0；
    p.y = myCir.radius；    //起始点坐标为（0，r）
    d_D = 2 *（1– myCir.radius）；
    while（p.y >= 0）//循环控制，只绘制第一象限四分之一圆
      {
        Draw_Circle_Point1（p）；//绘制点
        if（d_D < 0）
          {
            d_HD = 2 *（d_D + p.y）– 1；
            if（d_HD <= 0）next = 0 ；
              else next = 1；
          }
        else if（d_D > 0）
          {
            d_DV = 2 *（d_D – p.x）– 1；
            if（d_DV <= 0）  next = 1；
            else next = 2；
          }
        else next = 1；
        switch（next）
          {
          case 0：
            p.x ++；
            d_D += 2 * p.x + 1；
          break；
          case 1：
            p.x ++；
```

```
        p.y —;
        d_D += 2 * ( p.x – p.y + 1 ) ;
    break ;
    case 2：
        p.y —;
        d_D += –2 * p.y + 1;
    break ;
    } //end of switch
    }    //end of while
}// Bresenham_draw_Circle 结束
```

4.2.4　椭圆的扫描转换

为了便于讨论，本节只考虑中心在原点的标准椭圆，如图 4.11 所示。对于中心不在原点的标准椭圆，可通过平移变换实现；对于非标准椭圆，可通过中心坐标轴旋转并且对长轴和短轴重新定向实现扫描转换。

在图 4.11 中，椭圆沿 x 轴方向的长半轴长度为 a，沿 y 轴方向的短半轴长度为 b，a 和 b 均为整数，则椭圆方程为

$$F(x,y) = b^2 x^2 + a^2 y^2 - a^2 b^2 = 0 \tag{4-25}$$

由于椭圆的对称性，只需要讨论第一象限椭圆弧的生成，然后通过对称性原理计算其他三个象限的坐标。在讨论过程中，进一步将其分成上、下两部分，以弧上斜率为-1 的点（即法向量两个分量相等的点）作为分界，如图 4.12 所示。

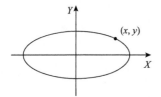

图 4.11　中心在原点的标准椭圆

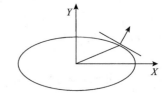

图 4.12　第一象限的标准椭圆弧

根据微积分知识，该椭圆上一点 (x,y) 处的法向量为

$$\boldsymbol{N}(x,y) = \frac{\partial F}{\partial x}\boldsymbol{i} + \frac{\partial F}{\partial y}\boldsymbol{j} = 2b^2 x_i + 2a^2 y_j \tag{4-26}$$

式中，$\boldsymbol{i}$ 和 $\boldsymbol{j}$ 分别为沿 x 轴和 y 轴方向的单位向量。

由图 4.13 可知，在上部分，法向量的 y 分量更大，而在下部分，法向量的 x 分量更大。因此，若在当前中点，法向量 $[2 \cdot b^2 \cdot (x_i +1), 2 \cdot a^2 \cdot (y_i - 0.5)]$ 的 y 分量比 x 分量大，即 $b^2 \cdot (x_i +1) < a^2 \cdot (y_i - 0.5)$；而下一个中点，不等号改变方向，则说明椭圆弧从上部分转入下部分。

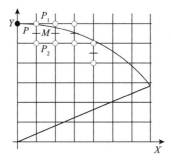

图 4.13　第一象限椭圆弧上半部

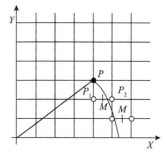

图 4.14　第一象限椭圆弧下半部

计算过程中，当确定一个像素点后，在两个候选像素点的中点计算一个判别式的值，并根据判别式符号确定两个候选像素哪个更佳，方法与中点画圆算法类似。

在椭圆弧的上部分，如图 4.13 所示，假设椭圆弧上的点 P 的坐标为 (x_i, y_i)，那么，下一个候选者为正右方点 $P_1(x_i+1, y_i)$ 和右下方点 $P_2(x_i+1, y_i-1)$ 中的一个，两者之间的中点为 $M(x_i+1, y_i-0.5)$。因此，判别式为

$$d_1 = F(x_i+1, y_i-0.5) = b^2 \cdot (x_i+1)^2 + a^2 \cdot (y_i-0.5)^2 - a^2 \cdot b^2 \qquad (4\text{-}27)$$

若 $d_1 < 0$，中点在椭圆内，则应取正右方点 P_1，且判别式更新为

$$\begin{aligned} d'_1 = F(x_i+2, y_i-0.5) &= b^2 \cdot (x_i+2)^2 + a^2 \cdot (y_i-0.5)^2 - a^2 \cdot b^2 \\ &= d_1 + b^2 \cdot (2 \cdot x_i + 3) \end{aligned} \qquad (4\text{-}28)$$

因此，往正右方向，判别式 d_1 的增量为 $b^2 \cdot (2 \cdot x_i + 3)$。

若 $d_1 \geqslant 0$，中点在椭圆之外，则选取右下方点 P_2 为下一个像素点，且判别式更新为

$$\begin{aligned} d'_1 = F(x_i+2, y_i-1.5) &= b^2 \cdot (x_i+2)^2 + a^2 \cdot (y_i-1.5)^2 - a^2 \cdot b^2 \\ &= d_1 + b^2 \cdot (2 \cdot x_i + 3) + a^2 \cdot (-2 \cdot y_i + 2) \end{aligned} \qquad (4\text{-}29)$$

因此，沿右下方向，判别式 d_1 的增量为 $b^2 \cdot (2 \cdot x_i + 3) + a^2 \cdot (-2 \cdot y_i + 2)$。

由于椭圆弧的起点为 $(0, b)$，因此，第一个中点是 $(1, b-0.5)$，对应的判别式为

$$\begin{aligned} d_{10} = F(1, b-0.5) &= b^2 + a^2 \cdot (b-0.5)^2 - a^2 \cdot b^2 \\ &= b^2 + a^2 \cdot (-b + 0.25) \end{aligned} \qquad (4\text{-}30)$$

在扫描转换椭圆弧上部分时，由于上、下两部分算法不同，必须在每步迭代过程中，通过计算和比较法向量的两个分量来确定上部分扫描转换是否结束。

在椭圆弧下部分，如图 4.14 所示，假设椭圆弧上的点 P 的坐标为 (x_i, y_i)，那么，下一个候选者为正下方点 $P_1(x_i, y_i-1)$ 和右下方点 $P_2(x_i+1, y_i-1)$ 中的一个，两者之间的中点为 $(x_i+0.5, y_i-1)$。因此，判别式为

$$d_2 = F(x_i+0.5, y_i-1) = b^2 \cdot (x_i+0.5)^2 + a^2 \cdot (y_i-1)^2 - a^2 \cdot b^2 \qquad (4\text{-}31)$$

若 $d_2 < 0$，中点在椭圆内，则应取右下方点 P_2，且判别式更新为

$$d'_2 = F(x_i + 1.5, y_i - 2) = b^2 \cdot (x_i + 1.5)^2 + a^2 \cdot (y_i - 2)^2 - a^2 \cdot b^2$$
$$= d_2 + b^2 \cdot (2 \cdot x_i + 2) + a^2 \cdot (-2 \cdot y_i + 3) \tag{4-32}$$

因此，往右下方向，判别式 d_2 的增量为 $b^2 \cdot (2 \cdot x_i + 2) + a^2 \cdot (-2 \cdot y_i + 3)$。

若 $d_2 \geqslant 0$，中点在椭圆之外，则选取正下方点 P_1 为下一个像素点，且判别式更新为

$$d'_2 = F(x_i + 0.5, y_i - 2) = b^2 \cdot (x_i + 0.5)^2 + a^2 \cdot (y_i - 2)^2 - a^2 \cdot b^2$$
$$= d_2 + a^2 \cdot (-2 \cdot y_i + 3) \tag{4-33}$$

因此，沿向下方向，判别式 d_2 的增量为 $b^2 \cdot (2 \cdot x_i + 3) + a^2 \cdot (-2 \cdot y_i + 2)$。

在扫描转换椭圆弧下部分时，扫描转换的终止条件是 $y = 0$。

综上所述，第一象限椭圆弧的扫描转换中点算法如下：

```
void MidPoint_draw_Ellipse（int a，int b）    //第一象限椭圆弧中点法
//通过参数获得圆的数据
{
    CPoint   p；
    float   d1，d2 ；
    p.x = 0；
    p.y = b； //起始点坐标（0，b）
    d1 = b * b + a * a * （-b + 0.25）；
    Draw_Ellipse_Point1（p）；    //绘制起始点
    while （b * b * （p.x + 1）< a * a * （p.y - 0.5））//上半部分
        {
          if（d1 <= 0）   d1 += b * b * （2 * p.x + 3）；
          else
            {
                d1 += b * b * （2 * p.x + 3）+ a * a * （-2 * p.y + 2）； p.y —；
            }
          p.x ++ ；
          Draw_Ellipse_Point1（p）；
        }// 上半部分结束
    d2 = sqr（b * （p.x + 0.5））+ sqr（a * （p.y -1））- sqr（a * b）；
    while（p.y > 0）// 下半部分开始
        {
          if（ d2 < 0）
            {
                d2 += b * b * （2 * p.x + 2）+ a * a * （-2 * p.y + 3）；
              p.x ++ ；
            }
          else
```

```
        d2 +=a * a * ( -2 * p.y + 3 )；
    p.y --；
    Draw_Ellipse_Point1（p）；
  }// 下半部分结束
}// MidPoint_draw_Ellipse 结束
```

上述算法实现过程中，可以使用与中点画圆算法类似的方法，采用增量法计算判别式以提高计算效率。

4.3 区域填充算法

区域填充是根据一个区域的定义，对此区域范围内的所有像素赋予指定的属性或图案。多边形是构成屏幕图形的几何元素，也可以是构成三维物体表面的投影，由于多边形可以用线性方程描述，所以通常以多边形填充为例，讨论区域填充算法。为了便于讨论，将多边形限定为有封闭折线边界且无交叉边的平面图形。

多边形区域填充可以分为两步进行：第一步确定需要填充的像素集；第二步确定需填充像素集的属性值。区域填充算法有多种，本节先介绍了区域的表示和类型，然后讨论用单一颜色填充多边形区域的扫描线填充算法、边填充算法和种子填充算法。

4.3.1 区域的表示和类型

图形可视化过程中，通常采用顶点表示法和点阵表示法表示区域，如图 4.15 所示。

在图 4.15（a）中，采用区域多边形的顶点序列表示区域，经过数学计算得出区域边界，这种方法称为顶点表示法或几何表示法，如图中的多边形区域由闭合折线定义，即由一系列依次连接的直线，且最后一条直线的末端与第一条直线的始端重合。这种表示方法几何意义强，简洁直观，易于进行几何变换。但是由于没有确定区域内部像素集，所以不能直接进行填充。

在图 4.15（b）中，采用位于多边形内的像素集表示多边形区域，这种方法称为点阵表示法或像素表示法。这种表示方法虽然丢失了部分几何信息，但是可以直接读取像素以改变多边形的填充色，便于硬件实现。

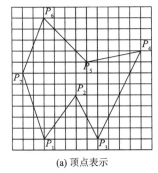
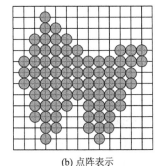

(a) 顶点表示　　　　　　　　　　(b) 点阵表示

图 4.15　多边形区域表示

点阵表示法包括边界表示和内点表示两种。边界表示是指区域边界上所有像素均具有某个特定值，区域边界内所有像素和边界外像素均不取这一特定值，如图 4.16（a）所示。内点表示法是指区域边界内所有像素具有同一颜色，而区域边界外的所有像素具有另一种颜色，如图 4.16（b）所示。

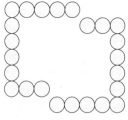
(a) 边界表示

(b) 内点表示

图 4.16　多边形区域边界表示与内点表示

区域填充算法通常要求区域必须是连通的，否则种子算法中种子点的颜色无法扩展到整个区域内的其他点。区域按连通情况可分为四连通区域和八连通区域，如图 4.17 和图 4.18 所示。四连通区域是指从区域内一个点出发，通过上、下、左、右四个方向移动的组合，在不越出区域的前提下到达区域内任意像素；八连通区域是指从区域内一个点出发，通过上、下、左、右、左上、右上、左下、右下八个方向移动的组合，在不越出区域的前提下到达区域内任意像素。

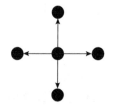
图 4.17　四连通定义

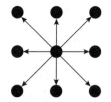
图 4.18　八连通定义

四连通区域和八连通区域的内点定义如图 4.19 所示，边界定义如图 4.20 所示。

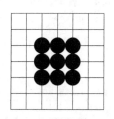
(a) 四连通区域

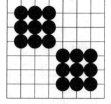
(b) 八连通区域

图 4.19　内点定义的四连通区域和八连通区域

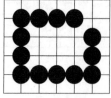
(a) 四连通区域

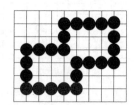
(b) 八连通区域

图 4.20　边界定义的四连通区域和八连通区域

通常，四连通区域也可以理解为八连通区域，但两者的边界是不相同的。例如，图 4.19（a）既可以看做四连通区域，也可以看做八连通区域；如果看做四连通区域，则其边界如图 4.21 所示，如果看做八连通区域，则其边界如图 4.22 所示。

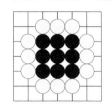 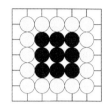

图 4.21　四连通区域的边界　　　　　　图 4.22　八连通区域的边界

可以看出，一个八连通区域的边界是四连通式的，一个四连通区域的边界是八连通式的。一个八连通区域的算法可以填充八连通区域，也可以用在四连通区域上，但是由于其算法可以沿对角线扩展，所以在用于四连通区域填充时应特别注意，避免产生意外后果。

4.3.2　扫描线填充算法

多边形区域填充一种常用的方法是按扫描线顺序，依次计算各扫描线与多边形边界线的交点，以交点为端点计算扫描线与多边形的相交区间，再用要求的颜色显示相交区间的像素，即完成填充工作。如图 4.23 所示，扫描线 6 与多边形边界线的四个交点分别为 A、B、C 和 D，这四点将扫描线分为[0，2]、[2，4]、[4，20/3]、[20/3，44/5]和[44/5，11]五个区间。其中，[2，4]和[20/3，44/5]两个区间位于多边形内，该区间的像素应取多边形色，其他区间内的像素取背景色。

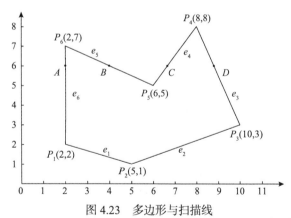

图 4.23　多边形与扫描线

交点的获得顺序在计算时不一定按从左到右的顺序。例如，当多边形采用顶点序列 $P_1 P_2 P_3 P_4 P_5 P_6$ 表示时，扫描线 6 分别与线 $P_3 P_4$、$P_4 P_5$、$P_5 P_6$、$P_6 P_1$ 相交，得到交点序列为 D、C、B 和 A，必须经过排序，才能得到从左到右、按 x 轴方向递增顺序排列的交点 x 坐标序列。

基于以上思路，按 x 从小到大排序，每一条扫描线与多边形边界线的交点应为偶数个，奇偶交点间的区域为多边形相交区域，即有效填充区域，而偶奇交点间的区间位于多边形边界外，填充色为背景色。

扫描转换过程中，存在两个必须解决的特殊问题：一是扫描线与多边形顶点相交时，交点的取舍问题；二是多边形边界上像素点的取舍问题。

当扫描线与多边形顶点相交时，会出现异常情况。例如，在图 4.23 中，扫描线 2 与顶点 P_1 相交，按前述方法求交点序列为 2、2、15/2，这将导致[2, 15/2]内的像素取背景色，但这个区间实际上属于多边形相交区域，应进行填充。因此，必须考虑当扫描线与顶点正相交时，相同的交点只取 1 个。这样，扫描线 2 与多边形边界的交点序列成为 2、15/2，这正是需要的结果。然而，按新的规定，扫描线 7 与多边形的交点序列为 2、22/3、42/5，导致[2, 22/3]被错误当做多边形内部进行了填充。因此，为了正确地进行交点取舍，必须对上述情况区别对待。当扫描线交于一顶点时，如果共享顶点的两条边分别落在扫描线的两边，则交点只取一次；如果共享交点的两条边位于扫描线的同一侧，则根据该点是多边形的局部最高点或最低点，交点取零次或两次。在具体实现过程中，通过检查顶点的两条边的另外两个端点的 y 值，按这两个 y 值中大于交点 y 值的个数是 0、1、2 来决定取交点的次数。例如，扫描线 1 与顶点 P_2 相交，共享该顶点的两条边的另外两个顶点均高于扫描线，所以取交点 P_2 两次；扫描线 2 与顶点 P_1 相交，P_6 高于扫描线，P_2 低于扫描线，所以取交点 P_1 一次；扫描线 7 与顶点 P_6 相交，P_1 与 P_5 均在扫描线下面，所以交点 P_6 取零次，该点不填充。

如果对边界上所有像素全部进行填充，会引发边界扩大化问题。为了避免此类问题，规定在扫描转换过程中，对落在左侧和下边界的像素进行填充，而落在右侧和上边界的像素不许填充。因此，在具体实现过程中，对扫描线与多边形的相交区间采取"左闭右开"的方法。同时，应该注意到，在前面解决交点取舍问题的过程中，丢弃了上方的水平边和作为局部高点的顶点，从而保证了多边形的"下闭上开"。

综上所述，在扫描线填充算法中，对于一条扫描线的扫描转换过程可以总结为以下步骤：①求交，计算扫描线与多边形各边界线的交点；②排序，将得到的所有交点按 x 轴方向递增顺序排序；③交点配对，第一个与第二个、第三个与第四个等，每对交点代表扫描线与多边形的一个相交区间；④区间填色，将这些相交区间内的像素置成多边形颜色，将相交区间外的像素置成背景色。

在采用扫描线进行区域填充过程中，由于要对每条扫描线与多边形的每条边界线进行求交运算，而一条扫描线通常只与多边形的少数几条边相交，因此算法冗余量大，效率较低。

通过对多边形边界线与填充扫描线的图形分析，在多边形中，顶点相邻各边以共同顶点相邻且依次连续串接形成闭环，即多边形存在边的连贯性。同时，当前扫描线与各边的交点顺序和下一条扫描线与各边的交点顺序很可能相同或非常类似，在当前扫描线处理完毕后，可以修改、更新当前扫描线的交点顺序，作为下一条扫描线的交点顺序，即扫描线也具备连贯性。利用多边形边的连贯性和扫描线的连贯性，可以方便地计算出每条扫描线与多边形边界的交点和填充有效区间，减少冗余运算量，提高算法的效率。

算法实现过程中，通常采用单向链表技术，将与当前扫描线相交的边作为链表结点，并按交点 x 坐标的顺序依次存放在一个链表中，由链表给出当前扫描线的有效填充区间完成区域填充。通常将相交的边称为活性边，该链表称为活性边表（active edge table，AEL）。因此，该方法也被称为活性边表法（也称有序边表法），是扫描线填充算法的一种改进。为了简化交点的计算与判别，活性边表中至少应保存当前扫描线与边的交点、当前扫描线到下一条扫描线之间的 x 增量及边所交的最大扫描线号，如图 4.24 所示。其对应的数据结构可描述为

```
class    AELnode
{
```

float　x；//当前扫描线与边的交点的 x 坐标

float　dx；　　//从当前扫描线到下一条扫描线之间的 x 方向的增量

int　ymax；//该边所相交的最高扫描线号

AELnode　*link ；// 指向下一条边的链指针

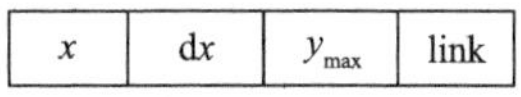

};

x	dx	y_{max}	link

图 4.24　活性边表的边结点

假定当前扫描线与多边形的某一条边的交点 x 轴方向坐标为 x，那么，下一条扫描线与该边的交点只要在当前坐标 x 加上一个增量 dx 就可得出。

设 边 的 直 线 方 程 为 $ax+by+c=0$，$y=y_i$ 时，$x=x_i$；则 当 $y=y_i+1$ 时，$x_{i+1}=(-by_{i+1}-c)/a=x_i-b/a$。其中，$dx=-b/a$，其值为常量，即边的斜率的倒数。

图 4.25 中，扫描线 2 的活性边表如图 4.25（a）所示，扫描线 6 的活性边表如图 4.25（b）所示。

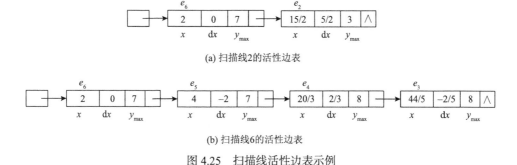

(a) 扫描线2的活性边表

(b) 扫描线6的活性边表

图 4.25　扫描线活性边表示例

为了便于建立和修改活性边表，首先为每一条扫描线建立一个新边表（edge table，ET），存放在该扫描线第一次出现的边，即按各条边界线的下端点 y 坐标值存储到对应的扫描线的边表中。图 4.26 给出了图 4.23 中各扫描线的新边表。

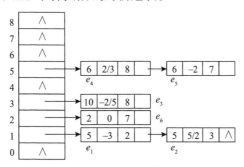

图 4.26　各扫描线的新边表（ET）

在活性边表的基础上，利用同一区间上的像素取同一颜色的属性，设置一个布尔型变量 flag 作为标识，规定其初始值为假，在多边形内取真、多边形外取假，就可以便捷地实现交点配对和区间填充。在实现过程中，对活性边表进行遍历，即第一个结点到最后一个结点依次访问一次，每访问一个结点，flag 标识取反一次；若 flag 值为真，则对从当前结点的 x 值

开始到下一结点的 x 值的"左闭右开"区间进行填充。

综上所述，多边形区域填充扫描线算法（有序边表法）的具体步骤描述如下。

（1）建立新边表 ET，同时，计算所有顶点坐标中 y 的最大值 y_{max} 和最小值 y_{min}，并作为扫描线的循环处理范围。

（2）y 值取 y_{min} 为初始值，初始化活性边表 AEL。

（3）在已确定范围内，按扫描线编号从小到大的顺序对每条扫描线重复以下步骤：① 按当前 y 值将 ET 中对应的结点用插入排序法插入活性边表 AEL 中；② 遍历 AEL 表，在配对交点之间的区间上填充所需的像素值；③ 遍历 AEL 表，删除 $y_{max} = y$ 的结点，并把 $y_{max} > y$ 结点的 x 值递增 dx；④ 对修改后的 AEL 中的各结点按 x 值从小到大排序；⑤ $y = y+1$ 作为下一条扫描线的坐标。

图 4.27 给出了图 4.23 中多边形填充过程中活性边表 AEL 的内容变化。

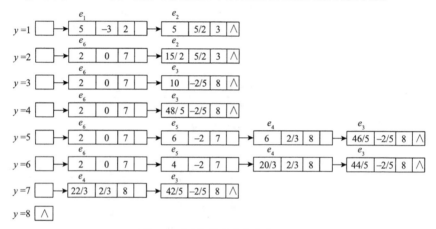

图 4.27　活性边表内容变化过程

该算法的实现过程中，充分利用了多边形的区域、多边形边界线和扫描线的连贯性，避免了反复求交点等大量运算，且每个需填充的像素点只访问一次，因此是一种计算效率较高的算法。

4.3.3　边填充算法

边填充算法是以多边形边界线的每一条边为基础，每一条扫描线和每条边的交点为左边界，将其右侧该扫描线上的所有像素点进行取补运算，且可以按任意顺序处理多边形的边。如图 4.28 所示，根据边的编号顺序，依次对每条边右侧像素进行取补运算，即可完成相应多边形的填充。

边填充算法思路清晰，简单易行，但对复杂的图形进行填充时，一些像素的颜色值需要反复改变多次，多边形外部的像素处理工作量较大。因此，若能减少像素颜色值的改变次数，就可以有效地提高该算法的效率。常用的改进方法包括栅栏填充算法和边界标志填充算法。

栅栏填充算法是指在多边形的恰当位置选一顶点，并过该点做扫描线的垂直线，将多边形分为左右两部分，对垂直线与多边形边界线之间的像素进行取补运算；这条垂直线称为栅栏。在实现过程中，对于每个扫描线与边界线的交点，若交点位于栅栏左侧，则对交点右侧、栅栏左侧的所有像素取补；若交点位于栅栏右侧，则对栅栏右侧、交点左侧的所有像素取补。

如图 4.29 所示，建立通过顶点 P_4 的栅栏，采用栅栏填充算法对简单多边形进行区域填充。虽然栅栏填充算法减少了被重复访问的像素的数量，但依然存在一些像素被重复取补的情况。

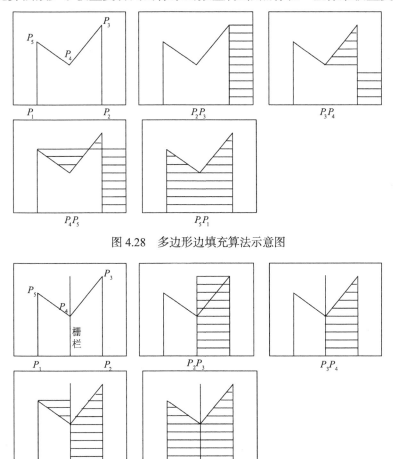

图 4.28 多边形边填充算法示意图

图 4.29 多边形栅栏填充算法示意图

边标识算法的实现分为以下两步：

（1）对多边形的每条边进行直线扫描转换，即对多边形边界线所经过的每个像素置一个特殊标志，如图 4.30 所示。

（2）对每条与多边形相交的扫描线，从左到右逐个访问该扫描线上的像素。在实现过程中，使用一个布尔型变量 inside 标识当前点的状态，若点在多边形内，则 inside 值为真；若点在多边形外，则 inside 值为假。设 inside 的初始值为假，当当前访问像素是被打上边标志的点，就将 inside 取反，否则 inside 不变。访问当前像素时，对 inside 做必要操作后，若 inside 为真，则将该像素置为多边形要填充的颜色。

综上所述，多边形边标志填充算法伪代码描述如下。

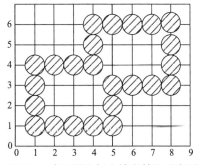

图 4.30 多边形边标志填充算法示意图

```
void Edge_Mark_Fill （polydef，color）
多边形定义 polydef ；
int color ；
{
    对多边形 polydef 每条边进行直线扫描转换；
    inside = FALSE ；
    for （每条与多边形 polydef 相交的扫描线 y）
        for （扫描线上每个像素点 x）
            {
                if （像素 x 被打上边标志）
                inside = ! inside ；
                    if （inside）
                    SetPixel （x，y，填充色）；
                    else
                        SetPixel （x，y，背景色）；
            }
}
```

虽然边标志填充算法与有序边表法的软件执行速度几乎相同，但由于边标志算法无需建立和维护边表，且不需要进行排序，所以边标志填充算法更适合硬件实现。

4.3.4　种子填充算法

种子填充算法采用的方法不同于前面讨论的几种算法，它是从一个已知的区域内部点开始，由内向外直到区域边界线逐点进行绘制。该算法常用于交互式绘图。

种子填充算法的基本思想是：首先，假定区域采用边界表示。然后，任选已知区域内的一个像素点作为种子，以该种子为起点，检测相邻的像素点，若不是边界色值，则填充该像素点，并将其作为新的种子检测其相邻位置；否则，继续检测，直到所有相邻点都被填充。

种子填充算法根据检查相邻像素的方法不同分为四向算法和八向算法，四向算法允许从上、下、左、右四个方向寻找下一像素，用于填充四向连通区域；八向算法允许从八个方向搜索下一个像素，既可以填充八向连通区域，也可以填充四向连通区域，但应注意越界情况的出现。显然，四向算法相对简单，对于八向算法，在实现过程中只需要将搜索方向从四个扩展到八个即可，以下只讨论四向算法。

种子填充算法的实现步骤如下。

步骤一：将区域边界上的像素置为边界色。

步骤二：取区域内部一个像素点作为种子，检测该点颜色，如不同于边界色和填充色，则置该点为填充色。

步骤三：检测相邻像素点颜色，如不同于边界色和填充色，置该点为填充色。

步骤四：重复步骤三，直到区域内像素均为填充色。

设(x, y)为边界表示的四连通区域内的一点，current 表示当前点的 RGB 值，boundarycolor 为定义区域边界的颜色，fillcolor 表示整个区域所要填充的颜色，边界表示的四连通区域的递归填充算法描述如下。

```
void BoundaryFill4 （int x，int y，int boundarycolor，int fillcolor）
// 通过参数获得种子点的坐标（x，y）、边界点 RGB 值与填充 RGB 值
{
    current = GetPointColor（x，y）; // 取当前点 RGB 值
        if （current != boundarycolor && current != fillcolor）
    // 判断当前点色值是否为为边界色和填充色值，即在区域内且未填充
        {
            SetPixel （x，y，fillcolor）;  // 填充
            /* 按 4 方向取相邻点扩散填充 */
            BoundaryFill4（x – 1，y，boundarycolor，fillcolor）;
            BoundaryFill4（x + 1，y，boundarycolor，fillcolor）;
            BoundaryFill4（x，y –1，boundarycolor，fillcolor）;
            BoundaryFill4（x，y +1，boundarycolor，fillcolor）;
            /*  当前点的 4 个邻居像素填充完毕 */
        }
} // 算法结束
```

上述算法简单且易于理解，但执行过程中占用大量资源，执行效率较低。通常使用栈结构来实现简单的种子填充算法，算法的基本步骤描述如下。

步骤一：种子像素入栈。

步骤二：当栈不空时重复执行步骤三和步骤四，否则算法结束。

步骤三：栈顶像素出栈，置成填充色。

步骤四：按左、上、右、下顺序检查与出栈像素相邻的四个像素，若像素不在边界且未置为填充色，则该像素入栈。

显然，简单的种子填充算法在采用四向或八向搜索判别相邻像素时，必然会对已填充过的像素进行重复判断，且某些像素会多次入栈，造成了计算资源的浪费和算法效率的降低，解决以上问题的一个方法是采用扫描线种子填充算法。算法的基本思想是：在任意不间断区间中只取一个种子像素，填充当前扫描线上的该段区间，然后确定与这一区段相邻的上下两条扫描线上位于区域内的区段，并依次入栈保存，重复进行这个过程，直到所保存的每个区段全部填充完毕。

扫描线种子填充算法执行步骤如下。

步骤一：种子像素入栈。

步骤二：当栈不空时重复执行步骤三和步骤四，否则算法结束。

步骤三：栈顶像素出栈，以 y 作为当前扫描线，从种子点出发，沿当前扫描线分别向左、右两个方向填充，直到遇到边界像素为止。分别标记区段的左、右端点坐标为 x_1 和 x_r。

步骤四：在区间$[x_1, x_r]$中检查与当前扫描线 y 相邻的上下两条扫描线上的像素，若存在非边界、未填充的像素，则将每个区间的最右像素作为种子点入栈。

扫描线种子填充算法也可以填充有孔区域，且对于每一个待填充区段，只需入栈一次，提高了算法的效率。

4.3.5　圆域的填充

对于圆域的填充，可以利用上面所讨论的多边形区域的填充原理进行，对每条扫描线，先计算与圆域的相交区间，再将区间内像素用指定颜色填充。

扫描线与圆域的相交区间可以通过计算扫描线与圆域边界（圆）的交点来确定，而交点可以使用改进中心画圆法进行计算。在算法的迭代计算过程中，若某一步迭代之后 y 值改变，那么上一步迭代的 x 值就是改变前的 y 值所对应的扫描线和圆边界的交点。为了避免填充扩大化，可将所得交点带入确定圆域所对应的函数，并对符号进行判断，从而确定该像素点是在圆内还是在圆外。如果在圆外，则对应端点应往圆内缩进一个像素。

确定扫描线与圆域相交区间的另一种方法是先为每条扫描线建立一个新圆表，存放在该行第一次出现的圆的相关信息。然后为当前扫描线设置一个活性圆表。由于一条扫描线与一个圆只有一个相交区间，所以在活性圆表中，每个圆只需要一个结点即可。结点内存放当前扫描线的区间端点，以及用于计算下一条扫描线与圆相交区间端点所需的增量。该增量用于当前扫描线处理完毕之后，对端点坐标进行更新计算，以便得到下一条扫描线的区间端点。

4.3.6　区域填充属性

区域填充属性包括填充颜色、填充样式及填充图案等，用户可根据需要选择适当的属性。

1. 填充颜色

对于一个空心的区域，可以选择区域外框的颜色，而对一个实心的区域，则可以选择内部的颜色。

2. 填充样式

填充样式用于描述区域内部的类型，如空心、实心或花样图案等。

3. 填充图案

填充图案主要包括填充图案模板的设计与存储和多边形区域的图案填充配置。其中，填充图案模板设计与表达可采用函数法或点阵法，图案的填充则包括起始点坐标、填充内部或背景的选择。

第五章 图形映射变换

把改变一个物体的大小、方向和形状的算法称做"变换"。一个图形物体从一个坐标空间映射到另一个坐标空间的过程就是一个变换。图形映射变换是指对图形进行一系列映射之后得到新的图形的过程。图形变换的基本法则就是点到点的映射规则，即对已知图形的点求得与它对应的新图形中的点，是在不改变图形内容的前提下对图形进行空间几何变换，主要包括了图形的平移变换、图形镜像变换、缩放和旋转等。本章主要介绍二、三维图形的平移、旋转、变比、对称等图形变换，以及对二、三维图形的复合变换，如相对于某点的比例变换、旋转变换，相对于某直线的对称变换等。

5.1 图形变换基础

通常，一般意义上的图形变换包括几何变换与非几何变换。几何变换是指改变几何形状和位置，非几何变换是指改变图形的颜色、线型等属性。计算机图形学基础中主要处理的是几何变换，即将表示物体的坐标值按一定的规律，变换到另一个坐标值，来改变图形的形状、大小、位置等，其关键是坐标的改变。变换方法有以下两种：①对象变换。坐标系不动，图形变动后坐标值变化，如图 5.1（a）所示。②坐标变换。坐标系变化后，图形在新坐标系中的新值，如图 5.1（b）所示。

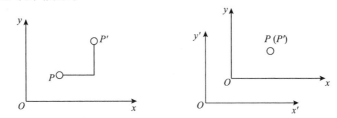

(a) 坐标系不动，图形变动后坐标值变化　　(b) 坐标系变化后，图形在新坐标系中的新值

图 5.1　对象变换与坐标变换

一般可以选择坐标系不动，将对象按一定规律进行图形变换。

5.1.1 坐标系基本概念

坐标系的主要作用是建立图形与数之间的对应联系。根据图形处理的实际用途，可以分为以下几种。

1. 模型坐标系

模型坐标系（modeling coordinate system，MCS）是用于设计物体的局部坐标系，用这种方法来表示物体比较简单，也称局部坐标系，如图 5.2（a）所示。而对于地理空间数据，模型坐标系可认为是一副地图所采用的空间基准，常用的有 CGCS2000、北京 54、西安 80 及一些地方空间参考坐标系等。

2. 世界坐标系

一旦对物体进行了建模，下一步就是将各对象或图形组合放到人们希望绘制的平面场景中。如上所述，每一个对象在创建时都有自身的模型坐标系，当将其组合放到一起时，为了确定每一个对象的位置及其与其他对象的相对位置，就必须抛弃每一个对象的自身坐标系，将其纳入一个统一的坐标系，这个坐标系称为世界坐标系（world coordinate system，WCS），如图 5.2（b）所示。而对于地理空间数据，这一过程就是将不同空间参考系统的地图，通过坐标变换，将其统一到同一个坐标系下。

3. 观察坐标系

观察坐标系（viewing coordinate system，VCS）指当二维图形场景确定后，用户可根据图形显示的要求定义观察区域与观测方向，得到所期望的显示结果，这其实需要定义视点（或照相机）的位置与方向，完成从用户角度对整个世界坐标系内的对象进行重新定位和描述，简化后续二维图形在投影面成像的推导和计算，方便交互绘图操作，如图 5.3 所示。

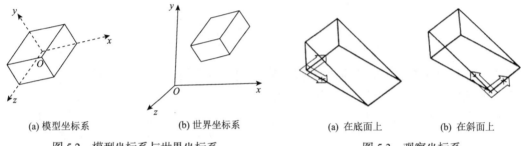

| (a) 模型坐标系 | (b) 世界坐标系 | (a) 在底面上 | (b) 在斜面上 |

图 5.2 模型坐标系与世界坐标系   图 5.3 观察坐标系

4. 规范化设备坐标系

为了使观察处理独立于输出设备，可以将对象描述转换到一个中间坐标系，这个坐标系既独立于设备，又可容易地转变成设备坐标系。通常将这个中间坐标系称为规范化设备坐标系（normalizing device coordinate system，NDCS），其坐标范围为[0，1]，这样可以使二维观察结果独立于可能使用的各种输出与显示设备，提高应用程序的可移植性与设备无关性。

5. 设备坐标系

设备坐标系（device coordinate system，DCS）是绘制或输出图形的设备所用的坐标系，如绘图机、显示器等，一般采用左手系统。其中，显示器所用的坐标系以分辨率确定坐标单位，原点一般在左上角，x 轴正方向水平向右，y 轴正方向下。

5.1.2 窗口视图转换

1. 用户域和窗口域

1）用户域

用户域是指程序员用来定义地图的整个自然空间（WD），人们所描述的图形均在 WD 中进行定义。用户域是一个实数域。理论上 WD 是连续无限的，其对应的坐标系为世界坐标系。

2）窗口域

人们站在房间里的窗口往外看，只能看到窗口范围内的景物，不同的窗口，可以看到不同的景物。通常把用户指定的任一区域叫做窗口（W）。窗口区 W 小于或等于用户域 WD。

窗口区通常是矩形域，可以用其左下角点和右上角点坐标来表示。其对应的坐标系为观测坐标系。

窗口可以嵌套，即在第一层窗口中再定义第二层窗口，在第 i 层窗口定义第 $i+1$ 层窗口等。某些情况下，根据需要，用户也可以用圆心和半径定义圆形窗口或用边界表示多边形窗口。

2. 屏幕域和视图区

1）屏幕域

屏幕域是设备输出图形的最大区域，是有限的整数域。例如，某图形显示器有 1024×1024 个可编辑地址的光点，也称像素（pixel），则屏幕域 DC 可定义为 $DC \in [0:1023] \times [0:1023]$。

2）视图区

任何小于或等于屏幕域的区域都称为视图区。视图区可由用户在屏幕域中用设备坐标来定义。用户选择的窗口域内的图形要在视图区显示，也必须由程序转换成设备坐标系下的坐标值。视图区一般定义成矩形，由左下角点坐标和右上角点坐标来定义，或用左下角点坐标及视图区的 x、y 方向边框长度来定义。视图区可以嵌套，嵌套的层次由图形处理软件规定。相对于图形和多边形窗口，用户也可以定义圆形和多边形视图区。

图 5.4 视图分区

在一个屏幕上，可以定义多个视图区，分别做不同的应用，如分别显示不同的图形。在交互式图形系统中，通常把一个屏幕分成几个区，有的用做图形显示，有的作为菜单项选择，有的作为提示信息区，如图 5.4 所示。

3. 窗口到视区的坐标变换

1）变换公式

在世界坐标系下，窗口区的四条边分别定义为 W_{X_L}（X 左边界）、W_{X_R}（X 右边界）、W_{Y_B}（Y 底边界）、W_{Y_T}（Y 顶边界），其相应的屏幕中视图区的边框在设备坐标系下分别为 V_{X_L}、V_{X_R}、V_{Y_B}、V_{Y_T}，如图 5.5 所示。在世界坐标系下的点 (X_W, Y_W) 对应屏幕视图区中的点 (X_s, Y_s)，其变换公式为

$$
\begin{aligned}
X_s &= \frac{(V_{X_R} - V_{X_L})}{(W_{X_R} - W_{X_L})} \cdot (X_W - W_{X_L}) + V_{X_L} \\
Y_s &= \frac{(V_{Y_T} - V_{Y_B})}{(W_{Y_T} - W_{Y_B})} \cdot (Y_W - W_{Y_B}) + V_{Y_B}
\end{aligned}
\tag{5-1}
$$

如令

$$
\begin{aligned}
a &= (V_{X_R} - V_{X_L}) / (W_{X_R} - W_{X_L}) \\
b &= V_{X_L} - W_{X_L} \cdot (V_{X_R} - V_{X_L}) / (W_{X_R} - W_{X_L}) \\
c &= (V_{Y_T} - V_{Y_B}) / (W_{Y_T} - W_{Y_B}) \\
d &= V_{Y_B} - W_{Y_B} \cdot (V_{Y_T} - V_{Y_B}) / (W_{Y_T} - W_{Y_B})
\end{aligned}
$$

则式（5-1）可简化为

$$\begin{cases} X_s = a \cdot X_W + b \\ Y_s = c \cdot Y_W + d \end{cases} \tag{5-2}$$

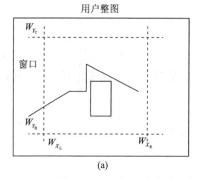
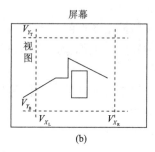

图 5.5　用户整图中的窗口与屏幕中视图区的对应关系

若求得了 a、b、c、d，把窗口区内的一点坐标转换成屏幕视图区内的对应点坐标，只需两次乘法和加法运算，对于用户定义的一张整图，需要把图中每条线段的端点都用式（5-2）进行转换，才能形成屏幕上的相应视图，如图 5.5 所示。

计算机图形学中，将用户坐标系中需要进行观察和处理的一个坐标区域称为窗口（Window），将窗口映射到显示设备上的坐标区域称为视区（Viewport）。窗口如同拍照所用的"取景器"，将世界坐标系（WCS）中某个局部（矩形）区域截取下来，指定要显示的图形。视区是设备坐标系（屏幕或绘图纸）上指定的矩形区域，用来指定窗口内的图形在屏幕上显示的大小及位置，如图 5.5 所示。

当采用多窗口、多视图区时，需正确选择用户图形所在窗口及输出图形所在视图区的参数，用式（5-2）实现用户图形从窗口到视图区的变换。窗口的适当选用，可以较方便地观察用户的整图和局部图形，便于对图形进行局部修改和图形质量评价。应用窗口技术的最大优点是能方便地显示用户感兴趣的部分图形。

2）变换过程

经用户变换定义后，在同一世界坐标系下的地图从窗口区到视图区的输出过程如图 5.6 所示。

图 5.6　窗口→视图二维变换

与二维情况类似，常用的三维窗口有立方体、四棱锥体等。一般经过三维裁剪后将落在三维窗口内的形体经投影变换，变成二维图形，再在指定的视图区内输出，其输出过程如图 5.7 所示。

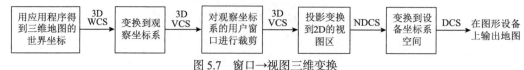

图 5.7　窗口→视图三维变换

5.1.3　齐次坐标

在几何模型中，点是最基本的元素，一般的几何图形元素都可以用点来表示，如一条边由两点来定义，面、体、环、体素均可以用若干点及其参数来表示。体素，是指可以用有限个尺寸参数定位和定形的体，如长方体、圆锥体等。一般，一维空间点用一元组 $\{t\}$ 表示，二维空间点用二元组 $\{x(t), y(t)\}$ 或 $\{x, y\}$ 表示，三维空间点用三元组 $\{x(t), y(t), z(t)\}$ 或 $\{x, y, z\}$ 表示。点的矩阵表示可以用行矩阵（行向量）或列矩阵（列向量），如一个三维点可以用矩阵 (x, y, z) 或 $(x, y, z)^{\mathrm{T}}$ 表示。

不过，地理空间数据可视化中的图形变换与传统计算机图形学的表示方式一样，经常采用齐次坐标表示二维或三维的点。齐次坐标表示，就是用 $n+1$ 维向量表示 n 维的向量。齐次坐标技术是从几何学中发展起来的，它通常作为证明定理的工具而应用于投影几何。在计算机图形学中，图形的变换可以转化为表示图形的点集矩阵与某个变换矩阵的乘积，借助计算机的高速运算功能，快速得到变换后的图形点集坐标，为高速图形显示提供可靠的数据。

二维点 (x, y) 的齐次坐标可以表示为 (hx, hy, h)，其中，$h \neq 0$。由于唯一的 n 维向量存在着许多 $n+1$ 维向量的齐次坐标，为保证其唯一解采用规范化的齐次坐标，即 $h=1$ 的齐次坐标。例如，（2，3）点的齐次坐标可以表示为（2，3，1）、（10，15，5）或（4，6，2），其中只有（2，3，1）是规范化齐次坐标。特别需要注意的是，一般在图形变换的最后都应该将普通齐次坐标，如三维点的齐次坐标 (hx, hy, hz, h) 转换为规范化的齐次坐标 $(hx/h, hy/h, hz/h, h/h)$，即 $(x, y, z, 1)$。

将点变成规范化的齐次坐标，以保证点集表示的唯一性。规范化齐次坐标表示的优点是：提供统一的矩阵运算把二维、三维甚至高维空间的点集从一个坐标系变换到另一个坐标系，可以表示无穷远的点。注意，点的矩阵可以表示为行向量或列向量，本书统一采用后者，即一个二维点 P 的齐次坐标表示为 $(x, y, 1)^{\mathrm{T}}$。

如果二维变换的矩阵为 $\boldsymbol{T}$，则通过变换后，P 的坐标变为 $P' = TP$，即 $\begin{pmatrix} x' \\ y' \\ 1 \end{pmatrix} = \boldsymbol{T} \begin{pmatrix} x \\ y \\ 1 \end{pmatrix}$。根据数学知识，$\boldsymbol{T}$ 一定是一个 3 列矩阵。

5.1.4　几何变换

地理空间数据可视化中，图形在方向、尺寸、形状等方面的变换是通过改变对象坐标描述的几何变换来完成的。对几何信息进行平移、比例、旋转等变换产生新的图形，通过对一般图形的各种变换可以产生所需要的复杂图。按变换对象的坐标维度，主要分为二维变换和三维变换。

二维变换是最基本的图形变换，二维几何变换矩阵的一般形式为 $\boldsymbol{T}_{2\mathrm{D}} = \begin{pmatrix} a & b & l \\ c & d & m \\ p & q & s \end{pmatrix}$。

具有以下形式 $\begin{cases} x' = ax + by + l \\ y' = cx + dy + m \end{cases}$ 的坐标变换称为二维仿射变换，写成齐次坐标的矩阵形式

$$\begin{pmatrix} x' \\ y' \\ 1 \end{pmatrix} = \begin{pmatrix} a & b & l \\ c & d & m \\ 0 & 0 & 1 \end{pmatrix} \begin{pmatrix} x \\ y \\ 1 \end{pmatrix}$$ 。而三维几何变换矩阵的一般形式如下：$T_{3D} = \begin{pmatrix} a & b & c & l \\ d & e & f & m \\ g & h & i & n \\ p & q & r & s \end{pmatrix}$。

5.2 二维图形变换

5.2.1 二维基本几何变换

二维基本几何变换是指相对于坐标原点或坐标轴进行的变换，主要有平移、旋转，缩放、对称和错切等。下面的描述中，均假设由 $P(x, y)$ 变换到 $P'(x', y')$。用统一的齐次坐标来表示点的变换：

$$\begin{pmatrix} x' \\ y' \\ 1 \end{pmatrix} = T_{2D} \begin{pmatrix} x \\ y \\ 1 \end{pmatrix} = \begin{pmatrix} a & b & l \\ c & d & m \\ p & q & s \end{pmatrix} \begin{pmatrix} x \\ y \\ 1 \end{pmatrix} \tag{5-3}$$

从功能上，可以把 T_{2D} 分为 4 个子矩阵：$\begin{pmatrix} a & b \\ c & d \end{pmatrix}$ 是对图形进行缩放、旋转、对称、错切等变换；$\begin{pmatrix} l \\ m \end{pmatrix}$ 是对图形进行平移变换；(s) 是整体比例变换；如果 p、q 为非 0，(p, q) 则为非仿射变换，是对图形作透视变换，属于三维变换。这里先讲解二维仿射变换，即 $p = q = 0$ 的情况。

1. 恒等变换

二维变换中，如果变换矩阵为单位矩阵，则为恒等变换，即保持原来的几何信息不变。

二维恒等变换矩阵为单位矩阵，即 $\begin{pmatrix} 1 & 0 & 0 \\ 0 & 1 & 0 \\ 0 & 0 & 1 \end{pmatrix}$，则点的二维恒等变换表示为

$$\begin{pmatrix} x' \\ y' \\ 1 \end{pmatrix} = \begin{pmatrix} 1 & 0 & 0 \\ 0 & 1 & 0 \\ 0 & 0 & 1 \end{pmatrix} \begin{pmatrix} x \\ y \\ 1 \end{pmatrix} = \begin{pmatrix} x \\ y \\ 1 \end{pmatrix}$$，即 $\begin{cases} x' = x \\ y' = y \end{cases}$。

2. 平移变换

二维平移（translation）变换是将图形对象从一个位置 (x, y) 移到另一个位置 (x', y') 的变换，如图 5.8 所示。平移变换只改变图形的位置，不改变图形的大小和形状，如果有以下的

坐标变换 $\begin{cases} x' = x + t_x \\ y' = y + t_y \end{cases}$，则写成矩阵形式为 $\begin{pmatrix} x' \\ y' \\ 1 \end{pmatrix} = \begin{pmatrix} 1 & 0 & t_x \\ 0 & 1 & t_y \\ 0 & 0 & 1 \end{pmatrix} \begin{pmatrix} x \\ y \\ 1 \end{pmatrix} = \begin{pmatrix} x + t_x \\ y + t_y \\ 1 \end{pmatrix}$。

3. 比例变换

比例（scaling）变换是相对于某点的缩放，如图 5.9 所示。基本比例变换是以原点为中

心的缩放，指相对于原点的变换。如果有以下的缩放变换 $\begin{cases} x' = xs_x \\ y' = ys_y \end{cases}$，则根据上述变换矩阵的

特点，很容易获得比例变换的矩阵形式为 $\begin{pmatrix} x' \\ y' \\ 1 \end{pmatrix} = \begin{pmatrix} s_x & 0 & 0 \\ 0 & s_y & 0 \\ 0 & 0 & 1 \end{pmatrix} \begin{pmatrix} x \\ y \\ 1 \end{pmatrix}$。比例变换可以改变物体的

大小，s_x、s_y 称为比例因子。如果 $s_x, s_y > 1$，则物体被拉伸；如果 $0 < s_x, s_y < 1$，则物体被压缩；如果 $s_x, s_y < 0$，则物体被倒影。

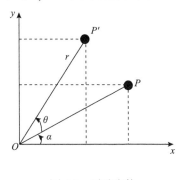

图 5.8 平移变换

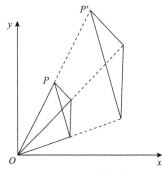

图 5.9 比例变换

如果 $s_x = s_y$，则称为均匀比例变换，也称为整体比例变换，如果 $s_x \neq s_y$，则为非均匀比

例变换，当 $s_x = s_y$ 时，可以用以下变换矩阵表示：$\begin{pmatrix} x' \\ y' \\ 1 \end{pmatrix} = \begin{pmatrix} 1 & 0 & 0 \\ 0 & 1 & 0 \\ 0 & 0 & s \end{pmatrix} \begin{pmatrix} x \\ y \\ 1 \end{pmatrix} = \begin{pmatrix} x \\ y \\ s \end{pmatrix} = \begin{pmatrix} x/s \\ y/s \\ 1 \end{pmatrix}$。

从中可以看出，$s < 1$ 为整体放大的变换，而 $s > 1$ 则为整体缩小的变换。特别需要注意的是，一般需要将它变换为规范化齐次坐标，以便变换后作图。

4. 旋转变换

二维旋转（rotation）是指将 P 点绕坐标原点转动一个角度 θ（逆时针为正）后得到一个新的坐标点 P'，如图 5.10 所示。

其推导过程如下：

（1）对于给定的 $P(x, y)$ 点，其极坐标形式为 $\begin{cases} x = r\cos\alpha \\ y = r\sin\alpha \end{cases}$。

（2）旋转 θ 角后，变换到 $P'(x', y')$，则有 $\begin{cases} x' = r\cos(\alpha + \theta) \\ y' = r\sin(\alpha + \theta) \end{cases}$，即

$$\begin{cases} x' = r\cos(\alpha + \theta) = r\cos\alpha\cos\theta - r\sin\alpha\sin\theta = x\cos\theta - y\sin\theta \\ y' = r\sin(\alpha + \theta) = r\cos\alpha\sin\theta + r\sin\alpha\cos\theta = x\sin\theta + y\cos\theta \end{cases}$$。

（3）写成矩阵形式：$\begin{pmatrix} x' \\ y' \\ 1 \end{pmatrix} = \boldsymbol{R}(\theta) \begin{pmatrix} x \\ y \\ 1 \end{pmatrix} = \begin{pmatrix} \cos\theta & -\sin\theta & 0 \\ \sin\theta & \cos\theta & 0 \\ 0 & 0 & 1 \end{pmatrix} \begin{pmatrix} x \\ y \\ 1 \end{pmatrix} = \begin{pmatrix} x\cos\theta - y\sin\theta \\ x\sin\theta + y\cos\theta \\ 1 \end{pmatrix}$

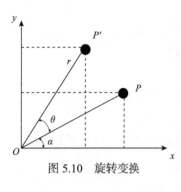

图 5.10　旋转变换

（4）得到以下二维旋转变换矩阵，推导结束，即

$$\boldsymbol{R}(\theta) = \begin{pmatrix} \cos\theta & -\sin\theta & 0 \\ \sin\theta & \cos\theta & 0 \\ 0 & 0 & 1 \end{pmatrix}。$$

通常，规定逆时针旋转角度为正，顺时针旋转为负，因此，如果绕原点顺时针旋转 θ 角，它的变换矩阵为

$$\boldsymbol{R}(-\theta) = \begin{pmatrix} \cos\theta & \sin\theta & 0 \\ -\sin\theta & \cos\theta & 0 \\ 0 & 0 & 1 \end{pmatrix}。$$

实际上，由数学知识得知 $\boldsymbol{R}(-\theta) = \boldsymbol{R}^{-1}(\theta)$ ，即 $\boldsymbol{R}(-\theta)$ 与 $\boldsymbol{R}(\theta)$ 互为逆矩阵。

需要注意的是，在实际应用中，当不断旋转一个物体而产生动画效果时，往往每次旋转的角度比较小，可以令 $\cos\theta \approx 1$ ，$\sin\theta \approx \theta$ （ θ 为弧度值），则该矩阵可以写成 $\begin{pmatrix} 1 & \theta & 0 \\ -\theta & 1 & 0 \\ 0 & 0 & 1 \end{pmatrix}$ 。

当然，还需要考虑累积误差问题，在误差太大时需要重新计算物体的准确坐标。

5. 对称变换

对称（reflection）变换也称为反射变换或镜像变换，主要有以下几种情况。

（1）关于 x 轴的对称变换。如图 5.11 所示，关于 x 轴的对称变换中，实质是 x 的值保持不变，而 y 值取负（反），即 $\begin{cases} x' = x \\ y' = -y \end{cases}$ ，其坐标变换为 $\begin{pmatrix} x' \\ y' \\ 1 \end{pmatrix} = \boldsymbol{T}_{x=0} \begin{pmatrix} x \\ y \\ 1 \end{pmatrix} = \begin{pmatrix} 1 & 0 & 0 \\ 0 & -1 & 0 \\ 0 & 0 & 1 \end{pmatrix} \begin{pmatrix} x \\ y \\ 1 \end{pmatrix} = \begin{pmatrix} x \\ -y \\ 1 \end{pmatrix}$ 。

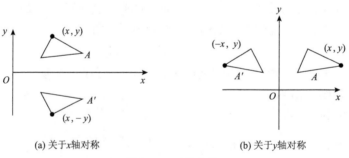

(a) 关于 x 轴对称　　　　　　　　　　(b) 关于 y 轴对称

图 5.11　对称变换

（2）关于 y 轴的对称变换。与上述相似，关于 y 轴的对称变换矩阵如下：$\boldsymbol{T}_{y=0} = \begin{pmatrix} -1 & 0 & 0 \\ 0 & 1 & 0 \\ 0 & 0 & 1 \end{pmatrix}$ 。

下面列出其他有关的对称变换矩阵，可以根据实际问题选用正确的对称变换矩阵进行图形变换。

（3）关于原点的对称变换：$\boldsymbol{T}_{x,y=0} = \begin{pmatrix} -1 & 0 & 0 \\ 0 & -1 & 0 \\ 0 & 0 & 1 \end{pmatrix}$ 。

（4）关于 $y=x$ 的对称变换：$\boldsymbol{T}_{x=y} = \begin{pmatrix} 0 & 1 & 0 \\ 1 & 0 & 0 \\ 0 & 0 & 1 \end{pmatrix}$。

（5）关于 $y=-x$ 的对称变换：$\boldsymbol{T}_{y=-x} = \begin{pmatrix} 0 & -1 & 0 \\ -1 & 0 & 0 \\ 0 & 0 & 1 \end{pmatrix}$。

6. 错切变换

在图形学的应用中，有时需要产生弹性物体的变形处理，如在广告设计中，从一个形象逐渐变换为另一个形象，其基本原理就是错切（shearing）变换。如果变换矩阵中非对角线元素为非零，则意味着 x、y 的值对图形变换起作用，其点的

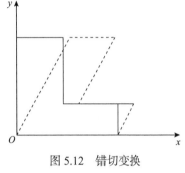

变换如下：$\begin{pmatrix} x' \\ y' \\ 1 \end{pmatrix} = \begin{pmatrix} 1 & c & 0 \\ b & 1 & 0 \\ 0 & 0 & 1 \end{pmatrix} \begin{pmatrix} x \\ y \\ 1 \end{pmatrix} = \begin{pmatrix} x+cy \\ bx+y \\ 1 \end{pmatrix}$。

当 $c=0$ 时，图形沿 x 方向错切。如图 5.12 所示，一个 "L" 形的多边形沿 x 方向错切，其 y 值保持不变，其点的

错切变换如下：$\begin{pmatrix} x' \\ y' \\ 1 \end{pmatrix} = \begin{pmatrix} 1 & 0 & 0 \\ b & 1 & 0 \\ 0 & 0 & 1 \end{pmatrix} \begin{pmatrix} x \\ y \\ 1 \end{pmatrix}$，即 $\begin{cases} x' = x+by \\ y' = y \end{cases}$。

图 5.12　错切变换

5.2.2　二维复合变换

任何一个复杂的几何变换都可以看成基本几何变换的组合，即

$$P' = \boldsymbol{T}P = T_n \cdots T_2 T_1 P \tag{5-4}$$

例如，常见的复合变换有复合平移、复合比例、复合旋转等，这种重复相同的变换只需要简单地将两个变换值进行叠加，如 $R(\theta_1) \cdot R(\theta_2) = R(\theta_1 + \theta_2)$。

其他的复合变换有相对于某个参考点的几何变换（比例、旋转等）、相对于某直线的几何变换（对称等）。

下面以相对于某个参考点旋转为例，说明复合二维变换的过程。相对于某个参考点进行旋转变换，需要经过以下步骤，达到变换效果。

（1）将该参考点移到坐标原点上（P 点随参考点移动）。

（2）点对原点进行二维旋转变换。

（3）反平移参考点到原位（P 点随参考点反平移）。

相对于某直线的几何变换，对称变换则会更复杂一些，三角形相对于一般位置直线的对称变换如图 5.13 所示。

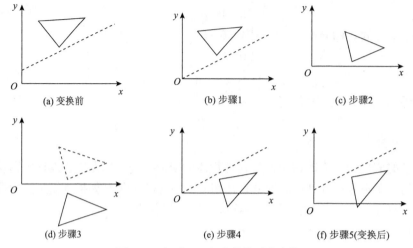

图 5.13　相对于一般直线的对称变换

其步骤如下：①平移该对称直线到原点；②旋转角度到与坐标轴（x 轴或 y 轴）重合；③对变换对象进行对称变换；④反向旋转到原来方向；⑤反平移到原来位置。

5.3　三维图形变换

5.3.1　三维图形变换概述

在学习三维变换之前，需要了解如何用计算机表示三维物体。三维图形的基本问题包括如何表示三维物体、在二维屏幕上如何显示三维物体、如何反映遮挡关系、如何产生真实感图形等。由于当前的显示设备只能显示二维的，通过几何变换将三维物体显示在二维平面上，是三维图形变换的重要任务之一。采用投影的办法，可以解决在二维图形设备上表示三维形体的问题，如同照相机的成像技术。三维立体通过投影可以得到平面图形，常见的有三视图、轴测图、透视图等，如图 5.14 所示。

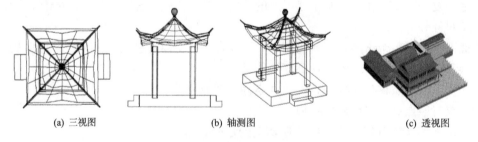

图 5.14　常用的投影图形

1. 三维变换的数学基础

三维空间点用三元组 $\{x(t), y(t), z(t)\}$ 或 $\{x, y, z\}$ 表示，计算机图形学中通常用齐次坐标 $(x, y, z, 1)^{\mathrm{T}}$ 来表示三维空间点，则三维图形变换可以转化为表示图形的点集矩阵与某个变换矩阵的乘积，即利用计算机的高效运算解决图形处理的速度问题。齐次坐标提供的统一矩阵运算，能进行简便而高效的坐标变换，可以表示无穷远的三维点。三维坐标变换矩阵可以表

示为 $T_{3D} = \begin{pmatrix} a & b & c & l \\ d & e & f & m \\ g & h & i & n \\ p & q & r & s \end{pmatrix}$。

2. 坐标系的右手法则

计算机图形软件采用的是笛卡儿直角三维坐标系，按照 z 轴相对于 xOy 平面的关系，分为右手坐标系与左手坐标系，如图 5.15 所示。

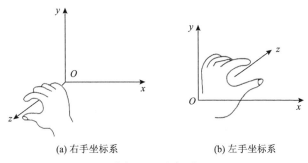

(a) 右手坐标系　　　　　(b) 左手坐标系

图 5.15　坐标系

右手坐标系：用右手握住 z 轴，大拇指指向 z 轴的正方向，其余 4 指从 x 轴到 y 轴形成一个弧形。

左手坐标系：用左手握住 z 轴，大拇指指向 z 轴的正方向，其余 4 指从 x 轴到 y 轴形成一个弧形。

一般，三维变换坐标采用右手法则，用右手的其余 4 指指向 x 轴向 y 轴旋转方向，拇指指向即为坐标轴 z 的（正）方向，如图 5.15（a）所示。

相应的，一个面的法方向遵守右手法则，即当平面上方向为右手弯曲 4 指方向，拇指指向法向正方向，如图 5.16 所示。

图 5.16　平面的法向

5.3.2　三维基本几何变换及其复合变换

三维几何变换可以看做二维变换的扩展，二维图形几何变换的方法大部分可以应用于三维几何变换，但是由于三维变换多出一维坐标，意味着其变换要更复杂。如前所述，用四维的齐次坐标表示三维空间点的信息，则三维变换齐次坐标矩阵一般形式如下：

$$\begin{pmatrix} a & b & c & l \\ d & e & f & m \\ g & h & i & n \\ p & q & r & s \end{pmatrix}$$

与二维变换相似，从功能上，可以把 T_{3D} 分为 4 个子矩阵：$\begin{pmatrix} a & b & c \\ d & e & f \\ g & h & i \end{pmatrix}$ 是对图形进行缩

放、旋转、对称、错切等变换；$\begin{pmatrix} l \\ m \\ n \end{pmatrix}$是对图形进行平移变换；$(p \quad q \quad r)$产生透视变换；$(s)$是整体比例变换。

因此，三维空间点齐次坐标矩阵的变换方法如下：$\begin{pmatrix} x' \\ y' \\ z' \\ 1 \end{pmatrix} = \begin{pmatrix} a & b & c & l \\ d & e & f & m \\ g & h & i & n \\ p & q & r & s \end{pmatrix} \begin{pmatrix} x \\ y \\ z \\ 1 \end{pmatrix}$。

1. 三维基本几何变换

与二维变换类似，三维基本变换都是相对于坐标原点和坐标轴的几何变换，包括平移、比例、对称、旋转等。下面的描述中，均假设由 $P(x,y,z)$ 到 $P'(x',y',z')$ 的变换。

1）平移变换

如果将图形对象沿 (x,y,z) 分别移动了 (l,m,n) 的位置，其大小与形状均保持不变，即满足 $\begin{cases} x' = x + l \\ y' = y + m \\ z' = z + n \end{cases}$，称为平移变换，如图 5.17 所示。

空间点的三维平移变换的矩阵表示为

$$\begin{pmatrix} x' \\ y' \\ z' \\ 1 \end{pmatrix} = \begin{pmatrix} 1 & 0 & 0 & l \\ 0 & 1 & 0 & m \\ 0 & 0 & 1 & n \\ 0 & 0 & 0 & 1 \end{pmatrix} \begin{pmatrix} x \\ y \\ z \\ 1 \end{pmatrix} = \begin{pmatrix} x+l \\ y+m \\ z+n \\ 1 \end{pmatrix} \tag{5-5}$$

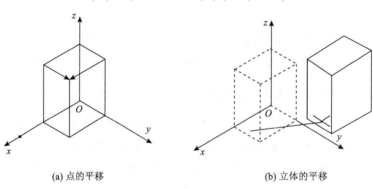

(a) 点的平移　　　　　　　(b) 立体的平移

图 5.17　平移

2）比例变换

基本比例变换是相对于原点的缩放，如果有以下缩放变换：

$$\begin{cases} x' = x \cdot s_x \\ y' = y \cdot s_y \\ z' = z \cdot s_z \end{cases} \tag{5-6}$$

根据上述变换矩阵的特点，很容易获得比例变换的矩阵形式为

$$
\begin{pmatrix} x' \\ y' \\ z' \\ 1 \end{pmatrix} = \begin{pmatrix} s_x & 0 & 0 & 0 \\ 0 & s_y & 0 & 0 \\ 0 & 0 & s_z & 0 \\ 0 & 0 & 0 & 1 \end{pmatrix} \begin{pmatrix} x \\ y \\ z \\ 1 \end{pmatrix} = \begin{pmatrix} s_x x \\ s_y y \\ s_y z \\ 1 \end{pmatrix}
\tag{5-7}
$$

与二维比例变换相似，如果 $s_x = s_y = s_z$ ，则为均匀化比例变换，也称为整体比例变换。

3）对称变换

三维对称变换包括关于坐标平面的对称变换与关于坐标轴的对称变换。

（1）关于坐标平面的对称变换。关于 xOy 平面的对称变换，是指空间点关于 xOy 平面进行对称变换时，该点的 x、y 值保持不变，而 z 坐标改变符号，即

$$
\begin{pmatrix} x' \\ y' \\ z' \\ 1 \end{pmatrix} = \begin{pmatrix} 1 & 0 & 0 & 0 \\ 0 & 1 & 0 & 0 \\ 0 & 0 & -1 & 0 \\ 0 & 0 & 0 & 1 \end{pmatrix} \begin{pmatrix} x \\ y \\ z \\ 1 \end{pmatrix} = \begin{pmatrix} x \\ y \\ -z \\ 1 \end{pmatrix}
\tag{5-8}
$$

同理，关于 yOz 平面的对称变换为

$$
\begin{pmatrix} x' \\ y' \\ z' \\ 1 \end{pmatrix} = \begin{pmatrix} -1 & 0 & 0 & 0 \\ 0 & 1 & 0 & 0 \\ 0 & 0 & 1 & 0 \\ 0 & 0 & 0 & 1 \end{pmatrix} \begin{pmatrix} x \\ y \\ z \\ 1 \end{pmatrix} = \begin{pmatrix} -x \\ y \\ z \\ 1 \end{pmatrix}
\tag{5-9}
$$

关于 xOz 平面的对称变换为

$$
\begin{pmatrix} x' \\ y' \\ z' \\ 1 \end{pmatrix} = \begin{pmatrix} 1 & 0 & 0 & 0 \\ 0 & -1 & 0 & 0 \\ 0 & 0 & 1 & 0 \\ 0 & 0 & 0 & 1 \end{pmatrix} \begin{pmatrix} x \\ y \\ z \\ 1 \end{pmatrix} = \begin{pmatrix} x \\ -y \\ z \\ 1 \end{pmatrix}
\tag{5-10}
$$

（2）关于坐标轴的对称变换。关于 x 轴的对称变换，是指空间点关于 x 轴进行对称变换时，该点的 x 值保持不变，而 y、z 坐标改变符号，即 $\begin{pmatrix} x' \\ y' \\ z' \\ 1 \end{pmatrix} = \begin{pmatrix} 1 & 0 & 0 & 0 \\ 0 & -1 & 0 & 0 \\ 0 & 0 & -1 & 0 \\ 0 & 0 & 0 & 1 \end{pmatrix} \begin{pmatrix} x \\ y \\ z \\ 1 \end{pmatrix} = \begin{pmatrix} x \\ -y \\ -z \\ 1 \end{pmatrix}$ 。

同理，关于 y 轴的对称变换为 $\begin{pmatrix} x' \\ y' \\ z' \\ 1 \end{pmatrix} = \begin{pmatrix} -1 & 0 & 0 & 0 \\ 0 & 1 & 0 & 0 \\ 0 & 0 & -1 & 0 \\ 0 & 0 & 0 & 1 \end{pmatrix} \begin{pmatrix} x \\ y \\ z \\ 1 \end{pmatrix} = \begin{pmatrix} -x \\ y \\ -z \\ 1 \end{pmatrix}$ 。

关于 z 轴的对称变换为 $\begin{pmatrix} x' \\ y' \\ z' \\ 1 \end{pmatrix} = \begin{pmatrix} -1 & 0 & 0 & 0 \\ 0 & -1 & 0 & 0 \\ 0 & 0 & 1 & 0 \\ 0 & 0 & 0 & 1 \end{pmatrix} \begin{pmatrix} x \\ y \\ z \\ 1 \end{pmatrix} = \begin{pmatrix} -x \\ -y \\ z \\ 1 \end{pmatrix}$。

4）错切变换

三维物体的某个面沿着指定轴向移动属于三维错切变换。实际上，三维错切是由该齐次变换矩阵的 3×3 子矩阵中的非对角线上的元素产生的，其变换可以表示为

$$\begin{pmatrix} x' \\ y' \\ z' \\ 1 \end{pmatrix} = \begin{pmatrix} 1 & b & c & 0 \\ d & 1 & f & 0 \\ g & h & 1 & 0 \\ 0 & 0 & 0 & 1 \end{pmatrix} \begin{pmatrix} x \\ y \\ z \\ 1 \end{pmatrix}$$

可以看出，3×3 子矩阵中的第 1 行元素使三维物体产生 x 轴方向上的错切；第 2 行元素使三维物体产生 y 轴方向上的错切；第 3 行元素使三维物体产生 z 轴方向上的错切。三维错切变换的作用与二维错切变换的作用相似。

5）旋转变换

三维旋转变换是指将物体绕坐标轴进行旋转，旋转变换需要指定旋转角度和旋转轴，并且要确定旋转方向的正负。如前所述，一般采用右手法则，即右手大拇指指向旋转轴方向，其余 4 指握拳时的转向为正方向，即逆时针为正，如图 5.18 所示。

当三维物体绕着某个坐标轴进行旋转时，可以看做在垂直的坐标面上绕原点的二维旋转变换，而该轴上的值保持不变。例如，空间点 $P(x,y,z)$ 绕 z 轴逆时针旋转 θ 角到 P' 位置，此时 P' 与 P 位于垂直于 z 轴的平面上，而 P' 点的坐标值满足：

$$\begin{cases} x' = x\cos\theta - y\sin\theta \\ y' = x\sin\theta + y\cos\alpha \\ z' = z \end{cases} \tag{5-11}$$

如图 5.19 所示。写成矩阵形式为

$$\begin{pmatrix} x' \\ y' \\ z' \\ 1 \end{pmatrix} = \boldsymbol{R}(\theta) \begin{pmatrix} x \\ y \\ z \\ 1 \end{pmatrix} = \begin{pmatrix} \cos\theta & -\sin\theta & 0 & 0 \\ \sin\theta & \cos\theta & 0 & 0 \\ 0 & 0 & 1 & 0 \\ 0 & 0 & 0 & 1 \end{pmatrix} \begin{pmatrix} x \\ y \\ z \\ 1 \end{pmatrix} = \begin{pmatrix} x\cos\theta - y\sin\theta \\ x\sin\theta + y\cos\theta \\ z \\ 1 \end{pmatrix} \tag{5-12}$$

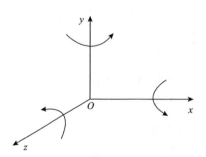

图 5.18　三维旋转的角度方向

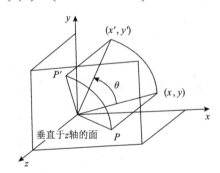

图 5.19　空间点 P 绕 z 轴旋转

不难发现，三维基本旋转矩阵与二维旋转非常相似（其推导过程请读者自行完成）。同

理，可以得到绕 x 轴旋转的变换矩阵 $\boldsymbol{R}_x(\theta) = \begin{pmatrix} 1 & 0 & 0 & 0 \\ 0 & \cos\theta & -\sin\theta & 0 \\ 0 & \sin\theta & \cos\theta & 0 \\ 0 & 0 & 0 & 1 \end{pmatrix}$。

特别注意：由于规定逆时针旋转为正，因此，当空间点绕 y 轴旋转 θ 角时，其方向与上

述两个轴相反，因此，其旋转矩阵如下：$\boldsymbol{R}_y(\theta) = \begin{pmatrix} \cos\theta & 0 & \sin\theta & 0 \\ 0 & 1 & 0 & 0 \\ -\sin\theta & 0 & \cos\theta & 0 \\ 0 & 0 & 0 & 1 \end{pmatrix}$。

总之，三维基本几何变换具有如下特点：①平移变换只改变位置，不改变图形的大小和形状；②旋转变换保持图形各部分间的线性关系和角度关系（刚性），变换后直线的长度不变；③比例变换可改变图形的大小和形状；④错切变换引起图形角度关系的改变，甚至导致图形发生畸变；⑤拓扑不变的几何变换不改变图形的连续关系和平行关系。

2. 三维复合变换

因为基本的三维变换是针对原点、坐标轴或坐标面的，如果要相对于某空间点或空间直线作相应的变换，需要进行三维图形的复合变换。与二维复合变换相似，对于复杂的三维图形变换，也需要通过若干个变换矩阵的级联才能实现，如 $A' = T_n \cdots T_2 T_1 A$。

实际图形对象往往由多个简单变换复合而来。将有序的简单变换矩阵相乘，就可以得到复合变换矩阵，复合变换特别需要注意变换的方法和矩阵级联的顺序。

（1）相对于空间点的比例变换。与二维复合比例变换相似，相对于空间点的比例变换的步骤如下：①通过平移变换将参考点移到原点，使原点与参考点重合；②相对于原点进行比例变换；③通过反平移将参考点移至原来位置。

（2）绕空间任意轴的三维旋转变换。空间点绕任意轴旋转 θ 角的复合变换的步骤比较复杂。首先，需要使空间点随着该任意轴通过绕坐标轴旋转到与某个坐标轴重合的位置（需要经过两次旋转才能办到），然后让该空间点绕该重合轴旋转 θ 角，最后需要将该任意轴反旋转回原来位置。

在变换之前，首先要了解有关方向数与各坐标轴、坐标平面的关系，如夹角、投影等，建立一定的空间关系。设 OB 为过原点的任意直线，B 的坐标值为 (l,m,n)，则 OB 的单位矢量为

$$\overline{OB} = \{x_B, y_B, z_B\} = \{l/h, m/h, n/h\} \tag{5-13}$$

则该直线的方程可以表示为

$$\frac{x}{l} = \frac{y}{m} = \frac{z}{n} \tag{5-14}$$

式中，l、m、n 可以称为该直线的方向数。

现在来看看方向数为 $\{l,m,n\}$ 的直线与坐标轴之间的关系。如图 5.20 所示，如果要将 OB 旋转到与 Oz 轴重叠的位置，需要经过以下两次绕轴旋转：

第一次，将 OB 绕 x 轴逆时针旋转 α 角，使之落到 xOz 平面上，根据其空间关系，可知

$$\cos\alpha = \frac{n}{\sqrt{m^2 + n^2}} \tag{5-15}$$

第二次，将 OB 绕 y 轴顺时针旋转 β 角，使之落到 Oz 轴上，此时，根据直角三角形的关系，可得

$$\cos\beta = \frac{\sqrt{m^2 + n^2}}{\sqrt{l^2 + m^2 + n^2}} \tag{5-16}$$

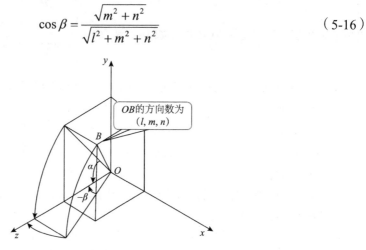

图 5.20　直线的方向数

5.4　投　影　变　换

5.4.1　投影变换概述

由于空间形体是三维的，而显示设备只能显示二维图形，因此，只能通过投影的方法来解决三维图形的显示问题。投影法，是指对物体进行投影并在投影面上产生图形的方法，主要分为中心投影法与平行投影法两种。例如，行人在路灯灯光下的投影，离灯光近，在路面上的影子短，离光源远，则影子长，这属于中心投影法，也称透视投影；而行人在阳光下行走，相近的时间，其影子长度是不变的，这个就属于平行投影。下面介绍几个有关投影变换的术语。

（1）投影：将 n 维坐标系中的点变换成小于 n 维坐标系中的点。

平面几何投影：将三维图形投影到二维平面上，即把三维的点投影变换成二维的点。投影面为平面，投影线为直线，对于直线段，只需要对其端点作投影，其连线就是直线段的投影。平面几何投影有透视投影与平行投影两种方法，如图 5.21 所示。

（2）投影面：不经过投射中心的一个平面，如照相机底片，而人类的视网膜就是一个投影曲面。

（3）投射线：从投射中心向物体上各点发出的射线。

（4）投射中心：投射线的汇聚点，是三维空间中的一个点。例如，电影放映机的光源，就是将胶片上的图像投影到银幕上。

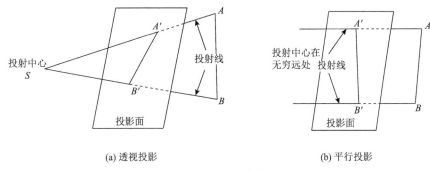

(a) 透视投影　　　　　　　(b) 平行投影

图 5.21　平面几何投影

根据投射中心与投影面之间的距离不同，分为平行投影与透视投影。

（1）平行投影：投射中心与投影面之间的距离是无限的。

（2）透视投影：投射中心与投影面之间的距离是有限的。

透视投影最接近于视觉效果，而平行投影主要用于工程绘图，其中的正投影法是绘制工程图样的基础。

5.4.2　平行投影

根据投射方向是否垂直于投影面，又可以将平行投影分为正投影与轴测投影。

1. 正投影

在建筑、机械等工程设计中，需要根据设计图样来建造房屋或生产零件，要求图样能真实地表示物体某部分的尺寸大小、相对位置关系等，其用的投影图采用正投影方法绘制，通常称为视图。正投影形成的方法是：在三面投影体系中，将物体放正，其主要平面平行（或者垂直）于投影面，因此形体的棱边长度、两平行面之间的距离、平面之间的夹角等均能在工程图中真实地反映。用若干视图来表示零件或房屋进行工程设计的方法，称为工程制图，在工程中得到广泛的应用。

工程制图中通常采取以下步骤，将三个投影画面在一个平面上，如图 5.22 所示。

（1）V 面投影图保持不变（称正投影面，主视图）。

（2）H 面绕 Ox 轴向下翻转 $90°$（称水平投影面，俯视图）。

（3）W 面绕 Oz 轴向后翻转 $90°$（称侧投影面，左视图）。

（4）省去投影面的边框和投影轴。

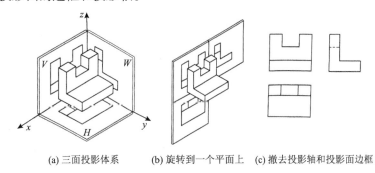

(a) 三面投影体系　　　(b) 旋转到一个平面上　(c) 撤去投影轴和投影面边框

图 5.22　三视图的形成

由上可知，如果要将三维形体投影绘制在 xOz 平面上，其正投影的投影变换矩阵如下。

（1）主视图投影变换矩阵为 $\boldsymbol{T}_V = \begin{pmatrix} 1 & 0 & 0 & 0 \\ 0 & 0 & 0 & 0 \\ 0 & 0 & 1 & 0 \\ 0 & 0 & 0 & 1 \end{pmatrix}$。

（2）俯视图是先投影到 H 面，然后绕 Ox 轴向下翻转 $90°$，其变换矩阵为

$$\boldsymbol{T}_H = \begin{pmatrix} 1 & 0 & 0 & 0 \\ 0 & \cos(-90°) & -\sin(-90°) & 0 \\ 0 & \sin(-90°) & \cos(-90°) & 0 \\ 0 & 0 & 0 & 1 \end{pmatrix} \begin{pmatrix} 1 & 0 & 0 & 0 \\ 0 & 1 & 0 & 0 \\ 0 & 0 & 0 & 0 \\ 0 & 0 & 0 & 1 \end{pmatrix} = \begin{pmatrix} 1 & 0 & 0 & 0 \\ 0 & 0 & 1 & 0 \\ 0 & -1 & 0 & 0 \\ 0 & 0 & 0 & 1 \end{pmatrix} \begin{pmatrix} 1 & 0 & 0 & 0 \\ 0 & 1 & 0 & 0 \\ 0 & 0 & 0 & 0 \\ 0 & 0 & 0 & 1 \end{pmatrix}$$

（3）左视图是先投影到 W 面，然后绕 Oz 轴向后翻转 $90°$，其变换矩阵为

$$\boldsymbol{T}_W = \begin{pmatrix} \cos(90°) & -\sin(90°) & 0 & 0 \\ \sin(90°) & \cos(90°) & 0 & 0 \\ 0 & 0 & 0 & 0 \\ 0 & 0 & 0 & 1 \end{pmatrix} \begin{pmatrix} 1 & 0 & 0 & 0 \\ 0 & 1 & 0 & 0 \\ 0 & 0 & 0 & 0 \\ 0 & 0 & 0 & 1 \end{pmatrix} = \begin{pmatrix} 0 & -1 & 0 & 0 \\ 1 & 0 & 0 & 0 \\ 0 & 0 & 1 & 0 \\ 0 & 0 & 0 & 1 \end{pmatrix} \begin{pmatrix} 1 & 0 & 0 & 0 \\ 0 & 1 & 0 & 0 \\ 0 & 0 & 0 & 0 \\ 0 & 0 & 0 & 1 \end{pmatrix}$$

　　正面投影反映长、高；水平投影反映长、宽；侧面投影反映高、宽。正投影的规律是：主、俯视图长对正；主、左视图高平齐；俯、左视图宽相等。这正是工程制图的绘图要点。
　　上面推导的三视图投影变换矩阵是与机械制图的坐标系设定一致的。但由于显示屏和绘图仪的台面都定义为 xOy 平面，因此如果使用计算机绘制三视图，通常需要把 V 面设置为 xOy 平面。

　　2. 轴测投影

　　三视图的优点是可以反映形体的真实大小，可度量性好，但是缺乏立体感，而且至少需要两个视图才能表示一个形体。工程中，常用轴测图辅助设计，轴测图能够同时反映形体的长、宽、高 3 个方向，其形成方法是让投射线与物体的主要平面呈倾斜。如图 5.23 所示，长方体及坐标轴一起按照投射方向向投射面做平行投影，得到同时反映长方体长、宽、高的投影。

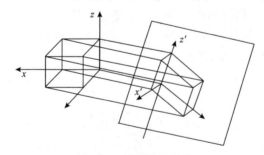

图 5.23　轴测图的形成

　　轴测图的投影变换矩阵推导过程如下：首先，把形体绕 y 轴旋转 φ 角；然后，绕 x 轴旋转 θ 角；最后投影到 xOy 平面上。当然，也可以绕其他两个不同的坐标轴旋转一定的角度，再进行平行投影。这里只考虑先绕 y 轴，后绕 x 轴旋转的形成轴测图的变换矩阵，因此形体上某点的轴测投影变换矩阵如下：

$$\begin{pmatrix} x' \\ y' \\ z' \\ 1 \end{pmatrix} = \begin{pmatrix} 1 & 0 & 0 & 0 \\ 0 & 1 & 0 & 0 \\ 0 & 0 & 0 & 0 \\ 0 & 0 & 0 & 1 \end{pmatrix} \begin{pmatrix} 1 & 0 & 0 & 0 \\ 0 & \cos\theta & -\sin\theta & 0 \\ 0 & \sin\theta & \cos\theta & 0 \\ 0 & 0 & 0 & 1 \end{pmatrix} \begin{pmatrix} \cos\varphi & 0 & \sin\varphi & 0 \\ 0 & 1 & 0 & 0 \\ -\sin\varphi & 0 & \cos\varphi & 0 \\ 0 & 0 & 0 & 1 \end{pmatrix} \begin{pmatrix} x \\ y \\ z \\ 1 \end{pmatrix}$$

$$= \begin{pmatrix} \cos\varphi & 0 & \sin\varphi & 0 \\ \sin\varphi\sin\theta & \cos\theta & -\cos\varphi\sin\theta & 0 \\ 0 & 0 & 0 & 0 \\ 0 & 0 & 0 & 1 \end{pmatrix} \begin{pmatrix} x \\ y \\ z \\ 1 \end{pmatrix}$$

为了求解 φ 与 θ，考虑 3 个方向上的单位矢量（1, 0, 0, 1）、（0, 1, 0, 1）、（0, 0, 1, 1），将它们分别代入上式，得

x 方向上 $p_1 = (x_1', \quad y_1', \quad z_1', \quad 1)^{\mathrm{T}} = (\cos\varphi, \quad \sin\varphi\sin\theta, \quad 0, \quad 1)^{\mathrm{T}}$

y 方向上 $p_2 = (x_2', \quad y_2', \quad z_2', \quad 1)^{\mathrm{T}} = (0, \quad \cos\theta, \quad 0, \quad 1)^{\mathrm{T}}$

z 方向上 $p_3 = (x_3', \quad y_3', \quad z_3', \quad 1)^{\mathrm{T}} = (\sin\varphi, \quad -\cos\varphi\sin\theta, \quad 0, \quad 1)^{\mathrm{T}}$

转 换 为 普 通 坐 标 后 ， 投 影 面 上 这 3 个 变 换 后 的 矢 量 的 模 分 别 为 $|p_1| = \sqrt{\cos^2\varphi + \sin^2\varphi\sin^2\theta}$ ， $|p_2| = \sqrt{\cos^2\theta} = \cos\theta$ ， $|p_3| = \sqrt{\sin^2\varphi + \cos^2\varphi\sin^2\theta}$ 。

正等轴测（简称正等测）投影要求 x、y、z 轴上的 3 个单位矢量的新投影面上的投影长度相同，即 3 个轴方向上的轴向伸缩系数 $p = q = r$ ，因此有 $|p_1| = |p_2| = |p_3|$ ，即 $\begin{cases} \cos^2\varphi + \sin^2\varphi\sin^2\theta = \cos^2\theta \\ \sin^2\varphi + \cos^2\varphi\sin^2\theta = \cos^2\theta \end{cases}$ ，不难解得 $\sin^2\theta = \dfrac{1}{3}$ ，即 $\theta = 35.264°$ ， $\sin^2\varphi = \dfrac{1}{2}$ ，即 $\varphi = 45°$ 。

因此，正等测的投影矩阵具体值为 $T = \begin{pmatrix} 0.7071 & 0 & 0.7071 & 0 \\ 0.4082 & 0.8166 & -0.4082 & 0 \\ 0 & 0 & 0 & 0 \\ 0 & 0 & 0 & 1 \end{pmatrix}$ 。

单位正方体的正等侧投影结果如图 5.24 所示。

投影后 x 轴与水平线夹角为 α ，可以计算得 $\tan\alpha = \dfrac{\sin\varphi\sin\theta}{\cos\varphi} = \dfrac{1}{\sqrt{3}}$ ，即 $\alpha = 30°$ 。

3 个轴投影后的夹角称为轴间角，正等测的轴间角都为 120° ，正等测的轴向伸缩系数 $p = q = r = 0.82$ 。

通常在工程设计中，为了作图方便，取 $p = q = r = 1$ ，因此，在绘制正等测图时，实际长度放大 1.22 倍。正等测投影的两个主要正交元素都与水平线成 30° ，这也是三角板中有一个角为 30° 的原因。

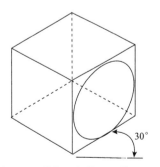

图 5.24 单位正方体的正等测投影

其他常见的轴测投影主要有正二等轴测（简称正二测）、斜二等轴测（简称斜二测）等。正二测投影后坐标系的两个轴等同地缩短，即变形系数 p、q、r 中有两个是相同的。例如，变换后单位矢量缩短到原来的 1/2，则 $\theta = 20.705°$ ， $\varphi = 22.208°$ 。

该正二测的投影变换矩阵为 $\boldsymbol{T} = \begin{pmatrix} 0.9258 & 0 & 0.3780 & 0 \\ 0.1336 & 0.9534 & -0.3273 & 0 \\ 0 & 0 & 0 & 0 \\ 0 & 0 & 0 & 1 \end{pmatrix}$。

如果投射方向不垂直于投影面（但通常垂直于一个主轴），这种平行投影称为斜平行投影，一般取投影面为 $z=0$ 平面。工程中常用的斜二测中，$p=q=1$，$r=0.5$，轴间角为 $135°$ 的投影。正投影、正等测与斜二测的图形效果如图 5.25 所示。

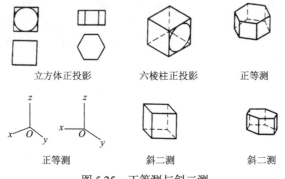

图 5.25　正等测与斜二测

5.4.3　透视投影

透视投影也称为中心投影，其投影中心与投影平面之间的距离是有限的。例如，白炽灯的投影、人体视觉系统中景物在眼球视网膜的投影等，都属于透视投影。透视投影的特点是：产生近大远小的视觉效果，由它产生的图形深度感强，看起来更加真实。对于透视投影，不平行于投影面的平行线的投影会汇聚到一个点，这个点就称为灭点。透视投影的灭点有无限多个，与坐标轴平行的平行线在投影面上形成的灭点称为主灭点。主灭点最多有 3 个，其对应的透视投影分别称为一点透视、两点透视、三点透视，如图 5.26 所示。

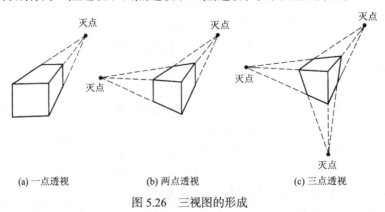

图 5.26　三视图的形成

透视投影产生的视觉效果类似于人的视觉系统，与真实世界相一致，早在多个世纪之前，在美术中就得到了广泛的应用。但是，由于其绘图的复杂性，在工程设计中很少应用。当前，几何模型与计算机技术的迅速发展，使透视投影成为计算机绘图系统中很有影响的选择对象。

1. 透视投影基本原理

透视投影是投射中心与投影面有限距离的投影，如图 5.27 所示，假设投射中心 S 在 $z=-d$ 的位置，投影面为 xOy 平面（与 z 轴垂直），点 $P(x,y,z)$ 在投影面为 xOy 的投影为 $P'(x',y',z')$。根据三角形的相似性，很容易获得以下式子：

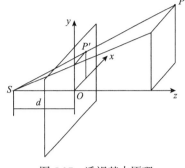

图 5.27 透视基本原理

$$\begin{cases} \dfrac{x'}{x}=\dfrac{y'}{y}=\dfrac{d}{z+d} \\ z'=0 \end{cases} \qquad （5\text{-}17）$$

写为矩阵形式为

$$\begin{pmatrix} x' \\ y' \\ z' \\ 1 \end{pmatrix} = \begin{pmatrix} x\dfrac{d}{z+d} \\ y\dfrac{d}{z+d} \\ z\cdot 0 \\ 1 \end{pmatrix} = \begin{pmatrix} 1 & 0 & 0 & 0 \\ 0 & 1 & 0 & 0 \\ 0 & 0 & 0 & 0 \\ 0 & 0 & 0 & 1 \end{pmatrix} \begin{pmatrix} x \\ y \\ z \\ 1+\dfrac{z}{d} \end{pmatrix} = \begin{pmatrix} 1 & 0 & 0 & 0 \\ 0 & 1 & 0 & 0 \\ 0 & 0 & 0 & 0 \\ 0 & 0 & 0 & 1 \end{pmatrix} \begin{pmatrix} 1 & 0 & 0 & 0 \\ 0 & 1 & 0 & 0 \\ 0 & 0 & 1 & 0 \\ 0 & 0 & 1/d & 1 \end{pmatrix} \begin{pmatrix} x \\ y \\ z \\ 1 \end{pmatrix}$$

因此，当投影面为 xOy 平面，投射中心到投影面的距离为 $-d$ 时，可以获得一点透视变换矩阵：$\boldsymbol{T}_{P_1} = \begin{pmatrix} 1 & 0 & 0 & 0 \\ 0 & 1 & 0 & 0 \\ 0 & 0 & 1 & 0 \\ 0 & 0 & 1/d & 1 \end{pmatrix}$。

可知，透视投影实际上是先进行透视变换，然后向投影面作正投影的变换。取 $r=1/d$，假设另外两个方向的透视变换参数为 p、q，则透视变换的矩阵为 $\boldsymbol{T} = \begin{pmatrix} 1 & 0 & 0 & 0 \\ 0 & 1 & 0 & 0 \\ 0 & 0 & 1 & 0 \\ p & q & r & 1 \end{pmatrix}$。

当 p、q、r 三个参数中只有一个为非零时，即为一点透视，两个非零为两点透视，全部非零值时，为三点透视。

从中可以看出，透视投影的特点为：①透视坐标与 z 值成反比，即 z 值越大，其透视坐标值越小。符合近大远小的视觉效果。②d 的取值不同，可对形成的透视投影图起放大和缩小的作用。很显然，当 d 趋向于无穷大时，该变换称为正投影变换。

2. 一点透视

这里用具体的例子说明一点透视的绘制方法。例如，绘制一个单位立方体（顶点序列为 $ABCDEFGH$）的一点透视图，步骤如下。

（1）为了获得较好的视觉效果，确定三维形体与画面的相对位置，首先平移该三维形体到一定的位置，x、y、z 方向上分别平移 l、m、n。

（2）确定 d 的值，即视距（投射中心到投影面距离），以便确定一点透视变换矩阵。

（3）将立方体各个顶点向 xOy 平面作正投影变换。

（4）在 xOy 平面中，将相应的各个顶点依次连线，绘制成图形。

因此，立方体 $ABCDEFGH$ 一点透视投影变换矩阵如下：

$$
\begin{pmatrix} A' \\ B' \\ C' \\ D' \\ E' \\ F' \\ G' \\ H' \end{pmatrix}^{\mathrm{T}} = \begin{pmatrix} 1 & 0 & 0 & 0 \\ 0 & 1 & 0 & 0 \\ 0 & 0 & 0 & 0 \\ 0 & 0 & 0 & 1 \end{pmatrix} \begin{pmatrix} 1 & 0 & 0 & 0 \\ 0 & 1 & 0 & 0 \\ 0 & 0 & 1 & 0 \\ 0 & 0 & 1/d & 1 \end{pmatrix} \begin{pmatrix} 1 & 0 & 0 & l \\ 0 & 1 & 0 & m \\ 0 & 0 & 1 & n \\ 0 & 0 & 0 & 1 \end{pmatrix} \begin{pmatrix} A' \\ B' \\ C' \\ D' \\ E' \\ F' \\ G' \\ H' \end{pmatrix}^{\mathrm{T}}
$$

$$
= \begin{pmatrix} 1 & 0 & 0 & l \\ 0 & 1 & 0 & m \\ 0 & 0 & 0 & 0 \\ 0 & 0 & 1/d & n/d+1 \end{pmatrix} \begin{pmatrix} 0 & 1 & 1 & 0 & 0 & 1 & 1 & 0 \\ 0 & 0 & 1 & 1 & 0 & 0 & 1 & 1 \\ 0 & 0 & 0 & 0 & 1 & 1 & 1 & 1 \\ 1 & 1 & 1 & 1 & 1 & 1 & 1 & 1 \end{pmatrix}
$$

需要注意的是，由于单位立方体是一个规格化的三维形体，在实际绘图时，需要将单位立方体各个顶点的坐标值放大，同时将齐次坐标矩阵的计算结果归一化，即使矩阵的最后一列的值全部为 1，再利用齐次坐标的前两列（x，y）值绘制透视投影图形。

3. 两点透视

为了获得较好的视觉效果，需要确定两点透视投影与画面的相对位置。其方法及步骤如下。

（1）平移三维形体到适当位置（l、m、n），使视点有一定高度，形体主要表面不会积聚成线。

（2）将形体绕 y 轴旋转 α 角度（右手法则，$\alpha < 90°$）。

（3）进行透视变换（选择 p 与 r 值），一般取 $p<0$，$r<0$，使变换后立体越远越小，符合视觉特点。

（4）向 xOy 平面作正投影变换。

（5）将各个顶点依次连线，绘制图形。

因此，两点透视投影的变换矩阵为

$$
\boldsymbol{T}_{P_2} = \begin{pmatrix} 1 & 0 & 0 & 0 \\ 0 & 1 & 0 & 0 \\ 0 & 0 & 0 & 0 \\ 0 & 0 & 0 & 1 \end{pmatrix} \begin{pmatrix} 1 & 0 & 0 & 0 \\ 0 & 1 & 0 & 0 \\ 0 & 0 & 1 & 0 \\ p & 0 & r & 1 \end{pmatrix} \begin{pmatrix} \cos\alpha & 0 & \sin\alpha & 0 \\ 0 & 1 & 0 & 0 \\ -\sin\alpha & 0 & \cos\alpha & 0 \\ 0 & 0 & 0 & 1 \end{pmatrix} \begin{pmatrix} 1 & 0 & 0 & l \\ 0 & 1 & 0 & m \\ 0 & 0 & 1 & n \\ 0 & 0 & 0 & 1 \end{pmatrix}
$$

注意：两点透视的非零参数也可以选择其他两个方向的参数，如 q 与 r，但是需要注意对形体的旋转可能要选择 x 轴，以求达到最佳的投影效果。

4. 三点透视

与上述两种透视相似，三点透视绘图方法如下：

（1）平移三维形体到适当位置（l、m、n）。

（2）进行透视变换。

（3）将形体绕 y 轴旋转 α 角度。

（4）将形体绕 x 轴旋转 β 角度。

（5）向 xOy 平面作正投影变换。

因此，三点透视投影的变换矩阵为

$$
\boldsymbol{T}_{P_3} = \begin{pmatrix} 1 & 0 & 0 & 0 \\ 0 & 1 & 0 & 0 \\ 0 & 0 & 0 & 0 \\ 0 & 0 & 0 & 1 \end{pmatrix} \begin{pmatrix} 1 & 0 & 0 & 0 \\ 0 & \cos\beta & -\sin\beta & 0 \\ 0 & \sin\beta & \cos\beta & 0 \\ 0 & 0 & 0 & 1 \end{pmatrix} \begin{pmatrix} \cos\alpha & 0 & \sin\alpha & 0 \\ 0 & 1 & 0 & 0 \\ -\sin\alpha & 0 & \cos\alpha & 0 \\ 0 & 0 & 0 & 1 \end{pmatrix} \begin{pmatrix} 1 & 0 & 0 & 0 \\ 0 & 1 & 0 & 0 \\ 0 & 0 & 1 & 0 \\ p & q & r & 1 \end{pmatrix} \begin{pmatrix} 1 & 0 & 0 & l \\ 0 & 1 & 0 & m \\ 0 & 0 & 1 & n \\ 0 & 0 & 0 & 1 \end{pmatrix}
$$

第六章 图形开窗与裁剪

现实世界是复杂的，通常人们会根据应用需求，在计算机内存储应用区域的地理空间数据，而图形可视化设备（如显示屏幕）的尺寸及其分辨率却是有限的，为了能够清晰地观察某一区域或对其进行某些绘图操作，通过定义窗口和视区及坐标变换，把所关心的局部区域的图形显示在屏幕的指定位置，这个区分指定区域内和区域外的图形过程称为裁剪，所指定的区域称为裁剪窗口。裁剪通常是对用户视图坐标系中窗口边界进行裁剪，然后把窗口内的部分映射到视区中，也可以先将用户视图坐标系的图形映射到设备坐标系或规范化设备坐标系中，然后用视区边界裁剪。实现图形裁剪的计算方法通常称为裁剪算法。裁剪算法有很多种，其核心问题是时间效率，一个好的裁剪算法应该能够快速准确地判断图形与裁剪窗口的关系并提取出可见区域的图形内容。

6.1 图形开窗与裁剪概述

描述图形对象，必须存储它的全部信息，但在人机交互编辑时，为了达到分区描述或重点描述某一部分的目的，通常通过定义窗口和视区及坐标变换，把全部或部分图形显示在屏幕的指定位置。如果显示输出的是指定区域的图形，则需要以指定区域边界提取并输出区域内部的图形，而边界外的图形则不输出或"剪掉"，这要靠开窗裁剪来实现。这个指定区域的边界就是裁剪边界，它可以是任意多边形，但常用的是矩形，所以常把裁剪边界称为裁剪窗口。裁剪窗口将整个区域分成图形"可见"和"不可见"两部分，即窗口内和窗口外。之后将"不可见区域"的图形隐藏或"剪掉"，提取"可见"区域的图形，通过视区显示。图形的开窗裁剪包括两部分内容：一是设定裁剪窗口和可见区域；二是判断图形对象与裁剪窗口的关系并提取可见区域的图形内容。

裁剪是用于描述某一图形要素（如直线、圆等）是否与裁剪窗口相交的过程，其主要用途是确定某些图形要素是否全部位于窗口之内。若只有部分图形位于窗口内，则裁剪去窗口外的图形，从而只显示窗口内的内容。裁剪在计算机图形处理中具有十分重要的意义。裁剪实质上是从数据集合中抽取信息的过程，这个过程通过一定计算方法实现。裁剪就是将指定窗口作为图形边界，从一幅大的画面中抽取所需的具体信息，以显示某一局部画面或视图。实际应用中，经常会遇到一些大而复杂的图形，如集成电路布线图、建筑结构图、地形地貌图等。受显示屏幕的尺寸及其分辨率限制，这样复杂的图形往往不能全部显示出来，即使将它们采用比例变换后全部显示在屏幕上，也只能表现一个大致轮廓，并且图形拥挤不清。因此对于复杂的图形，一般只能显示它的局部内容。人们研究某复杂图形时，往往对某一特定画面感兴趣，在这种情况下，将这一特定区域放大后显示出来，而把周围画面部分全部擦除，这样可清晰地观察细节部分。另外，希望将有限的屏幕区分成若干块，每一块用于显示不同的信息，如不同的图形、菜单命令、系统信息等。

裁剪通常是以用户坐标系中窗口边界进行裁剪，然后把窗口内部映象映射到视区中。也有的先将图形映射到设备坐标系中（如显示屏），然后针对视区边界进行裁剪。在下面的讨论中，假定裁剪是针对用户坐标中窗口边界进行的，裁剪完成后，再把窗口内图形映射到视区。所以裁剪的目的是显示可见点和可见部分，删除视区外的部分。例如，图 6.1（a）定义了一个矩形裁剪窗口 ABCD，窗口内有 △EFG 的一部分，而直线段 EG、FG 都有一部分在窗口外。将落在窗口内这部分图形传送到视图区内显示，如图 6.1（b）所示。此时，窗口外的部分被裁剪掉了。

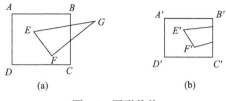

图 6.1　图形裁剪

6.2　直线段的裁剪

裁剪的过程就是对窗口内每个图形元素划分出可见部分和不可见部分。裁剪可以在各种类型的图形元素上实现，如点、向量、直线段、字符及多边形等。

裁剪算法中最基本的情况是点的裁剪。判断某一点 $P(x, y)$ 是否可见，可以利用下列一对不等式来确定该点是否在窗口范围内。如图 6.2 所示，满足以上条件的点即在窗口内，属于可见的点，应该保留；反之，则该点不可见，应予舍弃，即 $W_{x_1} \leqslant x_W \leqslant W_{x_r}$，$W_{y_b} \leqslant y_W \leqslant W_{y_t}$。

点的裁剪虽然很简单，但要把所有的图形元素转换成点，然后用上述不等式判别是否可见，那是很不现实的。这样的裁剪过程所用时间就会过长，不经济。因此，要有一种适合较大的图形元素的比较有效的裁剪方法。直线段是组成一切其他图形的基础，任何图形（包括曲线、字符和多边形）一般都能用不同直线段组合形成。

对于任意一条直线段，它相对于一个已定义的窗口，其位置关系不外乎有四种可能，如图 6.3 所示。

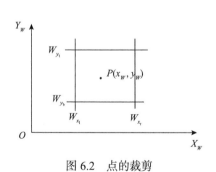

图 6.2　点的裁剪　　　　　　　图 6.3　窗口和直线段位置关系

（1）直线段完全被排斥在窗口的边框之外，如图 6.3 中的线段 a。

（2）直线段完全被包含在窗口之内，如图 6.3 中的线段 b。

（3）直线段和窗口的一条边框相交，使得该直线段被交点分成两截，其中的一段落在窗口之内，而另一段落在窗口之外，如图 6.3 中的线段 c。

（4）直线段贯穿整个窗口，这样，直线段就与窗口的两条边框相交，使得原直线段被分成三段，其中只能有一段落在窗口内，而另外两段都处于窗口之外，如图 6.3 中的线段 d 和 e。

归纳以上四种情况，可以得出这样一个结论：对于任意一条直线段，它要么被完全排斥在窗口之外，如上述的情况（1）；要么在窗口内留下一个可见段，并且只能有一个可见段，如上所述的情况（2）、（3）和（4）。因为一条直线段可以由它的两个端点来唯一确定，所以，要确定一条直线段上位于窗口以内的可见段，仅需求得它的两个可见端点就行了。

直线段裁剪方法有多种，此处仅介绍编码裁剪法、矢量裁剪法和中点分割裁剪法。

6.2.1　编码裁剪法

这一方法是由库恩和萨瑟兰德提出的，该方法把包含窗口的平面区域沿窗口的四条边线分成 9 个区，如图 6.4 所示。每个区域用一个四位代码来表示，代码中每一位分别是 0 或 1，是按照窗口边线来确定的，下面给出编码规则，其中最右边的是第一位，依次为第二、第三、第四位。

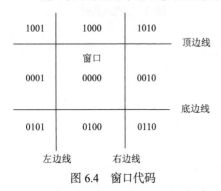

图 6.4　窗口代码

第一位置 _ _ _ 1 该端点位于窗口左侧；

第二位置 _ _ 1_ 该端点位于窗口右侧；

第三位置 _ 1 _ _ 该端点位于窗口下面；

第四位置 1 _ _ _ 该端点位于窗口上面；

否则，相应位置 0。

由编码规则可知，若线段两端点编码均为 0，则两点均在窗口内，线段完全可见。因此，要判断线段与窗口的对应关系，可用两个端点编码逐位取逻辑"与"。根据图形中直线两端点 P_1 和 P_2 所在区域赋予相应代码，以 C_1 和 C_2 表示，然后根据端点对直线进行可见和不可见判断，下面给出直线段裁剪编码算法步骤。

（1）两端点 $P_1(x_1, y_1)$ 和 $P_2(x_2, y_2)$ 在区域 0000 中，即满足点的裁剪不等式：$W_{x_1} \leqslant (x_1, x_2) \leqslant W_{x_r}$，$W_{y_b} \leqslant (y_1, y_2) \leqslant W_{y_t}$，则两端点代码 $C_1 = C_2 = 0$ 表示均在窗口内，应全部保留。

（2）当两个端点在窗口边线外的同侧位置，则它们的四位代码中，有一位相同，同时为 "1"，显然两个端点代码的逻辑乘不等于 0，即 $C_1 \wedge C_2 \neq 0$。此检查判断直线在窗口外，应全部舍弃。

（3）如果直线两端点不符合上述两种情况，不能简单地全部保留或全部舍弃直线。这时，则需计算出直线与窗口边线的交点，将直线分段后继续进行检查判断。这样可以逐段地舍弃位于窗口外的线段，保留留在窗口内的线段。如图 6.5 所示，用编码裁剪算法对 P_1P_2 线段裁剪，可以在 C 点分割，对 P_2C、CP_1 进行判别，舍弃 P_2C，再分割 CP_1 于 D 点，对 CD、DP_1 作判别，舍弃 CD，而 DP_1 全部位于窗口内，算法结束。

应该指出的是，分割线段是从 C 点还是 D 点开始，这是难以确定的，因此只能随机的开始，但是最后结果是相同的。

设直线的两端点坐标为 $P_1(x_1, y_1)$ 和 $P_2(x_2, y_2)$，如图 6.6 所示。直线与窗口四条边线的交点坐标，可分别由下列公式确定（利用相似直角三角形的比例关系）。

左交点：$x = W_{x_l}$，$y = \dfrac{y_2 - y_1}{x_2 - x_1}(W_{x_l} - x_1) + y_1$。

右交点：$x = W_{x_r}$，$y = \dfrac{y_2 - y_1}{x_2 - x_1}(W_{x_r} - x_1) + y_1$。

下交点：$y = W_{y_b}$，$x = \dfrac{x_2 - x_1}{y_2 - y_1}(W_{y_b} - y_1) + x_1$。

上交点：$y = W_{y_t}$，$x = \dfrac{x_2 - x_1}{y_2 - y_1}(W_{y_t} - y_1) + x_1$。

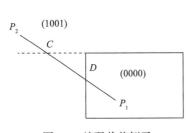

图 6.5　编码裁剪例子

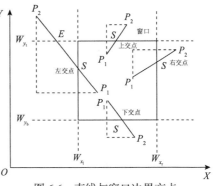

图 6.6　直线与窗口边界交点

6.2.2　矢量裁剪法

矢量裁剪法与上面介绍的算法类似，只是判别端点是否落在窗口内的过程不同。如图 6.7 所示，同样用四条窗口边框直线把平面分割成 9 个区域，每一个区域分别标上相应的编号。

以图 6.7 中线段 AB 为例，对线段的两点同时判断，如线段与四边有交点时，则求其交点，进行有选择连接。设线段始、终点坐标为 (x_1, x_2) 和 (x_2, y_2)，而窗口左下角、右上角的坐标分别为 (x_1, y_b) 和 (x_r, y_t)，0 区为窗口区。矢量裁剪法算法步骤如下。

（1）若线段 AB 满足下述四个条件之一，即 $x_1 > \min(x_1, x_2)$、$x_r < \min(x_1, x_2)$、$y_b > \max(y_1, y_2)$、$y_t < \min(y_1, y_2)$，则线段 AB 不会处于窗口内，过程结束，且无输出线段。

（2）若 AB 满足 $x_1 \leqslant x_1 \leqslant x_r$ 和 $y_b \leqslant y_1 \leqslant y_t$，则 AB 始点 A 在 0 区内，那么窗口内可见线段的新始点坐标即为 $x_s = x_1$，$y_s = y_1$。否则，AB 与窗口的关系及新始点 (x_s, y_s) 坐标的可用（3）中公式求解。

（3）若 $x_1 < x_1$，则 $x_s = x_1$，$y_s = y_1 + (x_t - x_1)(y_2 - y_1)/(x_2 - x_1)$。

求得 y_s 满足 $y_b \leqslant y_s \leqslant y_t$，则求解有效，否则：

若 (x_1, y_1) 在 4 区，则线段 AB 与窗口无交点，过程结束，且无输出线段；

若 (x_1, y_1) 在 5 区，且 $y_s > y_t$，或者当 (x_1, y_1) 在 3 区，且 $y_s < y_b$ 时，则线段 AB 与窗口无交点，过程结束，且无输出线段；

若 $y_1 < y_b$，则

$$\begin{cases} x_s = x_1 + (y_b - y_1)(x_2 - x_1)/(y_2 - y_1) \\ y_s = y_b \end{cases} \tag{6-1}$$

若 $y_1 > y_t$，则

$$\begin{cases} x_s = x_1 + (y_t - y_1)(x_2 - x_1)/(y_2 - y_1) \\ y_s = y_t \end{cases} \quad （6\text{-}2）$$

式（6-1）和式（6-2）求出的 x_s 如果满足 $x_1 < x_s < x_r$，则结果有效，否则线段 AB 与窗口无交点，过程结束，且无输出线段。

（4）当 $x_1 > x_r$ 时，可用以上类似的过程求出线段 AB 与窗口右边框的交点。

（5）当 (x_1, y_1) 在 1、2 区时，可用式（6-1）和式（6-2）求出线段 AB 与窗口上、下两边框交点。如求得的 x_s 满足 $x_1 \leqslant x_s \leqslant x_r$，则求解结果有效，否则线段 AB 与窗口无交点，过程结束，且无输出线段。

以上过程，仅求得了线段 AB 在窗口内的可见段的起点坐标（x_s, y_s）。用类似的过程，可以求出线段 AB 为在窗口内的可见段的终点坐标（x_e, y_e）。

6.2.3　中点分割裁剪法

上面介绍的两种方法都要计算直线段与窗口边界交点，这不可避免地要进行大量乘除运算，势必会降低程序执行效率。而中点分割裁剪法只需用到加法和除法运算，而除法在计算机中可以简单地用右移一位来完成，从而提高了算法的效率。

中点分割法的基本思想是：分别寻找直线段两个端点各自对应最远的可见点，只要该线段能在窗口内留下一个可见段，那么这个最远的可见点就有两种选择：要么是直线段一个相应端点，要么是在中点再分过程中产生的某个子段的中点。

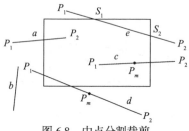

图 6.8　中点分割裁剪

图 6.8 中直线段 e 说明，该线段处于窗口内的可见段部分是线段 S_1S_2，S_1 和 S_2 是可见段的两个端点，其中 S_2 是距原线段端点 P_1 最远的可见点；同样，S_1 是距原线段端点 P_2 最远的可见点。

下面，以找出直线段 P_1P_2 上离 P_1 点最远的可见点为例，来对中点再分裁剪算法加以说明，算法步骤如下。

第一步：检验直线段 P_1P_2 是否完全被排斥在窗口之外。如果是，过程结束且无输出线段（如图 6.8 中的线段 b）；否则继续执行下一步。

第二步：检验点 P_2 是否可见。如果是，则 P_2 点就是离 P_1 点最远的可见点，过程结束（图 6.8 中的线段 a）。如果 P_2 点是不可见的（如图 6.8 中的线段 c 或线段 d），那么继续执行下一步。

第三步：分割直线段 P_1P_2 于中点 P_m（这是为了估计离 P_1 点最远的可见点，把它简单地取作中点）。如果线段 P_mP_2 被完全排斥在窗口之外，那么原估计不足（如图 6.8 中的线段 d，便于线段 P_1P_m 作为新的 P_1P_2 线段从算法的第一步重新开始执行）。反之，则以线段 P_mP_2 作为新的线段 P_1P_2（如图 6.8 中的线段 c 从算法的第一步重新开始执行）。

反复执行上述三步，直至找到离 P_1 点最远的可见点为止。

这个过程确定了距离 P_1 点最远的可见点。然后对调该线段的两个端点，以线段 P_1P_2 为新的 P_1P_2 线段，重新开始实施该算法过程，就可以确定出距离 P_2 点最远的可见点。这样，位于窗口内可见段的两个可见端点就确定了。

从这个算法中可以看到，整个裁剪过程总是在执行第一步或第二步时结束。这种结果表明：被裁剪的线段要么完全处于窗口之外而被排除掉；要么能在窗口内得到一个距对应端点最远的可见点，这个可见点可能是原直线段的一个端点，也可能是线段在被不断地中点再分过程中，最终得到的刚好和窗口边框相重的那个中点。

这里要注意的是：在判断中点和窗口相重时，一般不需要坐标值一定相等，这也不大可能，只要在精度许可的前提下，给出一个误差允许范围即可。

6.3　平面多边形的裁剪

前面讨论了直线段裁剪，多边形裁剪以线段裁剪为基础，但又不同于线段的裁剪。多边形裁剪要比一条线段复杂得多，如图 6.9 所示，用一个矩形窗口去裁剪多边形将会遇到各种不同情况，其中图 6.9（a）中一个完整的多边形 G 经矩形窗口裁剪后出现 G_1 和 G_2 两个多边形，究竟是选 G_1 还是 G_2 呢？裁剪多边形要解决两个问题：其一是一个完整的封闭多边形经裁剪后一般不再是封闭的，需要用窗口边界适当部分来封闭它；其二是矩形窗口的四个角点在裁剪中是否要与其他交点连线。这两个问题使人们不能简单地应用直线段裁剪方法，而需要研究适应多边形裁剪特点的算法。

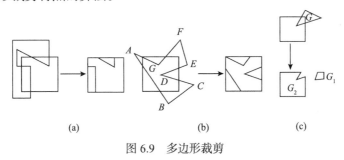

图 6.9　多边形裁剪

多边形裁剪方法很多，如逐边裁剪法、双边裁剪法、分区编码裁剪法等，这里仅介绍逐边裁剪法和双边裁剪法。

6.3.1　逐边裁剪法

逐边裁剪法是萨瑟兰德和霍德曼在 1974 年提出的。这种算法采用了分割处理，逐边裁剪的方法。算法的思路是：以一条直线作为多边形区域裁剪的分界线，该直线将整个区域划分为两部分（即直线的两侧区域）并确定可见与不可见区域，以该直线对图形进行裁剪，去掉不可见一侧区域的图形，保留可见一侧区域的图形并封闭。由于可以按多边形各顶点原本顺序组成的边（直线段）依次裁剪，依次记录的可见点与裁剪线交点会构成正确的封闭多边形区域。当矩形窗口为裁剪窗口时，以窗口四条边的延长线分别作为裁剪线，并以裁剪窗口所在的一侧区域为可见区域，另一侧区域为不可见区域，按顺序对多边形区域图形进行裁剪，每次裁剪的结果作为下次裁剪的对象，第四次的裁剪结果为最终的裁剪结果。如图 6.10（a）所示，先以裁剪窗口的第一条边（AB 边）的延长线作为裁剪线对原多边形区域图形进行裁剪，记录裁剪结果，如图 6.10（b）所示。然后，用裁剪窗口的第二条边（BC 边）的延长线对这个新的多边形进行裁剪，生成一个新的多边形，如图 6.10（c）所示。依次用第三、第四条边的延长线进行裁剪，得到最后裁剪出来的多边形，如图 6.10（e）所示；整个裁剪过程结束。

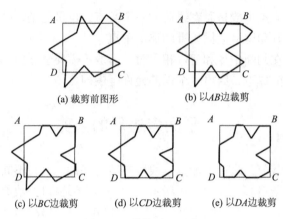

(a) 裁剪前图形　　　　　　　(b) 以AB边裁剪

(c) 以BC边裁剪　　　(d) 以CD边裁剪　　　(e) 以DA边裁剪

图 6.10　裁剪过程示意图

逐边裁剪法实质是用窗口四条边依次对多边形各边进行裁剪。每次裁剪后的结果都是输出一个多边形的顶点表。在裁剪过程中，每次记录顶点是依据当前所裁剪多边形的该条边与裁剪线（即窗口一边的延长线）位置关系来确定的。

设多边形顶点表中的某一点 P_i 为多边形中一条边的终点（多边形的每一个顶点都是一条边的终点，又是下一条边的起点，在此，统一将顶点作为边的终点进行判断和处理），顶点表中的前一点 P_{i-1} 为该条边的起点，当边 $P_{i-1}P_i$ 被窗口的一条边的延长线裁剪后需输出裁剪结果，即记录需要保留的顶点或交点。但应保留哪些点取决于该边与裁剪线的位置关系。

如图 6.11 所示，被裁剪多边形的边与裁剪线之间的位置关系存在以下四种可能的情况。

（1）边的起点在不可见区，终点在可见区，此时，需要保留边与裁剪线的交点和边的终点，如图 6.11 中的 a。

（2）边的起点和终点都在可见区，此时，只需要保留边的终点，如图 6.11 中的 b。

（3）边的起点在可见区，终点在不可见区，此时，只需保留边与裁剪线的交点，如图 6.11 中的 c。

（4）边的起点和终点都在不可见区，此时，没有需要保留的点，如图 6.11 中的 d。

从多边形的第一条边起到最后一条边止，由裁剪线依次循环对每一条边进行裁剪，将需要保留的点依次记录，便可得到多边形顶点表，该顶点表中的点构成的多边形即为本次裁剪的结果。按顺序经过裁剪窗口四条边的延长线作为裁剪线裁剪处理后便可得到最终裁剪结果。

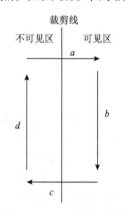

图 6.11　多边形的边与裁剪线的位置关系

逐边剪取算法是一种通用的剪取算法，任一多边形无论是凸多边形还是凹多边形均可用这一算法进行剪取。这一算法简单，易于程序实现，能够保证裁剪后的多边形顶点顺序正确，可以用于凸多边形或凹多边形的裁剪。但计算量较大，需要比较大的存储区来存放剪取过程中待剪取的多边形。该算法较适合于矩形裁剪窗口，如果是多边形裁剪窗口，用该算法处理就复杂得多。

6.3.2 双边裁剪法

双边裁剪法是 1977 年由韦勒和阿瑟顿提出来的。与逐边裁剪法不同，双边裁剪算法可处理多边形裁剪窗口的多边形裁剪问题。如图 6.12 所示，P_1 为被裁剪的多边形（简称主多边形），P_2 为裁剪窗口的多边形（简称窗口多边形）。裁剪的目的是找出主多边形内部区域被包含在窗口多边形内部的那一部分。实际上是要找出两者的公共部分，即交集。

在介绍双边裁剪法之前先介绍一个概念——遍历，遍历是指沿着某条搜索路线，依次对树中每个结点均做一次且仅做一次访问。访问结点所做的操作依赖于具体的应用问题。

裁剪算法是从一个进入交点开始，然后沿主多边形的边界正方向遍历，直到遇到与窗口多边形的交点。在交点处顺时针方向旋转，再沿窗口多边形边的正方向遍历，直到遇到与主多边形的交点，这表示主多边形又将进入裁剪多边形内部。在交点处顺时针方向旋转，再沿主多边形的边正方向遍历，重复这个过程直到遇到这个裁剪过程的开始点，便得到裁剪窗口内的封闭多边形，即为裁剪的结果。

两个多边形的边界均用其顶点序列来表示，多边形的外部边界取顺时针方向（其内部边界或内孔取逆时针方向），以保证当遍历环形顶点表时，多边形内部总是位于前进方向的右侧，并以此定义了多边形边界的正方向（在图 6.12 中用箭头指明的方向）。主多边形与窗口多边形边的交点总是成对出现，其中一个是主多边形进入窗口多边形的交点，称为进入交点；另一个是从窗口多边形出来的交点，称为离开交点。

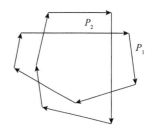

图 6.12 被裁剪多边形 P_1 和
裁剪窗口多边形 P_2

要仔细判定交点的有无（即是否为有意义的交点），以及它们的类型。具体的判定规则如下：①当主多边形的一条边位于窗口多边形的一条边上时，这两条边之间看做没有交点。②当主多边形的一个顶点位于窗口多边形的边界上时，作为主多边形一条边的起点，这个顶点应看做不是一个交点。③当主多边形的一个顶点位于窗口多边形的边界上时，作为主多边形一条边的终点，这个顶点应看做是一个交点，且其类型为：如果该边的起点在裁剪多边形外，则该顶点是进入交点；如果该边的起点在裁剪多边形内，则该顶点是离开交点。④当主多边形的一条边与窗口多边形边的交点不是主多边形的一个顶点时，是一个正常的交点，则其类型判定为：如果该边的起点在裁剪多边形外，则该交点是进入交点；如果该边的起点在裁剪多边形内，则该交点是离开交点。

综上所述，双边裁剪法的步骤如下：

（1）建立主多边形和窗口多边形各自的环形顶点表，外边界顶点顺时针次序存放，内边界顶点逆时针次序存放，并且每个边界顶点表中最后一个和第一个重合。

（2）计算主多边形各边和裁剪多边形各边的交点，对于每个交点标识其为进入点还是离开点，并插入两个多边形的顶点表中，对同一交点，在主多边形和窗口多边形的顶点表之间建立双向指针。

（3）建立两类交点表，即进入交点表和离开交点表。进入交点表存放主多边形进入窗口多边形时产生的交点，离开交点表存放主多边形离开窗口多边形时产生的交点，沿着多边形边界，两类交点将交替出现，因此只要测试其中一个即可决定所有交点的类型。

（4）建立两个装入表，存放裁剪后多边形的顶点。其中一个称为窗内装入表，存放位于窗口多边形内部的多边形；另一个称为窗外装入表，存放位于窗口多边形外部的多边形。这两个表可根据主多边形和裁剪窗口的关系来建立。首先，当主多边形完全在裁剪多边形外或内时，只要将主多边形顶点装入窗外装入表或窗内装入表即可。其次，当窗口多边形在主多边形内部时，窗口多边形边界将成为裁剪后多边形边界的一部分。因此，要将窗口多边形的顶点装入两个裁剪后的多边形顶点表。例如，当窗口多边形在主多边形内部时，裁剪后的窗外多边形的外边界由原主多边形顶点决定，而内边界是由窗口多边形的顶点决定的。此时，位于主多边形内的窗口多边形边界将构成主多边形的一个内孔。同时，窗口多边形的顶点又决定了裁剪后窗内主多边形的外边界。最后，若主多边形与窗口多边形相交时，则执行以下的裁剪操作过程。确定窗口多边形内的主多边形过程如下：①从进入交点表中取出一个交点，如果该交点没有处理过，则执行以下操作，否则取出下一个交点，直到表空，过程结束。②沿着主多边形顶点表正向查找直到发现下一个交点，将主多边形顶点表中到该交点为止的部分复制到窗内装入表中。③把连接指针转到窗口多边形的顶点表中。④沿窗口多边形顶点表正向查找直到发现下一个交点，将窗口多边形顶点表中到该交点为止的部分复制到窗内装入表中。⑤把连接指针转回到主多边形顶点表。⑥重复第②～⑤步，直到回到过程开始的进入交点，此时窗内装入表中存放了裁剪后在窗内的封闭多边形顶点表。⑦转到第①步寻找可能的其他窗内封闭多边形。

位于窗口多边形外的主多边形可用类似的过程产生，只是起始交点取自离开交点表。在窗口多边形顶点表中的遍历按反方向进行，并且将有关数据复制到窗外装入表中。

6.4　其他图形的裁剪

6.4.1　曲线的裁剪

绘制曲线通常采取用直线段逼近的办法，所以曲线的剪裁可用线段的裁剪来解决。由于曲线逼近时总是将线段取得很短，所以，为了节省计算时间，可以免去计算剪裁的交点，只要线段端点中至少有一个在窗口外，就将该线段略去不画，达到剪裁的结果。这当然是一种近似的办法，采用这种办法，不必编写专门的裁剪程序，只需在画曲线的程序中加入少量的判别就可以了。曲线裁剪如图 6.13 所示。

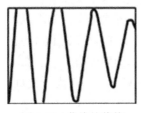

图 6.13　曲线的裁剪

但对地形图中的等高线等定位精度要求较高的曲线图形进行裁剪时，应准确计算曲线中的线段与窗口边界的交点，而不能采取上述概略的方法。

6.4.2　字符的裁剪

字符可看做是短直线段的集合。因此，如果要对每个字符作精确的裁剪，如图 6.14（a）所示，则可以用上述裁剪直线的方法进行裁剪，但是这种裁剪速度缓慢，并且不能与硬件字符发生器相兼容。

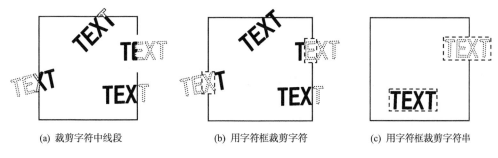

(a) 裁剪字符中线段　　　　　(b) 用字符框裁剪字符　　　　　(c) 用字符框裁剪字符串

图 6.14　字符裁剪

如果把每个字符看做是不可分割的整体，那么对于每一个字符串就可用逐字裁剪的方法，把每个字符用一个矩形（字符框）包围起来[图 6.14（b）]，然后检测该字符框中某一点（如顶点或中心点）的可见性，把该点与窗口进行比较。如果在窗口内，就显示该字符，否则就舍弃不显示。另外，也可以用整个字符框的界线或其对角线与窗口进行比较，当字符框或对角线完全在窗口内时才显示该字符。不过用字符框顶点或用字符框界线（或对角线）裁剪的两种方法，只有当窗口边与字符框界线平行时才有效，否则必须以字符框界进行裁剪。

裁剪字符串的一种粗略方法是把一个字符串作为不可分割的整体来处理，用一个字符串框封闭起来[图 6.14（c）]。检测这个字符串框上的某一点、框的对角线或框本身的可见性，若在窗口内，就显示整串字符，否则就不显示。

第七章　点状地物数据可视化

点状地理事物的空间分布描述通常以某一区域图为背景来呈现点状事物的分布状况，主要描述点状地理事物位置总体分布特征、极值区位置名称、点组成的形状、点的动态变化及与背景图中其他地理事物的位置关系等。点状地物或现象在地图上抽象为点，在计算机内表示为点坐标。点状地物可视化表示为点状符号，符号的大小与地图比例尺无关但具有定位特征。点状符号是点状地物空间分布、数量、质量等特征的标志和信息载体，包括符号、色彩和注记。

7.1　点状符号概述

点状符号可用来描述单独的位置存在的事物，在地图上以点（坐标）来描述，通过准确的图面定位和视觉变量组合，表达地理数据的属性特征和空间分布差异。

7.1.1　点状地物符号表示方法

在表达地理事物质量特征或性质上的差异时，点状符号反映在图形特征上通常是以形状变量、颜色变量及其组合作为主要的表示方法，而结构（网纹）和方向变量作为次一级的辅助手段，如图 7.1 所示。

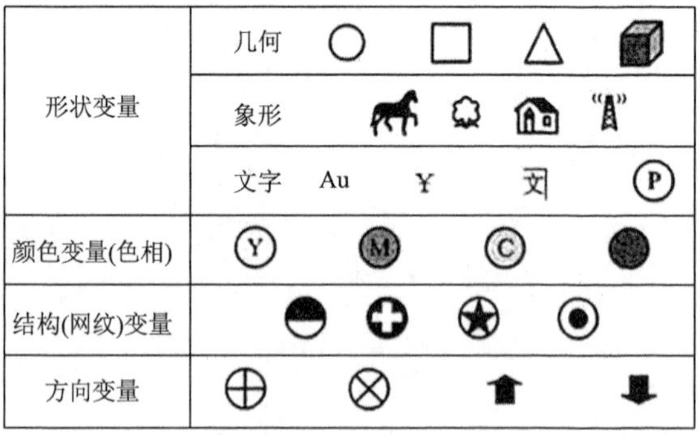

图 7.1　点状地物的定性符号表示

点状符号的形状变量在区别事物的性质上具有最直观的视觉差异，基本变化包括三种类型：几何符号、象形和文字符号、组合符号。其中，几何和象形符号应用较为普遍（图 7.2）。几何符号简洁规范、定位明确、视觉均衡、绘制简便，但在信息获取过程中，需要用图者反复强化图例解码过程；象形和文字符号形象直观、解读高效，但绘制复杂、图面覆盖不均衡、定位不易明确；组合符号则通过形状变量的叠加，在视觉上形成制图对象不同类别间的内在联系（图 7.3）。

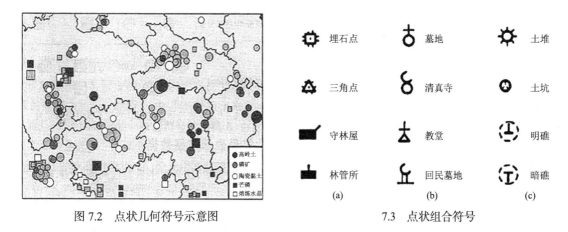

图 7.2　点状几何符号示意图　　　7.3　点状组合符号

点状符号的颜色变量中色相分量的变化呈现为整体差异的视觉跳跃，在表示事物性质的差异上具有显著的视觉效果，而色彩的象征意义和习惯联想的运用则有助于提高地图信息的解读效率。

结构（网纹）和方向变量的调整，可以改变点状符号图形的内部特征和外部状态，形成符号含义上的差异。但这种差异的视觉感受效果不如符号整体轮廓的差异显著，所以，常用于表示地图数据次要的分级差异。

以点状表示的制图对象，其定性信息常常表现为多层次的分类体系从高到低的层级变化，多项视觉变量的分级组合（图 7.4），使差异与共性的图形显示得以体现。在制图实践中，往往以形状变量区分最高层次的本质差异，以色相分量表达次一级分类体系，结构（网纹）或方向变量作为最后的补充方式。

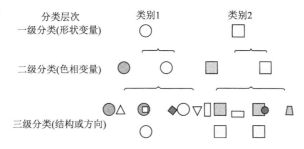

图 7.4　点状符号定性信息的视觉变量分级组合

7.1.2　点状符号特点及分类

点状符号以位于某一点的个体图形符号，表示其定位点上的地理空间信息，说明地理对象的位置、属性等，如测量控制点、大部分的独立地物符号、不依比例尺的居民地符号和窑洞符号，以及专题统计图形符号等。

1. 点状符号特点

一个复杂的点状符号由基本图元（cell）构成。点、直线段、折线、圆等都是点状地图符号中常见的规则几何图形，可以把它们定义为基本的图元。点状符号中图元的大小、位置、相互关系是由图元控制点与符号定位点间的关系推导出来的。图元应当是地图点状符号中常见的规则几何图形。

符号制作系统中用来构造符号的基本图元可以是以下几种：点、直线段、折线、样条曲线、圆、椭圆、弓形、扇形、文字等。点状符号是任意线段和规则几何图形的组合。点状符号特点主要表现在：①点状符号均有确切的定位点，该定位点代表图形目标的实地位置，可以一对坐标表示。②点状符号是不依比例尺表示的图形符号，符号图形的尺寸与目标实际的尺寸不存在比例关系。③点状符号是以不同的视觉变量（形状、尺寸、色彩等）表示不同的点状地理要素对象。④点状符号（除图像符号外）可以分解，分解为若干基本图形的组合。

2. 点状符号分类

点状符号按照其图形特点、表示方法和图形构成等有多种分类，如图形符号、图像符号、图文符号、有向符号、参量符号（或称统计符号）等。

（1）图形符号。图形符号是指用抽象的几何图形（矢量图形）或组合表达点状地理目标对象，符号图形的设计是按照地理目标的几何特征和语义特征进行抽象，以简洁的图形反映目标的特征，如图 7.5 所示。

（2）图像符号。图像符号是以图像形象地表达点状地理目标对象及其特征，图像符号的细节和色彩丰富，可以更形象直观地表达目标，如图 7.6 所示。

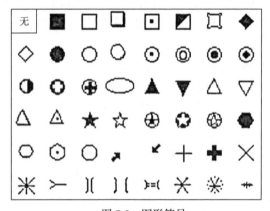

图 7.5　图形符号

图 7.6　图像符号

（3）图文符号。图文符号是以简单的几何图形和文字表达点状地理目标对象，它类似于图形符号，也是对地理目标的几何特征和语义特征进行抽象而设计的，如图 7.7 所示。

（4）有向符号。有向符号是指其符号的图形是有方向变化的一类点状地理图形，可以是图形本身具有方向变化，也可以是它所表示的地理目标具有方向变化特征。当然点状地理图形的生成软件多数设计了方向参数，但多数点状图形在显示应用时都不需要表示方向变化，这类符号称为固定方向符号（向上为正的方向），只有少数是需要表示其方向变化的点图形，为有向符号。图 7.8 所示的桥梁符号其方向与所在位置道路的走向一致。

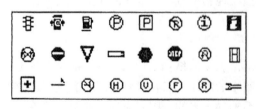

图 7.7　图文符号

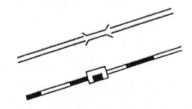

图 7.8　有向符号

（5）参量符号。参量符号是图形化表达专题统计信息时常用到的点状地理图形，它表现了专题统计的内容和数量等属性特征，也称为统计符号，如图7.9所示。参量符号也是定点图形，但与其他点状图形有较大不同，一般的点图形是一种图形符号相对固定地表示一种地理目标或实体，参量符号则是一种图形符号（如饼状符号），可以按照定义表示不同的统计专题现象，如人口专题、工业生产专题、疾病健康专题等，同时通过图形结构、尺寸和色彩的变化表示统计专题的内容和数量的变化。

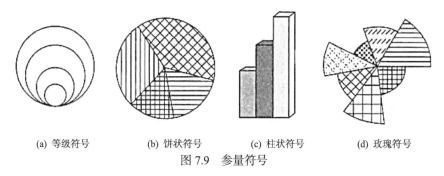

(a) 等级符号　　　　(b) 饼状符号　　　　(c) 柱状符号　　　　(d) 玫瑰符号

图 7.9　参量符号

7.1.3　点状符号分解与组合

地图符号的基本构成元素是点、线、面和色彩。这些都是平面图形的基本构成元素，看起来十分简单，但它们的组合变化能力是无限的。根据点状符号的特征可构建点状符号系统，运用计算机实现点状符号自动绘制。

1. 点状符号分解

点状符号可看成是一个有限直线段的集合，各直线段通过统一的坐标系联系在一起。但是，有些点状符号如果只通过直线段的集合来描述，是很困难的。例如，圆用直线段来表示就比较困难，而用圆的参数定义就比较容易。为了方便点状符号的设计，定义点状符号是任意线段和规则几何图形的组合，如图7.10所示。

2. 点状符号组合

一个复杂的点状符号由基本图元构成。一个点状符号就是以图元为基础进行设计的，设计时以一个统一的坐标系（符号空间）为准，坐标系的原点就是此点状符号的定位点。符号定位点的定义并不统一，但在标准图式中都有明确的规定，定位点的选取必须遵循图式规定。利用一些基本的图元，点、直线段、折线、圆等进行合理的组合，基本上可以构造出地图图式中的所有点状符号。

图 7.10　点状地理图形的分解

7.2　点状符号化方法

符号化是指地图符号的符号化过程。基于点状符号的分类和特点，点状符号化方法主要有矢量图形方法、栅格方法和图元组合法三种。

7.2.1　矢量图形方法

矢量图形符号是用离散形式的坐标点对表示的点状符号的有序集合。常规的实现方法有直接信息法（数据块法）、间接信息法（程序块法）和综合法三种。

1. 直接信息法（数据块法）

一些点状符号（包括文字、数字）常常难以分解成基本几何图形的组合，或者说不能用数学公式来描述，不能用数学的方法计算出符号图形特征点的坐标。这类符号由一些非规则的曲线等图形构成，或者说它们不能够分解为若干规则基本几何图形的组合。把这类点图形称为非规则的点图形。非规则点图形的线段端点坐标不能通过计算得到，只可以用若干小直线段组合逼近原符号图形。依据符号图形的结构和尺寸计算出或事先给出图形各直线段的端点坐标，通过建立点符号的坐标网格，读取各直线段端点坐标，建立点图形端点坐标的数据块，进而调用画线函数生成点符号图形。这种点图形生成方法称为数据块法。

数据块法分解点状符号成若干不同方向的直线段的组合，而每一个直线段都可以用一端点的增量坐标（Δr，Δy）和抬落笔状态码来描述。那么，任意一个点符号图形的若干直线段的信息可构成一串有序的数字信息集合，再配合绘线程序即可绘出该符号的图形。一般来说，任何一个点符号（除实心图形）都可以用一个相应的数据块来描述与存储，并由相应的程序绘出其符号图形。

1）点状符号数据块的建立

（1）建立符号坐标系。如图 7.11 所示，建立点图形的符号坐标系，并绘制 80×80 的正方形网格，将点图形按一定比例放大绘制于网格中，然后，将图形曲线划分成若干个直线段，并按一定的顺序对每个直线段的端点编序号。

当然，符号坐标系中的网格可以不是 80×80，但以取双数为好。

（2）数据块的生成。为了便于计算机存储，可以考虑每一个点的坐标信息及抬落笔标志用一个五位整型数描述，如图 7.12 所示。该点在符号坐标系中的纵横坐标值均以两位十进制数表示，其状态标志用一位整型数表示，可规定"0"表示一个点符号图形的定位点或数据块的起点，"1"表示绘线到该点，"2"表示移动光标到该点。这样，图 7.11 所示图形的全部直线段端点的信息即构成该符号的图形数据块，即 04500，14000，14038，15030，16030，16833，17040，16547，15552，15860，15465，14667，14874，14577，14080，13577，13274，13467，12665，12260，12552，11547，11040，11233，12030，13030，14038。其他点图形均可依照同样的方式建立各自的图形数据块。

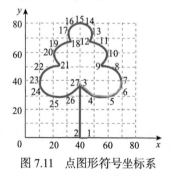

图 7.11　点图形符号坐标系

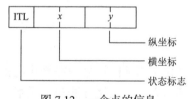

图 7.12　一个点的信息

（3）数据块数据的组织。数据块法生成点符号图形通常是一个符号建立一个数据块，将全部数据块集中存储在数据块文件中，并建立相应的索引文件，由一个程序完成各符号相应数据块的检索、读取、数据分离、符号变形处理、绘线生成符号图形等。需要增加符号时，程序不需要修改，只需增加新符号的数据块。

在索引文件中依次记录每个点图形数据块的相关信息，如图 7.13 所示，索引文件包括三类数据项，即点符的编码（M）、相应该数据块在点图形数据块文件中首点的地址（P），以及该图形数据块的长度（或称点数）（N）。在索引文件中，点符号相关信息的排列顺序与在点图形数据块文件中点图形数据块的排列顺序应该一致。

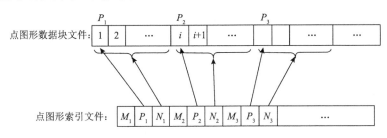

图 7.13　数据块数据的组织

2）点状符号数据块应用

应用以上两个文件对点图形数据块信息进行统一组织存储，可以方便地对点图形数据块信息进行查询、增加、删除和修改等操作。

（1）数据块的检索。以要绘制点符号的编码为依据，与索引文件中的各点符号编码进行比较，找出要绘制符号编码的位置，同时提取对应的点图形数据块的首点地址 P_i，数据块长 N_i。以 P_i、N_i 为参数在点图形数据块文件中读取从第 P_i 个点开始共 N_i 个点的数据信息，即为该点符号所对应的图形数据块。

（2）数据分离。由于数据块中各点的数据实际是压缩的编码，使用前应对其逐个进行分离，分离出每个点在符号坐标系中的坐标 x，以及抬落笔状态值，即

$$\text{ITL} = [\text{DD} / 10000]$$
$$x = [\text{DD} / 100]\%100 \qquad (7\text{-}1)$$
$$y = \text{DD}\%100$$

式中，DD 为数据块中各点的数据。

（3）数据变换。经过数据分离得到的坐标均为符号坐标系的坐标，在进行图形输出之前要做一些变换处理，以确定点符号的大小、方向及图上定位。

a. 确定符号图形的大小，计算公式为

$$\begin{cases} x' = x / M_x \cdot H_x \\ y' = y / M_y \cdot H_y \end{cases} \qquad (7\text{-}2)$$

式中，M_x 和 M_y 为点图形数据块网格横向和纵向的最大值，此处要绘制点符号的横向和纵向的尺寸，即长和宽。

b. 确定点符号的方向，即旋转变换。计算公式为

$$\begin{cases} x'' = x' \cdot \cos\alpha - y' \cdot \sin\alpha \\ y'' = x' \cdot \sin\alpha + y' \cdot \cos\alpha \end{cases} \tag{7-3}$$

c. 符号定位，即将符号坐标系的坐标变换到图幅坐标系。计算公式为

$$\begin{cases} x''' = x'' - x_1 + x_0 \\ y''' = y'' - y_1 + y_0 \end{cases} \tag{7-4}$$

式中，x_1、y_1 为符号定位点在符号坐标系的坐标，即点符号数据首点的坐标；x_0、y_0 为符号定位点在图幅坐标系的坐标。

用数据块的方法绘制独立符号比较简单，程序量少，如果符号数量较多时，数据块的信息量较大，而且每个符号建立图形数据块也是比较烦琐的事情。因此，在设计点符号图形生成函数时，可根据每个点符号的图形特点，选择一种处理方法，使其图形生成程序设计更趋简化。

3）程序设计

用数据块法生成点符号图形可以设计一个统一的函数，完成数据块信息的检索、数据分离、变换处理等。其程序设计如下。

```
void df（m，x0，y0，hx，hy，q）
int m；   //点状符号的编码
float x0，y0；//点状符号图形的定位点坐标
float hx，hy；//点状符号图形的宽和高的尺寸
float q；//点状符号图形的倾斜角
```

矢量符号格式有以下一些显著的优点：①简单实用。这种格式使用了相对较少的基本图元，而且在大部分场合都能很好地满足应用需要，即使简化矢量格式也能在部分应用中很好地发挥作用。②存储量小。一般来说，GIS 系统中都会尽量使用简单的点状符号来表示地图上的地物。所以，组成单个点状符号的基本图元不会太多，而且每个图元存储的数据只包括一个基本图元号码和很少的参数（对于圆需要圆心坐标值和半径，对于长方形则需要长、宽及一个顶点的坐标值），这样每个符号的数据量就很小了。③效率高。由于格式很简单（对于简化矢量格式更是特别明显），所以绘制速度就很快。相比之下，同样大小位图格式的点状符号绘制速度就要慢许多。如果符号的绘制效率在应用中至关重要，那么矢量格式的点状符号就很有优势。

矢量符号格式也有明显的缺点：①描述能力不强。使用基本图元的描述方式在某些时候可能会显得过于死板，对于复杂一点的点状符号，特别是含有大量任意曲线的符号，使用基本图元的描述方式就会显得很烦琐，甚至比较困难。这时候，一般采用连续直线段的方式来表示符号中的任意曲线，但这会大大增加符号的存储量，从而降低符号绘制的速度。同时，在编辑符号时，如果大量使用直线段，将会使用户感到很不方便，而且使编辑的效率降低。另外，使用直线段来模拟任意曲线时，一般来说难以考虑符号放大时的显示效果，从而使符号在放大时显示质量下降。②显示质量不高。由于矢量格式的描述能力不够强，所以用户在编辑符号时对符号的细节描述可能不够精细，这就导致符号放大时显示质量下降。

2. 间接信息法（程序法）

间接信息法的信息块中不直接存储符号图形数据，而是存储符号图形的几何参数（如长、宽、夹角、半径等），符号化时所需的符号图形数据由计算机按图元计算算法解算出来。

有些点图形可以分解为规则几何图形的组合，如圆、正三角形、矩形、非任意角度的直线段等。通过点图形的定位点、图形的尺寸和组合关系可以计算出图形中每段直线的端点坐标。把这类点图形称为规则点图形。对于规则点图形，把其定位点坐标设为输入参数，把图形尺寸等设为已知参数，按照图形的结构和各规则图形组合的位置关系，计算点图形中每个线段端点坐标并调用画线函数绘制图形，把计算和处理过程设计成子函数（即为某点图形生成函数），那么输入定位点坐标调用相应点图形生成函数，就可在指定位置绘制需要的点图形。

程序法的点状符号化函数主要完成基本图形的端点坐标计算、基本图形组合、符号变形等处理。

例 1　水车符号图形生成

如图 7.14 所示，水车符号可分解为圆和 8 条中心对称的短直线的组合，只需计算出基本图形的参数，包括圆心坐标、半径、各短直线的端点坐标，水车符号图形便可绘出。其方法为：先调用绘圆函数绘出半径为 OA 的圆，再按圆的参数方程改变圆半径和增量角，计算出 4 条拐角线的 8 个端点及 4 个拐点的坐标，调用绘线程序绘出 4 条拐角线，至此水车符号绘制完毕。

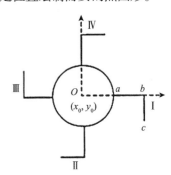

图 7.14　水车符号

计算 12 个端点和拐点坐标的公式为

$$
\left.
\begin{aligned}
x_{A_i} &= x_0 + |OA| \cdot \cos\left(2\pi - (i-1)\cdot\frac{\pi}{2}\right) \\
y_{A_i} &= y_0 + |OA| \cdot \sin\left(2\pi - (i-1)\cdot\frac{\pi}{2}\right)
\end{aligned}
\right\}
\tag{7-5}
$$

$$
\left.
\begin{aligned}
x_{B_i} &= x_0 + |OB| \cdot \cos\left(2\pi - (i-1)\cdot\frac{\pi}{2}\right) \\
y_{B_i} &= y_0 + |OB| \cdot \sin\left(2\pi - (i-1)\cdot\frac{\pi}{2}\right)
\end{aligned}
\right\}
\tag{7-6}
$$

$$
\left.
\begin{aligned}
x_{C_i} &= x_0 + |BC| \cdot \sin\left(2\pi - (i-1)\cdot\frac{\pi}{2}\right) \\
y_{C_i} &= y_0 - |BC| \cdot \cos\left(2\pi - (i-1)\cdot\frac{\pi}{2}\right)
\end{aligned}
\right\}
\tag{7-7}
$$

式中，$i = 1$、2、3、4，对应于第 Ⅰ 、Ⅱ 、Ⅲ 、Ⅳ 条拐角线；(x_0, y_0) 为该水车符号的定位点坐标。水车符号图形生成函数的程序如下

```
void DrawWaterWheel（x，y，r）
{    //输入水车符号定位点坐标（x，y），以及中心圆半径
    （x0，y0）=（x，y）； R=r；  //初始化符号参数
    DrawCircle （x0，y0，R）； //中心圆绘制
    for（i=1； i<5； i++）
```

```
{   //利用 keypoint 函数计算 a，b，c 三个拐点的坐标值
    keyPointa（x0，y0，R）；
    keyPointb（x0，y0，R）；
    keyPointc（x0，y0，R）；
    //利用 DDA 函数绘制直线
    DDA（pointa，pointb）；
    DDA（pointb，pointc）；
  }
}
```

例 2　桥梁符号图形生成

桥梁符号为有方向的点图形，通常由一对坐标确定其位置（符号定位点），还有一对坐标确定其方向。如图 7.15 和图 7.16 所示，桥梁符号可分解为若干短直线的组合。因此，应先计算出桥梁符号中每个拐角点的坐标，然后调用绘直线函数，即可绘出桥梁符号。

桥梁符号图形生成的设计思路为：①建立如图 7.16 所示的符号坐标系；②利用图形的对称性计算符号图形各端点在符号坐标系中的坐标；③以桥长 L、中心点坐标（b_0，y_0），以及倾斜角 a 为参数，对各端点坐标做旋转和平移变换，将图形中各端点由原符号坐标系的坐标变换为图幅坐标系中的坐标；④调用画直线函数，即可在给定位置绘出桥梁的符号图形。

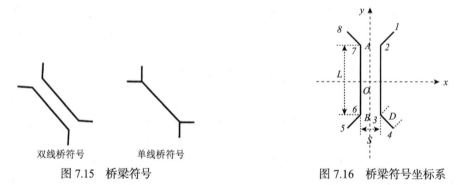

图 7.15　桥梁符号　　　　　　　　　　　图 7.16　桥梁符号坐标系

绘桥梁符号子程序可设计为 void HQL（M，x_A，y_A，x_B，y_B）。其中，M 为标志参数。$M=1$，绘单线桥；$M=2$，绘双线桥。x_A、y_A 为桥梁符号中心轴线上一端点的坐标，由数字化得到。x_B、y_B 为桥梁符号中心轴线上另一端点的坐标，由数字化得到。

参数计算公式为

$$\begin{cases} L = \sqrt{(x_B - x_A)^2 + (y_B - y_A)^2} \\ \sin\alpha = \dfrac{y_B - y_A}{L} \\ \cos\alpha = \dfrac{x_B - x_A}{L} \\ x_0 = \dfrac{x_A + x_B}{2} \\ y_0 = \dfrac{y_A + y_B}{2} \end{cases} \qquad (7\text{-}8)$$

桥梁符号中线段各端点坐标的计算公式为

$$\begin{cases} x_2 = \dfrac{S}{2} \\ y_2 = \dfrac{L}{2} \end{cases}$$　　　　　（7-9）

$$\begin{cases} x_1 = x_2 + D \cdot \sin \dfrac{\pi}{4} \\ y_1 = y_2 + D \cdot \cos \dfrac{\pi}{4} \end{cases}$$　　　　　（7-10）

其他各点的坐标均可根据各自与点1、点2的对称性求得。当 $M = 1$ 时，$S=0$，点2和点7，点3和点6分别合为一点。

将图形各点的坐标转换到图幅坐标系中（旋转、平移），其计算公式为

$$\begin{cases} x_i' = x_i \cdot \cos \alpha - y_i \cdot \sin \alpha + x_O \\ y_i' = x_i \cdot \sin \alpha + y_i \cdot \cos \alpha + y_O \end{cases}$$　　　　　（7-11）

计算法绘制点符号图形通常以符号图形各部分的尺寸作参数计算出符号图形各端点的坐标。一般来说，一个符号图形，需设计一个图形生成函数。

7.2.2　栅格方法

栅格技术途径有两个重要的技术前提。一个是分辨率，它对应于栅格像元的大小，也决定了栅格处理的一系列基本特性。由于计算机硬软件的发展，目前按要求来决定分辨率已没有太大困难。另一个是栅格坐标系统，过去传统的 Y 轴方向与人们习惯的空间坐标系方向相反，实质一样，但还是不方便，现使之统一于空间坐标系即 Y 轴方向向上，这时，矢、栅系统仅存在实数坐标和整数坐标概念差别，便于矢、栅统一。栅格符号库由于栅格绘图特点，一般不采用符号程序块的方法，大多仅采用符号信息块的方法。

栅格方法用一幅栅格位图来表示一个符号。点状符号空间内定义了定位点的特征点集。符号空间定义为能够足够表达最精细符号和实用中最大符号的尺寸空间，设为 $n \times n$ 栅格空间，其定位基准为：定位点及其定位轴，设其为 x_{01}，y_{01}。特征点集：$\{x_{ij}, y_{ij}, c_{ij}\}$。其中，$i$，$j=0$，$1$，$\cdots$，$n{-}1$；$c_{ij}$ 为符号空间中 i 列，j 行颜色码，显然，它们相对于定位点，其坐标为 $(x_{ij} - x_{01}, y_{ij} - y_{01})$。当符号为单色时，$c_{ij}$ 为0或1，当符号为16色混杂时，c_{ij} 为0或1或$\cdots$或15，也可为256色混杂，c_{ij} 则为0或$\cdots$或255。一般采用单纯色符号，供人机交互时调用，颜色使用时再选定。例如，（32×32）位位图大小为256K，（16×16）位位图大小为64K。点符号制作关键在丁位图定位点的确定及符号尺寸的设置，如图7.17所示。

（1）符号定位。符号定位点总是所设位图大小的几何质心。图7.17中心小黑点即为定位点。

（2）尺寸设置。在创建位图时，结合图式实际尺寸选取合适的位图大小（其宽、高能体现符号的形状和易于比例划分），然后合理分配各组合图的比例关系。

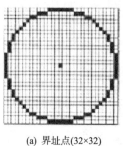
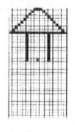

(a) 界址点(32×32)　　　　　　(b) 亭(21×41)

图 7.17　栅格点符的定位与尺寸设置

按照设定的尺寸存储每个点图形的数字图像，并将各个点图形的图像文件集中存放在约定的文件夹中。需要生成某个点图形时，可从点符号图像文件中读取该符号的栅格数据，在指定位置显示出符号图像。

如果要增加新的符号或删除旧的符号，只需将新符号的图像文件加入指定的文件夹中，或将文件夹中不要的点图形的图像文件删除即可。点图形的数字图像可通过扫描、绘图板绘图等方法建立。这种方法简单，不需要设计大量的图形处理程序，适用于大部分点图形，图像符号、图形符号、图文符号不论繁简都可以。栅格方法的优点是显示效果稳定，而且对于特定应用来说显示效果很好。但其缺点是栅格位图符号一般需要较大的存储容量，而且容量与位图大小成平方关系。栅格位图符号在进行缩放或旋转等操作时都会出现或多或少的失真，进而影响显示质量。这种方法生成的点图形经过变形处理（放大、旋转等）后，其图形效果欠佳。

7.2.3　图元组合法

图元组合法实质上是把信息块与程序法结合在一起，绘制组合式符号。图元组合法基于规则点图形由规则几何图形组合构成这一特点，采取分解组合的思想，把符号分解为"折线、圆、矩形、正三角形……"等各种图素，各种图素的使用采用信息块量参数，程序是由图素绘制程序所组合而成的。

首先，建立绘制各种基本图形的子函数，可称其为功能绘图子程序。然后，将若干个基本图形根据相互之间的位置关系组合在一起，即可得到相应的点符号图形。因此，在已有功能绘图程序的基础上，这类点图形的生成就归结为基本图形的组合及计算了。如果要增加符号，需设计相应的程序，对于用户来说不够方便。但如果是一种固定的应用，一旦各点图形生成程序设计完成，倒也是一劳永逸的事。

图元组合法最为重要的是图元组合关系的确定。用来构造点符号图形的图元除上面提到的基本图元：点、短直线、圆、圆弧、弓形、扇形、三角形、矩形、椭圆、文字外，为便于点图形编辑组合等，还把折线、曲线、多边形等也作为构造点符号的图元扩展进来，图元组合法的思路是对构造点符号图形的全部图元设计各图元生成函数。点符号图形的绘制通过组合调用所构成图元的生成程序来实现。

1. 点状图元结构

点、折线、圆、椭圆、圆弧、多边形等都是点状符号中常见的基本几何图形，它们不能再细分，因此可以把它们定义为图元。通过对地图图式中点状符号图形特点的分析，用来构造点状符号的基本图元包括以下几种类型：点、折线、多边形、曲线、圆、椭圆、弓形、扇形和文字。利用以上图元进行合理组合，基本上可以构造出地图图式中的所有点状符号，如水塔符号由三段竖直线、一段横直线、一个非填充矩形五个图元构成；港口符号由两个实填充圆、一段竖直线、一段横直线、一弧段五个图元构成。为应用方便，定义了以下 15 种常用的图元数据结构。

（1）点图元，存储定位点的横、纵坐标。

```
typedef struct _POINT
{
GB_TYPE GB_X， GB_Y；
} POINT2D，* PPOINT2D；
```

（2）折线图元，存储构成折线的节点串坐标及节点的个数。

```
typedef struct _LINESTRING
{
GB_TYPE * PGB_X，* PGB_Y；
__int32 i32_Pnum；
}LINESTRING，* PLINESTRING；
```

（3）线段图元，存储首、末节点坐标。

```
typedef struct _LINE
{
GB_TYPE PGB_X[2]，PGB_Y[2]；
}LINE，　* PUNE；
```

（4）多边形图元，同线串，注意首、末节点坐标相同。

```
typedef struct_LINESTRING POLYGON，* PPOLYGON；
```

（5）矩形图元，存储矩形图元的左上、右下节点坐标。

```
typedef struct _RECT
{
GB_TYPE GB_Left，GB_Top，GB_Right，GB_Bottom；
}RECT，* PRECT；
```

（6）椭圆图元，存储椭圆外接矩形左上、右下节点坐标。

```
typedef struct_ELLIPSE
{
GB_TYPE GB_Left，GB_Top，GB_Right，GB_Bottom；
}ELLIPSE，*PELLIPSE；
```

（7）圆弧图元，存储圆弧中心点坐标、圆半径，以及圆弧始、末角度。

```
typedef struct_ARC
{
GB_TYPE GB_CenterX，GB_CenterY，GB_Radius；
double df_StartA，df_EndA；
}ARC，*PARC；
```

（8）圆图元，存储圆中心点坐标、圆半径。

```
typedef struct_CIRCLE
{
GB_TYPE GB_CenterX，GB_CenterY，GB_Radius；
}CIRCLE，* PCIRCLE；
```

（9）椭圆弧图元，存储椭圆弧外接矩形左上、右下节点坐标，以及椭圆弧始、末角度。

```
typedef struct ELLIPSEARC
{
GB_TYPE GB_Left，GB_Top，GB_Right，GB_Bottom；
double df_StartA，df_EndA；
} ELLIPSE ARC，* PELLIPSE ARC；
```

（10）文字图元，存储文字内容、左上定位点坐标，以及旋转角度、错切角度。

```
typedef struct TEXT
{
TCHAR tsz_Text[128]；
GB_TYPE GB_Left，GB_Top；
double df_Rotate，d£_Extrusion；
}TEXT，*PTEXT；
```

（11）正多边形图元，存储外接圆圆心及边数，边数为正表示为正凸，否则为正凹。

```
typedef struct_JUSTYPOLYGON
{
GB.TYPE GB_CenterX，GB_CenterY；
__intl6 il6_SideNum；
}JUSTYPOLYGON，*PJUSTYPOLYGON；
```

（12）扇形图元，同圆弧描述。

```
typedef struct_CIRCLEWEDGE
{
GB_TYPE GB_CenterX，GB_CenterY，GB_Radius；
double df_StartA，df_EndA；
}CIRCLEWEDGE，*PCIRCLEWEDGE；
```

（13）弦形图元，同圆弧描述。

```
typedef struct_WEDGE
{
GB_TYPE GB_CenterX，GB_CenterY，GB_Radius；
double df_Start A，df_EndA；
} WEDGE，*PWEDGE；
```

（14）椭圆扇形图元，同椭圆弧描述。

```
typedef struct_ELLIPSEWEDGE1
{
```

GB_TYPE GB_Left，GB_Top，GB.Right，GB_Bottom；

double df_StartA»d£_EndA；

}ELLIPSEWEDGE1，*PELLIPSEWEDGE1；

（15）椭圆弦形图元，同椭圆弧描述。

typedef struct_ELLIPSEWEDGE2

{

GB_TYPE GB_Left，GB_Top，GB_Right，GB_Bottom；

double df_Rotate，df_Start A，df_EndA；

}ELLIPSEWEDGE2，*PELLIPSEWEDGE2；

GB_TYPE 可以根据用户要求的精度不同，替换为具体的数据类型，如 Double 或 Hoat 等。

2. 图元组合方式

图元之间组合的操作主要体现在相互位置关系的确定上。由于在组合式符号的设计中，图元的变量标志或者定位标志都只是某个图元本身属性的确定，因而，把握图元之间多变的关系，并充分将图元之间各种可能的关系总结出来，才是决定图元组合的重点。通过对现有点状符号集的分析，将图元间的关系总结为两种方式（图 7.18）：一是矩形方式的 9 个位置；二是圆形方式的 4 个位置。这两种方式建立在直角坐标系方式（x，y）和极坐标系方式（ρ，θ）的基础上，能够基本概括图元间组合时出现的各种关系，如图 7.18 所示。

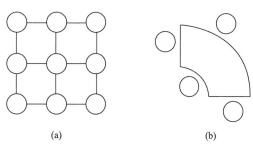

图 7.18　图元之间的组合关系

矩形组合方式是使后一个图元的定位点可以放在前一个图元外接矩形的左上方、正上方、右上方、正左方、正中间、正右方、左下方、正下方、右下方这 9 个位置中的任何一个位置，再由后一个图元本身的平移参数、旋转角度精确固定该图元与前一个图元之间的相互距离、方位。

圆形组合方式一般适用于结构圆、玫瑰图之类的符号，圆、扇形、扇环这些图元间的组合关系多采用这种方式，这种方式多与矩形方式的正中间组合结合使用，可以使后一个图元相对于前一个图元的位置是基于同一个圆心的逆时针旋转方向（旋转角度可以是零度或者前一个图元的圆心角）、沿半径向圆心方向、沿半径背向圆心方向。

以图 7.19 所示符号为例，该符号由基本图元矩形和圆组成。假设矩形图元的位置、大小都已经固定，它就可以作为圆图元的参考图元，圆图元的位置是通过与它的相互关系来确定的。这里，圆图元的定位点暂时设置在它外接矩形的左下方，按照矩形组合方式将圆图元与矩形图元进行如图 7.20 所示的 9 种组合（假设现在圆图元的平移参数 x 和 y 值均为 0）。

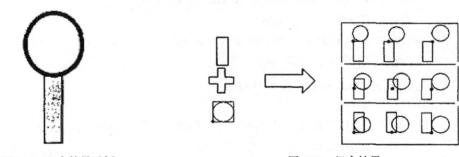

图 7.19　组合符号示例　　　　　　　　　　图 7.20　组合结果

从图 7.20 可以看出，组合结果有 9 种符号，其中将圆图元放在矩形图元的右下方组合而成的符号是平常使用较多的一种样式。如果改变圆图元的定位点，圆图元和矩形图元的组合会出现更多形式。对于这样简单的两个图元，有了定义的组合关系后，它们就可以衍生出相当多的符号供用户选择。

7.3　点状符号库建立与管理

通常将图元调用、组合、符号生成、存入符号库，以及符号的编辑修改、符号的增加等功能设计成一个软件工具的形式提供给用户，称为图元工具法。在这种方法中图元的生成也采用不同的方法：矢量图形法或栅格图像法。

点状符号将符号信息以数据块的形式存储在磁盘文件中或数据库中，可以方便地实现符号的数据管理和维护功能。而当一个符号要显示时，可以从数据库或文件中读取该符号的数据块，然后交由统一的绘制模块实现符号的绘制。这样做的好处是符号的绘制接口实现了统一，当要增加新的符号时只要重新设计新符号的数据块即可，而绘制接口不变，这样上层使用新符号时并不需要改动任何代码。

7.3.1　点状符号库组成

在基本图元的关系确定后，符号与图元的关系也可以确定下来，即符号是图元的集合，而符号库则是符号的集合。其集合关系为：符号库={符号}；符号=编码+显示比例尺+{图元}；图元=编码+{参数}。其中，每个符号绑定一个比例尺参数，用处是把符号的显示与系统显示比例尺挂钩，系统在不同显示比例尺下显示不同的符号。

1. 点状符号库组织

点状符号库包含了两个部分：点状符号的描述信息参数集和点状符号中图元的绘制程序。点状符号的符号描述信息是可以定义的。显然，构成点状符号的图元个数对于某一个特定符号来说是个实数。符号的描述信息则表现为各图元与符号定位点之间的关系，它通过图元的各控制点（如多边形的角点、圆的圆心和线段的端点）与符号定位点的关系反映出来。对于方向可变的点状符号（如桥梁），符号描述信息还应包含各图元与符号方向线（符号定位点与方向点的连线）的关系，这一关系也可通过图元控制点与符号方向线间的关系间接表示出来。点状符号参数集的结构，即点状符号库的数据存储结构，如图 7.21 所示。

图 7.21　点状符号库的数据存储结构

在绘制点状符号时，只需根据数据文件中的符号代码、定位点坐标、符号尺寸、符号色彩等信息，将符号库中相应符号的尺寸变换为所需要的尺寸，然后把基于定位基准的点坐标加上定位坐标（x_0, y_0）配置到地图空间即可。

这样建立起来的点状符号库可在地图信息的表达中灵活运用，这种符号设计方法是地图符号设计的一种趋势。具体的符号库管理标准如表 7.1 所示。

表 7.1　符号库管理标准

定义	所需空间/字节	说明
文件标识	3	字符变量，恒为 "SYB"，表示文件类型为符号
图元数	4	整数，表示库文件中符号的个数
符号名 1	21	字符变量，符号名称，最多 20 字节
图元数	4	整数，表示本符号的组成图元个数
图元标识 1	1	字符，1~15 标识图元类型，对应于以上描述的图元结构，16 表示本图元为符号
备用	21	字符变量，符号名称，最多 20 字节，仅当图元标识为 16 时才有意义
图元数据区	不定	根据具体的图元标识，具体解释
符号外观描述	64	线型、线宽、填充色、填充模板名，可根据需要自己定义
符号名 2	…	…
⋮	⋮	⋮
符号名 m	…	…

2. 点状符号库调用接口

接口是指在开发前规定好的一组标准，设计者按照这组标准进行模块间的通信和访问功能，并各自衔接。接口的实现比较灵活，关键在于约束条件的确定，根据需要，这些约束条件可以是函数，如根据图元的不同，可以为其功能函数拟订名称及传递参数。根据以上约束，给出图元操作接口（各个功能的函数命名、传递参数、返回值类型），如表 7.2 所示。

表 7.2　图元操作接口

功能名	函数设置	说明
绘制	Void DrawPoint（HDC Hdc, float f_Scale,　float f_OrgX,　float f_OrgY）	HDC 绘图板，f_Scale 为当前显示比例，f_OrgX、f_OrgY 为显示原点
移动	void Move（GB_POINT p）	p 为新位置的坐标，用户坐标
存取	void SaveTo（FILE *fp）	fp 为存文件指针
是否选中	BOOL Catch（GB_POINT po）	po 为判断点，返回值为真表示选中，否则为未选中
…	…	…

面向对象的程序设计语言支持"对象接口"技术。例如，C++语言就可以通过虚函数实现接口。

定义类 IF_Base 及继承类 Line 如下。

class IF_Base

{

public：

void Draw（void）； virtual void DrawIF（void）；

};

class Line：public IF_Base

{

public：

void Draw（void）； virtual void DrawIF（void）；

};

由于在 IF_Base 中声明 DrawIF 为 virtual 类型，所以 DrawIF 函数在应用中会起到接口效果，如

IF_Base MyBase；

IF_Base *PmyBase；

Line   MyLine；

…

若 PmyBase=&MyBase，PmyBase→Draw（）调用 IF_Base 类中的函数 Draw，PmyBase→DrawIF（）也调用 IF_Base 类中的函数 Draw。

若 PmyBase=&MyLine，由于 Draw（）函数不是接口，PmyBase 的作用域为 IF_Base，则 PmyBase→Draw（）调用 IF_Base 类中的函数 Draw（）；由于 DrawIF 声明为接口，PmyBase→DrawIF（）调用的则是类继承体系中最后的接口实现，即调用 Line 类中的函数 DrawIF（）。

7.3.2 点状符号库管理

点状地理空间图形符号具有一些通用特征，符号的图形样式固定，不随位置而改变，且符号可以由一些图元构成。因此，点状地图符号其实可以看做图元的组合，完全可以通过成熟的商品化 CAD 软件进行图形描述，并通过标准的文件存储格式进行数字化管理。因而，点状符号的设计可以采用设计、存储、应用分离的方式完成，即通过专门的软件设计符号图形，形成通用符号库文件，再通过专用的软件接口访问符号库以显示地图符号，这种方式称为通用符号库法。通用符号库法需要三部分内容的支持，即图形设计工具、符号库管理标准、符号调用接口。

图形设计工具提供给符号设计者强大、丰富的基本图形元素生成和修改工具，如自由绘制或定制方式的折线、圆弧、曲线、文字、多边形等生成，以及图形旋转、比例、镜向、拉伸、移动、节点修改等功能，以完成特定的地图符号设计、修改、存储过程。实质上，一个标准的 CAD 软件，其提供的图元生成工具数量、交互设计手段决定了地图符号设计的难度及效率。又由于地图本身的图形性质决定了它需要专门的地图 CAD 系统对数字地图进行采

集、编辑、管理，因此图形设计工具完全可以直接借用地图 CAD 系统提供的丰富功能，进行符号设计与配置。而从图形性质上考虑，符号与数字地图数据都可以看做是图元或图元的组合，不存在本质差别，可以统一设计、编辑、管理，以形成一体化的地图 CAD 系统。

符号库管理标准是设计与应用间的桥梁，它以数字化方式集中存储、管理地图符号的描述信息，确保对符号描述的一致性，在应用时避免出现二义性，并且通过标准也易于达成共识并形成约束，减少应用及再开发的难度。符号库管理标准一般应与专用图形设计工具、符号调用接口联合使用，以确保符号从设计到应用的一致性。如果将管理标准公开，用户也可根据标准进行符号插件开发，将其融入其他第三方图形设计或地理信息系统中。

符号调用接口为用户二次开发提供了图元数据读写、绘制等基本功能，用户可将它镶嵌进系统进行地图符号显示。

7.4 点状地理数据可视化系统

点状地理数据可视化就是利用地理空间数据库中有关点状分布的地理要素的分类分级编码，以及相应的属性数据和要素实体抽象后得到的定位坐标数据，根据分类分级编码和相应点状符号库编码，利用点状符号可视化软件，形成地理空间内图形符号模型的过程。

7.4.1 点状地理数据可视化软件结构

点状地理数据可视化主要包括三个部分：地图符号系统模块、矢量空间数据组织与快速调度模块和矢量空间数据符号化显示模块，如图 7.22 所示。

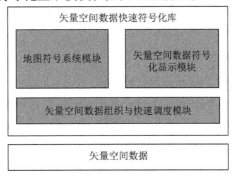

图 7.22 点状符号化过程流程图

地图符号系统模块负责地图符号的编辑、符号库的管理、符号的选取、符号绘制等操作（7.3 节已介绍），点状符号系统模块应用了面向对象技术和设计模式，使整个符号系统具有良好的易维护性、重用性和可扩展性。

矢量空间数据组织与快速调度模块，负责所有矢量数据的读取、存储、组织、索引、调度等操作，使用了内存映射、逻辑网格分块、要素分级、空间数据索引，实现了海量矢量空间数据的快速调度。

空间数据符号化显示模块负责将空间数据用地图符号进行渲染绘制及相关的显示控制，使用了双缓冲技术、坐标转换算法，以及基于局部重绘的平移刷新机制，进一步提高了矢量空间数据符号化显示时的效率。

7.4.2　点状地理数据调度与处理模块

矢量空间数据的组织和调度直接影响整个符号化显示的效率，建立快速有效的调度机制以提高可视化效率，需有效组织复杂而庞大的矢量空间数据。内存映射、逻辑网格、要素分级、中间文件、四叉树索引、高速缓存等技术使得系统在矢量空间数据要素获取和处理上有很高的效率。整个矢量空间数据的调度策略可以用图 7.23 来表示。

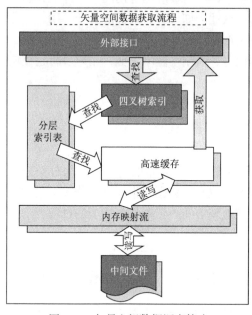

图 7.23　矢量空间数据调度策略

1. 空间数据组织

矢量空间数据的有效组织是实现数据快速查询和获取的基础，这里提出了一套基于内存映射、逻辑网格分块、要素分级、自定义格式中间文件的矢量空间数据组织策略。

1）内存映射

随着 GIS 的蓬勃发展，矢量空间数据的积累越来越多，数据量越来越大，从原来的几兆[1 兆（MB）=1024KB]、几十兆到目前的几百兆、几吉[1 吉（GB）= 1024MB]、几十吉。面对如此之大的数据量甚至今后可能出现的海量数据，提供有效的访问支持是整个矢量空间数据组织甚至整个系统设计时必须首先考虑的问题。普通的文件读写方法如 Win32API 提供的 ReadFile（）、WriteFile（）或者 MFC 提供的 CFile 类等都只能有效访问磁盘文件中前（2^{31}-1）约 2GB 字节的数据，其原因是上述方法中所包含的文件指针是 Long 型的，其寻址范围只有（2^{31}-1）字节。而内存映射则用两个 DWord 类型的参数来表示指针的偏移量，所以其可以访问最大约 16EB（1EB=1024TB，1TB=1024GB）的文件，这样几乎可以处理目前所有的海量矢量空间数据。

内存映射技术的实现步骤如下。

第一步：用 CreateFile（）函数来创建或打开一个文件内核对象，这个对象标识了磁盘上将要用作内存映射文件的文件。

第二步：通过 CreateFileMapPing（）函数来创建一个文件映射内核对象以告诉操作系统文件的尺寸及访问文件的方式。

第三步：用 MapViewOfFile（）函数来将文件映射对象的全部或部分映射到进程地址空间。在 32 位系统中每个进程拥有属于自己的 4GB 的逻辑地址空间，其中高 2GB 地址空间用于系统使用，低 2GB 地址空间用于进程使用，所以每次映射的最大数据量也只有 2GB，这一点也可以解释为何 MapViewOfFile（）函数中表示映射数据大小的参数 dwNumberOfBytesToMap 的类型是 DWord。

第四步：在完成对内存映射文件的使用后通过 UnmapViewOfFile（）完成从进程地址空间撤销文件数据的映射。

第五步：通过 CloseHandle（）函数关闭所创建的文件映射对象和文件对象。

2）逻辑网格分块

通常使用文件进行地图数据管理有两种方式：一种是直接将整个数据文件读入内存，然后在内存中获取相关的数据。这种方式针对小数据量可以实现全部导入内存，但当数据量大时就行不通了，即便能够全部导入内存往往也是对内存资源的一种浪费。因为在对矢量空间数据符号化显示时，处于当前视图区域的数据往往只是部分数据而不是全部数据。另一种是将地图数据进行物理分块存储，每次加载时都以块为单位，其优点是有效节省了内存开销，可以支持大数据量文件。但是，每次获取数据都要重新读取文件，这样频繁的 I/O 操作降低了整个系统的性能。另外，对于栅格数据来说可以进行物理分块，但对于矢量空间数据来说物理分块严重破坏了原有数据的完整性，是不可行的。面向矢量空间数据的逻辑网格分块策略可解决上述两个弊端。首先只是在逻辑上将整个图幅分割成大小相等的若干区块，然后配合空间索引技术，将区块与其所包含的空间要素关联起来。在数据加载时先根据当前视图的显示范围从空间索引中找到所覆盖的区块，再根据区块中所存储的空间要素的相关信息到文件中读取对应的数据。

3）图层管理

一幅地图往往对应几个拥有相同地理范围的图层，如图 7.24 所示。

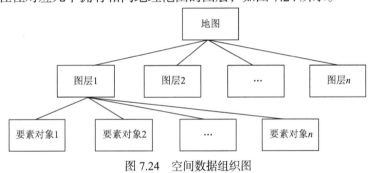

图 7.24　空间数据组织图

每一个图层对象都应该包含分层索引列表、当前符号化的矢量空间要素列表及相应的地图符号对象。

2. 点状地理数据分类分级

1）要素分级

呈点状分布的地理要素的数据表达非常丰富。受人类眼睛感知、可视化尺度、幅面（显示屏和绘图纸张）等制约，点状地理数据可视化信息量有限。点状地理数据分类分级是将详细的地理数据进行分类分级、概括化、抽象化的过程。根据点状地理要素数据中属性值来选择设置地图符号，利用不同形状、大小、颜色、图案的符号来表达不同的要素，尽量能够反映出地图要素的数量或者质量的差异。其目的是将具有相同属性值和不同属性值的要素分开，属性值相同或相近地理要素采用相同的符号，属性值不同的采用不同的符号。

2）要素分层

细节的分层显示（LOD）最早用于计算机三维图形学中。在某一特定比例下，用户只关心某些特定的地理要素而不是全部地理要素，很多情况下并不是越全越好，有时显示的地理要素太多反而会掩盖掉重要的信息。在显示比例放大时，用户希望逐渐看到更细节的地理要素，而当显示比例缩小时，则希望看到主要的能代表整体特征的要素——这完全符合 LOD 的思想。基于 LOD 思想的要素分级：按重要程度不同将地理要素划分为不同等级（可参考数字地图要素的分级规范），在符号化时按照显示等级来判断是否绘制，这样可以达到放得越大，看得越精细的目的，同时也提高了符号化的效率。在实际存储时需给要素对象建立相应的分层索引表。

3. 中间文件

矢量空间数据的格式多样，为了实现对多种矢量空间数据格式的支持及快速获取相应空间数据的需要，建立了基于逻辑网格分块、要素分级、空间索引等技术的内部中间文件格式。该格式包括两个文件：矢量空间数据文件和索引文件。外部的矢量空间数据在读取后首先转化成内部自定义格式的中间文件（图 7.25），之后的符号化操作或其他的数据处理操作都是基于中间文件进行的。在数据组织和快速调度模块中专门有一个模块负责矢量空间数据格式的解析工作，负责将外部其他数据格式转换成中间文件，或者将中间文件转成其他外部文件格式。这样做的目的是避免在整个库的开发过程中针对不同格式的矢量空间数据都进行相应的代码开发，减少不必要的重复劳动，使得后续的开发工作只需专注于一种数据格式即中间文件的开发即可。如果将来要在此库中增加对新的外部文件格式的支持，只需在格式解析模块中增加对新文件格式的支持，而任何上层的代码都无需改动，大大提高了代码的重用性和本库的适应性。常用的矢量空间数据有 Arc/Info 的 Coverage、E00 格式，ArcView 的 SHP 格式，MapInfo 的 MIF 格式和 MID 格式，AutoCAD 的 DXF、DWG 格式，Microstation 的 DGN 格式等。

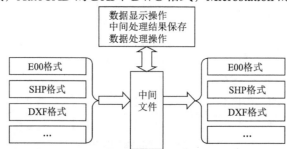

图 7.25　自定义格式中间文件

采用中间文件技术可以很好地将矢量空间数据的符号化显示和数据处理等核心处理部分与数据格式进行隔离，这也充分体现了面向对象的程序设计思想，提高了系统开发的效率，减少了出错的可能性，同时使整个系统更具扩展性和生命力。

4. 高速缓存

1）缓存模型

相对于内存数据传输速度，磁盘的传输速度要慢得多，无论是地图显示漫游还是对地图进行各种处理，都要求更快的速度，特别是地图的实时显示。为了减少对磁盘的 I/O 操作，加快系统的处理速度，可以先将要处理的数据从磁盘读取到一块特定的内存即高速缓存中。每次程序获取数据时都先到高速缓存中查找，如果高速缓存中有当前所需的数据就直接从缓存中读出，如果没有再到磁盘上读取数据，并同时添加到高速缓存中。高速缓存的引入改善了大量数据传输而造成的系统性能瓶颈。

高速缓存是针对矢量空间要素的，在内存中开辟一块专用空间用一个名为 Cache 的内存队列来保存这些空间要素对象。高速缓存中数据的调入与换出很类似于操作系统的页面调度，为了取得更高的缓存命中率，减少地图操作过程中直接对磁盘的 I/O 操作，取得更佳的地图浏览和处理速度，可利用操作系统页面调度算法（least recently used，LRU）来调度高速缓存中的数据——当要换出数据时选择换出那些较长时间没有使用的空间要素对象。为了进一步降低刚刚被清除的空间要素可能会被马上调回的时间损耗，可在高速缓存中除了主缓存 Cache 队列外，增加 Clean Buffer 和 Dirty Buffer 两个 Buffer 队列。分别用于暂时保存从 Cache 队列中淘汰出来的未修改过的空间要素对象和已修改过的空间要素对象，如果这些要素对象再次被用到则可以从 Buffer 队列里换回到 Cache 中。由于 Buffer 中的数据本身还在内存中并未真正清除掉或保存回磁盘，所以取回的代价是很小的。高速缓存的模型如图 7.26 所示。

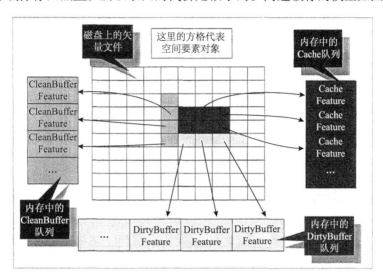

图 7.26　高速缓存模型

2）操作系统页调度算法

操作系统中的页调度原理：在发生页面故障时，操作系统必须从内存中选择一个页删除掉以便为即将被调入的页让出空间。如果要被删除的页在内存期间已经被修改过，就必须把它写回磁盘以更新该页在磁盘上的拷贝；如果这个页没有被修改过，那么它在磁盘上的拷贝已经是最新的了，因此不需要写回，要读入的页直接覆盖被淘汰的页就可以了。

常见的操作系统页调度算法有：

（1）先进先出调度算法（first in first out，FIFO），根据页面进入内存的时间先后选择淘汰页面，淘汰在内存中驻留时间最长的页面。

（2）最近最久未使用调度算法（least recently used，LRU），赋予每个页面一个访问字段，记录该页面自上次被访问依赖的时间 T，当须淘汰一个页面时，淘汰现有页面中 T 值最大的页面，即淘汰最久未使用的页面。

（3）最近最常使用调度算法（most recently used，MRU），赋予每个页面一个访问字段，记录该页面自上次被访问依赖经历的时间 T，当须淘汰一个页面时，淘汰现有页面中 T 值最小的页面，即淘汰最近时间内使用多的页面。

（4）使用频率最低调度算法（least frequently used，LFU），淘汰内存中访问次数最少的页面。

根据地图显示的特点，用户感兴趣的数据常常集中在某些特定的区块，这些区块中的空间要素对象更容易被重复访问，所以应该在内存中驻留的时间更久，因此可选择 LRU 算法作为系统高速缓存中的调度算法。

3）多线程后台调度

由于 CPU 的处理速度比内存和磁盘的访问速度要快很多，所以用户在对地图进行浏览或处理时，CPU 有很多时间是空闲的。可以利用这部分 CPU 闲置的时间，运用多线程技术做一些高速缓存中数据的调度工作，如清除 Clean-Buffer 中的要素对象、回写 DirtyBuffer 中的要素对象等。整个系统中除了处理请求的主线程之外，还包括三个后台线程。

（1）CacheFeatureswapThread，此线程负责在空闲内存不足的情况下清理最少使用的空间要素对象，释放内存空间，从而使空闲内存空间处于一个比较平衡的状态，不至于出现系统负载严重超支和系统颠簸等状态，使得整个地图的漫游浏览更加流畅。

（2）CleanBuffersw 即 ThLread，此线程负责在后台换出 CleanBuffer 队列中的要素对象，并删除，只是在系统空闲的时候进行清洗工作。

（3）DirtyBufferswapThread，此线程负责在后台将 DirtyBuffe 队列中的要素对象，即被修改过的空间要素对象回写到磁盘文件中，这个过程叫回写，然后将回写后的要素对象转移到 CleanBuffe 队列中，这样使得被修改过的空间要素对象更不容易被清洗掉，只在系统空闲的时候进行被修改要素对象的回写和换出工作。

7.4.3　点状地理数据可视化控制

1. 符号化参数表

符号库中存储的符号是固定形态的，可是被使用到地图上进行符号化时，必须根据地理要素的使用情况不同对符号的属性参数进行动态更改，也就是说，只有配置了这些独特属性参数的地图符号才是该地图要素用于符号化的符号。以往的符号化方法通常通过符号化参数表的形式建立起符号库中的地图符号与地图要素之间的联系，如图 7.27 所示。

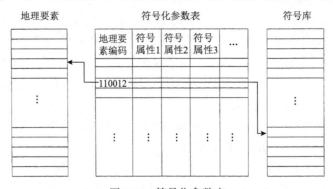

图 7.27　符号化参数表

但是，这种参数表的形式没有将符号、绘制参数与地理要素绑定起来，而是通过一张中间索引表联系起来，一旦符号库发生变更或者参数表丢失，就会使矢量空间数据无法正确符号化。

2. 可视化显示控制

为了提高地图在缩放、漫游浏览时的刷新效果和效率，对矢量空间数据的绘制渲染和显示进行统一管理，使用内部应用双缓冲技术（double buffering）来解决屏幕刷新时的闪烁问题，以及基于局部重绘机制的地图漫游刷新策略，从屏幕显示方面进一步提高矢量地图漫游浏览时的显示速度。

3. 局部重绘平移刷新

在地图漫游时的平移操作，很大程度上有部分区域是跟平移前重复的，如图 7.28 所示，区域 A 平移前后都处于当前显示区域内，按传统的做法，A 内所有的地物都要重新绘制。在地图缩放比例较小，A 内地物非常多的情况下，重新绘制是非常耗时的，会严重影响平移浏览的显示效果。为了提高平移显示时的刷新速度，可以不采取全部地物重新绘制的方法，而仅仅重新绘制新进入显示区域 B 中的地物，而 A 区域中的图像可以由平移前的内存 DC 中的图像直接贴图到当前显示的屏幕 DC 中，这样能大大提高平移显示的速度。当然在缩放比例较大，需显示的地物数量不多的情况下，该方法并无什么优势，反而比全区域重绘慢，原因是 B 区域不是规则的矩形，在空间索引时需拆分成两个矩形，进行两次索引和绘制的操作，因此需根据具体情况选择不同的绘制方式。

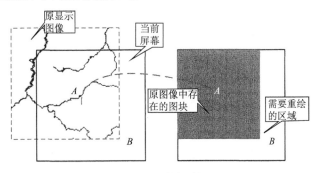

图 7.28　平移刷新

4. 点状符号绘制调用

从软件使用的目的考虑，系统能够显示所处理的图形，并能够对图形进行放大、缩小、漫游等操作。基于需求，工具编码之前需要拟订详细的图元接口，以利于联合工作与系统集成的同步展开。这些接口主要有三类：

（1）交互接口。用于实现交互工具管理、交互信息发送、交互动作，完成图形操作。

（2）图元管理接口。实现对图元的对象控制、命令传达，如发送线图元的旋转命令、移动命令等。

（3）界面控制接口。实现工具、图元、操作与界面间的平滑连接。图 7.29 为 C++语言的接口实现图。

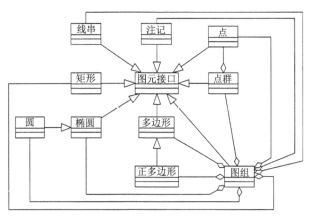

图 7.29　图元接口实现

5. 点符号注记配置

注记是用于配合地理图形说明目标的名称、数量、质量特征，是地理空间信息可视化表达不可缺少的重要内容。注记按照说明的目标内容不同可分为名称注记（或称地名注记）和属性（包括数量和质量）注记（或称说明注记），如街道名、河流名等为名称注记，它们标识了目标的名称；水库蓄水量、路面性质等说明了目标的数量、质量特征。

在可视化显示时，一般对注记配置有如下要求：①注记位置合适，能明确指示图形目标，不易产生异议。或者说，注记应尽量靠近被说明目标的符号图形。②注记的配置应配合各类目标图形反映图形对象的空间分布特征。③注记不应压盖图形或图形的特征部位。④注记间不相互压盖。

点图形注记配置的适宜位置及选择顺序如图 7.30 所示，可以有 8 个方向。注记图形的位置选在目标图形的右或上侧更合适，这样当图形缩放时更能保证图形与注记之间的位置关系。

选择注记的配置方向后，由目标图形的定位点、配置方向和注记偏离图形的距离等参数可以方便地计算出注记的定位点坐标。但考虑注记与其他目标图形和其他注记的关系，即对注记压盖的判断和处理，使注记与点图形和已配置的注记不产生压盖成为难点。可以把每个点图形和已配置的注记图形在图面上所占据的空间位置记录下来，在配置一个新的注记时，按图 7.30 的配置顺序计算一个注记位置就与之前记录的图面已占用的空间位置做比较，如该位置已被占用，则计算下一个位置再做比较，直到找到一个没有压盖的位置，并将此注记所占空间位置记录下来。按目标的重要性顺序配置注记，可以提高注记配置的合理性。若找不到空白的配置位置，也只能出现注记压盖的情况，留待后续交互编辑时处理。

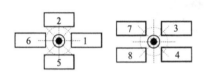

图 7.30　点图形注记的配置

第八章　线状地物数据可视化

线状地物是空间上沿某个方向延伸的线状或带状有序的地理现象，如河流、交通线、分界线、海岸线和等值线等。线状地物（线状实体）在地图上抽象为线状图形（线状符号）表示。线状符号是长度在地图上依比例尺表示而宽度不依比例尺表示的符号。它表示呈固定线状分布的地理事物现象的质量与数量特征，描述物体的类别、位置特征及物体的等级。线状地物的定位线可为直线、弧线、折线或自由曲线。线状地物在计算机内抽象离散为中心线的有序的点集序列，表示线状物体现象的实际位置和几何走向。线状地物数据可视化就是将线状地物有序的点集序列转化为地图符号模型的过程，利用线状符号的线型、图案、尺寸、颜色等表示线状实体的地物或现象的真实位置和类别、等级等属性特征。

8.1　线状符号概述

8.1.1　线状地物表示方法

1. 线状地物地图表示

地理环境中，空间形态呈现为线状或带状延伸的地物，如河流、道路网和境界线等，经地图概括后，大部分其宽度不能依比例尺表示，需要进行适当的夸大，地图上只是保留其空间延伸的路径信息。线状符号的形状和颜色表示事物的质量特征，其宽度往往反映事物的等级或数值（图8.1）。这类符号能表示事物的分布位置、延伸形态和长度，但不能表示其宽度，一般又称为半依比例符号。

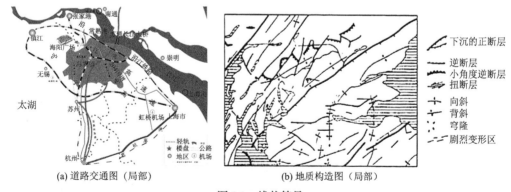

(a) 道路交通图（局部）　　　(b) 地质构造图（局部）

图 8.1　线状符号

线状符号表现形式包括单线、平行双线、实线、虚线、渐变线、指向线、对称和非对称线划。其中，虚线常常用于表示非实体、不稳固、未完成、暂时性的事物，如行政边界线、在建公路、时令河等；而指向线、非对称性符号往往对线状地物的状态具有特定的含义，如指明河流的流向、地面的陡降方向等。这是线状符号的基本应用。

颜色变量主要以色相分量变化体现在线状符号的定性显示中。色相分量与形状变量同样具有区别质量特征的显著差异效果。同时，往往以两者的结合，形成区别多种质量特征的组合。例如，在普通地图中，常以蓝色实线、虚线与渐变线表示各种水系，以黑色点划线、虚线表示不同的行政界线，以黑色和棕色表示各类级公路等。比例尺不同，线状符号宽度有所变化，为达到要求的视觉分辨程度，色相分量与形状变量在区别质量特征时，应居于不同的层次。线划较粗时，常以色相分量为主，形状变量次之；线划较细时，则相反。

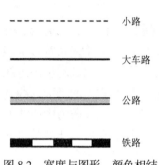

图 8.2　宽度与图形、颜色相结合的线状符号

线状符号的尺寸即宽度变化也可体现制图数据的质量差异，如以渐变线表示流量和河床渐宽河流，配合形状及色相不同的符号分别表示铁路、公路、大车路及小路等（图 8.2）。

线状符号形状的连续变化，可以产生实线和间断线，也可以用叠加、组合和定向构成一个相互联系的线状符号系列。线状符号的变化也不限于一种变量，尺寸变量参与了线状符号的变异。

2. 线状地物数据表示

线状地物数据是指用来表示线状地物或现象的位置、形状、大小及其分布特征诸多方面信息的数据，它可以用来描述来自现实世界的目标，具有定位、定性、时间和空间关系等特性。

1）定位线

目前，对线状地物的定位线还没有一个准确的表达式加以描述。计算机中线状物体的定位线用直线段来逼近，通常保存其特征点（不是保存定位线上所有点，因为那样不仅占用大量存储空间，还降低了计算机的处理效率）。定位线以结点为起止点，中间点为一串有序坐标对 (x, y)，用直线段连接这些坐标对，近似地逼近了一条线状地物及其形状，如图 8.3 所示。定位线可以看做点的集合，记为 $P\{x, y\}n$，n 表示点的个数。特殊情况下，线状地物用 $P\{x, y\}n$ 作为已知点所建立的函数来逼近，利用已知点采用一种数学方法进行插值加密，即光滑处理。

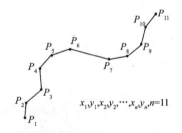

$$x_1 y_1, x_2 y_2, \cdots, x_n y_n, n=11$$

图 8.3　线状地物定位线表示

2）线状地物的属性描述

与线状地物有关的描述性属性，在计算机中的存储方式是与坐标的存储方式相似的，属性是以一组数字或字符的形式存储的。例如，表示道路的一组线的属性包括：道路类型，如高速公路、主要公路、次要公路、街区道路；路面材料，如混凝土、柏油、块石；路面宽度，如 12m；行车道数，如 4 道；道路名称，如中原路。

每个地理实体对应一个坐标对序列和一组属性值。为了使坐标和属性建立关系，坐标记录块和属性记录共享一个公共的信息——用户识别号。该识别号将属性与几何特征联系起来。

8.1.2　线状符号特点与分类

地图中线状符号用来表示地图上长度依比例而宽度不依比例的顺着线状延伸分布的地物，如道路、河流、境界、管线等。

1. 线状符号特点

线状符号具有以下特点。

（1）线状符号都有一条有形或无形的定位线。这条定位线表达了地物或现象的真实位置。大部分线状符号的定位线位于线符的中心线的位置上，如公路、铁路等；部分线符的定位线偏离中心线的位置，如陡崖等。

（2）线状符号通常由线状符号图形、文字和数字注记所组成。文字和数字注记的作用是进一步说明地物或现象的质量和数量差别。

（3）线状符号的定位线有的呈曲线，如等高线、河流等，有的呈折线，如电压线、管网、道路等。

（4）线状符号的图形多数是重复出现的串性组合的图形，即每一段图形都是相同的，也就是说，线状符号能分解为一组图形符号（基本线符单元）重复串接配置。基本线符单元是指图形基本元素中线条的组成和显示方式，是由点、横线、空格等图元按一定规律重复出现而形成的图案，只是其弯曲形状随所在定位线的弯曲形状变化而已。可以给每段命名为基本线符单元，少数符号的基本线符单元的长度和宽度是变化的，如单线河，其粗度随长度而变化。

（5）线状符号的图形又可以划分为若干个基本图形，也就是说，每条线符都是若干个基本图形组合起来的，如虚线是由短直线和空白段组合而成的，双线铁路由平行线、相间的黑白粗线段和垂直于定位线的平行短线所组成。

（6）线符常有附属物与其配合，如路堑、路堤、行树、桥梁和涵洞等。

（7）构成线状符号的符号变量一般是形状、色彩、尺寸和图案。形状和色彩变量用来表示物体的质量差别，尺寸变量用来表示物体的数量差别。

2. 线状符号分类

呈现为线状的空间信息，存在位置和状态的特征差异。按定位特征有精确定位和概略定位两种。按状态特征又可分为静态和动态两种。状态上的差异形成不同的符号表达方式和含义。

（1）精确定位。具有明确且稳定空间路径的线状现象，可依据空间坐标严格定位，如经纬线、境界线、铁路、油气管线、线性构造等。在地图上表示为以中心线或轴线定位的半依比例尺线状符号，符号宽度表示属性特征差异，但不代表实际的宽度。按图形特征可分为对称和非对称两类符号（图8.4）。

（2）概略定位。在一定范围内呈动态变化的线状现象或不易明确路径的移动现象，可依据其变化范围的平均位置或延伸趋势概略定位，如洋流、台风路径、人口迁徙等。其线状符号的图上坐标不具有量测或实际的定位意义，符号图形带有示意性（图8.5）。

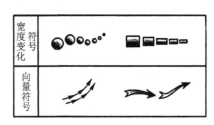

图8.4 定位的对称与非对称线状符号　　　　图8.5 概略定位的线状符号

（3）静态。常规状态相对稳定或静止的线状现象，如常年河、道路、边界线、管线、地质构造等，通常以线状符号的形状和颜色表示其质量特征，以中心线或轴线表示空间定位，也可以符号宽度表示定量特征。这种符号的组合称为线状符号法。

（4）动态。指沿一定路径、趋势移动、变化的线状现象或变动状态，如货物流通、动物迁徙、大气运动等。在地图上的表示通常以具有指向性的线状符号（带方向箭头，也称向量符号，如图 8.5 所示）为典型特征。

8.1.3　线状符号的构造原理

线状符号可分为两大类：非规则线状符号和规则线状符号。规则线状符号可以看成是一个基本线符单元按一定间隔沿一定位线顺序排列而成。否则，就看成是非规则线状符号，如黑白相间的铁路符号可看成是规则线状符号，但是，由实三角形任意沿线排列而成的石质陡崖符号可看成是非规则线状符号。这里所讲的规则与不规则的关键是线状符号能否看成是由有限的几个图案单元沿定位线按一致的顺序排列而成。

1. 非规则线状符号

非规则线状符号中的图案单元和排列方式是随机的，图案的形状、大小等可以随时发生变化，图案在定位线上的排列间隔和定位线的关系也随时发生变化。非规则线状符号看成是在视觉上可接受的随机图案单元按定位线的特征分布的一种图案。非规则线状符号可能是基本线符单元具有随机性，也可能是排列方式具有随机性。

2. 规则线状符号

同非规则线状符号不同的是，规则线状符号的基本线符单元及其排列方式都有规律可循。规则线状符号是一个规则基本线符单元沿一定位线，按一固定规律排列而成的线状图案。规则线状符号由两个成分组成：一是规则基本线符单元，它不具有随机性；二是基本线符单元的排列方式，一般情况下，它是指基本线符单元的间距和基本线符单元的排列方向。基本线符单元相同，其排列间距一致，方向相同所形成的线状符号才可认为是同一符号。否则就不是同一个线状符号。线状符号的宽度由基本线符单元确定。同一个基本线符单元，按一定间距沿定位线排列，若基本线符单元要求排列的方向不同，也会产生不同的规则线状符号。

3. 规则线状符号构造

线状符号一般用于抽象现实中线状分布的地物，它们呈带状沿定位线延伸，组成结构复杂，表达的现实地物形状多变。规则线状符号可以看成是一个基本线符单元按一定语法规则沿定位线排列而成。构造一个规则线状符号就要先定义基本线符单元和排列方式。排列方式包含了间距和方向要求，间距可以用一个距离变量定义，方向要求可以规定为两种：同定位线垂直（或者说同定位线始终保持一致的关系）和同水平方向垂直。基本线符单元是由沿定位线分布的规则几何图形的集合。规则几何图形一般采用圆、长方形和正三角形等基本图形。基本线符单元集合中每一个线段的属性由首末点坐标、色彩和线的宽度等组成。规则线状符号可分解为三部分：基本线符单元、排列间距和排列时的方向要求。就是这三部分按一定规则的组合构成了规则线状符号。

8.1.4　线状符号分解与组合

如前所述，一般的地图线状符号都可以看做是该线状符号的基本线符单元沿定位线以一定的方式循环配置而成。线状符号可视化的关键是将基本线符单元分解，抽象出简便易行、通用的基本组成单元。

1. 线状符号分解

1）线状符号分解分类

几乎所有规则线状符号的基本线符单元都能分解成几个最基本的几何图形元素，而每个图形元素沿符号定位线串接都可以独自形成一个线状符号，所以一个线状符号可以由它的基本线符单元分解的图形元素形成的线状符号组合而成。

根据基本线符单元沿定位线配置方式，线状符号分解分两类：

一是线状符号沿定位线整体分解若干符号图案单元叠加配置，如图 8.6 所示，图 8.6（a）是线状符号铁路，图 8.6（b）是分解虚线和平行线两个符号图案单元。

(a)　　　　　　　　　　　(b)

图 8.6　整体分解若干符号线符单元叠加配置示例

二是线状符号沿定位线分解若干基本线符单元循环配置。如图 8.7 所示，图 8.7（a）是线状符号铁路，图 8.7（b）是分解若干符号图案单元循环配置。

(a)　　　　　　　　　　　(b)

图 8.7　分解若干基本线符单元循环配置示例

2）线状符号基本图形分解

基本线符单元是相对的。对线状符号来说，线是基本的线符单元。但基本线符单元可再分解为若干个基本图形。虽然每种基本线符单元形状各异，但都存在着非重复与重复出现的图案（又称重复元）、有形或无形的延伸线（又称基线）。图 8.6（b）中虚线可以再分解为若干虚实相间的黑白粗线（符号线符单元）循环配置。图 8.7 中铁路的符号线符单元再分解为黑粗线和垂直于定位线的平行短线。采用分层的思想，将所有线状符号看成是非重复层和重复层有机组合而成的，非重复单元层主要指实线和平行线，重复单元则包括点线与虚线，其中点线由沿着线状符号的定位线隔一定距离绘制的点图元构成。为了简化对线状符号基本图元的参数化，将平行线归为实线一类，因此线状符号分为三种基本图形：点线、实线、齿线，如图 8.8 所示。

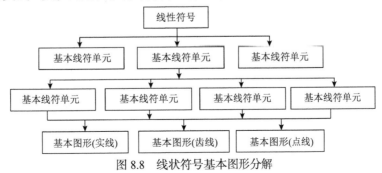

图 8.8　线状符号基本图形分解

2. 线状符号组合

线状符号的组合方法依线状符号分解方法也分为两种：

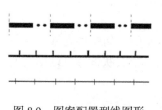

图 8.9　图案配置型线图形

（1）基本线符单元重复配置法。在每一个线状符号段上先绘制一种基本图形符号，再依次叠加绘制另外的基本图形符号，完成一个基本线符单元，然后绘制下一个基本线符单元，绘完为止，如图 8.9 所示。线符段图形重复配置法生成线符图形，首先设计构造线符段图形（或称基本线符单元），沿线符定位线依次定长提取曲线长度为线符单元长的坐标串，以此坐标串作为配置线符单元图形的定位线绘制线符段图形。然后串接循环重复配置线符段图形，直到线符定位线终点，结束绘制。线状符号图形是由一组图形构造的线状图案沿线符定位线重复串接配置而成的。

（2）线型叠加组合法。在整条线上先绘制一种基本图形符号，然后依次叠加其他基本图形符号。线状图形中有一类是由加粗线、平行线、虚线、曲线、铁路等基本线形中的一种或几种线型图形在定位线轴上叠加组合而成的，如图 8.10 所示。这类线符号，可以通过在其定位线上依次叠加绘制构成的线型图形而生成。如图 8.11 所示，铁路图形由平行线型和虚线型叠加组合而成。

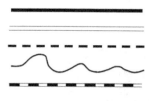

图 8.10　线型及组合型线图形

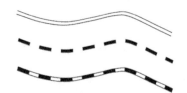

图 8.11　线型叠加组合法生成线图形

8.2　线状地物数据符号化方法

线状符号化是指呈固定线状分布的地理对象质量与数量特征的表示方法，采用线状符号来完成对线状要素质或量及单个或多个属性变量的描述。

8.2.1　线状符号化基本算法

线状符号化基本算法分为两个部分：一个是横向计算与定位线垂直方向配置的点线，如齿线、平行线等；另一个是纵向计算在定位线上线符段划分，如虚线的黑白间隔、齿线间隔等。

1. 线符段划分计算

线状地物几何形状在计算机中以一串有序坐标对 (x, y) 表示，记为 $L\{x, y\}n$，n 表示点的个数。线状符号是由基本线符单元串联构成的，为了绘制这些基本线符单元，必须在定位线上划分每个基本线符单元（线段）的具体位置。其数学表达式为

$$\Delta l' = f(x, y, n, \Delta l, k) \tag{8-1}$$

$$m = f(x, y, n, \Delta l') \qquad (8\text{-}2)$$

$$\begin{cases} x' = f(x, y, n, \Delta l', m) \\ y' = f(x, y, n, \Delta l', m) \end{cases} \qquad (8\text{-}3)$$

式中，$\Delta l'$ 为线符段长度的近似值；(x, y) 为定位线有序坐标串对；n 为点的个数；Δl 为图式上规定的线符段长度；k 为串接方法的标志；m 为在一条定位线上要串接的线符段的数量；(x', y') 为线符段的端点坐标对。

为什么线符段的长度不按图式规定，而要计算一个近似值?原因是在整条定位线上按图式规定的长度进行配置，经常会产生余额。为了均匀地在整条定位线上串接线符段，要在图式规定的基础上稍作变动，以求均匀配置。

Δl 作为一个变量，不但因为每种线符的线符段长度不一样，而且对于一种线符来说，有时也要求线符段长度变化，如单线河。设置 k 作为变量，是基于线符在线符段串接方法上有不同要求，如虚线路要求两段为实线、电话线要求拐点处要有圆点符等。串接的要求不同，就需要设置不同的标志。

1）余量分配方法

此类计算是在一定长度内，将其划分为不等间隔的两部分；在整条线上划分为若干固定长度的线段。设两部分线段长度为 Δs、Δc，并且规定按两种情况计算：①在线的一端为 Δs，另一端为 Δc；②在线的两段均为 Δs。

（1）第一种情况的计算。设 S 为定位线的长度，则线符段的数量计算公式为

$$m = \left[\frac{S}{\Delta s + \Delta c} \right] \qquad (8\text{-}4)$$

式（8-4）中，由于取整，就有可能使最后一个 Δc 的端点与定位线的终端点不吻合。因此，根据所计算出的 m 值，将 Δs、Δc 的值进行调整。调整后的值设为 $\Delta s'$、$\Delta c'$，则其计算公式为

$$\Delta s' = \frac{S}{m} \cdot \left[\frac{\Delta s}{\Delta s + \Delta c} \right] \qquad (8\text{-}5)$$

$$\Delta c' = \frac{S}{m} \cdot \left[\frac{\Delta c}{\Delta s + \Delta c} \right] \qquad (8\text{-}6)$$

（2）第二种情况的计算。设定线符两端均为 Δs，那么在整条定位线上 Δs 的数量与 Δc 的数量是不相同的。假设 Δs 的数量为 m，则 Δc 的数量就是 $m\text{-}1$，由此可得定位线长度：$S = m \times \Delta s + (m-1) \cdot \Delta c$，整理得 $m = \left[\dfrac{S + \Delta c}{\Delta s + \Delta c} \right]$。

同第一种情况，m 必是整数，可能使最后 Δs 终端点与定位轴线的终点不能重合，由上式取整符号中间的算式计算的值一般会有余数，将这种余数称为虚线的余量，余量计算公式为

$$\delta = S - m \times \Delta s - (m-1)\Delta c \qquad (8\text{-}7)$$

为了使余量分配后虚线的 Δs 、 Δc 长度与事先给定的值更接近，重新计算虚线的 Δs 、 Δc 长度。

当 $\delta \leqslant (d_1+d_2)/2$ 时， m 不变，在定位线的 Δs 、 Δc 原来长度基础上加一个微小量，即使 Δs 、 Δc 加长。

当 $\delta > (d_1+d_2)/2$ 时， m 变为 $m+1$ ，在定位线的 Δs 、 Δc 原来长度基础上减去一个微小量，即使 Δs 、 Δc 压缩。将 $m=m+1$ 代入余量计算公式，重新计算。分配余量后，设定位线 Δs 和 Δc 新的长度分别为 $\Delta s'$ 和 $\Delta c'$ ，则有

$$\begin{cases} \Delta s' = \Delta s + \delta \cdot \Delta s / (m \cdot \Delta s + (m-1) \cdot \Delta c) \\ \Delta c' = \Delta c + \delta \cdot \Delta c / (m \cdot \Delta s + (m-1) \cdot \Delta c) \end{cases} \tag{8-8}$$

分配后，上面两式分别乘以 m 和 $m-1$ ，使两者之和等于长度 S 。

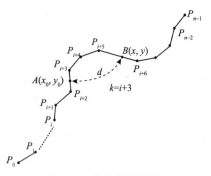

图 8.12　定长线段提取

2）定长线段计算

定长线段计算也称定长线段提取。在绘制虚线过程中，需要计算出实部或虚部的末端点坐标，并在定位轴线上提取出定长曲线段的坐标串，即通过定长线段的提取确定各实部（或各虚部）的首末端点和中间节点坐标。

定长线段提取如图 8.12 所示。已知虚线定位线的点集合为 $\{P_i\}$ ， $P_i = (x_i, y_i)$ ， $i=0, 1, 2, \cdots, n-1$ 。设某定长线段的起点为 $A(x_0, y_0)$ ，终点为 $B(x, y)$ ，沿定位线延伸方向上离起点最近的一个节点下标设为 $k=i+3$ ，起点 $A(x_0, y_0)$ 到点 P_j 间的曲线长为 Δs 。

曲线长计算公式为

$$\Delta s = \sum_{j=k+1}^{n-1} \sqrt{(x_j - x_{j-1})^2 + (y_j - y_{j-1})^2} + \overline{AP_k} \tag{8-9}$$

设定长线段起点和终点间所包含的节点个数初值为 m ， $m \leqslant n-1$ ，在图 8.12 中， $k=i+3$ ， $m=3$ 。

设曲线长 Δs 与定长线段 d 之间的差值为 q ，则 $q=\Delta s - d$ 。

定长线段上节点 P_j （ $j=k, k+1, \cdots$ ）有三种存在情况： P_j 是定长线段 d 上的某一点； P_j 是定长线段 d 的终点； P_j 是定长线段 d 上的末延及点。设定判别方式，通过 $q=\Delta s - d$ 判断。

若 $q<0$ ， $\Delta s<d$ ，则 P_j 为定长线段 d 上的某一点，继续向前搜索，找到终点 $B(x, y)$ ，累加计算曲线长 Δs 。

若 $q=0$ ， $\Delta s = d$ ， P_j 就是所求定长线段 d 的终点 $B(x, y)$ ，继续下一段定长线段的搜索，此时为了寻找下一段定长 d ，应将点 $P_j(x_j, y_j)$ 作为下一线段的起点，即 $P_j(x_j, y_j)=A(x_0, y_0)$ ，此时 $k=j+1$ 。

若 $q>0$ ， $\Delta s>d$ ，则 d 的终点 $B(x, y)$ 在 P_{j-1} 与 P_j 之间。设 P_{j-1} 与 P_j 之间距离为 e ， $BP_j=q=\Delta s - d$ ， $P_{j-1}B=e-q$ 。

如图 8.13 所示，根据直角三角形相似性，按线段比求出 x, y 。

求出 P_{j-1} 与 P_j 距离 e

$$e = \sqrt{\left(x_j - x_{j-1}\right)^2 + \left(y_j - y_{j-1}\right)^2}\qquad（8\text{-}10）$$

则终点 x、y 值为

$$\begin{cases} x = x_{j-1} + \dfrac{e-q}{e} \cdot \left(x_j - x_{j-1}\right) \\[2mm] y = y_{j-1} + \dfrac{e-q}{e} \cdot \left(y_j - y_{j-1}\right) \end{cases}\qquad（8\text{-}11）$$

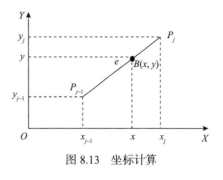

图 8.13　坐标计算

总结起来，定长线段的提取，主要分为以下几个步骤。

第一步，获得每个循环段的起点、终点和拐弯点坐标。

第二步，以提取后线段的起点为线状符号单元的定位点，以它的定位线方向为循环段内线状符号单元的旋转方向，绘制该线状符号的各个符号单元。

第三步，若某个图元超出了前方拐弯点，则截去超出部分，将截去部分转到下一折线段内处理。对于有截去部分的线状符号单元，在拐弯处还要做变形处理，使得线状符号随定位线弯曲，在拐弯处能紧密结合，而不出现裂缝或重叠等失真现象。

绘制虚线符号时，不但要求计算定位线上 Δs 线段终点，而且要求将起点与终点间的定位线上特征点挑选出来，与起终点一起构成一个 Δs 线段的坐标串。设 Δs 在定位线上特征点个数为 m，则一个 Δs 线段的坐标串为 $(x_0, y_0), (x_k, y_k),$ $(x_{k+1}, y_{k+1}), \cdots, (x_{k+m-1}, y_{k+m-1}), (x, y)$。

存储记录下来，以便绘制虚线使用。

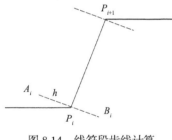

图 8.14　线符段齿线计算

2. 线符段齿线计算

齿线是横向与定位线垂直的线，如图 8.14 所示。

已知定位线 $P\{x, y\}n$，在特征点 P_i 处与 $\overline{P_iP_{i+1}}$ 垂直的线 $\overline{A_iB_i}$，A_i、P_i 和 P_i、B_i 的距离均为 h，P_i、P_{i+1} 距离为 S_i，求 A_i 和 B_i 处坐标。

$$\begin{cases} s_i = \sqrt{\left(x_{i+1} - x_i\right)^2 + \left(y_{i+1} - y_i\right)^2} \\[2mm] x_{A_i} = x_i - h \cdot \left(y_{i+1} - y_i\right)/s_i \\[2mm] y_{A_i} = y_i + h \cdot \left(x_{i+1} - x_i\right)/s_i \\[2mm] x_{B_i} = x_i + h \cdot \left(y_{i+1} - y_i\right)/s_i \\[2mm] y_{B_i} = y_i - h \cdot \left(x_{i+1} - x_i\right)/s_i \end{cases}\qquad（8\text{-}12）$$

8.2.2　基本线状符号化

线状地理空间图形的长度是依比例表示的，而宽度是不依比例表示的，所以常称其为半依比例表示的图形符号。这类图形符号在电子地图上所占比例最大，包括道路、河流、境界、管线、垣栅及面图形内填充的线图形。下面以几种常见的线性符号绘制方法为例说明线性符号的生成。

1. 平行线符号化

平行线平行于定位线，由两条永不相交的线组成，符号化后通常表示图上的道路等地物。

1）平行线算法基本思路和原理

设定平行线宽度，以定位线为轴线，计算垂直于定位线的齿线端点，最后依次连接这些端点便形成连续折线。

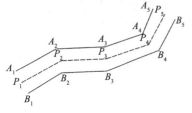

图 8.15　平行线点计算

2）平行线点计算

设已知平行线定位线坐标为 $P\{x, y\}n$（$i=1, 2, \cdots, n$），平行线宽度为 h。从平行线定位线上一点 $P'(x_i, y_i)$ 作垂线的齿线，由式（8-12）计算平行线点，左侧坐标为 $A\{x, y\}n$（$i=1, 2, \cdots, n$），右侧坐标为 $B\{x, y\}n$（$i=1, 2, \cdots, n$），如图 8.15 所示。

3）平行线段交点坐标计算

定位线是折线，每个定位线中间特征点都有前后两个相邻点，前面所讨论的定位线的平行线点计算式（8-12）只考虑了特征点的一个相邻点。也就是说，利用式（8-12），每个定位线中间特征点计算两个坐标点，如图 8.16 所示，在 P_i 点处左侧可以计算 A_i 和 A_i'，右侧可以计算 B_i 和 B_i'。对于小挠度的定位线，A_i 和 A_i' 与 B_i 和 B_i' 非常接近，按照前面所讨论的方法计算平行线是合适的，但对于大挠度定位线就不太合适。

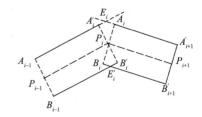

图 8.16　定位线中间特征点两个坐标点

设 P_i 点处左侧两个平行线交点为 E_i，如图 8.16 所示。直线 $A_i'E_i$ 的斜率为 k_i、直线 E_iA_i 的斜率为 k_{i+1}，利用两个等距平行点 A_i、A_i' 和直线斜率 k_i 和 k_{i+1}，采用点斜式方法建立直线 $A_i' E_i$ 和 E_iA_i 的方程式，求出交点 $E_i(x, y)$。

$$\begin{cases} k_i = (y_i - y_{i-1})/(x_i - x_{i-1}) \\ k_{i+1} = (y_{i+1} - y_i)/(x_{i+1} - x_i) \\ x_{E_i} = (y_{i+1}' - y_i' - k_{i+1} \cdot x_{i+1}' + k_i \cdot x_i')/(k_i - k_{i+1}) \\ y_{E_i} = y_i' + k_i(x_{E_{i+1}} - x_i') \end{cases} \quad (8\text{-}13)$$

同理，可以求出 P_i 点处右侧两个平行线交点为 E_i'。

该方法在小挠度的情况下，取得了很好的效果。

2. 实线符号化

实线是沿定位线绘制，在线状地物表达中应用最多，实线的粗细反映不同线状地物的数量或质量等级，如各种道路、河流、运河、沟渠、等高线中的计曲线、境界等。

实线符号化算法基本思路：设定实线宽度，以定位线 $P\{x, y\}n$（$i=1, 2, \cdots, n$）为轴线，利用平行线算法求取定位线两侧平行线坐标序列 $A\{x, y\}n$（$i=1, 2, \cdots, n$）和 $B\{x, y\}n$

（$i=1$，2，$\cdots$，n）。依次连接坐标序列 A 和 B，形成新多边形坐标序列 $C\{x$，$y\}m$（$i=1$，2，$\cdots$，$2n$）。利用多边形填充算法，实现实线符号化。

3. 虚线符号化

虚线由一系列相间排列的等长短线段构成，又称间断线。在线状地物表达中应用也最多，通常表示图上大车路、小路、等高线的间曲线等目标。

虚线符号化基本思路：设定虚线实部、虚部长度、虚线宽度，以定位线 $P\{x$，$y\}n$（$i=1$，2，$\cdots$，n）线段划分计算，形成若干个虚线实部坐标序列 $\{L_j\{x$，$y\}n_j$（$i=1$，2，$\cdots$，n_j），（$j=1$，2，$\cdots$，m）$\}$。利用实线符号化算法，绘制虚线实部，如图 8.17 所示。

图 8.17　虚线

4. 齿线符号化

齿线符号是在定位轴线上按固定间隔绘制若干固定长度的小短线（齿线）而构成的，如图 8.18 所示。在线状地物表达中应用也较多，通常表示图上堤坝、境界和陡坎等目标。

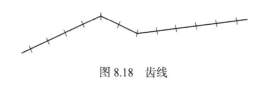

图 8.18　齿线

齿线符号化的程序计算主要有以下几步：

（1）计算线符定位线的长度 S，以相邻两齿线间隔为基础,定位线上进行齿线个数分配，解算出可配置齿线的个数及经过余量分配后相邻两齿线间隔尺寸。

（2）按定长计算的方法，计算出需要配置每个齿线的位置坐标（x，y）。

（3）利用线符齿线算法，计算所配置齿线的两端点坐标（x_r，y_r），（x_1，y_1），利用实线符号化绘制齿线。

（4）利用实线符号化绘制线符定位线。

5. 点线符号化

点线符号是沿着定位线每隔一定距离重复绘制一个点图元，这些点图元沿定位线组成了一条点图元线。将点图元线定义为点线，如图 8.19 所示。

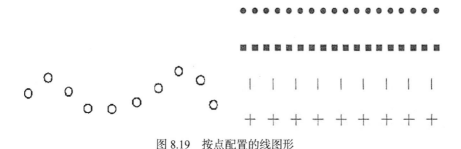

图 8.19　按点配置的线图形

点线符号化基本步骤：

（1）计算点线符号的长度 S，以相邻两点间隔为基础，定位线上进行点线个数分配。

（2）按定长计算的方法，计算出需要配置每个点线的位置坐标（x，y）。

（3）利用点状符号软件绘制点符号。

6. 渐变线符号化

在地理要素地图中，河流要素占据着重要的位置，与地形、植被、境界线等共同构成了地图的基本架构，是地图内容的重要组成部分之一。单线河流符号往往具有渐变性，能体现河流的整体形态及流向，如图 8.20 所示。

图 8.20　黄河渐变符号绘制实例

（1）算法思路。绘制此种符号的方法就是模仿人工绘图，即分段绘制。由起段至末端，逐段加粗，即在每段中的粗细（宽度）是相同的，段与段之间的宽度是变化的。用这种方法来逼近粗细均匀变化的理想线。宽度变化要控制在图式规定的范围之内，而且体现长线段与短线段的宽度变化有所不同。根据不同线宽度值，应用实线符号化方法，完成渐变线符号化。

（2）线段分配方法。线段分配的内容有长度分配和宽度分配。为了避免短河流粗于长河流的现象，一般采用河流实际长度来分级。例如，可规定河流图上长度 2cm（如果河流坐标为地理坐标，换算到图上坐标）绘 0.1mm 粗的线，2～8cm 绘 0.2mm 粗的线，8～32cm 绘 0.3mm 粗的线，32cm 以上绘 0.4mm 粗的线。

8.2.3　线状符号图形配置方法

线状符号的显著特点是有一有形或无形的空间定位线，并由这条空间定位线来确定位置。线状符号是由沿定位线循环配置的基本线符单元组合而成的。根据线状符号的分解与组合特性，任何规则线状符号的符号单元都可以看做由具有单一特征的图案组合而成，每个具有单一特征图元构成的线状符号都采用前一种方法的思想进行循环配置，然后这几种基本线型符号以一定方式进行组合就能完成某种线状符号的绘制，其特点是较复杂的地图线状符号也能分解成几个简单的线型，减少了算法设计的难度，而且不同的线状符号可以共用某个基本线状符号，所以大大减少了重复劳动，线状符号的配置速度也有了很大提高。

信息块法可称为符号库方法，是利用已存符号库绘图信息参数驱动基本绘图程序来完成符号的绘制。线状符号信息块的编辑设计首先需要分析线符的构成，描述出线模板单元，如图 8.21 所示。然后按照基本线模板长度运用定长线段计算算法获得线符中各个组成单元的坐标信息，同时获得需要配置点符号的定位点信息，顺序完成各个线模板单元及点符号的绘制。

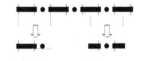

图 8.21　铁路线模板单元

这种方法的显著优点就是将符号的编辑设计程序与符号的绘制程序分开，增加了符号设计的自由度。这些符号的集合就是符号库，它们结构统一，数据规格标准，仅仅是符号数据的差别；符号可以动态的扩充和修改，不但绘图精度高，而且占用存储空间小，能绘制较复杂的基本图元。

1. 地图线状符号配置

按照线符图形重复配置法的设计思想，国界图形生成可按以下步骤进行。

1）定义线符模板

线符模板图形是定位在定位线上、有给定的曲线长度和确定的图元组合关系的线图形。

定义线符模板首先要确定基本图形单元的图形构成，同一个线符图形的基本图形单元并不是唯一的，只要设定的基本图形单元沿线符定位轴线重复串接配置后生成线图形正确即可。图 8.21 中标识的两种基本图形单元组合形式都可以满足生成线符图形的要求。

设定线图形的基本线符单元后，分解构造线模板图形，就是确定构造线模板图形的图元，每个图元的尺寸等参数及图元间的组合关系，如图 8.22 所示。

图 8.22 线模板的图形构造

2）定义线符模板图形参数

应用前述实线、平行线、虚线和齿线等图形的绘制所需参数方法设计线模板图形参数，其形参变量包括定位线坐标串、线模板图形的曲线长度等相关参数。不同的线型图形，绘制基本图形不同，其图形参数也不同。每种线型图形的尺寸参数设为形参变量，如齿线的线长、线宽、相邻齿线间隔等，点线的圆点半径、相邻圆点的间隔、圆点为空心还是实心圆的标志码等，这些形参变量组织成为线状符号库。这样一来，更多的线图形可以通过多个线型的重叠组合生成，线型图形变化就更加灵活。如国界图形，可由加粗虚线、齿线和实心点线组合而成。

3）计算重复配置数量

计算在线状符号定位线上能够重复配置基本线符单元的数量 m。

4）重复配置线符单元

从线符定位线的起点开始，以 m 作为循环控制，依次提取基本线符单元长度的定位线坐标串（定长线段提取计算），调用已定义的线模板图形生成函数绘制基本线符单元。

地图线状符号的优化配置主要遵循以下原则：①将符号进行分解，复杂符号分解为由一系列符号图元组成的符号，通过对基本符号图元绘制，优化整体线状符号的绘制；②线状符号在拐点处进行拉伸，在视觉上应该线性连续，符合整体性和连续性的要求；③线状符号的最小循环体不能在定位线变化趋势明显的地方出现断裂、错开、自交、重叠等严重变形的情况；④对线状符号进行自动跳绘或中间断绘，使其在视觉上保持完整性和连续性；⑤虚实交替循环配置的线状符号在定位线变化趋势明显的地方应为实部，不能为空白。

2. 线状符号图形配置信息

线状符号图形配置信息是指描述符号的数据集。线状符号的信息与点状符号信息是不同的，影响其不同的主要因素是定位不同。线状符号的定位是条线，而不是一个点。因此，同一种符号，由于定位不同，其绘图信息就不同。但在不同之中又有相同的地方，这就构成了同种符号的基础。有了这种基础，就可以建立其必要的图形配置信息。不同的线状符号在地图上的表现形式不同，相应的符号参数集的存放格式也不同。

线状符号图形配置信息块直接记录的是符号的基本图元的图形参数，如图元的长、宽、有效空白（间隔）、方向、位置、颜色等。线状符号的绘图信息可包括：①符号名称信息；②基本图形组合信息；③基本图形组合次序信息；④各种尺寸名称信息；⑤尺寸信息；⑥可视化控制信息等。改变这些信息就可以组合出不同线符号。

（1）线符名称信息。它是线状符号唯一的标识符，它与线状符号的其他信息紧密联系。当查询到某线符代码时，也就找到了其他信息。在地理空间数据可视化时，往往通过线符名称信息建立起符号库中的地图符号与地理空间要素之间的联系。

（2）线状基本图形组合信息。这种信息由基本图形代码所组成。一个基本线状符号包含几种基本图形，就有几种基本图形的代码与其对应，查到了线符代码，就可查到它有几种基本图形,都是什么图形。

（3）基本图形组合次序信息。线状符号虽然分解成若干个基本图形,但这些基本图形不是孤立的,它们之间通过一些参数建立起来联系,以保证线符组合的正确无误,提高组装效率。所以,线符在基本图形组合时要有一定次序,以便能将前面所计算的基本图形参数正确地传递给后继的基本图形。基本图形组合次序信息也可以做成一种隐含信息予以存放。

（4）尺寸名称信息。线状符号中规定的尺寸有若干种,为了区分尺寸种类,方便找到某尺寸的具体数字,就必须赋予每一种尺寸一个无二义性的代码。尺寸名称信息就是尺寸代码的汇集。

（5）尺寸信息。指某种尺寸代码的具体数据的汇集。数据的单位可根据有利于减少存储空间、有利于软件设计,能保证设备精度的要求而予以设置。

3. 线状符号的数据组织

按线状符号的拆解类型,可对线状符号进行对象抽取,把线状符号的基本线划单元、线划单元的结点信息及相应的组成信息分别定义为 P 数据块类型（pattern,模板）、O 数据块类型（origin,原点）和 C 数据块类型（combine,组合）,并在考虑符号解释方便性与数据简洁性的基础上,设计线状符号类基本数据类型及存储格式。

（1）线状符号文件头。

```
struct BaseLineData
{char Adjust;            //基本线型标志,恒为 L
char BlockType;          //块类型定义,可为 P,O,C
__int32 BlockSize;       //块的长度
};
//P 型数据块（基本线模板）存储格式
struct BaseLineData_PType
{char BasePatternName[l0];        //基本线模板名称
__intl6 SubLineNo;               //组成基本线模板的线数目
float * SubLineLength;           //基本线长度
__inti6 * SubLineType?           //基本线类型
float* SubLineLeftWidth,    * SubLineRightWidthj    //基本线首尾宽度
};
```

其中,基本线模板名称是由用户自己定义的。如图 8.23 所示,以省界符号为例,可定义为 SJ_Line。组成基本线模板的线数目为 4;基本线长度分别为这四段的长度;基本线类型分别为这四段的线类型,即实填充线、空线、空线和空线;基本线首尾宽度分别为这四段的首尾宽度,如果基本线为空线,则首尾宽度均缺省为零。

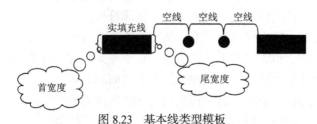

图 8.23　基本线类型模板

（2）O 型块数据（结点信息）存储格式。

struct BaseLineData_OType

{

char PointNarae[10];   //结点信息名称

char BaseLineName[10];   //基本线模板名称 char * PointName；次配置的点符号名称

int8 *PointPosition；   //点符号放置信息，–1 为右端点，0 为中间，1 为左端点，否则为–2

}

其中，结点信息名称是由用户自己定义的。以省界符号为例，可定义为 SJ_Point；基本线模板名称为此 O 型块数据匹配的线模板名称，即 SJ_Line；配置的点符号名称分别为这四段所配置的点符号数据块名称，如果某一段基本线没有配置点符号，则点符号名称为空；点符号放置信息分别为这四段的点符号放置位置信息，即实填充线为–2、空线 1 为–1、空线 2 为–1、空线 3 为–2。

（3）C 型块数据存储格式。

struct BaseLineData_CType

{

char ComName[l0]；   //组合线型模板名称

__int16 ComNo；   //线型构成数目

char * SunType；   //各块类型

char *SunName；   //各块名称

};

省界符号的线型构成数目为 2，即由一个基本线模板 SJ_Line 和一个结点信息 SJ_Point 组成；组合线型模板名称可由用户自行定义，如定义为 SJ。这样，就可以通过线符号的解释代码，进行省界符号的匹配生成。

但是，组合线型模板并不是都由一个基本线模板和一个结点信息组成，有的组合线型模板由多个基本线模板和多个结点信息组成。

4. 线状符号编辑软件

线状符号可以由基本线状符号组合而成，如直线、实线、平行线、虚线、点线（即点线中的点可以由点状符号来代替）等。大部分线状符号可以通过一个统一的线模板来设计，引入点状符号库，利用线状符号编辑软件可以组合出非常复杂的线状符号。

线状符号编辑软件提供了线状符号的可参数化编辑功能，并可以对线状符号的相关属性进行设置。在编辑时可以添加和删除基本线符单元，对基本线符单元的编辑主要有图元设置、线宽设置、偏移设置（这里的偏移是指齿线与定位线的偏移量，向上偏移为负值，向下偏移为正值）、颜色设置，以及线模板的设置等。而点线除了拥有基本线符单元的所有属性外，还可以添加点状符号。

线状符号编辑软件功能要求：①线状符号编辑的基本图元应该能够满足符号设计的要求；②线状符号编辑时能够实时观察所设计的符号；③线状符号编辑界面友好，操作简便；④线状符号的绘制速度能够满足正常的需求；⑤符号编辑模块与显示模块具有良好的封装性、开放性和可维护性。

5. 线状符号库功能需求

线状符号库本质上是一个管理线状符号的数据库系统，它应该为用户提供对线状符号新建、修改、删除、查询、显示等功能。线状符号库是地理空间数据可视化系统的一部分，它应该在结构与功能上具有独立性，即在符号的绘制与符号的制作上不依赖于地理空间数据可视化平台，这样使得线状符号库能够相对独立的研发与维护，有利于线状符号的标准化。综上，线状符号库在功能上主要分为三块：线状符号管理、线状符号绘制、线状符号设计，具体需求如下：①线状符号的建立；②线状符号的删除；③线状符号的查询；④线状符号的修改；⑤线状符号的输出；⑥线状符号的存储；⑦线状符号的绘制。

8.3　曲线光滑插值

自由曲线是一条无法用标准代数方程来描述的曲线，通常用一些数据样点（又称为节点）的集合表示。在实际应用中，自由曲线用途广泛，如汽车、飞机，地图上的河流、等高线、等深线等。自由曲线的图形大多数是多值函数，计算机绘制这些曲线时，必须要有一定的数学方法，以保证曲线的精度。

自由曲线的计算机生成方法有很多，可以概括为两种类型：曲线插值和曲线拟合。

（1）曲线插值的方法：根据已知节点分段建立代数多项式，使其函数通过已知节点，并保持节点上的一阶或二阶导数连续，依据函数在节点间内插加密点，并在相邻点间连接直线从而获得光滑曲线。这种方法生成的曲线严格地通过已知的节点。常用的曲线插值方法有多项式插值、分段多项式插值、样条函数插值等。

（2）曲线拟合的方法：根据已知的节点，建立一个适当的解析式，使它表示的曲线反映和逼近已知节点的分布趋势，其特点是生成的曲线靠近每个已知节点，但不一定要求通过每个节点。常用的拟合方法有最小二乘法、线性迭代法等。

下面分别介绍三次样条插值、分段三次多项式插值和线性迭代法。

8.3.1　三次样条插值

图 8.24 有若干个离散点，用一条曲线光滑地通过这些点，可以把这条曲线想象成一条具有相当柔韧性的木条，离散点则是固定木条的钉子，在挠度不大的情况下，木条弯曲而不断裂，这样，曲线在每个离散点处都保证连续。在放样加工过程中，一般将这种木条称做样条，此种类型曲线称为样条曲线。

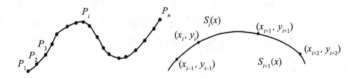

图 8.24　离散点的光滑连接与三次样条曲线

曲线的形式有许多种，考虑既要保证一定的精度，计算又不至于太复杂，一般取三次多项式的曲线作为此种类型曲线的近似曲线，称为三次样条曲线。这种曲线能整体保持其二阶导数连续。

设平面上有 n 个节点，表示为 $P_i(x_i, y_i)$，$(i=1,2,3,\cdots, n-1, n)$，且 $x_1 < x_2 < \cdots < x_n$；又设 $S_i(x)$ 表示第 i 段的三次多项式函数，且 $S_i(x_i)=y_i$，$S_i(x_{i+1})=y_{i+1}$。如图 8.24 所示，先将 $S_i(x)$ 写成

$$S_i(x)=a_i+b_i(x-x_i)+c_i(x-x_i)^2+d_i(x-x_i)^3 (i=1,2,\cdots,n-1), x\in[x_i,x_{i+1}] \qquad （8-14）$$

其中，a_i、b_i、c_i 和 d_i 为待定系数。

为了从整体上看仍为一条光滑曲线，在相邻两端曲线的交点处应有相同的切线与曲率，即

$$\begin{cases} S_i'(x_{i+1})=S_{i+1}'(x_{i+1}) \\ S_i''(x_{i+1})=S_{i+1}''(x_{i+1}) \end{cases} \qquad （8-15）$$

将 x_i、x_{i+1} 处的值代入表达式，得

$$\begin{cases} a_i=y_i \\ a_i+b_i(x_{i+1}-x_i)+c_i(x_{i+1}-x_i)^2+d_i(x_{i+1}-x_i)^3=y_{i+1} \end{cases} \qquad （8-16）$$

令 $h_i=x_i+1-x_i$，则式（8-16）又可写成

$$a_i+b_ih_i+c_ih_i^2+d_ih_i^3=y_{i+1} \qquad （8-17）$$

若记 $S_i'(x_i)=y_i'$，因

$$S_i'(x)=b_i+2c_i(x-x_i)+3d_i(x-x_i)^2 \qquad （8-18）$$

则有 $b_i=y_i'$。

又根据条件 $S_i'(x_{i+1})=S_{i+1}'(x_{i+1})=y_{i+1}'$，得

$$b_i+2c_ih_i+3d_ih_i^2=y_{i+1}' \qquad （8-19）$$

联立式（8-16）～式（8-19），得方程组：

$$\begin{cases} a_i=y_i \\ a_i+b_ih_i+c_ih_i^2+d_ih_i^3=y_{i+1} \\ b_i=y_i' \\ b_i+2c_ih_i+3d_ih_i^2=y_{i+1}' \end{cases} \qquad （8-20）$$

先将 y_i'、y_{i+1}' 看成已知量，解方程组得

$$\begin{cases} a_i=y_i \\ b_i=y_i' \\ c_i=\dfrac{3(y_{i+1}-y_i)}{h_i^2}-\dfrac{2y_i'+y_{i+1}'}{h_i} \\ d_i=\dfrac{y_i'+y_{i+1}'}{h_i^2}-\dfrac{2(y_{i+1}-y_i)}{h_i^3} \end{cases} \qquad （8-21）$$

　　由于 y_i'、y_{i+1}' 是未知的，所以用参数 m_i、m_{i+1} 来表示，b_i、c_i、d_i 就全部求出了，这时，$S_i(x)$ 也就确定了。为了求出 $m_i(i=1,2,\cdots,\ n-1)$，考虑 $S_i''(x)$ 的连续性。

　　因 $S_i''(x)=2c_i+6d_i(x-x_i)$，由条件 $S_{i-1}''(x_i)=S_i''(x_i)$，$S_{i-1}''(x_i)=2c_{i-1}+6d_{i-1}(x-x_{i-1})$，$S_i''(x_i)=2c_i$，可得 $2c_{i-1}+6d_{i-1}h_{i-1}=2c_i$

　　将 c_{i-1}、c_i、d_{i-1} 分别用 m_{i-1}、m_i、m_{i+1} 来表示，带入上式后，得

$$h_i m_{i-1}+2(h_{i-1}+h_i)m_i+h_{i-1}m_{i+1}=\frac{3h_{i-1}(y_{i+1}-y_i)}{h_i}-\frac{3h_i(y_i-y_{i-1})}{h_{i-1}} \tag{8-22}$$

令

$$\begin{cases}\lambda_i=\dfrac{h_i}{h_i+h_{i-1}}\\[3mm]\mu_i=1-\lambda_i=\dfrac{h_{i-1}}{h_i+h_{i-1}}\end{cases}$$

代入上式得

$$\lambda_i m_{i-1}+2m_i+\mu_i m_{i+1}=R_i,\ (i=2,3,\cdots,n-2,n-1) \tag{8-23}$$

其中，$R_i=\dfrac{3\mu_i(y_{i+1}-y_i)}{h_i}+\dfrac{3\lambda_i(y_i-y_{i-1})}{h_{i-1}}$。

　　于是，有

$$\begin{cases}\lambda_2 m_1+2m_2+\mu_2 m_3=R_2\\ \lambda_3 m_2+2m_3+\mu_3 m_4=R_3\\ \qquad\qquad\vdots\\ \lambda_{n-2}m_{n-3}+2m_{n-2}+\mu_{n-2}m_{n-3}=R_{n-2}\\ \lambda_{n-1}m_{n-2}+2m_{n-1}+\mu_{n-1}m_n=R_{n-1}\end{cases} \tag{8-24}$$

　　以上是以 m_1，$m_2,\cdots,\ m_{n-1}$，m_n 为未知量的方程组，称为"三转角"方程或连续性方程，由于有 n 个未知量，$n-2$ 个方程，要使其有唯一解，应再增加两个方程。这时，通过增加边界条件来得到两个新的方程。

　　增加边界条件的方法很多，一般都是根据具体问题的需要加以确定，这里给出几种常用的边界条件。

　　（1）夹持端：限定两端切线方向，假设已知 $m_1=k_1$，$m_2=k_2$，k_1 和 k_2 为已知常数，这实际上增加了两个方程。

　　（2）抛物端：认为曲线在第 1 段和第 $n-1$ 段（末端）为抛物线，即此二段曲线的二阶导数为常数。因此，得

$$\begin{cases}m_1+m_2=\dfrac{2(y_2-y_1)}{h_1}\\[3mm]m_{n-1}+m_n=\dfrac{2(y_n-y_{n-1})}{h_{n-1}}\end{cases} \tag{8-25}$$

（3）自由端：端点处二阶导数为 0，即 $y_1'' = 0$，$y_n'' = 0$，由此而得

$$\begin{cases} 2m_1 + m_2 = \dfrac{3(y_2 - y_1)}{h_1} \\ 2m_{n-1} + m_n = \dfrac{3(y_n - y_{n-1})}{h_{n-1}} \end{cases} \qquad （8\text{-}26）$$

对于以上三种边界条件，可以用统一两个方程来表示，即写成

$$\begin{cases} 2m_1 + \mu_1 m_2 = R_1 \\ \lambda m_{n-1} + 2m_n = R_n \end{cases} \qquad （8\text{-}27）$$

式中各种条件下的系数值见表 8.1。

表 8.1　边界条件系数值表

边界条件	μ_1, λ_n	R_1, R_n
夹持端	$\mu_1 = 0, \lambda_n = 0$	$R_1 = 2k_1, R_n = 2k_2$
自由端	$\mu_1 = 1, \lambda_n = 1$	$R_1 = \dfrac{3(y_2 - y_1)}{h_1}, R_n = \dfrac{3(y_n - y_{n-1})}{h_{n-1}}$
抛物端	$\mu_1 = 2, \lambda_n = 2$	$R_1 = \dfrac{4(y_2 - y_1)}{h_1}, R_n = \dfrac{4(y_n - y_{n-1})}{h_{n-1}}$

所以，将这两个统一的方程和前面 $n-2$ 个方程组合得

$$\begin{cases} 2m_1 + \mu_1 m_2 = R_1 \\ \lambda_2 m_1 + 2m_2 + \mu_2 m_3 = R_2 \\ \lambda_3 m_2 + 2m_3 + \mu_3 m_4 = R_3 \\ \qquad\qquad\vdots \\ \lambda_{n-2} m_{n-3} + 2m_{n-2} + \mu_{n-2} m_{n-3} = R_{n-2} \\ \lambda_{n-1} m_{n-2} + 2m_{n-1} + \mu_{n-1} m_n = R_{n-1} \\ \lambda m_{n-1} + 2m_n = R_n \end{cases} \qquad （8\text{-}28）$$

它们是 n 个未知量和 n 个方程组成的方程组，用矩阵形式表示为

$$\begin{bmatrix} 2 & \mu_1 & & & & \\ \lambda_2 & 2 & \mu_2 & & & \\ & \lambda_3 & 2 & \mu_3 & & \\ & & \ddots & \ddots & \ddots & \\ & & & \lambda_{n-1} & 2 & \mu_{n-1} \\ & & & & \lambda_n & 2 \end{bmatrix} \begin{bmatrix} m_1 \\ m_2 \\ m_3 \\ \vdots \\ m_{n-1} \\ m_n \end{bmatrix} = \begin{bmatrix} R_1 \\ R_2 \\ R_3 \\ \vdots \\ R_{n-1} \\ R_n \end{bmatrix} \qquad （8\text{-}29）$$

显然，在上述三对角系数矩阵中，由于 $|\lambda_i| + |\mu_i| = 1$，$(i = 2, 3, \cdots, n-1)$，$0 \leqslant \lambda_i, \mu_i \leqslant 1$，主对角线上的元素为 2，对角严格占优势，方程组的系数矩阵奇异，从而方程组有唯一解。用

"追赶法"很容易解这个方程组，并可节省大量的计算时间和存储空间。

当求出了所有的 m_i 后，那么，所有的 a_i、c_i 和 d_i 也就确定了，从而所有的 S_i 也确定了。这时，每给定一个 x 值，如 $x = x^*$，先判断 x^* 所在的区间，若 $x_i \leqslant x^* \leqslant x_{i+1}$，则利用 $S_i(x)$ 可计算出 $S(x^*)$ 的函数值，即 $y^* = S(x^*)$。为了画出三次样条曲线，可将 x 从 x_1 到 x_n 取一系列的值，计算出相应的 $S(x)$，然后用直线段一一连接相邻的 $S(x)$ 点。

8.3.2　分段三次多项式插值

分段三次多项式插值法曾用于描绘卫星轨道曲线，其数学方法十分严谨。该方法首先要求给出的数据点属于一个连续的光滑曲线模型。分段三次多项式是指在每两个数据点之间建立一条三次多项式曲线方程，并要求整条曲线上具有连续的一阶导数来保证曲线的光滑性。各个节点的一阶导数是以该点为中心、两边相邻各两点（共五个点）来确定的，因此，又称它为五点光滑法。

图 8.25 中若相邻五点依次为 P_{i-2}、P_{i-1}、P_i、P_{i+1}、$P_{i+2}(i=1,2,\cdots,\ n)$，则中间点 P_i 的斜率 t_i 可按下列方法计算。

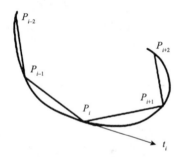

（1）计算各线段的斜率，即分别算出线段 $P_{i-2}P_{i-1}$、$P_{i-1}P_i$、P_iP_{i+1}、$P_{i+1}P_{i+2}$ 的斜率 m_{i-2}、m_{i-1}、m_i、m_{i+1}，其公式为

$$m_i = (y_{i+1} - y_i)/(x_{i+1} - x_i) \qquad (8\text{-}30)$$

（2）计算中点的斜率，令

$$t_i = \frac{|m_{i+1} - m_i|m_{i-1} + |m_{i-1} - m_{i-2}|m_i}{|m_{i+1} - m_i| + |m_{i-1} - m_{i-2}|} \qquad (8\text{-}31)$$

图 8.25　由相邻五点计算中间点导数 t_i

（3）计算补点。显然，在曲线的两端各有两个点的斜率不能由式（8-31）求出。因为在这四个点上，总有一侧不够两个点，所以要求在端点以外设法补足两个点。补点的方法如图 8.26 所示。

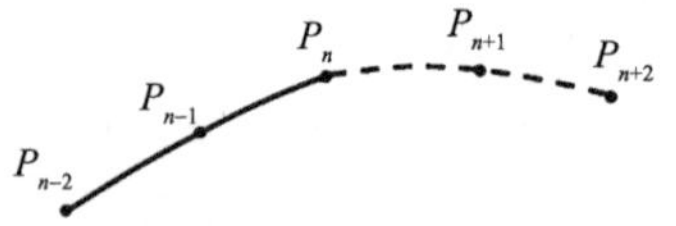

为使补足的两个点 P_{n+1} 和 P_{n+2} 满足曲线的原有趋势，要求端点 P_n 和其相邻的两个数据点 P_{n-1}、P_{n-2} 及两个补点都在抛物线 $y = g_0 + g_1(x - x_n) + g_2(x - x_n)^2$ 上，并设 $x_{n+2} - x_n = x_{n+1} - x_{n-1} = x_n - x_{n-2}$，于是有

图 8.26　补点位置示意图

$$\frac{y_{n+2} - y_{n+1}}{x_{n+2} - x_{n+1}} - \frac{y_{n+1} - y_n}{x_{n+1} - x_n} = \frac{y_{n+1} - y_n}{x_{n+1} - x_n} - \frac{y_n - y_{n-1}}{x_n - x_{n-1}} = \frac{y_n - y_{n-1}}{x_n - x_{n-1}} - \frac{y_{n-1} - y_{n-2}}{x_{n-1} - x_{n-2}} \qquad (8\text{-}32)$$

即

$$m_{n+1} - m_n = m_n - m_{n-1} = m_{n-1} - m_{n-2}$$

推导可得

$$\begin{cases} m_n = 2m_{n-1} - m_{n-2} \\ m_{n+1} = 2m_n - m_{n-1} \end{cases}$$

由此，便可以确定两个补点 P_{n+1}、P_{n+2} 的坐标。曲线首端的两个补点 P_1、P_0 可按照上述方法由曲线的首端点 P_1 及两个相邻点 P_2 和 P_3 计算确定。

上述补点方法只适用于开曲线。如果是闭曲线，由于首末两点相重合，所以在首点的补点直接利用 P_{n-1}、P_{n-2} 两点，在终点的补点可直接利用 P_2 和 P_3 两点。至此，每个数据点上的曲线斜率都可确定下来，而且这种确定只涉及包括该点本身在内的相邻的五个数据点。

现在，就可以采用分段三次多项式插值法，顺序地过相邻两点作一条三次曲线的方程：

$$y = a_0 + a_1(x - x_i) + a_2(x - x_i)^2 + a_3 a_2(x - x_i)^3 \tag{8-33}$$

并使式（8-33）满足以下四个条件：

$$\begin{cases} x = x_i, \quad y = y_i; \quad \dfrac{\mathrm{d}y}{\mathrm{d}x}\bigg|_{x=x_i} = t_i; \\[3mm] x = x_{i+1}, \quad y = y_{i+1}; \quad \dfrac{\mathrm{d}y}{\mathrm{d}x}\bigg|_{x=x_{i+1}} = t_{i+1} \end{cases} \tag{8-34}$$

从而可以推出

$$\begin{cases} a_0 = y_i \\[2mm] a_1 = t_i \\[2mm] a_2 = \left(3\dfrac{y_{i+1} - y_i}{x_{i+1} - x_i} - 2t_i - t_{i+1} \right)\bigg/ (x_{i+1} - x_i) \\[3mm] a_3 = \left(t_i + t_{i+1} - 2\dfrac{y_{i+1} - y_i}{x_{i+1} - x_i} \right)\bigg/ (x_{i+1} - x_i)^2 \end{cases} \tag{8-35}$$

由式（8-33）和式（8-35）确定的整条曲线，满足了一阶导数的连续性，所以就能表示一条连续的光滑曲线。

上面所述均是以单值函数 $y = f(x)$ 的情况来推论的。在多值函数的情况下，需采用参数方程，并用 $\cos\theta_i$ 和 $\sin\theta_i$ 来代替中间点的斜率 $t_i = \tan\theta_i$ 的表示方法，于是就有

$$\begin{cases} \cos\theta_i = \dfrac{c_0}{\sqrt{c_0^2 + d_0^2}} \\[4mm] \sin\theta_i = \dfrac{d_0}{\sqrt{c_0^2 + d_0^2}} \end{cases} \tag{8-36}$$

式中，$c_0 = w_2 c_{i-1} + w_3 c_i$；$d_0 = w_2 d_{i-1} + w_3 d_i$；$w_2 = |c_i d_{i+1} + c_{i+1} d_i|$；$w_3 = |c_{i-2} d_{i-1} + c_{i-1} d_{i-2}|$；$c_i = x_{i+1} - x_i$；$d_i = y_{i+1} - y_i$。

设相邻两点 (x_i, y_i) 与 (x_{i+1}, y_{i+1}) 之间的三次曲线方程为

$$\begin{cases} x = a_0 + a_1 z + a_2 z^2 + a_3 z^3 \\ y = b_0 + b_1 z + b_2 z^2 + b_3 z^3 \end{cases} \tag{8-37}$$

式（8-37）中的 a_j、$b_j(j = 0,1,2,3)$ 都是常数，z 为常数，当曲线从 $(x_i,\ y_i)$ 点到 $(x_j,\ y_j)$ 点时，z 从 0 变化到 1。由于这两点的坐标值和斜率是已知的，因此满足下列条件：

$$\begin{cases} z = 0\text{时}, \quad x = x_i, \quad y = y_i; \quad \dfrac{\mathrm{d}x}{\mathrm{d}z} = r\cos\theta_i, \quad \dfrac{\mathrm{d}y}{\mathrm{d}z} = r\sin\theta_i \\[2mm] z = 1\text{时}, \quad x = x_{i+1}, \quad y = y_{i+1}; \quad \dfrac{\mathrm{d}x}{\mathrm{d}z} = r\cos\theta_{i+1}, \quad \dfrac{\mathrm{d}y}{\mathrm{d}z} = r\sin\theta_{i+1} \\[2mm] r = \left[(x_{i+1} - x_i)^2 + (y_{i+1} - y_i)^2 \right]^{\frac{1}{2}} \end{cases} \tag{8-38}$$

由式（8-38）就可以唯一地确定常数 a_j、$b_j(j = 0,1,2,3)$。

$$\begin{cases} a_0 = x_1 \\ a_1 = r\cos\theta_i \\ a_2 = 3(x_{i+1} - x_i) - r(\cos\theta_{i+1} + 2\cos\theta_i) \\ a_3 = -2(x_{i+1} - x_i) + r(\cos\theta_{i+1} + 2\cos\theta_i) \\ b_0 = y_1 \\ b_1 = r\sin\theta_i \\ b_2 = 3(y_{i+1} - y_i) - r(\sin\theta_{i+1} + 2\sin\theta_i) \\ b_3 = -2(y_{i+1} - y_i) + r(\sin\theta_{i+1} + 2\sin\theta_i) \end{cases} \tag{8-39}$$

至此，就可按照本方法的上述计算过程编写程序。

由于本方法在数学上是严密的，计算过程也较为简单，并且只有加、减和乘法运算，所以程序量也不大。从图形效果上看，本方法所绘出的曲线严格地经过每一个数据点，整条曲线具有连续的一阶导数的光滑性。当给出的数据点属于一个连续光滑曲线上的特征点时，用本方法输出的曲线能比较正确地描绘出原有的曲线特征。只要能提供密度较大的数据点，如通过数字化仪读取地图上曲线的特征点，使用本方法恢复原来的曲线就能得到比较满意的结果。但是，在数据点稀疏和某些特殊情况下会出现曲线交叉的状况。其原因主要是数据点不符合本方法所要求的连续性条件，造成曲线摆动量加大。因此，在实际使用时，要注意本方法的局限性。例如，使用本方法绘等值线图时，由于获取的等值点稀少，会出现等值线的本身交叉和相互交叉的原则性错误。

应用上述分段三次多项式插值法生成曲线图形的程序设计的主要过程为：①输入要生成的曲线已知数据点列的坐标；②判断曲线类型，进行补点坐标的计算；③按顺序每次取五点，计算中间点的导数；④计算三次多项式系数，确定三次多项式；⑤计算插值点坐标，相邻点连线生成曲线图形。

8.3.3　线性迭代法

线性迭代法是一种曲线拟合的方法，是生成曲线图形方法中一种较为简单的方法。它建立在线性插补的基础上，每迭代一次抹去一批尖角点，最终达到绘出光滑曲线的目的。其计算过程如图 8.27 所示，设已知要生成曲线的数据点列为 P_1、P_2、$\cdots$、P_i、$\cdots$、P_n（$i=1,2,\cdots,n$），顺序取三点 P_{i-1}、P_i、P_{i+1}，A 和 B 分别位于 $P_{i-1}P_i$ 和 P_iP_{i+1} 线段的中点处，P_{i-1}、P_i、P_{i+1} 三点间的有效插值区间为 AP_iB。第一次插值计算出 $P_{i-1}P_i$ 和 P_iP_{i+1} 间 1/4 处的点位，其序号为 1、2、3、4，联结 2、3 就抹去了 P_i 点；第二次插值在 1-2 和 3-4 线段区间上进行，同样计算出各区间 1/4 处的点位，其序号为 1′、2′、3′、4′、5′、6′，连接 2′-3′ 和 4′-5′，就抹去了 2 和 3 两点；第三次插值是在 1′-2′、2′-3′、3′-4′、4′-5′、5′-6′ 区间上进行，又计算出各区间 1/4 处的点位，其序号为 1″、2″、3″、$\cdots$、10″ 共 10 个点，联结 2″-3″、4″-5″、6″-7″ 和 8″-9″，就抹去了 2′、3′、4′、5′ 4 个点。显然，如此迭代下去，假设迭代六次为限（ND=6），则 $n' = 2\text{ND}+2$，可得到 66 个插值点。

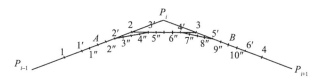

图 8.27 线性迭代法迭代过程示意图

由于第一点位于 A 以外，第 66 点位于 B 以外，分别属于前一插值区间和后一插值区间，所以在本插值区间的有效插值点为 64 个，显然，从 A 开始逐次用直线联结这些点列，直至 B，就可得到一段光滑曲线。需要说明的是迭代次数是可变的，随可视原始点列的距离和夹角大小而增减，一般来说，迭代四次就足够了。

从上述插值过程可以看出，最终曲线偏离所给点位是比较大的。为了减少每次的抹角量，缩小最终曲线的偏移量，可以根据制图要求，选择在每两个数据点之间插值点位置的计算值 1/m（其中，m =4，5，6，7，8，$\cdots$），这样可以调整最终曲线偏离各已知数据点距离的大小。

如选择 m =4，即 1/4 点位进行迭代，点位计算公式为

$$\begin{cases} x_1 = x_i + (x_{i+1} - x_i)/4 \\ y_1 = y_i + (y_{i+1} - y_i)/4 \\ x_2 = x_{i+1} + (x_i - x_{i+1})/4 \\ y_2 = x_{i+1} + (y_i - x_{i+1})/4 \end{cases} \qquad (8\text{-}40)$$

本方法在绘制闭曲线时，要求开始两点的前 1/2 区间和最后两点的后 1/2 区间合并作为最后一个插值区间进行插值计算。但是，开曲线的开始 1/2 区间和最后 1/2 区间只能用直线联结。

经过程序设计和绘图实验，可以明显地看出，每次抹角的结果，造成曲线图形偏离全部节点（三点成一直线例外），图形一般是向内收缩。此种情形在节点间夹角越小时越严重，只有在数据点比较密集且挠度小的状况下，才能得到比较满意的结果。但是，图形向内收缩可以确保直线即使在较密集的情况下也不会相交，这是该方法的一个优点。另外，该方法计算简便，程序短小，也是可取之处。该方法较适用于那些对曲线定位精度要求不高的曲线图形，如地图上的等温线、等降水线、等压线等。所以，线性迭代法在绘制地图的曲线图形时

是有其一定的应用价值的。

用该方法生成曲线图形程序设计的主要步骤是：①输入要生成曲线图形的已知点列坐标 $P(x_i, y_i)$（$i=1,2,\cdots, n$），点数 n 和迭代次数 ND；②判断曲线类型，进行迭代运算，计算出插补点的坐标；③将插补点连线绘出光滑曲线图形。

8.4　线状地物数据可视化系统

8.4.1　系统架构

线状符号可视化系统作为线状地物数据可视化的核心实现，主要作用是将线状地物数据符号化。将地图上某一位置的线状地物符号化，需要如下三类信息：①线状地物的几何描述信息，即坐标点对；②线状符号的基本图元构成，如线状符号由哪几个基本图元构成及它们之间的关系；③基本图元的描述信息，基本图元数描述决定了输出线状符号的大小、形状、颜色等性质。其中，线状符号的基本图元构成与基本图元的描述信息共同组成了线状符号的描述信息，线状符号库中存储的就是每个线状符号的描述信息。

线状地物可视化系统主要由三个部分构成：线状符号系统、线状地理空间数据组织与快速调度和线状地物可视化处理，如图 8.28 所示。

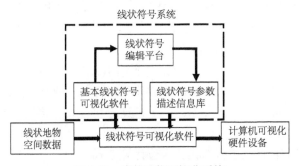

图 8.28　线状地物可视化系统

1. 线状符号系统

线状符号系统通常作为线状地物数据可视化的支撑部分，其性能的好坏直接影响着地理空间数据符号化的效果和效率。当然一个好的线状符号系统不仅考虑其在符号化时的显示质量和速度，还要考虑整个符号系统的易维护性、复用性和可扩展性。

线状符号系统包括基本线状符号可视化程序、线状符号参数描述信息库和符号编辑器三个模块。

基本线状符号可视化程序中所有的符号都通过一段绘制函数来实现，在符号化时直接调用绘制函数即可，但是这样的符号库要求程序员事先将所有的符号函数化，不但实现起来比较困难（程序量比较大），而且其维护性、代码重用性和可扩展性都比较差。不过函数型符号有一个最大的优点是，任何复杂的符号都可以通过相应算法来近似表达，表现力强。

线状符号参数描述信息库是图形的几何参数，如图形的长、宽、中心点、半径等信息，先根据图形的几何信息进行相应的计算，然后绘制。参数描述信息库将符号信息以信息块的形式存储在磁盘文件中或数据库中，可以方便地实现符号的数据管理和维护功能。而当一个符号要显示时，可以从数据库或文件中读取该符号的信息块，然后交由统一的绘制模块实现符号的绘制。符号库存储时只存储符号的属性信息，所以必须建立相应的索引机制，包括同文件的索引机制和专门索引文件的索引机制。这样做的好处是，符号的绘制接口实现了统一，当要增加新的符号时只要重新设计新符号的信息块即可，而绘制接口不变，这样上层使用新符号时并不需要改动任何代码。

符号编辑器模块实现了对符号库的创建管理和符号的编辑工作。当要编辑符号时首先将整个符号库用一个符号库对象进行实例化，然后在此符号库对象的基础上对所有的符号进行极为方便的查询、插入、删除、修改等操作。符号库中存储的是一个个符号对象的二进制数据。二进制的存储形式也使得整个符号库具有较高的保密功能，安全性较高。

符号选择器模块实现了对符号库文件的读取和显示，其他应用程序可以通过符号选择器来可视化地选择和获取相应的符号，并可以对符号的属性进行调整和设置。由于符号选择器的主要功能是获取符号，所以没有对符号库中符号进行修改的能力，这也保证了符号库的安全。

符号库是符号存储的集合，是整个符号库系统的基础。符号库结构设计的好坏直接影响着整个地图符号系统的成败。所有的符号及图元均采用面向对象设计，符号类是整个符号系统的核心，为了能让用户简便统一地操作所有的符号及使图元跟符号能更好地组合，每类符号都应有对应的抽象的接口类，在此基础上向上抽象出符号基类的接口，向下抽象出图元类的接口。各层接口的设计：①符号基类接口。用户在上层操作的时候可以通过符号基类接口对所有的符号进行统一的操作，如矢量图层的渲染，这样当有新的符号增加时外部渲染的代码也不必重新修改，保证了操作的一致性和符号系统的可扩展性。②符号类接口。可以通过符号层面的接口对符号对象进行修改，如符号选择模块中的属性修改操作需要针对不同类型符号进行不同的修改操作。③图元类接口。在像符号编辑器这样的模块中不仅需要符号层面上的操作，还需要图元层面上的操作，每个图元类接口都针对相应的图元提供了一套操作接口。各类接口的应用贯彻了设计模式所提倡的针对接口编程而不是针对具体对象编程的宗旨。

2. 矢量空间数据组织与快速调度研究

矢量空间数据的组织和调度直接影响整个符号化显示的效率，因此有效组织复杂而庞大的矢量空间数据，建立快速有效的调度机制是线状地物数据可视化的关键。这部分在第七章已介绍，这里不再赘述。

8.4.2 线状地物数据可视化过程

线状地物数据可视化过程是指地理空间数据从预处理到图形输出处理的过程。它包括地理空间数据输入、空间坐标系转换、光滑插值处理、线状符号可视化处理和线符注记配置等。

1. 地理空间数据输入

地理空间数据可以存储在数据库中，也可以存储在文件中。线状符号可视化处理时，首先要将线状地物的定位线数据由外存输入内存。但是，将整个可视化区域的数据一次输入内存，还是分批输入，或是逐条线输入，要视应用具体情况而定。

2. 空间坐标系转换

地理空间数据最大的特点是有一个空间地理坐标，其每一个地理要素都严格对应于现实地理环境中的位置。坐标转换可实现不同图层中甚至是不同坐标系统下的矢量空间数据在同一个屏幕窗口中正确显示。

坐标转换根据当前的显示比例尺、当前显示区域的中心坐标、屏幕显示区域大小、屏幕像素与英寸的映射关系等信息，通过当前屏幕坐标与地理空间数据坐标之间的转换，所有的图层共享同一个坐标转换模型，保证坐标的统一，实现多个矢量图层的准确叠加显示。

3. 光滑插值处理

在线状符号中，有的符号要进行光滑处理，如单线河、单线时令河、等高线等；有的符号不能进行光滑处理，如高压线、通信线等；有的符号要求在部分地区进行光滑处理，如盘山公路要进行光滑处理，而在平原地区的公路，一般可不光滑处理。因此，要区别对待，不能一律光滑处理，也不能不光滑处理。光滑处理就是对定位线进行数据插值处理。

4. 线状符号化处理

线状符号化处理就是已知线状地物的定位线（或光滑处理后）和线符代码，组合线状符号图形的过程。

（1）查找线符代码对应地址。根据线状地物数据所对应的线符代码或名称，到线符信息中寻找与其相同的线符代码或名称，以及其信息存放的范围、起址和终址。

（2）查找线符的基本图形和尺寸。根据该线符信息存放的起址和终址，依次查找该线符由哪几个基本图形所组成，并依次取出基本图形代码，根据这个基本图形代码再找出它有哪些尺寸名称，并逐个取出这些尺寸的具体数据，把它们分别传递到各类基本图形可视化专用参数区中。

（3）基本图形可视化处理。有了基本图形代码、各种尺寸参数数据，以及线状地物的定位线坐标序列，即可启用与基本图形代码对应的可视化程序，沿定位线点列绘制基本图形。

（4）基本图形叠加与循环。重复步骤（2）和（3），继续沿同一定位线绘出其他的基本图形，直至绘完所有基本图形为止。最后就形成了一条按图式规定要求的，具有严格位置的线状符号图形。

5. 线符号注记配置

线状地物的注记应按照线状地物定位线的实际走向散列配置，可以根据线状地物的长度和注记字个数沿线状地物依次分配标注，如图 8.29 所示。

散列注记时，线图形的两端应留出适当的长度，注记字间距离不宜太长，当线图形较长时可分段标注。线图形注记散列配置时，注记字与图形的位置关系和注记字的排列顺序如下。

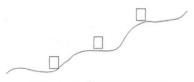

图 8.29　线图形注记的配置

（1）当线图形的延伸方向接近横向时，注记字按从左到右的顺序配置在线图形之上，线图形之上内容多而之下较空时，注记才配置在线图形之下。

（2）当线图形的延伸方向接近纵向时，注记字按从上到下的顺序配置在线图形之右，线图形之右内容多而之左较空时，注记才配置在线图形之左。

（3）当注记字有压盖需要移动时应在与线图形平行的方向上做适当移动。大部分的注记在平行于线图形的一侧配置，也有少量在线图形的中心线上配置，如街道或部分道路的名称等。

　　按照以上线图形注记配置的一般原则，以线图形的定位线坐标点串为基础，按照注记个数，定长提取坐标，并按齿线计算方法计算注记坐标位置，可以方便地计算出配置注记字的定位点坐标。

第九章 面状地物数据可视化

面状地物描述地理事物的分布范围、分布方位、分布面积和伸展方向。面状地物（现象）在地图上抽象为面状图形，面状图形的边界可以是不同线型绘制（或不显示）的闭合线，也可以由若干不同实体的线图形围合而成。面状符号是一种填充于面状分布范围内用于说明面状分布现象性质或区域统计计量值的符号，主要描述物体（现象）的性质和分布范围，符号的范围同地图比例尺有关。面状符号的区域形状、面积都是依比例表示的，称为依比例尺符号。面状图形是由边界围成的封闭区域，该区域可以是规则的几何图形区域，也可以是任意多边形区域；可以是单连通区域，也可以是岛（也称为飞地）的复连通区域。面状地物的范围在计算机内表示为一组首尾相接的有序的点集序列（无拓扑结构），也可以表示为若干个线状图元素按一定数据结构（通常为拓扑数据结构）建立起来的数据集合。面状地物的可视化是以面图形的边界多边形来表示面状实体的区域边界、覆盖范围和空间位置，以面图形填充的图案、颜色等表示面状实体的类别等属性特征。面状地物可视化是显示面状地物（现象）的几何特征和属性特征定位分布的一种非常重要的手段。

9.1 面状符号概述

客观事物呈面状分布，当实际面积较大，按地图比例尺缩小后，仍能显示其外部轮廓时，用面状符号表示，如大的湖泊、大片森林、沼泽等。面状符号是用轮廓线（实线、虚线或点线）表示事物的分布范围，其形状与事物的平面图形相似。轮廓线内加绘颜色或说明符号以表示它的性质和数量。对于由这类符号所表示的事物，可以从图上量测其长度、宽度和面积。一般又把这种符号称为依比例符号。面状符号采用不同的视觉变量组合以表现它的空间特征、质量特征和数量特征。

9.1.1 地物空间面状分布形态

呈现为面状的地理现象，其空间分布表现为三种基本形态：全域连续分布、局域成片分布和离散分布。

1. 全域连续分布

全域连续分布是指布满整个地表空间域且连续的二维及三维分布现象，如地貌、高程、气温、气压、行政区划、地表覆盖等。以空间区域为依据的统计数据是其统计单元的定量属性信息，将这些属性信息视为二维空间对象的第三维 Z 值。多个 Z 值的空间分布变化，可以想象成一个连续的三维统计面。它既可以是实际存在的，也可以是虚拟的。统计面是地图学中最重要的概念，是很多连续分布现象可视化表达的最佳方式。它可通过点、线、面、体不同维度的符号体现。

全域连续分布面状现象的表示方法有：质底法、等值线法、定位图表法、分区统计图法和等值区域图法。地图上面状现象的空间分布是通过色彩、线划、图形等符号构成的图形显示。

2. 局域成片分布

局域成片分布是指仅在局部空间范围内存在且间断成片的二维、三维面状分布现象，如湖泊、水库、洪水淹没范围、地震波及范围、降雪范围、油田分布等。局域分布现象的表示主要是范围法。

3. 离散分布

离散分布是指在制图区域内整体呈二维或三维面状，但个体单元相对独立且存在间隔分布的现象，如人口、植物、动物分布等。

面状现象的分布界线有精确与概略之分。事物本身具有明确清晰的分布界线，如行政分区、洪水淹没范围等，又有详尽的地理数据，可以用清晰的实线准确地表示其分布范围。这种表达方法称为精确定域。相反，本身分布范围模糊渐变、动态、不易确定的现象，如动物分布等可以用虚线，或没有边界的形状变量、网纹排列分量等方式概略示意其分布范围，则为概略定域。在具体使用时，应理解其在分布界线上形式与内涵的差异，对某些本身属于概略定域的现象为了便于地图显示和实际应用，仍可采用精确定域的表达方式，如土壤类型、植被类型、各种区划图等均以细实线或明确的图斑差异表示分布界线。

9.1.2 面状地物表示方法

全域连续分布的面状现象，可以按某种分类规则将整个制图区域的数据，用定名量表划分为多个互不重叠、性质不同的图斑，以显示制图对象的质量差异。其主要表示方法可分为类型图、区划图和范围图三类。

1. 类型图

类型图无空白区域，图斑互不重叠且类型具排他性，如地貌图、土壤图或土地利用图（图 9.1）。如果出现复域，则其应归为新的类型。例如，植被图中自然植被的温带-亚热带灌丛是一类图斑，农业植被的一年生粮作和亚热带常绿经济林也是一类图斑，它们的复域"温带-亚热带灌丛+一年生粮作和亚热带常绿经济林"则命名为新一类图斑，因此互不重叠。

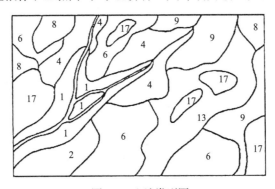

图 9.1 土地类型图

2. 区划图

区划图的特征也是图斑互不重叠且无空白区域。它的图斑反映了专题的综合性质，如气候区划图、自然地理分区图、行政区划图。例如，青海省与四川省在行政范围上不重叠；玉树县、称多县都属于青海省，但玉树县和称多县范围不能重叠（图 9.2）。由于它们具有同级或同层次的特点，运用色相分量表示图斑时有较大的差异，也可以采用彩度或亮度分量区分图斑。

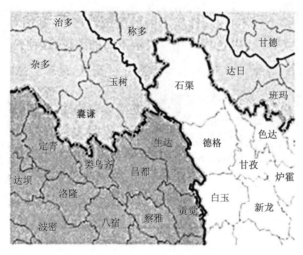

图 9.2　区划图（用灰度区别省份）

表示连续分布面状现象定性特征的质底法，其分布界线常呈现为精确定域方式，概略定域只用于个别现象的显示（图 9.3）。

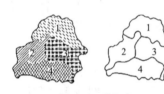

图 9.3　质底法

1.亚麻产区；2.谷物产区；3.马铃薯产区；
4.肉乳产区

3. 范围图

局部成片和离散分布的地理现象是以真实或隐含的轮廓线表示事物的分布范围，以颜色、网纹、注记或排列分量等表示数据的性质和类型。这种符号配置的方法称为范围法。

范围法采用的分布界线常有精确定域和概略定域之分。符合精确定域方式的称为精确范围法；相反，则为概略范围法。图 9.4 中（a）～（h）的 8 幅图，以各种符号配置方式显示了同一事物在不同的区域中显示。用范围法编制的地图是一种分布图。它表示的制图对象只出现在局部空间范围内，因而是在地图上呈散列及片状分布的图斑。当表示两种以上的产业和作物时，它们在地图上的图斑可以互相重叠（图 9.4）。

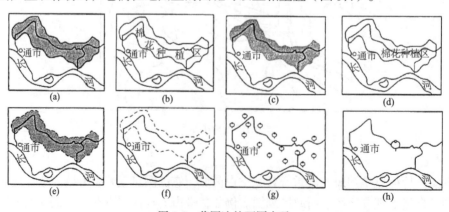

图 9.4　范围法的不同表示

以面状表示的地理数据，形成不同的空间分布形态和定域（分布界线）表示方法。依据其属性又可分为定性数据和定量数据两类。

9.1.3　面状符号特点与分类

面状地理图形符号是以面来定位，以面作为符号本身，表示呈面状分布的物体或地理现象。面状地理图形符号的面积和范围都是按比例表示的。许多地理要素和社会经济现象都具有面状分布特征，如植被、土质、水域、街区、行政区、土地利用分区、工农业经济分区、人口分区、农作物病虫害分区等。

1. 面状符号特点

面状空间图形的特点主要表现在：

（1）面状地理图形由一定的边界线（也称为轮廓线或范围线）描述面状目标的分布范围。其边界线可以是一种或几种线状地理图形（如道路、境界、河流）构成的多边形，也可以是单纯的范围线、地类界等，如植被的边界线多由地类界表示，居民地街区、水库等多由单线构成的多边形表示；面符号的轮廓线也可以是无形的，仅以区域的颜色变换来表示，如疏林地便属于这种情况。无论其轮廓线是什么形式，面状目标范围是可以确定的。

（2）面状地理图形通常是在轮廓线范围内以一定的形式填绘一定的点状符号、线状符号或填充一定的色彩，表示目标的类别及属性特征，并通过所填充图形的形状、尺寸、色彩等视觉变量的变化表示不同地理目标的类别、等级，以及定性和定量属性特征。

（3）面状地理图形是依比例尺表示的图形符号。

2. 面状符号基本类型

根据面图形边界线内所填绘的内容不同，如图 9.5 所示，可将其分为四种基本类型。

（1）在边界线内按一定排列规则填充一种或多种点图形。基础地理要素中呈面状特征分布的目标较多采用这类面图形表示，如图 9.5（a）所示。

（2）在边界线内按一定的排列规则和倾斜角度填充一种或多种线图形。这类图形在分区专题要素表达中应用较多，如用边界内填充不同的线型，或按不同的角度和交叉填充线型表示分区的类别或数量指标的不同等，如图 9.5（b）所示。

（3）在边界线内用一定色彩、亮度与饱和度的变化组合填充颜色。基础地理要素中的水面、绿地等常采用区域填色表示，更多的常用于表示不同的专题分区，用不同颜色的区域填充表示行政区划的区域划分或范围等，如图 9.5（c）所示。

（4）在边界线内填充某种图案。常用填充图案的方法来提高三维地形或建筑物等的视觉效果表示，如显示三维建筑的外观等。其实区域内填充的点图形、线图形和颜色都可以看做是一种特殊的图案，如图 9.5（d）所示。

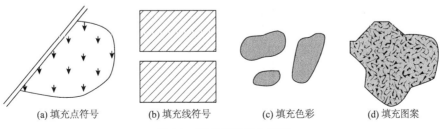

(a) 填充点符号　　　　(b) 填充线符号　　　　(c) 填充色彩　　　　(d) 填充图案

图 9.5　面状符号基本类型

3. 面状符号填充方法

基于面状图形的特点，其图形可视化方法主要有颜色填充法、图案填充法、点图形填充法和线图形填充法四种，如图9.6所示。

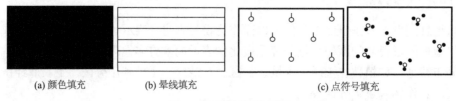

(a) 颜色填充　　　　　(b) 晕线填充　　　　　(c) 点符号填充

图 9.6　面状符号类型图

（1）颜色填充法。颜色填充法是实现填色这一类面状地理图形生成的主要方法。这是一种栅格图形的生成方法，通过区域边界线计算出区域内的像素点进行颜色填充。

（2）图案填充法。图案填充法也是区域填充算法的一种，可以通过设置不同的图案模板，来实现各种填充效果。这种方法同样可用于生成面状地理图形。

（3）点图形填充法。点图形填充法是通过要填充区域的边界线，按照填充点图形的排列规则，计算出区域内部应该填充点图形的位置坐标，以此坐标点作为点图形的定位点，调用相应点图形生成函数显示点符号。

点图形填充法是一种矢量图形生成方法，它是点图形和线图形（边界线）的组合。

（4）线图形填充法。线图形填充法是通过要填充区域的边界线，按照填充线图形的方向和排列规则，计算出区域内要填充线图形的两端点坐标，调用相应线图形生成函数在两端点间显示线图形。线图形填充法也是一种矢量图形生成方法，它是线图形和线图形（边界线）的组合。

下面分别讨论面状地理图形生成方法中的点图形填充法和线图形填充法。

9.2　面状符号填充配置算法

在面状地理要素轮廓内配置符号，应先将面符轮廓线所有的边串接起来，不管是代替边还是其他边，以便对配置符号进行范围控制。

9.2.1　点符号填充算法

在面状地理要素目标的图形表示中，以区域内填充点图形的一类数量较多，其填充点图形的形式也有多种，如图9.7所示。

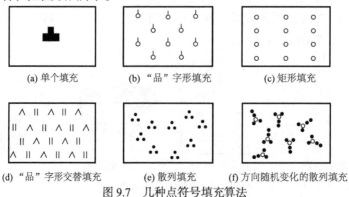

(a) 单个填充　　　　　(b) "品"字形填充　　　　　(c) 矩形填充

(d) "品"字形交替填充　　　(e) 散列填充　　　(f) 方向随机变化的散列填充

图 9.7　几种点符号填充算法

填充点符号的面状地理图形的生成方法是依据面符号边界线多边形的定位点列坐标串，并按照填充点符号的方式即点符号排列形式的要求，解算出多边形内应该绘点符号位置的坐标，再调用绘制相应点符号图形的程序，在该点位绘出点符号图形，重复计算绘制，直到整个范围按要求填满为止，并保证全部点符号不落在范围线以外。

1. 单个填充

如图 9.7（a）所示，这类符号通常要求在面符号区域的中心位置或较宽松部位的中心位置绘制一个特定的点符号图形，如地理要素目标中的特殊用地、工业用地，以及区域专题统计结果等都是由这类填充模式的面符号图形表示的。

这类面符号图形的绘制较简单，有两步：

（1）以多边形的坐标串计算出多边形的中心点坐标或较宽松部位的中心点坐标，或用鼠标在多边形内选择合适点获取其坐标，并保证该点落在多边形内部。当多边形的形状复杂或特殊时，计算出的中心点往往难以位于合适位置。

（2）调用绘制相应点符号的程序在所求出的点位绘制点符号图形。

2. "品"字形填充

如图 9.7（b）所示，这类符号要求在多边形内填充的点符号应按"品"字形排列，其点符号的行间距和列间距通常是已知的。这类符号在填充点符号的面状地理图形中占的比例较大。其绘制方法与屏幕多边形区域填充方法，即扫描线填充算法的基本原理相同，区别是前者相邻行线的间隔为一个像素单位，一行中相邻像素的间隔也为一个像素单位，而后者则有不同的行间隔和列间隔，且在确定位置处应绘制指定的点符号。它们的主要步骤基本一致：①根据多边形轮廓线定位点坐标串及填绘点符号的排列规则（此处以"品"字形排列为例），求出所应填绘点符号的行数及行线位置；②计算行线与多边形各边的交点；③将所求交点按递增顺序排序；④奇偶交点配对，并在奇偶交点间计算出应绘制点符号的位置坐标，并调用绘点符号程序绘出图形；⑤重复②～④步至区域填绘满为止，并保证全部符号不落在轮廓线范围以外，如图 9.8 所示。其计算方法可分为以下四步。

（1）设置一个坐标系使面符号轮廓多边形位于第一象限，比较多边形各节点的坐标，找出多边形最大最小值：X_{min}，X_{max}，Y_{min}，Y_{max}；再根据配置点符号的行间隔 a、列间隔 b 构成一个覆盖于多边形之上的填绘点符号配置网格，如图 9.9 所示。在多边形轮廓范围内可配置点符号的行数 l 及最长一行点符号的列数 m 为

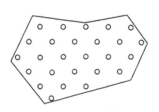

图 9.8　多边形区域填绘点符号图

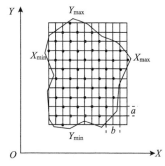

图 9.9　多边形配置点符的网格

$$\begin{cases} l = \left[\left(Y_{\max} - Y_{\min} \right)/a \right] - 1 \\ m = \left[\left(X_{\max} - X_{\min} \right)/\left(b/2 \right) \right] - 1 \end{cases} \qquad (9\text{-}1)$$

第一条行线的坐标设为

$$y_1 = Y_{\min} + a/2 \qquad (9\text{-}2)$$

第一条列线的坐标设为

$$x_1 = X_{\min} + b/4 \qquad (9\text{-}3)$$

第 i 条行线的坐标值为

$$y_i = y_1 + (i-1) \cdot a,\ i = 1, \cdots, l \qquad (9\text{-}4)$$

第 j 条列线的坐标值为

$$x_j = x_1 + (j-1) \cdot b/2,\ \ j = 1, \cdots, m \qquad (9\text{-}5)$$

（2）计算每一条行线与多边形各边的交点坐标 x，记录交点个数，并对全部交点按从小到大顺序排序。按照计算扫描线（对应本算法中的行线）与多边形交点的方法求出的交点个数为偶数个。

（3）在所求出的交点点列的每一对奇–偶交点之间，计算出应填绘点符号的网格的坐标（如图 9.9 中有实心圆点的位置），并调用绘相应点符号程序，绘出指定的点符号。

在 x_1，x_2 一对交点间应填绘点符号的列号：

首列号：

$$j_1 = \left[x_1/(b/2) \right] + 1 \qquad (9\text{-}6)$$

末列号：

$$j_2 = \left[x_2/(b/2) \right] \qquad (9\text{-}7)$$

列线的坐标：

$$x_j = (b/2) \cdot j,\ \ j = j_1, \cdots, j_2 \qquad (9\text{-}8)$$

填绘点符号的位置应满足填绘点符号的规则，如"品"字形排列，点符号的位置确定可依据偶行偶列、奇行奇列（或偶行奇列，奇行偶列）的原则计算。

（4）重复（2）、（3）两步，直到多边形区域内填满点符号为止，多边形填绘点符号即完成。

多边形填绘点符号的程序可设计为

```
void dbxdf（m1，m2，x，y，n，a，b）；
int m1；//要填绘点符号的代码；
int m2；//多边形轮廓线的线型代码；
```

float x[ ]，y[ ]；//多边形轮廓线的节点坐标串；

int n；//多边形轮廓线的节点数；

float a，b；//应填绘点符的行间隔和列间隔。

3. 矩形填充

如图9.7（c）所示，这种面符号要求在多边形内按照矩形排列填充点符号，点符号的行间距与列间距也是给定的。这种面符号的填充方法与"品"字形填充基本一样，可参考之。

4. "品"字形交替填充

如图9.7（d）所示，这种面符号通常在范围线内需交替填充两种点状符号，其全部符号的排列仍呈"品"字形。因此，这种符号绘制的基本方法也是按"品"字形的计算方法，只是在计算出点符号的位置坐标后应交替地调用绘制两种点状符号。

5. 散列填充

如图9.7（e）和图9.7（f）所示，这类面符号其范围线内的点符号是随机分布的（不规则排列），可分两种情况：其一，范围线内的点符号的点位随机变化，但点符号的方向是固定的；其二，面符号范围线内的点符号的点位和方向都随机变化。绘制这种面符号的基本思想是：填绘点符号的位置仍按"品"字形或矩形规则排列的方式计算，其行间距和列间距适当放大。以规则排列的点位坐标为基准，建立一个数学模型，按点符号顺序对其位置坐标做一定量的偏移，其点位偏移的方向做随机变换，这是第一种情况。第二种情况，在对其点位做偏移计算时，对其点符号图形的方向也做随机的旋转变换，便可达到要求的效果。

9.2.2　线符号填充算法

在普通地图上，填充线符号的面状符号种类较少，图形也较简单，通常是在面符号范围线内填充一些晕线，不同要素的面符号只是通过改变晕线的方向角和晕线的间隔来表现的，如图9.10所示。

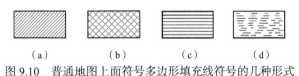

（a）　　　　　（b）　　　　　（c）　　　　　（d）

图9.10　普通地图上面符号多边形填充线符号的几种形式

图9.10（a）和图9.10（c）只是填充线符号的方向角和相邻线符号的间隔有所不同，只需做相应的变化即可。图9.10（b）所示的面符号图形为方向角45°和方向角135°的两组晕线叠加的结果，因此改变参数方向角的值，重复两次做多边形填充晕线的处理即可生成该面符号图形。至于图9.10（d），则是一种在多边形内随机的填充一些短直线，形成一种不规则的图形效果。其填充晕线的长度和位置均随机性变化，这类图形用填充晕线的常规方法便难以实现其效果。设想建立一个数学模型，控制所填充晕线的起点及长度做随机变化，也可以实现该类图形的绘制，但其方法不可能太简单，其图形效果也未必能尽如人意。现有地图符号的设计是基于手工绘图的，有些符号不适于计算机处理，或处理起来较烦琐，效果不好，对这些地图符号的图形做些修改，使其既便于计算机处理，又能满足较好表示制图对象的要求，是个值得探讨的问题。

在多边形内填绘线状符号，主要为填满一组一定线型、一定方向、一定密度的平行线及其叠加的交叉线。其绘制方法主要为计算出所填绘的每条线符号与多边形的交点，然后调绘线符号程序在两交点间绘出所要求的线符号即可。

在多边形内填绘线符号的计算方法与填绘点符号的方法基本类似，主要有以下几步：

（1）将多边形的各坐标点进行旋转计算使要填绘的线符号与 x 轴（或 y 轴）平行，这样便于计算交点，如图 9.11 所示。

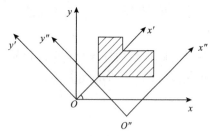

图 9.11　多边形填绘线符

（2）对旋转后的多边形进行平移计算，以保证多边形位于第一象限。

（3）计算旋转平移后的多边形的最大和最小值，$\max Y$ 和 $\min Y$，可填绘线符号的条数 1，以及填绘第一条线符号的纵坐标值 $1y$。

（4）计算每条线符号的位置线与多边形的交点坐标，记录交点个数，并进行交点排序。

（5）对所计算出的交点坐标做反向平移计算。

（6）做反向旋转计算，即将其交点坐标变换到原多边形所在的坐标系中。

（7）在每一对奇偶交点之间调绘线符号程序绘出线符号直到多边形填绘满线符号后，该图形的绘制完成。

以上（3）、（4）两步与填绘点符号时的计算方法完全相同。

多边形填绘线符号的程序可设计为

void dbxxf（m1，m2，x，y，n，d，q）；

int m1；//多边形要填绘的线符号图形的代码；

int m2；//多边形轮廓线的图形代码；

float x[ ]，y[ ]；//多边形轮廓线的节点坐标串；

int n；//多边形轮廓线的节点个数；

float d，q；//多边形内填绘的相邻线符号图形的间隔，以及线符号图形的倾角。

9.3　面状地物数据可视化系统

面状地物数据可视化主要涉及两个方面的内容：一是面状地物空间数据；二是面状符号系统。面状地物空间数据一般由特定格式的矢量数据表示。面状符号系统一般由面状符号信息编辑设计、管理和符号化处理组成，地图符号系统性能决定了面状地物数据可视化的效果，面状地物数据可视化效率及矢量空间数据的组织、调度、索引等决定了符号化显示的效率。

9.3.1　系统架构

面状符号可视化系统包括两个部分：一部分是面状图形的边界，可以是不同线型绘制（或不显示）的闭合线，也可以是由不同线状图形围合而成的闭合线。面状图形的边界可视化系统参阅 8.4 节。另一部分是填充于面状分布范围内用于说明面状分布现象性质或区域统计计量值的符号，主要描述物体（现象）的性质和分布范围。面状地物数据可视化软件主要处理后一部分。它包括三个部分：面状符号系统，面状地理空间数据组织与快速调度和面状地物可视化处理，如图 9.12 所示。

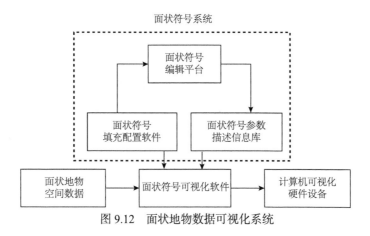

图 9.12　面状地物数据可视化系统

1. 面状符号系统

面状符号系统包括面状符号参数描述信息库、面状符号填充配置软件和面状符号编辑平台三个模块。

1）面状符号参数描述信息库

（1）面状符号配置信息。地形图上对于配置的面符号都规定有符号配置的列、行的间隔和距离，以及行的倾斜角；对于不规则的可以用固定间隔和控制变量以实现其间隔的变化。将这些数据分别建立信息块，这些信息块的集合，就是所说的面状符号配置信息库，也称面状符号参数描述信息库。①配置符号代码信息：将各种面状符号编制成代码，存放数据库中，构成了面状符号参数描述信息库的基础。②配置符号距离信息：依据面状符号代码，将所有配置符号的行间距离，与符号代码信息相对应地存放在一起，就构成了符号距离信息块。③配置符号间隔信息：这里所指的符号间隔是列间隔，将各面状符号的配置间隔与符号代码信息相对应地存放在一起，就构成了符号间隔信息块。④控制信息：它是控制符号配置间隔或距离的信息。通过它的控制可达到规则配置和不规则配置的双重目的。这些控制信息同样要与代码信息相对应，存储在一起。⑤配置行倾斜角度信息：如有规定配置行不平行，与图幅或绘图设备有夹角，就构成了配置行的角度信息块。

（2）配置符号信息。面状图形符号具有封闭的范围线，为从质和量上进行区别，多数面状符号要在范围线内配置不同的点状、线状符号或普染颜色。

配置符号信息包含两种：一是配置符号种类信息，有点状、线状或普染三种符号；二是配置符号代码信息，包括点状、线状或普染三种符号代码。

2）面状符号填充配置软件

面状符号配置软件是依据面状符号参数描述信息计算符号配置位置。

3）面状符号编辑平台

面状符号编辑界面提供了面状符号的可视化编辑功能。

2. 面状地理空间数据组织

地图上面状符号都有一个有形的或无形的封闭的轮廓线，如森林、水域等轮廓线为有形的，沼泽地的轮廓为无形的。有形的轮廓多为若干个线符段的组合，以表示轮廓范围内地理物体的类别，其定位线通常为轮廓符号的中心线。

由于面状符号经常与其他符号连接，或以某地物为界，或为其特定界线所分割，因此在性质上轮廓线可分为三种类型：独享边、公共边和代替边；以其他地物为界或为某特定线所分割的边线为代替边。独享边的轮廓符号是用于区别轮廓范围的地物类别的；公共边的轮廓符号是用两个面符号中类别等级高的轮廓符号表示；代替边则不用轮廓符号表示，而是以线状地物符号或特定线来表现。

为了满足上述两个需求，面状地理空间数据需要两种数据：

1）轮廓边界数据

面状符号轮廓边界由点线（如森林、竹林、果园）表示，有点和粗线组成的虚线（如国界、省界、县界），有实线（如街区、湖岸线），为了逐段绘制这些线状符号，面状地理空间数据中必须保存轮廓边界数据，其数据结构为 L, x_1, y_1, x_2, y_2, $\cdots$, x_n, y_n，记为 $L\{x, y\}n$。

2）轮廓范围数据

为了区分轮廓范围内地物的种别，常常在轮廓范围内配置不同的符号或颜色。为了配置面状符号，不管是代替边还是公共边，不管是否为图廓所分割，面状地物的轮廓线必须是一个封闭线，这样才能进行配置符号的计算。轮廓范围数据格式为 F, x_1, y_1, x_2, y_2, $\cdots$, x_n, y_n，这里 $x_1=x_n$, $y_1=y_n$，记为 $F\{x, y\}n$。

面状地物的范围在计算机内表示为一组首尾相接的有序的点集序列（无拓扑结构），也可以表示为若干个线状图元素按一定数据结构（通常为拓扑数据结构）建立起来的数据集合。这两种数据虽然应用目的不同，组织形式不同，但其位置是相同的。为了保证数据的一致性，减少数据冗余，实现数据共享，往往采用多边形拓扑结构组织和面状地理空间数据组织。在数据库内存储若干个轮廓边界数据 $L\{x, y\}n$，面状地理空间数据可视化需要时，依据轮廓边界数据拓扑关系，将同一轮廓所有的各条边串接起来，临时形成一条封闭的轮廓线。

9.3.2　面状地物数据可视化过程

面状符号化处理就是已知面状地物的轮廓边界数据、轮廓边界数据代码和面符号代码，绘制轮廓边界线状符号图形和轮廓范围内填充符号的过程。

1. 地理空间数据输入

面状地物空间数据可以存储在数据库中，也可以存储在文件中。在面状地物数据可视化处理时，先要将面状地物的边界线数据由外存输入内存。

2. 线状符号化处理

1）边界绘制

面状符号范围线具有可见与非可见两种。非可见情况下，面状符号的范围线在表征地理分布的同时具有裁剪效果，约束内部的填充要素不"超界"，确保地图图面的美观及精度。对于可见范围线，则可以直接采用线状符号接口进行绘制。

2）面状符号填充

（1）查找面符号代码对应地址。根据面状地物数据所对应的面符号代码或名称，到面符号信息中寻找与其相同的面符号代码或名称及其信息存放的范围、存放的起址和终址。

（2）查找面状符号配置信息和配置符号信息。根据该面符号信息存放的起址和终址，依次查找该面符号配置的距离、间隔、配置符号的行对 X 轴的倾角。

（3）符号配置位置计算。根据这个参数，调用面状符号配置计算程序，计算每个符号配置位置。

（4）配置符号绘制。依据配置符号信息，找出配置符号类型和代码。根据符号类型和代码再找出它有哪些符号尺寸名称，并逐个取出这些尺寸的具体数据。把它们分别传递到各类基本图形可视化专用参数区中。

点状符号。点状符号配置有规则的和不规则的，如稻田、果园等的配置是规则的，成"品"字形；竹林、灌木林等的配置是不规则的。根据配置信息库的距离、间隔、角度和控制信息，利用前面所述的算法计算每一配置位置，应用点状符号代码，对点状符号进行配置。

线状符号。轮廓范围内对线状符号的配置也有规则的和不规则的。例如，街区晕线、不能通行的沼泽是规则的，它们是一些与 X 轴成一定角度，间隔固定的平行线。晕线的填充方式主要是在范围线内部填充固定角度、固定间距、固定交叉类型的线组。对于不规则的，如能通行的沼泽，可以将其由不规则转化为规则的，将线状符号转化为点状符号，绘制不规则的配置符号。

普色符号。对于轮廓范围内不配置符号的，依据轮廓范围线，调用区域填充算法，可以填充各种类型的图案。对于颜色填充，一般的编程语言已经提供了操作模块，要做的工作仅是将范围线坐标串传递进去。

3. 面符号注记配置

面图形的注记配置可分为三种情况：第一种是图形面积小于一定值时，注记应配置在面图形之外，如小又重要的湖泊等；第二种是图形面积很大时，如政区、大型水库等，注记应在面图形内按其形状走向散列配置（图9.13）；第三种是图形面积不太大，注记配置常取面图形相对中心位置的一内点配置（图9.14），如大部分的水库、湖泊等。当然也有区域面积不太大但注记按散列配置的情况，如海湾、群岛等。

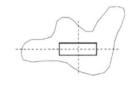

图9.13　面图形注记的散列配置　　　　图9.14　面图形注记的一般配置

面图形注记一点配置时，其注记定位点的计算较为简单，选择计算多边形的一内点，该内点最好位于面边界多边形水平截线相对较长，且过水平截线中点附近的垂直截线也较长的两截线交点位置，以该内点作为注记图形的中心点进而推算出注记图形的定位点。

面图形注记散列配置时，其注记定位点的计算较为复杂，一般是将注记字沿面图形的主骨架线散列配置，但由于面图形的形状复杂多样，其主骨架线的计算也很费时，而且对于一些形状特别的面图形，按主骨架线配置注记的效果也常不合适。因此，可考虑在简化面图形的轮廓多边形的基础上计算其主骨架线，沿主骨架线散列配置后，对注记字配置不合适的由编辑操作加以调整。

第十章　专题地理数据可视化

专题地理数据可视化主要采用专题地图符号对地理专题数据进行表示。专题地图又称特种地图，着重表示一种或数种自然要素或社会经济现象。它侧重某一方面，强调个性，用于科学研究、国民经济等方面，具有地图内容主题化、主题要素特殊化、地图功能多元化、表达方式多样化、表示内容前瞻化等特征。同样，专题地理数据内容侧重于某种专业应用，如道路数据库存储的数据包括道路名、长度、宽度、密度、运载能力、类型、结构、途经居民点、交通状况（车流量、车速限制）、道路位置（X、Y坐标）等。专题地理数据可视化是按照应用主题的要求，突出而完善地表示与主题相关的一种或几种要素，使可视化内容及表现形式各异。它的针对性更强，目的更明确，并且在用途、内容、比例尺、地图资料等方面表现形式更为多样。专题地理数据的可视化通常是使用数据集中的一组或多组数据，利用颜色渲染、填充图案、符号、直方图等表示数据，根据数据中的特定值设置不同的颜色、图案或符号，创建不同的专题地图。

10.1　专题地图与专题地理数据

10.1.1　专题地图特征

专题地图是指突出而尽可能完善、详尽地表示制图区内的一种或几种自然或社会经济（人文）要素的地图。专题地图的制图领域宽广，凡具有空间属性的信息数据都可用其来表示。其内容、形式多种多样，能够广泛应用于国民经济建设、教学和科学研究、国防建设等行业部门。

任何一幅专题地图基本上都是由主题要素和底图要素两个层面构成的，较复杂的专题地图则由两个以上的层面构成，即最主要的主题要素在第一层平面，次要主题要素在第二层面，更次要主题要素在第三层面，依次类推，底图要素则处于底层平面。主题要素是专题地图重点和突出表达的内容，是图面主体部分。主题要素表示的优劣决定了专题地图的科学性。底图要素是制作专题地图的地理基础，即主题要素是编制在底图上的。底图要素不仅作为描绘主题要素的骨架，用来定向和确定相对位置，还反映主题要素和周围环境相互联系、制约的密切关系，起衬托主题作用。底图质量的优劣决定了专题地图的数学精确性和地理相关性。

专题地图和普通地图相比，具有独有的特征。

（1）主题化。普通地图强调表达制图要素的一般特征，专题地图强调表达主题要素的重要特征，且尽可能完善、详尽。专题地图只将一种或几种与主题相关联的要素特征完备而详细地显示，而其他的要素显示较为概略或不显示，表达比较深刻。

（2）特殊化。专题地图突出表达了普通地图中的一种或几种要素，有些专题地图的主题内容是普通地图中所没有的要素。内容更加广泛，表示内容可以是普通地图上所没有的，有时是地面上根本看不到的或者无法测量的地理事物。

（3）多元化。专题地图不仅可以表示空间分布，还可以表示动态变化和发展规律。专题地图不仅能像普通地图那样，表示制图对象的空间分布规律及其相互关系，还能反映制图对象的发展变化和动态规律，如动态地图（人口变化）、预测地图（天气预报）等。

（4）多样化。一个国家的普通地图特别是地形图，往往都有规范的图式符号系统，但专题地图由于制图内容的广泛，除个别专题地图外，大体上没有规定的符号系统，表示方法多种多样。一般来说，专题图具有特定的符号系统和多样性的表示方法，可自己设计创新地图符号，因而其表达形式多种多样、丰富多彩，外观上具有"图形丰富、形式多样、符号简洁和图面清晰"的特点。

（5）前瞻化。普通地图侧重客观地反映地表现实，而专题地图取材学科广泛，许多编图资料都由相关的科研成果、论文报告、研究资料、遥感图像等构成，能反映学科前沿信息及成果。

10.1.2　专题地图分类

1. 按照内容分类

专题地图按内容性质可分为自然地图、社会经济（人文地图）和其他专题地图。

1）自然地图

反映制图区中的自然要素的空间分布规律及其相互关系的地图称为自然地图。主要包括：地质图、地貌图、地势图、地球物理图、水文图、气象气候图、植被图、土壤图、动物图、综合自然地理图（景观图）、天体图、月球图、火星图等。

地势图：主要表示地貌、水系，以显示区域的地形起伏特征。

地质图：显示地表各种岩层的分布，并反映它们的内部结构及其形成和发展。

地貌图：反映地表形态的外部特征、类型、形成发展及其地理分布。

气象气候图：反映地表气象、气候情况，包括太阳辐射、地面热力平衡、气团、气旋、锋面、气温、降水及气候区划等。

水文图：显示海洋水文和陆地水文现象，包括潮汐、洋流、海水温度、海水密度、海水盐分、湖泊水文、径流深度、径流系数等。

土壤图：反映地表土壤的外部特征、类型及其地理分布。

植被图：显示地表植被的类型及其地理分布。

综合自然地理图：显示制图区域内各种自然景观要素综合发展的规律。

2）人文地图

反映制图区中的社会、经济等人文要素的地理分布、区域特征和相互关系的地图称为社会经济（人文）地图。主要包括：人口图、城镇图、行政区划图、交通图、文化建设图、历史图、科技教育图、工业图、农业图、经济图等。

行政区划图：以国与国之间的政治关系和国内行政区划及其政治、行政中心为主要内容。

人口图：包括人口的分布、人口密度、居民的自然变动、居民迁移及其他内容。

经济图：包括自然资源、工业部门、农业部门、林业、交通运输业、通信、商业、财政联系、综合经济。

文化建设图：表示文化教育、卫生等方面的分布和机构设施方面的内容。

历史图：表示人类历史现象，如古代国家、民族分布，文化经济的发展。

3）其他专题地图

不宜直接划归自然或社会经济，而用于专门用途的专题地图。主要包括航海图、宇宙图、规划图、工程设计图、军用图、环境图、教学图、旅游图等。

2. 按符号结构分类

（1）类型图：是表示制图对象质量特征及其地理分布规律的一种主要图形，如地貌类型图、土地利用类型图等。内容较多，如形态变化、成因关系、物质组成、成分差别、结构特征、发生时间及实用目的等。

（2）区划图：是根据自然或社会经济现象在地域上总体和部分之间的差异性与相似性划分不同等级区域的地图。具有内容简明、含义较深刻的特点。每个地域都有其整体性和统一性，并表现在主导特征、主导标志和主导过程上。

（3）分布图：是表现一些现象空间分布位置与范围的图形。包括占有空间小又零散的现象，或流动性大难以确定具体位置的现象，或性质与数量不能立即确定的现象等。

（4）等值线图：又称等量线图，是以相等数值点的连线表示连续分布且逐渐变化的数量特征的一种图形。

（5）动线图：表示地理事象的运动规律和趋势，如风向图、洋流图等。

（6）统计地图：是运用统计数据反映制图对象数量特征的一种图形，可形象地反映、揭示统计项目和同一项目内不同统计标准间的同一性和差异性，以分析它们在自然和社会经济现象中的分布特征。主要表现为各种社会经济现象的特征、规模、水平、结构、地理分布、相互依存关系及其发展趋势。

（7）综合图：把各种现象有机联系和相互制约综合地表示在同一幅图上，如景观图、综合经济图等。

3. 按照内容综合程度分类

（1）解析型图：也称分析型图，是指对表达的专题现象未经概括或很少概括，以其各自具体的指标来显示某一方面特性的地图。解析图上描述的是个别物体（现象）的分布位置、强度、空间变化及运动方向等，如风向图。

（2）合成型图：又称组合型图，在同一幅地图上表示一种或几种现象的多方面特征。这些现象及其特征必须有内在联系，但又有各自的数量指标、概括程度及表示方法，如区域人均耕地图。

（3）组合图多是多变量的专题地图。采用组合图方法编制地图的目的，是更完整、深入地说明某一明确的主题。

（4）综合型图：通过将几种不同但互有关联的指标进行综合与概括，获取并表示出某种专题现象或过程的全部完整特征。各种类型的区划图、综合评价图都属此类。

4. 按照用途分类

（1）通用地图：一般参考用图、科学参考用图。

（2）专用地图：教育用图、军事用图、工程技术用图。

10.1.3　专题要素的数据表示方法

专题地图中的地图要素可分为两大类：一类是来源于地理空间数据的起着底图作用的地理要素，如境界、河流、地貌、交通、植被、居民地等，是专题地图的控制基础与骨架，对专题内容起着空间定位与控制作用，同时还反映专题地图的专题内容同地理要素整体之间或某个要素之间的关系；另一类是来源于专题数据的专题要素，即专题地图中突出表示的主要内容，如人口分布、石油产量、工农业产值等，它们与制图主题有着密切的关系。在计算机条件下实现对这两类要素的描述，本质上就是对相应的空间数据和非空间数据的处理。

1. 专题地理属性数据类型

地理数据可分为空间数据、属性数据和时间数据。属性数据也可称为非定位数据、描述数据或语义数据，它是对地图要素质量特征和数量特征的描述。属性数据用于专题制图时，可根据其对现象描述的精确程度分为定性数据和定量数据。

1) 定性数据

定性数据表达专题内容的质量特征，即类别的差异，如居民点的行政等级、工业企业和矿藏的类别等。定性数据只描述现象的固有特征或相对等级、次序，即描述现象的定性特征而不涉及定量特征的数据，如在地图上表达物体的分布、状态、性质、大小、主次等的数据。这类数据没有量的概念，如人口按民族可分为汉、回、满等，农作物分为粮食作物、经济作物、油料作物等，陆地地貌按外表形态可分为山地、高原、丘陵、平原、盆地等，城市按规模分为大城市、中等城市、小城市等。定性数据蕴涵着事物的分类系统，而且绝大多数的分类系统都是一个层次结构，因此，定性数据不仅表达事物的同与异，还可反映事物在分类树中所处的相对位置。当定性数据表示事物的等级和次序时，稍具有"量"的色彩，可将事物以一定的次序排列起来，虽不能进行数值运算，但可进行统计分析和间接的数值分析，如分布密度、分布概率等，可以实现定性变量的定量化。定性数据对应于量表系统的定名量表和顺序量表。

2) 定量数据

定量数据（包括等级数据）表达专题内容的数量特征，即反映其量的概念，如城镇人口的数量、地区人口的密度、道路的长度等。定量数据包括两种：完全定量化数据和分级数据。

定量数据对应于量表系统的间隔量表和比率量表。完全定量化数据可完整地定量化描述物体，它不但有计量单位，而且有起始点，可描述物体的绝对量。完全定量化数据除了具有分级数据描述事物差异的能力外，还可以明确描述事物的比率关系。完全定量化数据的零点不能随意设定，它具有重要的物理意义，即"无"，完全定量化数据描述物体有"有"与"无"的概念，并具有可加性。图 10.1 为两种数据表达点状要素、线状要素和面状要素的举例。

2. 专题地理数据存储

专题数据包含多方面的内容，为了能在数据库中合理地存储，将其分为专题属性数据和专题空间数据。

1) 专题属性数据的存储

专题属性数据是描述空间实体属性特征的数据，即说明"是什么"，如类型、等级、名称、状态等，描述时间特征的数据也可放入这一类。按表现形式的不同可分为与空间数据相关的专题属性数据和与空间数据无关的专题属性数据两种。

（1）与空间数据相关的专题属性数据存储。与空间数据相关的专题属性数据是专题地图

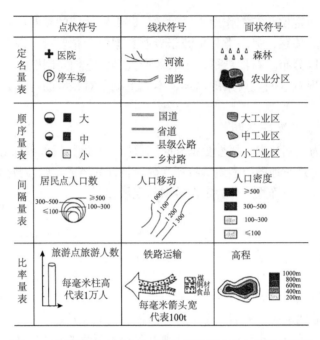

图 10.1　两种数据表达点状要素、线状要素和面状要素举例

制图过程中经常处理的专题数据类型，统计数据是其重要组成部分，有的文献中将统计数据定义为与空间物体位域相关的空间变量，对专题地图有着特别的意义，包括社会经济数据、人口普查数据、野外调查、监测和观测数据等。目前，我国已建立起各种专题的电子表格、数据库，在分析各种专题数据的过程中，经常见到几个数据集描述同一个地物，将多种专题属性数据与空间数据相关联、融合是需要重点考虑的问题。融合是指不同信息源的数据，在位置或地域单元上相关。将不同信息源的多个数据集融合成单一的但内容丰富的数据集，有助于增强来源于这些数据的应用发展潜力；有助于修补数据集，促进数据更新；有助于通过一个数据集对另一个数据集的操作执行一些量化分析。数据的融合是一个非常有意义的主题，在扩展其应用范围的同时，创建包含每个数据集信息的复合型产品成为可能。并且，利用融合形成的多表示法系统能够服务于多用户群。将不同来源的专题属性数据集与空间数据相关联，可以扩展系统的应用领域，为专题地图的自动构建做准备。通过一个关键码与空间数据的要素码相关联，即专题数据表中设计一关键字与跟它相关的空间底图表中的某个列相匹配，将不同来源、不同格式的统计数据融合为一个数据集，与空间数据政区表中的名称列相关联，将统计数据匹配至面属性中。

（2）与空间数据无关的专题属性数据存储。一般信息中，空间数据并不起特别重要的作用，用户只是利用这些数据进行简单的分析和图形显示。例如，某个部门根据本单位的财务数据进行统计，以图表或统计直方图等形式进行显示。此类与空间数据无关的专题属性数据不需要定位数据，相对独立，数据的存储格式不再需要与空间数据关联的列，用户可以按照自己的意愿任意设计表结构，只需遵循数据库表结构的一些基本设计原则便可，如数据规范化和第三范式。

2）专题空间数据存储

空间数据是用来表示地理实体的位置、形状、大小和分布特征的信息，以及实体的空间关系（如拓扑关系）信息的数据。空间地理数据常用来制作专题地图的底图，但是当某一专题底图的主题所要求表示的要素与地理底图中某一两种要素一致时，这时的地理底图要素也就是专题要素了。这种数据类型，由于在军事、经济社会中的广泛应用，已经形成了比较成熟而固定的格式，如地质数据。在数据库中依据要素编码的分类进行分层组织数据；各层属性数据结构不相同，每层数据具有固定的属性结构，即具有固定的数据项个数，每个数据项有固定字节长度。每层空间几何数据的数据体都包含点、线、面等数据。不同数据、不同行业需要的专题在数据库中存储的过程本质上是相同的，即把客户需要的位置信息及相关的属性信息以列的形式一体化存储于数据库中。

10.1.4　专题地图符号的数据相关性

专题地图符号与普通地图符号最大的区别就是与数据密切相关，专题地图符号与数据的关联程度决定了专题地图的科学性。普通地图有相应的符号标准，符号的大小、颜色、形状等都是确定的，各个符号与相应的地理实体编码相关联，即看到某个符号，就知道它代表的地理实体。相反，根据地理实体编码，也能找到唯一确定的地图符号。但是，专题地图符号的设计和自动生成与数据密切相关，受制于专题数据的类型，如定性数据和定量数据的符号化方法有着本质的不同。在专题地图制图过程中，数据处理和符号化是核心环节，数据和符号的关系决定了专题地图的质量。因此，先要对专题地图的数据类型进行研究，进而分析数据特征对符号设计的影响。

1. 专题数据的空间分布特征影响着符号的类型

专题要素的空间分布形态主要有以下几种：点状分布、线状分布、面状分布及体状分布。一般情况下，各类分布形态对应于点状符号、线状符号、面状符号及抽象符号。特殊情况下，面状分布的现象不仅可以用面状符号来表示，还可以用点状符号来表示，如某省的粮食产量，既可以用同一色相不同饱和度的面状符号来表示，也可以用统计图表符号来表示。

2. 专题数据的属性特征影响着符号的视觉变量

在专题地图中，即使知道某一地理实体的符号样式，也不能确定其具体的符号形态，因为涉及专题要素的数量特征，无法确定符号各个视觉变量的具体数值。例如，某市酒吧分布图中，用酒吧符号的透明度来表示酒吧客人的多少，透明度的值是根据酒吧人数计算出来的，每个酒吧符号都不一样，不知道人数就无法绘制符号。尤其是对于各类统计专题地图来说，数据相关性更为明显，如等值线图中各个填充区域颜色的深浅、饼图中各个圆半径的大小、直方图中柱的高低等都是根据属性数据来计算的，如果不进行数据处理，符号根本没法绘制。这是专题地图符号一个非常突出的特点。

3. 专题数据的时间特征影响着符号的状态

各种地理事物都是随着时间的变化而改变的，专题地图符号不仅可以表示某一时刻、某一段时间或某些周期性现象的变化情况，还能够反映某些事物或现象随时间发展变化的规律。例如，既可以采用不同时期的多个静态图表来对比分析得出专题现象的发展变化规律，也可以采用动画技术把发展变化过程集合于一个动态图表中。

10.2　专题要素表示方法

专题要素表示方法是制图对象图形表达的基本方法，是对制图对象实质的科学处理技能，是图形思维方法在专题地图领域的具体体现。专题要素表示方法通常要求直观地显示制图对象的空间地理分布特征，数量、质量特征，空间结构特征及时空演变特征，其中空间地理分布特征是最基本的内容。专题要素表示方法是依据地图语言去完成制图对象具体的图形表达，是利用地图符号视觉变量去显示专题要素的特征。

10.2.1　定点符号表示法

定点符号法是用以点定位的点状符号表示呈点状分布的专题要素各方面特征的表示方法。符号的形状、色彩和尺寸等视觉变量可以表示专题要素的分布、内部结构、数量与质量特征。定点符号法是用途较广的表示法之一，如居民点、企业、学校、气象站等多用此法表示。这种表示法能简明而准确地显示出各要素的地理分布和变化状态。

符号法以符号的形状、颜色和大小反映物体的特定属性：符号的形状和颜色表示质量特征，即定性特征；符号的大小表示数量特征，即定量特征。

1. 定性数据的符号表达

常用的定点符号按形状可分为几何符号、文字符号和象形符号，如图 10.2 所示。

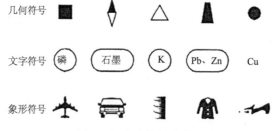

图 10.2　定点符号的类型

（1）定点符号的形状、色彩设计。形状、色彩视觉变量可以区分专题要素的质量差别，表示其定性或分类的情况。其中，色彩（指色相）差别比形状差别更明显，特别是在电子地图设计中，色彩尤为重要。表示多重质量差别时，可以用点状符号的色彩表示主要差别，而用其形状表示次要差别；反之亦可。

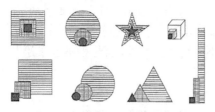

图 10.3　反映专题要素的发展变化

（2）点状符号的尺寸大小或图案的亮度变化可以表示专题要素的数量特征和分级特征。实际应用中主要是利用尺寸这个视觉变量，所以实质上是进行分级点状符号和比率符号的设计。但需要注意的是，不能根据比率符号在地图上所占面积来判断专题要素的分布范围。同一点上通过相同形状、不同尺寸的符号叠置反映专题要素的发展变化，如图 10.3 所示。

（3）定点符号的配置。在专题地图中采用定点符号法时，应该注意符号的定位。第一，必须准确地表示出重要的底图要素（河流、道路、居民点等），这样有利于专题要素的定位。第二，运用几何符号可以把所示物体的位置准确地定位于图上。第三，当几种性质不同的现象（但属同一类型，且可量测）定位于同一点产生不易定位及符号重叠时，可保持定位点的位置，将各个符号组织成一个组合结构符号（即非结构型符号），尽管它们同定位于一点，但仍然相互独立。第四，当一些现象由于指标不一而难于合并时，可将各现象的符号置于相应定位点周围。

2. 定量数据的符号表达

呈点状分布的要素，其定量数据的表达主要是通过符号的大小来实现的。符合顺序量表或间隔/比率量表的信息数据，表达了事物强度对比或数量特征上的差异。用定位符号法表示定量数据时，通常是以视觉变量中尺寸、颜色变量及其组合反映点状符号的图形。点状符号的尺寸变量是准确显示制图对象强度和数量差异最有效的视觉变量。

以顺序量表描述的属性特征，旨在表达制图对象在某种度量指标下的强度、相对大小或等级次序，例如，按环境质量，城市可分为优、良、中、差四等，是一种高度概括的非精确表示方式，符号尺寸只需符合数据的基本逻辑关系，并能产生明显的图面视觉差异即可。这种尺寸大小与制图数据没有明确比率关系的符号称为非比率符号。

以间隔/比率量表描述的属性特征，精确地描述了制图对象的数量差异。通过尺寸变量准确表达数量差异的空间分布，要求符号尺寸与其所代表的属性数值具有明确的比率关系，这种符号称为比率符号。在定位符号法的定量表示中，通常使点状符号面积大小与其所代表的数量成一定的比率关系，这种符号的组合和配置称为定位比率符号法。

因计算方法和数据组织方式的不同，比率符号又分为绝对比率符号和条件比率符号两类，以及连续比率和分级比率两种方式。

1）绝对比率符号

符号面积 S 与其代表的数值 M 之比为一常数 k（也称比率基数）的符号称绝对比率符号。可表示为

$$S/M = k(k>0) \tag{10-1}$$

在比率符号制图中，为便于分辨图形的数值差异，多使用规则的几何符号。而符号的绘制需要确定控制图形面积的基准线 L，如半径、边长等。为此，将式（10-1）做适当变换：已知规则几何图形的面积 $S = aL^2$，其中，a 可看做形状系数（如圆为 π、方形为1），则

$$S = aL^2 = kM \longrightarrow L = \sqrt{k/a} \cdot \sqrt{M} \tag{10-2}$$

在同一幅图中，当符号的几何形状确定后，$\sqrt{k/a}$ 即为常数，简化为 k，仍称作比率基数，则

$$L = k\sqrt{M} \tag{10-3}$$

式（10-3）给出了符号准线与数值的关系表达式，此方法也称作平方根法。在实际应用时，k 值的确定是关键。原则是：极小值符号清晰可辨，极大值符号尺寸适宜。具体步骤是，先人为确定某一极值符号的准线 L，由此得到比率基数 k，其他符号的准线 L 即可通过式（10-3）算出。例如，现有一组用于点状表示的属性数据，其最大值为10000，最小值为50，设计用圆形符号表示。首先确定代表最小值的符号准线为 2mm（圆半径），由式（10-3）可得，$k = L/\sqrt{M} = 2/\sqrt{50} = 0.283$，即比例基数 $k=0.283$。再代入式（10-3）可计算出代表最大值的符号准线 $L_{\max} = 0.283 \cdot \sqrt{10000} = 28.3(\text{mm})$，其他符号也依此类推。至此，可初步获知符号在图面上的显示效果。通过调整预先设定的极值准线 L 或比率基数即可得到不同的设计方案，以求达到最佳效果。

绝对比率符号方法的一种扩展是利用呈现为 2.5 维的透视立体几何符号代替二维平面符号，即通过符号体积 V 与其代表的数值 M 之比为一常数 k，确定各符号的准线 L，从而减小数值差异较大时符号尺寸的差异。其符号准线与数值的关系表达如式（10-4），此方法也称作立方根法。

$$L = kM^{1/3} \tag{10-4}$$

绝对比率符号法的优点体现在符号间面积（或体积）之比与数值之比严密吻合，但其局限性也比较突出，即制图现象的数值差异不能过大或过小，过大则符号尺寸的差异可能悬殊，特别是极大值符号，会影响其本身的点状含义及图上其他要素的表示，而数值差异过小，符号间的视觉差异又不明显。

2）条件比率符号

符号面积 S 与其代表的数值 M 之比符合某一函数关系的符号称为条件比率符号，也称相对比率符号。为了避免绝对比率符号方法在某些情况下的局限，人们从不同的角度提出了多种改进方案。

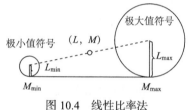

图 10.4　线性比率法

（1）线性比率法。人为规定极值符号的准线长度（L_{min}，L_{max}），使准线 L 与数值 M 构成线性方程关系（图 10.4）。此方法可以人为设定符号尺寸的变换范围。对数值差异过大或过小的制图数据的符号显示都能做适当的调整。

$$L = aM + b \tag{10-5}$$

式中，$a = [(L_{min} - L_{max}) / (M_{max} - M_{min})]$；$b = L_{min} - aM_{min}$。

在一些 GIS 软件的制图参数设定，比率符号计算方法的选项中，"常数法"（constant）式（10-6）即线性比率法的一种形式，与平方根法相比，它使符号间的面积对比得以扩大。

$$L = kM \tag{10-6}$$

（2）对数法。使准线 L 与数值 M 构成对数方程关系（通常以 10 为底）。此方法与平方根法相比，能使符号间的面积对比得以减小，适用于表达数值差异过大的制图数据。

$$L = k\lg M \tag{10-7}$$

（3）心理比率法。基于心理学实验分析，将平方根法中 $M^{0.5}$ 调整为 $M^{0.57}$，以补偿按绝对比率符号制图时，用图者对符号数值含义的视觉低估。

$$L = kM^{0.57} \tag{10-8}$$

在符号视觉感受研究中，通过心理物理学实验发现，人们对符号间面积差异的视觉估计普遍低于其代表数值的实际差异。例如，两个符号的面积之比为 20：1 时，人们的视觉估计往往低于 20：1（图 10.5）。

美国学者弗兰纳里提出了增加符号面积差异以校正视觉心理误差（图 10.6），并得到广泛应用。

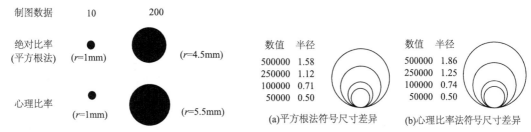

图 10.5　绝对比率与心理比率符号的视觉估计对比　　图 10.6　平方根法与心理比率法的符号尺寸差异比较

3）连续比率方式和分级比率方式

在利用点状符号大小区别地理事物的数量差异时，无论采用绝对比率符号还是条件比率符号，对制图数据的组织都可以采取两种方式：连续比率和分级比率。

使地图中每一个符号的大小都与其代表的实际数值按比率——对应，这种方式称为连续比率方式。按这种方式显示制图对象，可以精确地区别甚至提取事物的定量信息，却不易迅速概括出事物的数量差异特征，特别是数值差异较小时，不易辨别。另外，对于在时间尺度上变化较快的现象，地图的现势性也不易保持。

将制图数据按一定的数值间隔分成多个数组等级，并将各等级数组分别概括为具有代表性的单一数值，依各数组的代表值按比率确定各等级符号大小，全部制图对象均以相应的等级符号表示，这种方式称为分级比率方式。

分级比率方式是对制图数据及其符号表示的概括简化，制图过程中，需要解决两个关键问题：制图数据的分级处理和各等级符号尺寸的确定。制图数据的分级处理将在 10.3 节中详细讨论，而等级符号尺寸的确定则需依据各等级的代表值。实践中，人们多选择分级范围的上限、下限、中值、平均值等作为代表值，其中平均值更具有典型的代表意义。

在点状符号分级表示方法上，梅霍费尔基于心理物理学实验研究设计出了一套由 10 个给定尺寸的圆形符号（图 10.7）组成的点状分级符号表示方法，摆脱了与具体数值的比率关系。他所设计的 10 种尺寸圆形符号，彼此之间区别明显，整体上过渡自然，圆形符号仅作为体现等级差异的视觉载体，突出了视觉差异感受。适用于大多数小比例尺制图，可以对应于任何数据分级（通常制图数据分级以 5～9 级较为适宜）。

另一位地图学家登特则在梅霍费尔的基础上做了改进，提出了一套 9 种尺寸圆形符号的新方案（图 10.8），进一步增强了符号间的视觉差异。在实际应用中，可根据所需的分级数目和图幅空间，依据其中一套方案，从中选择相应数量的相邻符号，并在图例中明确定义它们所代表的数值和含义（图 10.9）。

以分级比率方式表示数据的定量特征，简化了数据的数值差异，提供了更明确直观的定量对比信息，便于把握事物数量特征的空间分布规律，易于保持地图信息的现势性。但难以识别制图对象的实际数值和同一级内个体间的实际差异。

上述两类比率计算方法和两种数据组织方式交互组合，共同构成实际应用的四类方法（图 10.10）。

实际制图工作中，条件比率比绝对比率方法更常用，分级比率比连续比率方式更普遍，而条件分级比率方法的应用最广泛。

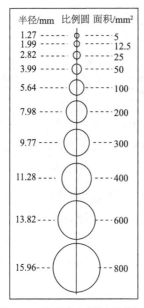

图 10.7　梅霍费尔设计的分级圆图

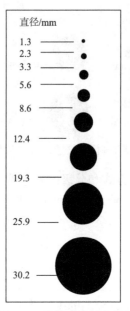

图 10.8　登特改进的分级圆

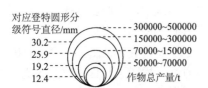

图 10.9　圆形分级符号的图例意义

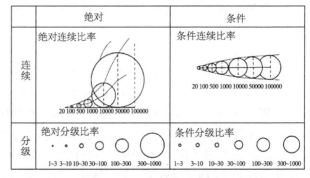

图 10.10　比率符号的四种组合类型

除尺寸变量以外，在点状符号的颜色变量中，亮度和彩度（饱和度）分量的变化可以形成概略的强度或等级次序感，因而也常用于顺序量表。它们也可与尺寸变量配合使用，进一步增强比率符号的视觉差异，或同时表示第二种属性特征（图 10.11）。

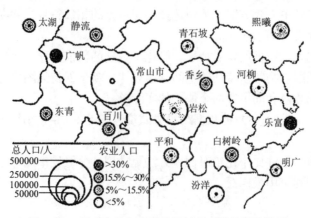

图 10.11　尺寸变量与亮度分量结合表示的属性特征

3. 组合结构符号

符号按其构成的繁简程度，可分为单一符号和组合结构符号两种。组合结构符号如图 10.12 所示。组合结构符号是把符号划分为几个部分，以反映专题现象的结构。例如，表示某一工业中心的符号，可以根据工业中心所属各工业部门的组成，划分为各个部分。由于圆形符号和环形符号最易于分割，所以常被采用。

图 10.12　组合结构符号

符号除了表示物体在某特定时刻的状况外，还能反映物体的发展动态。例如，常用外接圆或同心圆及其他同心符号，并配以不同的颜色，表示不同时期的数量指标。这种符号称为扩张符号，如图 10.13 所示。

图 10.13　扩张符号

除了用扩张符号或用多种颜色的符号表示发展动态外，还可根据同一编绘原则，编绘几幅内容和比例尺相同而年代不同的地图，互相对照比较，以显示其发展动态。

10.2.2　线状符号表示法

1. 一般线状符号

线状符号法是用来表示呈线状或带状延伸的专题要素的一种方法。线状符号在普通地图上的应用是常见的，如用线状符号表示水系、交通网、境界线等。在专题地图上，线状符号除了表示上述要素外，还表示各种几何概念的线划，如分水线、合水线、坡麓线、构造线、地震分布线和地面上各种确定的境界线；可以表示用线划描述的运动物体的轨迹线、位置线，如航空线、航海线等；能显示目标之间的联系，如商品产销地、空中走廊等，以及物体或现象相互作用的地带。这些线划都有自身的地理意义、定位要求和形状特征。

线状符号可以用色彩和形状表示专题要素的质量特征，也可以反映不同时间的变化。但一般不表示专题要素的数量特征，如道路符号（图 10.14（a））区分不同的道路类型，河流符号（图 10.14（b））表示某河段在不同时期内河床的位置变迁等。

线状符号有多种多样的图形。一般来说，线划的粗细可区分要素的顺序，如山脊线的主次。对于稳定性强的重要地物或现象一般用实线，稳定性差或次要的地物或现象用虚线。

专题地图上的线状符号常有一定的宽度，描绘时与普通地图不完全一样。在普通地图上，线状符号往往描绘在被表示物体的中心线上；而在专题地图上，有的描绘在被表示物体的中心线（如地质构造线、变迁的河床），有的将其描绘在线状物体的某一边，形成一定宽度的颜色带或晕线带，如海岸类型和海岸潮汐性质。

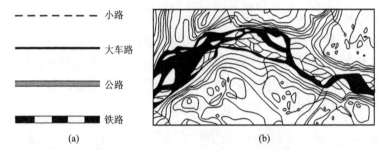

图 10.14　线状符号类型

2. 动态线状符号

动线法是用箭形符号的不同宽窄来显示地图要素的移动方向、路线及其数量和质量特征，如自然现象中的洋流、风向，社会经济现象中的货物运输、资金流动、居民迁移、军队的行进和探险路线等。

动线法可以反映各种迁移方式。它可以反映点状物体的运动路线（如船舶航行）、线状物体或现象的移动（如战线移动）、面状物体的移动（如熔岩流动）、集群和分散现象的移动（如动物迁徙）、整片分布现象的运动（如大气的变化）等。

动线法实质上是进行带箭头的线状符号的设计，通过其色彩、宽度、长度、形状等视觉变量表示现象各方面特征。动线符号有多种多样的形式，如图 10.15 所示。其中，以线状符号的箭头指向表示运动方向，以线状符号的形状、色相表示现象的类别或性质，图 10.16 中的箭头表示两股发源于不同地区的台风，"7""8"分别表示 7 月和 8 月的台风路径；以线状符号的宽度尺寸或色彩的亮度变化表示现象的等级或数量特征，以线状符号的长度尺寸表示现象的稳定程度，整个运动线符号的位置表示运动的轨迹。图 10.16 也可理解为货流强度用比率线状符号表示。

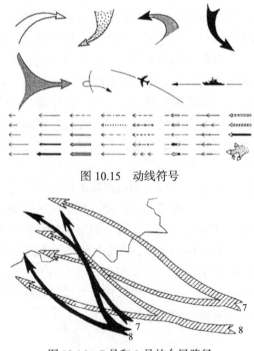

图 10.15　动线符号

图 10.16　7 月和 8 月的台风路径

用动线法表示现象的结构是比较复杂的。最引人注目的一种方法是把往返货物按相应货物的颜色或图案划分成与各货物数量成比率的组合带，往返各置于道路的一侧。要使货流结构和各货物的数量指标能清楚地被显示，只有带的宽度较大时才有可能。由于货流带较宽，所以这种表示方法对运输路线只能是概略的，并且载负量较大，使得图面拥挤而影响易读性。改进方法是取条带一段横剖面，再沿线路平放，剖面前头加上箭形以示流向，如图 10.17 所示。

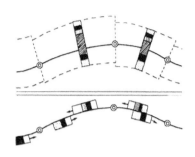

图 10.17 动线法表示现象结构示例

3. 定量线状符号

以线状表示的制图对象，其属性特征中符合顺序量表、间隔/比率量表的数据，通常以线状符号的尺寸变量（宽度）和颜色变量中的亮度与彩度分量表示。

符合顺序量表的数据，反映了线状现象的等级次序和强度差异。其中等级次序往往以线状符号的宽度产生视觉差异，如点划线以宽度变化表示境界线的行政等级。在宽度差异设计上，只需考虑具体图幅的比例尺及图上其他相关符号的尺寸，不需建立数值比率关系，以足够产生视觉差异感受为基本要求，这种组合属于非比率线状符号法。亮度与彩度分量更适宜表达强度差异，但需要线状符号具有一定的宽度，所以多用于专题地图的内容表示，如河流按污染程度可分为极度、重度、中度、轻度和清洁等几级。在专题图上通常以两种色相间彩度的五级变化对应五种污染程度，并以较宽的带状符号显示在相应的河段上。

线状现象属性特征中符合间隔/比率量表的数据，可精确描述事物的数量差异，在地图上，同样也是通过线状符号的宽度和彩度形成视觉差异。但符号的宽度与其代表的数值符合一定的比率关系，实际上就是线状比率符号（图 10.18）。

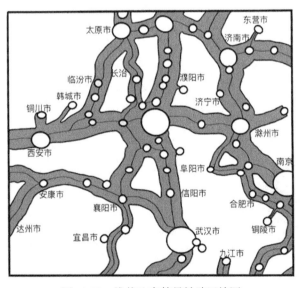

图 10.18 线状比率符号铁路运输图

线状符号比率计算方法及数据组织方式与点状比率符号完全相同，也可以在四种组合类型中选择其一，作为确定符号宽度的基本方法。对于线状比率符号而言，可以先把它看做是一个方形基本图形单元，以作为宽度的准线边的变化形成面积差异对比，图形单元的线性延伸，即构成线状符号的宽度对比。所以，比率基数 k 确定后，按数据计算出准线 L，也就是宽度值，由此直接绘出不同宽度的带状符号。这种表达方式多用于地理现象沿准确路径动态变化的表示。彩度分量因其本身的特点，只适合分级数据的表示。运用线状比率符号时，其图例设计和准确说明对读者有效获取图上信息至关重要，如图 10.19 所示，（a）为楔尺状，（b）为阶梯状，（c）为关键值，（d）为范围分级。

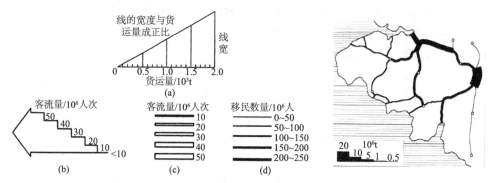

图 10.19　线状比率符号的图例设计

等值线是由某现象的数值相等的各点连成的一条平滑曲线，如等高线、等温线、等降水量线、等磁偏线、等气压线等。等值线法就是利用一组等值线表示制图现象分布特征的方法，是定量线性符号法的一种。等值线法的特点是：①等值线法适宜表示连续分布又逐渐变化的现象，此时等值线间的任何点可以用插值法求得其数值，如自然现象中的地形、气候、地壳变动等现象。②对于离散分布而逐渐变化的现象，通过统计处理，也可用等值线法表示。这种根据点代表的面积指标绘出的等值线称为伪等值线（图 10.20）。③等值线法既可反映现象的强度，又可反映随着时间变化的现象，如磁差年变化；既可反映现象的移动，如气团季节性变化，还可反映现象发生的时间和进展，如冰冻日期等。④采用等值线法时，每个点所具有的数量指标必须完全是同一性质的。⑤等值线的间隔最好保持一定的常数，这样有利于依据等值线的疏密程度判断现象的变化程度。另外，如果数值变化范围大，间隔也可扩大（如地貌等高距那样）。⑥在同一幅地图上，可以表示两三种等值线系统，以显示几种现象的相互联系，如图 10.21 所示。但这种图易读性相应降低，因此常用分层设色辅助表示其中一种等值线系统。

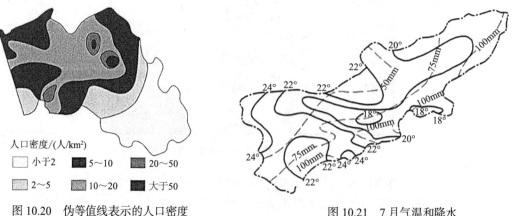

图 10.20　伪等值线表示的人口密度　　　　　　　　图 10.21　7 月气温和降水

等值线的绘制方法包括手工绘制和计算机绘制，其基本绘制过程如图 10.22 所示。

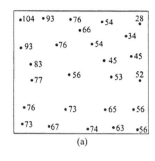 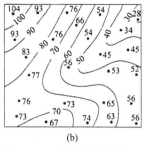 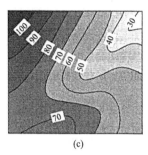

(a)　　　　　　　　　　　(b)　　　　　　　　　　　(c)

图 10.22 等值线的绘制过程

手工绘制等值线时，在图上把数据点的位置确定下来，再确定等值线间距，把各点连线，在线上进行内插，即按相邻控制点之间的距离比例得到某值，然后由该值确定等值线的位置，最后将等值的诸点连成一条平滑曲线。一般来说，大多数手工内插方法是假设数据点间呈均匀或线性变化。

计算机绘制等值线的算法不是很复杂，比较容易实现。通常分两步进行：第一步是初步内插，即计算出制图区域加密网格上的所有数据点的值；第二步是再次内插，根据内插模型确定等值线的位置，通常采用线性内插法。计算机绘制等值线的方法有网格法和三角网法。

10.2.3 面状符号表示法

1. 质底法

质底法是把全制图区域按照专题现象的某种指标划分区域或各类型的分布范围，在各界线范围内涂以颜色或填绘晕线、花纹（乃至注以注记），以显示连续而布满全制图区域的现象的质的差别（或各区域间的差别），如图 10.23 所示。

由于常用底色或其他整饰方法来表示各分区间质的差别，所以称质底法。又因为这种方法着重表示现象质的差别，一般不直接表示其数量特征，所以也称质别法。此法常用于地质图、地貌图、土壤图、植被图、土地利用图、行政区划图、自然区划图、经济区划图等。

图 10.23 质底法

采用质底法时，首先按专题内容性质决定要素的分类、分区；其次勾绘出分区界线；最后根据拟定的图例，用特定的颜色、晕线、字母等表示各种类型分布。类型或区域的划分既可以根据专题要素的某一属性（如地质图中按年代或岩相），也可根据组合指标（如农业区划图根据产量、农业机械水平、湿度、温度、降水量等多种指标），采用分类处理的数学方法进行划分。

在质底法图上，图例说明要尽可能详细地反映出分类的指标、类型的等级及其标志，并注意分类标志的次序和完整性。质底法具有鲜明、美观、清晰的优点，但在不同现象之间，显示其渐进性和渗透性较为困难，图上某一区域只属于一种类型或一种区划。质底法主要显示现象间质的差别，不表示数量大小。质底法中对各种现象的设色有比较严密的规定，要反映现象的多级分类概念，因此要从分类的角度来设计颜色。

2. 范围法

范围法也称区域法或面积法。范围法是用面状符号在地图上表示某专题要素在制图区域内间断而成片的分布范围和状况，如煤田的分布、森林的分布、棉花等农作物的分布。范围法在地图上标明的不是个别地点，而是一定的面积，因此又称为面积法。

范围法实质上也是进行面状符号的设计，其轮廓线及面的色彩、图案、注记是主要的视觉变量。范围法也只是表示现象的质量特征，不表示其数量特征，即表示不同现象的种类及其分布的区域范围，不表示现象本身的数量。

区域范围界线的确定一般根据实际分布范围而定，其界线有精确和概略之分。精确的区域范围是尽可能准确地勾绘出要素分布的轮廓线。概略范围仅仅大致表示出要素的分布范围，没有精确的轮廓线，分布界限模糊、不易确定，如动物分布，农作物分布等（图 10.24）。

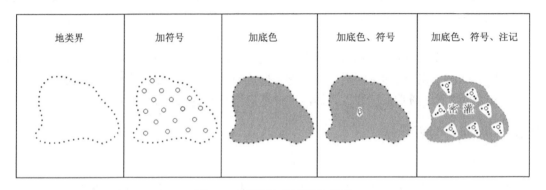

图 10.24　范围法轮廓线的表示

3. 点数法

点数法是针对分散分布的面状现象的表示方法。对于制图区域中呈分散的、复杂分布的现象，如人口、动物分布、某种农作物和植物的分布，当无法勾绘其分布范围时，可以用一定大小和形状的点群来反映，即用代表一定数值的大小相等、形状相同的点，反映某要素的分布范围、数量特征和密度变化，这种方法称为点值法。

点子的大小及其所代表的数值是固定的；点子的多少可以反映现象的数量规模；点子的配置可以反映现象集中或分散的分布特征。在一幅地图上，可以有不同尺寸的几种点，或不同颜色的点。尺寸不同的点表示数量相差非常大的情况；颜色不同的点表示不同的类别，如城市人口分布和农村人口分布。点值法主要是传输空间密度差异的信息，通常用来表示大面积离散现象的空间分布，如人口分布、农作物播种面积、牲畜的养殖总数等，如图 10.25 所示。

用点值法作图时，点子的排布方式有两种：一是均匀布点法；二是定位布点法（图 10.26）。

均匀布点法就是在相应的统计区域内将点均匀分配，统计区域内没有密度差别，这是它的缺点。为了克服均匀化的缺点，采取缩小统计单元的办法。例如，欲作某省小比例尺某种

图 10.25　点值法

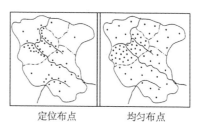

定位布点　　均匀布点

图 10.26　点的配置

作物面积分布的点值图，图上以市地为区划单位来阐明各区现象分布的特征，在编图作业中可以取县作为统计单元布点。布点时按县区范围均匀配置，但地区内各县之间就不是均匀的了，此时各县之间不应留很大间隔。

定位布点法应按照现象分布的地理特征来配置点子，此时在同一统计单元内，不同的地形小单元如平原区、山区等，现象的密度可能是不同的。因此，点子应按地理单元加权分配，在缺乏这些单元统计数据的情况下，可参考分布情况或一般规律确定一定的比例（总和为 1），以此作为权值来分配点子。

点值法中的一个重要问题是确定每个点所代表的数值（权值）及点子的大小。点值的确定应顾及各区域的数量差异，但点值确定得过大或过小都是不合适的。点值过大，图上点子过少，不能反映要素的实际分布情况；点值过小，在要素分布稠密地区，点子会发生重叠，现象分布的集中程度得不到真实地反映。因此，确定点值的原则是，在最大密度区点子不重叠，在最小密度区不空缺。例如，在人口分布图上，首先规定点子的大小（一般为 0.2～0.3mm），然后用这样大小的点子在人口密度最大的区域内点绘，使其保持彼此分离但又充满区域，数出排布的点子数，再除以该区域的人口数后凑成整数，即为该图上合适的点值。

4. 等值区域法

等值区域法是以一定区划为单位，根据各区划内某专题要素的数量平均值进行分级，通过面状符号的设计表示该要素在不同区域内的差别的方法。其中，平均数值主要有两种基本形式：一种是比率数据或相对指标，又称强度相对数，是指两个相互联系的指数比较，如人口密度（人口数/区域面积）、人均收入（总收入/人口数）、人均产量等。这些比率数据，可以说明数量多少、速度快慢、实力强弱和水平高低，能够给人以深刻印象。另一种形式是比重数据，又称结构相对数，表示区域内同一指标的部分量占总量的比例，如耕地面积占总面积的百分比、大学文化程度人数占总人数的百分比等。这些数据也可以用来表示制图现象随时间的变化，如各行政区单位人口增减的百分比或千分比，可以较准确地显示区域发展水平。

如图 10.27 所示，等值区域法实质上就是用面状符号表示要素的分级特征。具体地说，就是用面状符号的色彩或图案（晕线）表示分级的各等值区域，通过色彩的同色或相近色的亮度变化及晕线的疏密变化，反映现象的强度变化，而且要有等级感受效果。现象指标增长的用暖色，指标越大，色越浓（晕线越密）；现象指标减少的用冷色，指标越小，色越淡（晕线越稀）。

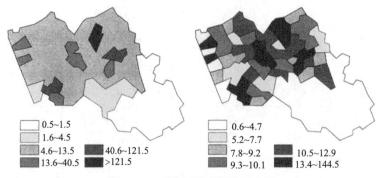

图 10.27　等值区域法的平面表示

等值区域法是一种概略统计制图方法，因此对具有任何空间分布特征的现象都适用。但由于等值区域法显示的是区域单元的平均概念，不能反映单元内部的差异，所以，区划单位越小，其内部差异也越小，反映的现象特点越接近于真实情况。

面状地理数据中符合表示为顺序量表或间隔/比率量表的数值，应该显示出面状现象的数量差异。根据面状现象存在的空间形态，连续分布现象可视为一个连续的三维统计面，并可通过点、线、面、体不同维度的符号体现，上述方法中，点数法和等值区域法可以看做是面状符号的定量表示法。

10.3　专题数据分类分级处理

分类、分级问题是制图学中一个古老的问题，随着制图学理论和技术的不断发展，分类、分级方法得到了很大的发展。许多研究表明，未经处理的数据所表现的地理分布特征缺乏特定的意义，其解释功能很弱。计算机专题制图过程中，专题数据处理是必不可少的环节，是专题地图自动构建的核心工作之一。对数据源的制图分析、处理的方法很多，分类、分级是其中重要的方法。从分级到分类，实质上是一个从量变到质变的过程。当刻划样品的变量差异较小时，对它们划分即为分级；当变量差异较大时，对它们的划分，即为分类。分级、分类在方法上是一致的。

10.3.1　专题数据的分类处理

地图的功能不仅在于表示现象的分布和空间关系，还要综合反映现象的性质、状况、空间特征和随时间的动态变化。因此，按要素的质量特征进行分类，是反映内容实质的必要措施。

1. 确定分类的一般原则

自然要素的分类是相应学科的任务，但是由于制图表象的特殊性，还存在着适宜于制图表达的制图分类方法。学科分类与制图分类并不总是一致的：学科分类是基础，制图分类是在符合学科分类原则下的具体应用。

学科分类是按照该学科研究确定的指标进行分类的，如地貌类型是按成因和形态因素的组合划分的。但在为农业用途的地貌类型图上，形态指标的划分可能更细，同时可加入地面组成物质因素甚至人类耕作对地貌景观的影响等因素对地貌进行分类，这种农业地貌类型图对农业生产更有意义。

由于地图比例尺的限制，学科分类的多级制不一定能够在地图上完全反映出来，通常为小比例尺图上反映较高的一、二级，大比例尺图上反映较低的一、二级。

由于地图表达能力的限制，某些学科分类的分级制不一定能全部用制图方法显示。例如，土壤类型中的"复区"，由于不同类别用不同颜色表示，对于存在两种类型的"复区"，就很难用两种颜色的叠加来表达它。这样，某一地区的这一类土壤可能就要被归并掉，或改用另一种符号表示。同时，制图地区要素分布的具体特点，不一定包括学科分类某一级的全部类型。

自然要素的分类标志主要是按要素的发生、发育状况或某些条件下的变化进行分类，这种分类方法具有科学的和实用的价值，如地貌按在内外力作用下的成因并结合形态进行分类；气候按大气环流形成的过程分类；土壤按土壤发生、发育过程的规律分类；植被按其在外界生存条件的密切影响下，经过漫长的发展过程而形成特殊的组合分类。除了这些分类标志外，还有按要素的某些基本特征分类的，如地貌按形态的组合、气候按特征的综合、土壤按粒度分析和矿物质组成进行分类。

综上所述，选用什么分类原则与地图用途有关，而分类的详细性则要顾及地图的比例尺和制图区域的特点（同时也涉及用图的要求），并且分类也影响制图综合的复杂程度。

人文要素也有分类问题，如居民点的类型，不同的工业企业类型，科技、文教的不同门类，农业各专业化区域等。三角形图表法就是根据多维指标进行组合分类的一种简便方法。

数据的分类方法主要有判别分析方法、系统聚类方法、动态聚类方法和模糊聚类方法。

2. 判别分析方法

判别分析的特点是根据已掌握的历史上每个类别的若干样本的数据信息，总结出客观事物分类的规律，建立判别公式和判别准则，判别该样本所属的类型。判别分析必须事先知道各种判别的类型和数目，并要有一批来自各类的样品才能建立判别函数以对未知属性的样品进行判别和归类。例如，在评价产品的市场竞争力时，可根据产品的多项指标（如其内在质量、外观、包装及价格等）判别消费者对商品的喜爱程度。

判别分析依其判别类型的多少与方法的不同，可分为两总体判别、多总体判别和逐步判别等。

判别分析要求根据已知的特征值进行线性组合，构成一个线性判别函数 y，即

$$y = c_1 \cdot x_1 + c_2 \cdot x_2 + \cdots + c_m \cdot x_m = \sum_{k=1}^{m} c_k \cdot x_k \qquad （10\text{-}9）$$

式中，c_k（$k=1$，2，$\cdots$，m）为判别系数，它可反映各要素或特征值的作用方向、分辨能力和贡献率的大小，只要确定了 c_k，判别函数 y 也就确定了；x_k 为已知各要素（变量）的特征值。为了使判别函数 y 能充分地反映出 A、B 两种类型的类别，就要使两类之间的均值差 $[\overline{y}(A) - \overline{y}(B)]^2$ 尽可能大，而各类内部的离差平方和尽可能小。只有这样，其比值 I 才能达到最大，从而能将两类清楚地分开。其表达式为

$$I = \frac{[\overline{y}(A) - \overline{y}(B)]^2}{\sum\limits_{i=1}^{n_1} [\overline{y}_i(A) - \overline{y}(A)]^2 + \sum\limits_{i=1}^{n_2} [\overline{y}_i(B) - \overline{y}(B)]^2} \qquad （10\text{-}10）$$

判别函数求出以后，还需要计算出判别临界值，然后进行归类。不难看出，经过两级判别所作的分类是符合区内差异小而区际差异大的划区分类原则的。

3. 系统聚类方法

系统聚类法是应用最多的一种聚类方法，聚类的依据是把相似的样本归为一类，把差异大的样本区别开来，成为不同的类。它是一种定量方法，样本之间的相似性和差异性统计量有多种定义方法，这种方法的基本思想是：先将几个样本（或指标）各自为一类，计算它们之间的距离，选择距离小的两个样本归为一类；计算新类和其他样本的距离，选择距离最小的两个样本或新类归为另一个新类；每次合并缩小一个类，直到所有样本划为一个类（或所需分类的数目）为止。类与类之间的距离可以有许多定义，广泛应用的计算方法是最短距离法。

最短距离法的基本思想是：先将所有样本均作为一个独立类别，看哪两个样本的距离最接近，将其合并得出新类；再求新类与其他类之间的距离值，然后逐步地合并成需要的几个类。

用 d_{ij} 表示样本之间的距离，用 g_1，g_2，…，g_l 表示类（群）。在此定义两类间最近样本的距离表示两类之间的距离，类 g_p 和类 g_q 的距离用 d_{pq} 表示，则

$$d_{pq} = \min d_{ij}, i \in g_p, j \in g_q \qquad (10\text{-}11)$$

用最短距离法分类的步骤如下：

（1）计算样本之间的距离。计算各样本间两两相互距离的矩阵表，记作 $\boldsymbol{D}(0)$。

（2）选择 $\boldsymbol{D}(0)$ 的最小元素并以 d_{pq} 表示，则将 g_p 和 g_q 合并成一新类，记为 g_r，$g_r = \{g_p, g_q\}$。

（3）计算新类与其他类的距离。如计算新类 g_r 与其他类 g_k 的距离：

$$d_{rk} = \min_{i \in g_r, j \in g_k} d_{ij} = \min \left\{ \min_{i \in g_p, j \in g_{kk}} d_{ij}, \min_{i \in g_{qr}, j \in g_{kk}} d_{ij} \right\} = \min \left\{ d_{pk}, d_{qk} \right\} \qquad (10\text{-}12)$$

由于 g_p 和 g_q 已合并为一类，所以将 $\boldsymbol{D}(0)$ 中的 p、q 行和 p、q 列删去，加上第 r 行和 r 列得新矩阵记作 $\boldsymbol{D}(1)$。

（4）对 $\boldsymbol{D}(1)$ 重复 $\boldsymbol{D}(0)$ 的步骤得 $\boldsymbol{D}(2)$，依此类推计算 $\boldsymbol{D}(3)$ 直至所有的区域分成所需几类为止。

在实际分类中，每次可以限定一个合并的定值 t，每一步 $\boldsymbol{D}(k)$（合并）中可对两个以上样本同时进行合并。如果设最后需分 k 类，则可在 $\boldsymbol{D}(0)$ 中一次选取按最短的 $n \sim k$ 个距离同时合并，即可直接获得分类结果。

除了常用的最短距离法外，还有其他的系统聚类方法，如最长距离法、中间距离法、重心法、类平均法、可变类平均法、可变法、离差平方和法等。

10.3.2 专题数据的分级处理

专题数据中的定量数据大多是呈离散分布的，但原始数据并不能直观地反映现象在空间分布上的规律、由数量差异而产生的质量差异感、特殊的水平或集群性，因此，对原始数据

进行统计分析后建立分级模型是十分必要的。分级，实际上是简化专题数据的一种常用的综合方法。有综合就有损失，数据一旦表示为分级的形式，同一级的这组数据间的数量差别将消失，这种损失了的信息就不可能传递给读者了。当然，分级的结果并非单纯地损失信息，而是为读者提供更直观的、可感知的信息。人的视觉感知信息的能力是有限的，分级的目的是满足人类通过视觉最佳获取信息的需求。

1. 确定分级的一般原则

就分级数据处理而言，它主要解决两个问题，即分级数的确定和分级界线的确定。它们受地图用途、地图比例尺、数据分布特征、表示方法、数据内容实质、使用方式等多种因素的制约。分级数越多，越能保持数据精度，但要增强图幅的易读性，又必须限制分级数。分级数常满足以下原则：

1）分级数量的确定

分级数量的确定，要做到详细性与地图的易读性、规律性的统一。依据统计学原理，分级数的多少与对数据的概括程度成反比，即分级数越多，概括程度越小，在图上表示得越详细，反之亦然。但根据人的视觉感受特点，肉眼在地图上所能辨别的等级差别是非常有限的，同时，分级太细不宜反映大的规律性，因此，在保证地图易读性的前提下，应满足地图用途所要求的规律性，尽可能使分级详细些。如果地图比例尺增大，可利用的视觉变量的变化范围也增大，分级数就可适当增加。如果数据具有较强的集群性，则分级数可依据集群数的多少，不必太多。分级数量的确定应注意以下几点：

（1）分级数控制着地图的精确性，应受地图的数值估计精度的影响。

（2）分级数受对制图对象的区域分布特征强调程度的影响。

（3）分级数的大小应顾及地图比例尺的大小和视觉变量的变化范围。

（4）分级数的确定应注意保持数据的客观分布特征。

（5）在满足对地图统计精度要求的条件下尽可能选择较少的分级数。常用的分级数是4～7级。

2）分级界限的确定

分级界限的确定是分级的最主要问题，其主要原则是保持数据分布特征和分级数据有一定的统计精度。分级数一经确定，分级的主要工作就是考虑如何适当地确定分级界线。分级界线确定的主要原则是保持数据分布特征和分级数据有一定的统计精度。为了得到最佳效果，分级界线的确定应注意以下几点：

（1）保持数据的分布特征。在分级数一定的条件下，使各级内部差异尽可能小，而级间差异尽可能大。这是确定分级界线的主要原则。

（2）任何一个等级内部都必须有数据，任何一个数据都必须属于相应的等级。这是确定分级界线的最基本要求。

（3）从保持数据分布特征上考虑，分级界线应与数据的实际分布范围一致，即分级界线不必相互连接。但从心理学上说，相互连接的分级界线更有秩序感。所以，专题地图制图中分级界线通常都是相互连接的。

（4）在保持数据分布特征的前提下，尽可能采用有规则变化的分级界线。分级界线应适当凑整。常用的分级方法主要有传统分级法、聚类分级法和统计分级法。

2. 传统的分级算法

传统的分级算法是专题数据分级最常用、最基本的方法。这种方法既适用于绝对数量的分级，也适用于相对数量的分级；既适用于点状分布要素，也适用于线状和面状分布要素。这种方法一般分为两类：一类是按照简单的数学法则分级，主要有数列分级方法、级数分级方法等；另一类是统计学分级方法，即按某种变量系统确定间隔的分级，主要有统计量分级（平均值、标准差、逐次平均、分位数）法、自然裂点法、自然聚类法、迭代法、逐步聚类法、模糊聚类法、模糊识别分级法等。按照简单数学法则分级的方法是专题地图设计时较常用的方法，该方法主要考虑了用图者的习惯，易于把握分级数，而且分级界限有规律地变化，并考虑了制图者的经验。统计学分级方法的优势在于按照某种数学法则能比较精确地反映数据分布特征，但有时不便于制图。

根据分级系统的数字特征，又可把它分为四个系统：等间隔分级、间隔有规律地向量表的高端变大或变小的分级、按某种变量系统确定间隔的分级、按需要自由的分级。

1）数列分级方法

数列分级的特点是：分级界限是某种数列中的一些点。一旦选定了某种数列，则分级界限完全取决于数据的最大值、最小值和分级数。数列分级方法的优点是分级界限（间隔）严格按照数学法则确定，但它不能很好地顾及数据本身的随机分布特征。

设 H 为数列的最高值，L 为数列的最低值，N 为欲分的级数，则有以下几种情况。

（1）等差数列分级。这是一种最简单的分级形式，等差分级用于具有均匀变化的制图现象，其特点是级差相等便于比较。$(H-L)/k$ 表示分级间隔（级差），则数列分级后各级的下限为

$$A_i = L + \frac{i-1}{K}(H-L) \quad (i = 1, 2, \cdots, k+1) \qquad (10\text{-}13)$$

实际使用时，K 和 A_i 次都应当凑成整数。

有时可直接给一个恒定的间隔作为分级的唯一依据。

在专题制图中，当待分级的数据分布较均匀，没有明显的集群性，而且最大值和最小值相差不过于悬殊时，通常可采用等差分级的方法。

（2）等比数列分级。

$$\lg A_i = \lg L + \frac{i-1}{K}(\lg H - \lg L) \qquad (10\text{-}14)$$

即 $A_i = L\left(\dfrac{H}{L}\right)^{\frac{i-1}{k}}$，$i = 1, 2, \cdots, K+1$。

（3）倒数数列分级：

$$\frac{1}{A_i} = \frac{1}{L} + \frac{i-1}{K}\left(\frac{1}{H} - \frac{1}{L}\right) \qquad (10\text{-}15)$$

即 $A_i = \left[\dfrac{1}{L} + \dfrac{i-1}{K}\left(\dfrac{1}{H} - \dfrac{1}{L}\right)\right]^{-1}$，$i = 1, 2, \cdots, K+1$。

2）级数分级方法

数列分级方法的特点是按选定的数列直接选择分级界限。然而有时，人们关注的是分级间隔的变化。级数分级方法的特点是直接对分级间隔进行选择，通常有算术级数和几何级数两种。通用模型为

$$L + B_1 Y + B_2 Y + \cdots + B_i Y = H \qquad （10-16）$$

式中，Y 为级差基数；B_i 为某级所需级差基数的倍数值 $B_i (i = 1, 2, \cdots, K)$，为数列中的第 i 项；L、H 的意义同前。对于任意给定的 L、H 及等差或等比数列中的 B_i，可求出 Y，由此便可确定分级界线 S_i：

$$Y = \frac{H - L}{\displaystyle\sum_{i=1}^{K} B_i}, \quad S_i = L_0 S = L + Y \sum_{j=1}^{i-1} B_j, \quad i = 1, 2, \cdots, K+1 \qquad （10-17）$$

（1）算术级数分级。算术级数定义为：a，$a+d$，$a+2d$，$a+3d$，$\cdots$，$a+(n-1)d$，则 B_i 由下式确定：

$$B_i = a + (i-1)d \qquad （10-18）$$

式中，a 为首项的值；d 为公差；i 为要确定的序数。

算术级数分级法是一种可变的、规则的数学区分分级间隔方法，其一般形式随公差的正负形式而变化。

（2）几何级数分级。几何级数分级定义为 g，gr，gr^2，gr^3，$\cdots$，gr^{n-1}，则 B_i 由下式确定：

$$B_i = gr^{i-1} \qquad （10-19）$$

式中，g 为第一个非零项的值；r 为公比；i 为确定项的数目。

通过改变 d 或 r，就能改变算术级数或几何级数的分级间隔，得到无数种级数分级方案。分级间隔可有规律地向量表高端变大或变小，所采用的级差可以是算术级数也可以是几何级数，它们又都可以采用以下六种变化方法来确定分级间隔：①按某一恒定速率递增；②按某一加速度递增；③按某一减速度递增；④按某一恒定速率递减；⑤按某一加速度递减；⑥按某一减速度递减。

这两种数学方法确定的分级间隔系统形成分级界线和规则变化的分级间隔。如果制图数据的排列表现为连续递变，那么就能使用这些方法。

上述各种传统分级方法计算简单，分级界线（或分级间隔）的变化有规律可循，便于读者理解和对比分析等判读工作。但这种方法的主要不足是不能很好地顾及数据本身的随机分布特征。

3）按某种变量系统确定分级间隔的分级方法

按某种变量系统确定分级间隔的分级方法同上述分级方法的差别是，其分级间隔的大小并非朝一个方向有规律地变化。

这种分级方法事实上又分为两大类：一类是完全不规则的分级界限；另一类是有规则的，但不具有单调递增或递减的规则。前者使用的方法通常是自然裂点法，后者则有按正态分布

参数分级、按嵌套平均值分级、按分位数分级、按面积等梯级分级、按面积正态分布分级等方法。

（1）自然裂点法。某种现象的观测值或统计值可能不是均匀分布的，例如，统计的若干城市的人口数中，30万～40万人、60万～90万人的城市比较集中，而50万人左右的城市极少，这里就产生了一个自然裂点。任何统计数列都可能有这种裂点，用这样的点可以把研究对象分成性质相近的群组。因此，裂点本身就是分级的良好界限。

（2）按正态分布参数分级。为了按正态分布参数分级，先要计算出数列平均值 Z 和标准差 S。这两个值表示数列的中心和离散程度，可以用它们确定分级，即按下列要求分为四级：$\leqslant（Z—S）$，$（Z—S）\sim Z$，$Z\sim（Z+S）$，$>（Z+S）$。

如果 S 的值很小，也可以用加（或减）$2S$、$3S$ 来增加分级的级差和数量。

（3）按嵌套平均值分级。先计算整个数列的平均值，用它将数列分成两部分；对每部分计算平均值，再把各自的这部分分成两段。依此类推，就可把数列分成 $2n$ 个等级。

（4）按分位数分级。按分位数分级是将数列分成若干分段，每分段中的个数相等。先将数列按大小排列，根据需要将其分成 4 段、5 段或 6 段等，位于分段位的那个值就成了分级的界限。

（5）按面积等梯级分级。当统计表上具有制图区域各统计单元的面积时，可以按其统计值的大小排序，按累加的面积值作为分段依据，可根据需要分成不同的级数。这样的分级结果，在每个等级中样本数量不同，但各级的面积都是基本一致的。

（6）按面积正态分布分级。同样按样本的大小排序，累加其面积，然后按正态分布的规则使中间级别所占的面积较大，往高端和低端的级别中所占的面积都依次减小，并由此来确定每级的分界线。显然，这样的分级也不会使每个级别中样本的数目相等。

4）分级结果的检验

不论用哪种方法分级，其分级结果都应能够反映区域的地理特征，一般情况下用下面两种标准来衡量分级的优劣。

（1）各级中样本数成正态分布或均匀分布。多数情况下希望各级中的样本数量成正态分布，即把突出高数值和突出低数值的数列段从数列中区分出来，如特别富的地区和特别穷的地区，要能明显地从一般的地区中区分出来，这就要求两端的级别所代表的样点数较小。

有时为了研究问题的需要，希望每个级别中包含样本的数量接近或相等。例如，把工厂按其利税率分为"甲级队""乙级队"等，当然，其衡量标准就要随之变化。

（2）同级区域的连通度。处于同一等级的区域，在地理上具有相似的条件，因此表现在地图上，它们各自应组成相对完整的地域。优良的分级应当使分级后产生的区域数相对较少，即连通度较大，这个指标用破碎指数来衡量。

$$F=\frac{m-1}{n-1} \tag{10-20}$$

式中，m 为分级后产生的区域数；n 为地图上表示的单元总数。

在极端的情况下，没有任何两个单元被连通，$F=1$；在只有一个等级的情况下，所有的单元都被连通成为一个区域，即 $F=0$；一般情况下，$0<F<1$。

显然，破碎指数同分级数量有密切关系，也同各级内部的同质性有关。对不同的分级方案进行比较，破碎指数较小的方案为较好的方案。

数据分级研究已引起国内外许多专家的重视，国内外有许多相关论著发表，其目的都在于改善分级间隔的规则性、同级之中的同质性、不同级别之间的差异性及图面的视觉效果。

3. 聚类分级方法

聚类分析是多元分析方法中一种应用广泛的方法。聚类分级就是采用多元统计分析中的聚类分析方法，对各数据（相当于样本单元）进行分类。由于分类是根据数据进行的，所以分类的结果必然保证了数值差异较小的单元分在同一类内，而差异较大的分在不同的类，从而达到分级的目的。聚类的基本方法是：根据样品的相似性，将样品归并为若干类，使每类的个体之间具有密切的关系，而各类之间的关系相对比较疏远。

1）逐步聚类分级法

当样品的变量差异较小时，对它们的划分即为分级；当变量差异较大时，对它们的划分即为分类。分级、分类在方法上是一致的。而聚类分析的基本方法恰好符合分级的一般原则，因而考虑用聚类分析的方法来确定分级。然而，要把进行分类的逐步聚类法用于分级，还要解决一系列问题，在具体计算上要考虑分级的特殊之处。逐步聚类分级法只是在算法上吸取了逐步聚类法中"逐步聚类"的思想，实际数据处理是有很大差别的，下面就介绍这种方法的具体计算步骤。

第一步，数据排序。为了便于制作聚类图和确定分级界线，把数据按照从小到大的顺序排列。

第二步，建立相似矩阵。逐步聚类分级法的关键是确定样品之间的相似性，常用的相似性统计量是相关系数、夹角余弦和距离系数等。然而，这些统计量均不适用于单变量的情况。因此，必须根据样品相似性统计量的一般要求构造单变量样品的相似性统计量。

用 r_{ij} 表示第 i 个样品与第 j 个样品的相似系数，一般规定：①$r_{ij}=\pm 1$，当且仅当 $X_i=aX_j$，$a\neq 0$ 且是一个常数，单变量时，$a=1$；②对于任意 i，j，$|r_{ij}|\leqslant 1$；③对于任意 i，j，$r_{ij}=r_{ji}$。

满足上述三条即可作为相似系数。

按照上面的要求，可用下面的一些方法计算相似系数：

（1）最大最小方法：

$$r_{ij}=\frac{\min\left\{X_i,\quad X_j\right\}}{\max\left\{X_i,\quad X_j\right\}}\tag{10-21}$$

（2）算术平均方法：

$$r_{ij}=\frac{\min\left\{X_i,\quad X_j\right\}}{\left(X_i+X_j\right)/2}\tag{10-22}$$

（3）几何平均方法：

$$r_{ij}=\frac{\min\left\{X_i,\quad X_j\right\}}{\sqrt{X_iX_j}}\tag{10-23}$$

按照上面介绍的任一方法计算数据之间的相似系数 r_{ij}（$i=1$，$\cdots$，n；$j=1$，$\cdots$，n）得到一个相似矩阵（$\boldsymbol{R}_{ij}$）$_{n\times n}$。

第三步，聚类分级的逐步计算。

（1）求出相似矩阵中的最大元素 r_{ij}。

（2）划去矩阵中的第 i 行、第 j 列。

（3）将原始数据中的第 i 个和第 j 个数据加权平均后代替第 j 个数据。

$$X_j = \frac{V_C \cdot X_i + V_B \cdot X_j}{V_C + V_B} \qquad （10\text{-}24）$$

式中，V_C、V_B 分别为第 i 个和第 j 个数据参加聚类的次数。

（4）计算除去第 i 个数据以外的其余数据的相似系数矩阵。

（5）如果想了解数据之间的自然聚合情况，那么重复以上计算。一开始各个数据自成一个等级。对于 n 个数据，到第 n-1 次聚类时，全部数据归在一个等级内。这时可根据逐次聚类的情况制作聚类图。有了聚类图，就可以根据数据的自然聚合情况，选择一个恰当的分级。但当数据很多时，对给定的分级数，要设法直接得到分级界限。因为数据进行了排序，所以每次聚类的数据也是在排列上最接近的数据，当两个等级相聚合时，这两个等级中的最大数据就是新合并的等级的下界，保留这个下界，这样的下界随着逐次聚类而减少。开始各个数据自成一级，每聚合一次就减少一个分级界限。如果要分 k 个等级，则在进行 n-k 次聚类后，就剩下 k 个分级界限。

2）模糊聚类分级法

模糊聚类分级法是用模糊数学方法来处理分类的一种方法。根据前面所述的逐步聚类法确定分级的基本思想，按照数据之间的相似程度确定分级时，一个数据属于哪个等级并不是绝对的，这样分级伴随着一定的模糊性，因而用模糊聚类法分级就更切合实际。下面介绍用模糊聚类分析法分级的计算步骤。

第一步，数据排序。

第二步，建立相似矩阵。

这两步与逐步聚类分级法计算步骤中的前两步完全一样。逐步聚类分级中确定相似系数的三点要求保证所建立的相似矩阵满足自反性和传递性的条件。所以，前面介绍的三种计算相似系数的方法均可在这里用于计算相似矩阵。

第三步，相似矩阵转化为等价矩阵。在把相似矩阵转化为等价矩阵时，求传递闭包的方法按照模糊数学中的方法 $R \rightarrow R^2 \rightarrow R^4 \rightarrow \cdots \rightarrow R^{2k} = R^K$ 来进行，所以在每一步自乘运算之后，都得逐个判断矩阵中的元素在自乘前后是否相等。根据模糊数学中的有关定理 $K \leqslant N$，将 R 自乘 L 次至 $2L \geqslant n$ 时为止。

第四步，由等价矩阵聚类分级。与前面的逐步聚类分级一样，如果要得到聚类图，就应从等价矩阵中依次由大到小找出 N-1 个元素，才能完成聚类。如果只想得到 K 个分级界限，则只需由大到小依次找出 N-K 个元素，逐次减少分级界限到第 N-K 次就剩下 K 个分级界限。

根据数据分布特征进行分级还有许多方法，有的方法不但十分繁杂，而且本身也有不少问题值得探讨，在此不予详细介绍。

4. 统计学分级算法

1）嵌套平均值分级法

这种方法分级的基本过程是：对数据求一次平均值，以该平均值为界将数据分为两部分，在分开的两组数据中分别求平均值，以这两个平均值为界再把两组数据各自分为两部分，如此继续下去，直至达到所要求的级数。

此方法的特点：以平均值为界分开的两部分数据的平均值偏差总和是相等的。但不足是，正态分布的数据大多围绕在平均值的周围，以平均值作为分界线，使许多相近的数据被划分在不同的等级，歪曲了数据的客观分布特征，并且分级数只能为偶数。

2）分位数分级法

它将数据从小到大排列，然后按各级内数据个数相等的规则来确定分级界线。利用 $Q_i = \dfrac{i \cdot (n+1)}{N} = Q + q$ 计算分位数。式中，Q 为分位数；n 为统计量总个数；N 为分级数；Q_i 为整数部分；q 为 Q_i 的小数部分。若 Q_i 为整数，直接从排序的数据中找出；若为小数，则用公式 $X_1 = X(Q) + \left[X(Q+1) - X(Q) \right] \cdot q$ 内插出分界值。此方法分级只取决于指标的序数而不是数值，所以这种方法尤其适用于等级数据。

10.4　专题地理数据可视化系统

专题地理数据能够深入地揭示区域内某一种或者几种自然或社会经济现象，对地理要素的表达比较深刻，其类型已经由单一的定性分析专题数据发展到定量、评价、三维综合景观等多类型综合数据。专题地理数据可视化是以专题数据处理为核心，通过对专题数据的"要素-符号"关系的构建，实现从专题数据到专题符号表达的可视化。

10.4.1　系统架构

专题地理数据可视化系统主要涉及四个方面的内容：一是必须有专题地理数据；二是专题地理数据的分类分级处理；三是专题符号化系统；四是专题数据符号化处理软件，如图 10.28 所示。

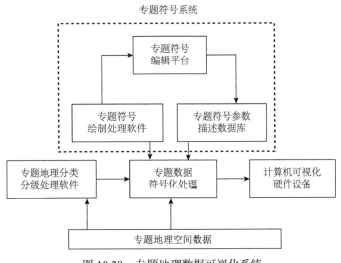

图 10.28　专题地理数据可视化系统

1. 专题地理数据

专题地理数据是地理空间数据的重要组成部分。专题地理数据不仅包括描述其空间状态的几何形态数据，还包括反映地理现象某方面的数据特征、质量特征、自然属性、社会属性等属性数据。专题地理数据突出空间的某一种或几种要素，除了包括可见的、能测量的自然和社会经济现象外，还反映人们看不见和推算的各种专题现象；不仅显示专题内容的空间分布，还反映这些要素的特征及它们之间的联系和发展；其范围广泛、形式多样，主要包括地形结构、气候、人文、经济、通信、交通、江河、城市等应用领域。

专题地理数据一般由特定格式的几何数据和属性数据表示。专题地理属性数据是专题地理数据中的重要组成部分。这部分数据主要来源于统计数据。统计数据和其他数字资料对专题属性数据而言有着特别的意义，包括社会经济数据，人口普查数据，野外调查、监测和观测数据，如全国国民生产总值统计数据、气象观测数据、环境污染监测数据等。通过对统计数据进行处理，分类分级、专题符号设计，图面设计，进而编绘等，最终将其可视化表现在地理底图之上，形成一幅专题统计地图。

统计数据一般都与相应的统计单元和观测点相联系，因此在收集这些数据时，要注意数据应包括制图对象的特征值、观测点的几何数据、统计数据的统计单元和统计口径。对于社会经济类统计数据，由于社会经济现象发展的日新月异，还应注意它的现势性和时间上的一致性，尽量收集最新统计数据。另外，统计数据还存在着不同种类的观测资料的问题。例如，气候图中使用的多年平均值大多数是相对的，从多组不同年期的平均值对比中可以得到比较稳定的数值。然而统计数据是在不断变化的动态数据，每经过一个固定的统计周期，都会得到新的数据，如果按照人工方式处理，人们就需要重复一个复杂的过程，将大量时间花费在统计数据的处理、符号的重新编绘这些工作当中，对于频繁更新的统计数据，显然效率太低而且不经济。

目前，我国的统计工作正朝着标准化、信息化的方向发展，除了传统的统计表格形式外，已建立起各种专题的电子表格、数据库。数据的建立、传输和汇总可以在计算机上实现。从这些大量的统计资料和数字资料中提取能够用于专题制图的数据并进行加工处理，是一项复杂的工作，这项工作将影响成图质量。专题数据统计处理模块，可用于对专题统计数据的处理，与空间数据的耦合，便于数据更新后实时符号化，适应大量数据的实时符号化。

2. 专题数据分类分级处理

分类、分级是专题地图制作的重要部分，目前各类分级算法已经逐渐成熟（参阅 10.3 节），在此基础上采用面向对象的编程思想，将算法以组件的形式进行编程，灵活地对各类统计数据进行分类分级。

3. 专题符号系统

专题符号系统包括专题符号参数描述信息库、专题地图符号程序库和专题符号编辑平台三个模块。

1）专题符号参数描述数据库

根据所表示的地面物体或现象的分布状况和地理空间可视化原理，经过对大量现有的专题地图集中用到的几何符号进行全面细致的总结归纳，认为每一个符号都是由不同的图元组成的，每类具体的符号都以其一定的形状、尺寸、颜色（色彩和色调）、结构（晕线、花纹和图案）、位置、方向（这些属性称为符号的视觉变量）相互区别。将专题符号分解成最小的、不能再分的制作单元即图元，每个具体的图元都可以看成是一个对象，同类对象具有相似的属性可以抽象成为类。采用 VC++程序语言来描述专题符号图元类，对部分数据结构和符号化算法进行了修改和优化，增加了部分图元，提高了算法的效率，使其更加能够满足制作多种专题地图符号的要求。

根据制图对象的基本特征确定相应的基本图元进行组合配置，就可以构建丰富多彩的专题地图符号，保证符号系统的统一与逻辑关系。在原有的符号制作模块的基础上，将点符号图元添加、修改为 CRect（矩形类）、CCirele（圆类，包括圆和椭圆）、CLinesegment（线段类）、CPie（扇形类）、CCellChord（圆弦类）、CRing（扇环类）、CTriangle（三角形类，包括等边三角形、等腰三角形）、CText（文本类）等基本图元，这些图元都是从基类 CThematiPcointCell 派生而来的，基类中包含了从图元中抽象出的共性。

```
elass CThematiePointCell
{
Publie:
UINT m_cellcode:        //图元代码
CPoint m_point:         //图元定位点
double m_linewidth;     //笔的宽度
COLORREF m_1inecolor:   //笔的颜色
COLORREF m_fillcolor;   //填充区域的颜色
CReet m_arroundReet;    //图元所在的外接矩形
f10at m_angle:          //图元旋转角度
CArray <double，double> m_data:   //图元形状大小的控制参数
Publie:
UINT m_positioncode;
```

线符号图元添加、修改为 CSolidLine（实线，包括单实线、双实线）、NullLine（虚线，包括单虚线、双虚线）、CT1neBranch（分支线）、CCombinesymbol（点符号，包括连续点符号、定位点符号、导线点符号）；面状符号可以由点状符号和线状符号组成。将制作好的符号放入专题地图符号库中，绘图时只要通过程序处理已存在于符号库中的信息块，即可完成符号的绘制。

专题地图符号库存放符号的参数集，如图形的长、宽、间隔、半径、方向角、夹角等，其余参数都由绘图程序在绘制符号时按相应的算法计算出来。该方法不是针对每种符号设计一个程序，而是用一个程序绘制一类符号，即对所有点状符号用一个绘制程序，对所有线状符号用另一个绘制程序，无须为每种符号设计一个绘制程序。符号库中的符号数据是具有统一结构的标准化数据，便于符号动态扩充和修改，如果出现一个新的符号，只需运用符号制作方法，制作该符号加入符号库即可，与绘制程序无关。每种具体的符号是通过给定一个符号码来确定的，每种符号在符号库中由一确定的符号码标识。绘制点、线、面状符号的对外接口函数如下：

```
//点符号：
DrawPointsymbol（CDC*pDC,
CString m_Symbo1Code,   //符号编码
```

Cpoint positionpoint,　　//点状地物定位点

double Symbo1Seale,　　//符号比例

double Angle,　//旋转角度

COLORREF Symbo1Color,　//符号颜色

CString m_SymbolFileNarne　　　//符号路径

）；

//线符号：

voidDrawLineMap（CDC*PDC,

CString m_Symbo1Code,　　//符号编码

double x[], double y[], int n,　　//轴线坐标串及坐标点个数

COLORREF Color,　　　//符号颜色

double m_Lineseale,　　//绘制比例

CString m_SymbolFileName　　　//符号路径

）；

//面符号：

voidDrawAreaMap（CDC*PDC,

CString m_Areasymbo1Code,　　　//符号名编码

double x[], doubley[], int n,　　//多边形区域点串及个数

cstring m_SideLineName,　　//边线所用的线型名称

COLORREF m_FrontColor,　　　//前景色

COLORREF m_BackColor,　　　//背景色

BooL m_Issheer,　　//底色是否透明

double m_SideLineScale,　　//边线比例

double m_Drawscale　　//绘制比例

CString m_SymbolFileName,　　　//面符号路径

CString m_SymbolFileNameL　　　//线符号路径

）；

专题数据中的定性数据几乎都可以用符号库方法进行符号化，但是从定性数据到定量数据，描述事物的"量化"能力逐渐增强，单一的符号库方法已不能满足需求，因为符号的结构、大小等属性取决于定量数据的大小。如果仍应用符号库的方法，每次符号化之前都需要计算出符号的大小，然后手工制作多个符号，这样不但工作量大，而且精度低。为此，对常用的一些表示方法所用到的符号化算法进行归类总结，并以组件的形式提供。

2）专题地图符号程序库

专题符号的表达方式多种多样，因而涉及的算法也复杂多样，在充分调研不同行业需求的基础上，尽可能总结一些常用的算法，为整个专题地图制作做准备。符号库法不能解决所有的空间要素符号化的问题，一些特殊的符号不能分解成重复元或者与数据紧密相关，必须对其编写相应的程序，即采用程序块方法，并把这些子程序组成符号的程序库。采用组件技术对一些重要的算法封装，并保证其可扩展性，如果有新的需求时，可以随时进行算法的添加。这里分别从点、线、面符号化算法中，抽出几个典型的算法进行描述。

（1）点状符号。对于点状专题符号，大部分可以用符号库的方法进行符号化。但是，在统计专题制图中的饼状图、柱状图等时，它们的结构是与专题数据的大小密切相关的，如果采用符号库的方法，需要根据相应的等级制作出几个不同尺寸符号，并且饼中的各个扇形的角度，柱状图中各个矩形的高度很难人为地控制其比例。统计数据与某些空间地理数据相比，数据量不大，因而对于这样的符号，采用程序法控制，读取数据并进行数据处理之后，在相应的位置上自动配置符号，反映其数量的差异，如果数据变化无须再次制作符号，可自动计算出符号中各个结构的大小，实现符号化的自动化。饼状图对外接口函数如下：

voidDrawColorPie（CDC*pDC,

Cpoint point, //定位点

int maxr，in tminr, //半径范围

double itemnum[ ], //统计字段值

double allitemnu 面, //统计量总值

int count, //选择的统计字段数目

COLORREF color[ ] //各个扇形的颜色

此种方法通过程序根据每个统计数据的大小计算出专题符号的大小、填充颜色、图案等属性。专题地图中的大多数结构型点状符号化方法都与上述方法相似，只要对结构稍作修改。这种方法对常用的饼图、柱图、各种图标表示法等以点定位的符号提供了对外接口函数。

（2）线状符号。对于普通地图上常见的一些线状符号，如水系、交通网、境界线、海岸线等可以利用符号库的方法进行符号化。线状符号一般不表示要素的数量特征，比较特殊的是等值线法，可以表示现象的数量特征。等值线是由现象的数值相等的各点所连成的一条平滑曲线。等值线图可用来表示具有连续分布特征的自然现象，如地形、气压、气温、降水、地壳变动等。

等值线自动绘制主要有两大类：一类是基于格网绘制等值线；一类是基于三角网的等值线绘制。基于三角网的等值线绘制方法思路：根据离散点分布的数据点来建立不规则三角网，然后在三角形边上内插等值点，进行等值线追踪，最后连接这些等值点绘制成光滑曲线。

（3）面状符号。面状符号主要是面内部填充图案的选择和图案的排列方式，在专题数据分类分级之后，结合符号库法，可以完成大部分面状符号的制作。用户根据分类、分级数的多少从符号库中选择相应个数、不同填充图案或颜色的面状符号，根据面属性中的类别或级别，在面中配以不同的面状符号，以区别其质或量的差别。

基于面的一种比较特殊的符号化方法是点值法。它是用代表一定数值的大小相等、形状相同的点，反映某要素的分布范围、数量特征和密度变化，可以制作人口图、作物播种面积分布图等。制作点值图所需要解决的是区域内点的大小、个数及点的布局。点值图制作需要注意几个问题：①点的大小和点值的确定。点的大小以图形不发生重叠为准，点既不能太大，也不能太小。点子太大，引起数量特征的超额失真；点子太小，会丧失地图的表现力。同样，对一点所代表的数值（点值）也不能太大或太小。点值太小，使符号太多太密；点值太大，则造成图上的点子太少太稀。一般，点的最佳直径为 0.4～0.6mm，点与点之间的最小距离在

0.2~0.4mm。②在计算每个区域内包含点的个数后，为了使最后点的分布更加符合实际情况，将一个区域根据与制图对象相关的要素类型分成几个小的区域，根据加权因子，计算出每个小的区域内点的个数。③进行点的配置时，如果采用在区域内均匀布点的方式，则不能充分反映出制图对象与底图相关要素的关系。对此进行了改进，首先根据区域面数据建立扫描线文件，然后根据与制图对象相关的要素类型建立格网滤波文件，将这两个文件叠加，构建新的滤波扫描线文件，并在此文件的基础上进行点的布置。

（4）体状符号。从某一基准面向上下延伸的空间体，如人口或一座城市，可以表示具有体积量度特征的有形实物或概念产物，这些空间现象可以构成一个光滑曲面。因此，体积符号在地图上可以表现为点状、线状或面状三维模型。以计算机图形学为基础，利用计算机的高速运算能力，制作更加多样、更加形象、更加直观的三维符号和三维地图，可以增强专题地图的立体感和视觉效果。制作过程中，用户可以选择视点、方位角，以及视点与物体的距离、高度，制成不同角度和高度观察物体的立体图，甚至可以在计算机屏幕上动态地显示，以加深和加速对物体形状的了解。

在用二维平面表示客观世界的三维空间的方法中，立体三维表示有两种类型：一种是在地学分析图形中比较传统的三维立体图、剖面图；另一种是借用 OpenGL 三维图形软件包进行三维立体图的绘制。

3）专题符号编辑平台

专题符号编辑平台功能主要包括点状地图符号、线状地图符号、面状地图符号、不规则图形符号、普通注记和组合注记。规则图形符号和地图注记都可以利用符号编辑器进行制作，而不规则图形符号通过动态库的形式独立编程实现。

（1）点状地图符号制作。用户可以将点、直线、弧线、三角形、圆形、多边形等多种基本图形组合构成符号，依据图示规范要求，利用点、折线、曲线、圆弧、多边形和椭圆等基本元素加上颜色和宽度构建点符号。从实现方法上看，可以将地图符号分为矢量符号和栅格符号，其中矢量符号主要通过用户绘制的方式实现。

（2）线状地图符号的制作。把结构有规律的线状符号分解为基本线状图形，然后在基本线状图形基础上整体配置点符号，最后制作每条基本线状图形的循环段，并根据需要在循环段上配置点符号。在基本线状图形上配置的点符号主要是相对于整条线符号而言，如整条线符号的中间、两端或者数据点，而在循环段上配置的点符号主要是相对于循环段而言的。

（3）面状地图符号制作。面状地图符号制作主要包括面边线符号制作和填充内容制作两部分，其中边线符号主要利用线符号编辑制作，而填充符号主要利用点符号编辑器制作，制作完后还须配置填充点符号的配置模式。

（4）用注记样式编辑器制作文字符号。注记的属性主要包括字体、字大、前景色、背景色和变形等。

4. 专题数据符号化处理

专题地理数据可视化以专题数据为基础，按照地理主题的要求，利用专题地图符号，突出而完善地表示与主题相关的一种或几种要素，是专题数据可视化的表现形式。用户利用从专题数据库中得到的属性数据，经分类分级处理，获取相应符号和实体抽象后的数据，按照专题符号库符号或程序库中的算法所提供的接口形式输入相应的参数，形成有限可见空间内的图形符号模型的过程，即符号化过程，达到反映数据类别、大小及分析的目的。

点状符号、线状符号和面状符号各有其特点，又不失共性，它们的差异是构成各自的基本图素不同，相同之处是绘制参数（符号代码、绘图句柄、笔的颜色、刷子的颜色等）、操作方法（绘制、删除等）基本一致。根据面向对象的观点，为使各类符号对象具有相对独立性，可以将点状符号（CPointSymbol）、线状符号（CLineSymbol）、面状符号（CAreaSymbol）定义成三种符号对象类，并将各类符号的数据成员（属性数据）及其函数成员（操作方法）封装在各自的对象类中。同时在这三个类的基础上概括出更高层次的类，即符号类（CSymbolBase）。

符号类（CSymbolBase）的定义如下：

```
class CSymbolBase  :    public CObject
{
//成员变量
public：
CString   m_strCurrentPath；       //符号路径
CString   m_SymbolCode；  //符号代码
COLORREF    m_SymbolColor；       //符号颜色
//成员函数
public：
void DrawParral（CDC *dc，......）；     //绘制平行线
void DrawThickLine（CDC *pDC，......）；    //绘制加粗线
......
}
```

（1）点状要素的符号化。点状符号类的定义如下：

```
class CSymbolPoint  :    public CSymbolBase
{  //成员变量
public：
CobList    *m_polylineList；//折线图元列表
CObList  *m_ellipseList；    //椭圆图元列表
CObList    *m_chordList；    //圆弦图元列表
CObList    *m_rectList；      //矩形图元列表
CRect m_Boundrect；    //符号的外接矩形，相对于符号的定位点
//成员函数
public：
void ReadPointFile（CString m_SymbolFilcName，......）；   //读取符号库
CRect GetBoundrect（double angle，double scale）；      //获得符号外接矩形
void DrawPointinMap（CDC *pDC，......）；  //绘制符号
}
```

当程序收到用户传给的几何信息和属性信息（包括定位点信息、颜色、角度等）后，读取符号库中该符号的描述信息，进行解释并完成图形绘制。

点状符号绘制程序的接口函数：

void CPointSymbol：：DrawPointinMap（CString m_SymbolFileName，//符号路径

CString m_SymbolCode，   //符号名

CPoint PositionPoint，   //点状地物定位点

double SymbolScale，   //符号比例

double Angle，   //旋转角度

COLORREF SymbolColor， //符号颜色

CDC* pDC）

（2）线状要素的符号化。线状符号类的定义如下：

class CSymbolLine ： public CSymbolBase

当程序收到数据库中或用户传给的几何信息和属性信息（包括定位轴线信息、颜色、结束方式等）后，读取符号库中该符号的描述信息，进行解释并完成图形绘制。

线状符号绘制程序的接口函数：

void CLineSymbol：：DrawLinesinMap （CString m_SymbolFileName，//符号路径

CString m_SymbolCode，//符号名

double x [ ]， double y [ ]， int n，//轴线坐标串及坐标点个数

COLORREF color，   //符号颜色

double m_LineScale，   //绘制比例

CDC* pDC）

（3）面状要素的符号化。面状符号类的定义如下：

class CSymbolArea ： public CSymbolBase

面状符号的绘制最关键的技术是填充算法。一般分为两种填充方法：点填充和线填充。线填充方法通常是按扫描线填充，点填充方法通常是按定位点填充，包括"品"字形填充、"井"字形填充及随机填充。填充时要用到多边形裁剪算法，可以直接调用 VC++提供的有关系统函数。

面状符号绘制程序的接口函数：

void CAreaSymbol：：DrawAreainMap（（CString m_SymbolFileName，//符号路径

CString m_AreaSymbolCode，   //符号名称

double x[ ]，double y[ ]， int n，//多边形区域点串及个数

COLORREF m_FrontColor，   //前景色

COLORREF m_BackColor，//背景色

BOOL m_IsSheer，   //底色是否透明

CString m_SideLineName， //边线所用的线型名称

double m_SideLineScale，   //边线比例

double m_DrawScale，//绘制比例

CDC *pDC）

5. 专题数据符号化控制方式

地理空间数据符号化控制技术是指地理空间数据符号化过程如何控制和实现，随着计算机可视化技术的不断发展，地理空间数据符号化控制技术也在不断地发展和完善。目前，可

以通过三种方式来实现地理空间数据符号化过程的控制，即程序控制方式、基于控制文件的方式和基于关系数据库的控制方式。

1）程序控制方式

程序控制方式建立在图形符号编程法基础之上，是一种内部控制方式，它完全依赖于计算机程序，在数字制图技术出现的初期被广泛使用。但是以这种方式实现的符号化控制可维护性差。一旦程序编写完毕，所有的符号化控制都固定了，当生产其他类型的地图时，必须对控制符号化的源程序做出相应的调整或者重新编写，这显然降低了系统的通用性，不利于整个系统推广和应用。针对这样的问题，人们希望利用外部控制的方式来实现符号化的控制，以降低对程序的依赖，因此基于控制文件的方式便产生了。

2）基于控制文件的方式

基于控制文件的方式是通过计算机程序对控制文件中的内容进行解释来完成对地理空间数据符号化的控制，它是一种外部控制的方式。符号化控制文件的设计是依据地理空间数据要素编码的特点，按照点、线、面要素归类并设置控制项，主要包括要素编码对应的地图符号控制和相应的说明注记控制。这种方式与完全依靠程序来实现地理空间数据符号化控制相比，便于维护，通用性得到提高。如果需要增加或修改一种要素的符号化效果，只需要增加或修改该要素的符号化控制项，而不用修改源程序。针对不同类型的地理空间数据，只需设计相应的控制文件，就可以完成对地理空间数据符号化效果的控制。但这种方式也存在一些不足，其控制项较多，程序解释起来比较困难，文件结构复杂，在编辑符号化文件时容易出错等。

3）基于关系数据库的控制方式

运用数据库技术最直接的想法就是用数据库中的表来取代控制文件，在数据入库时通过对符号化控制表中的符号化控制信息进行解释来完成对地理空间数据符号化的控制。在关系数据库中，各种关系都是以数据库表的形式存在的，因此用数据库表来实现符号化控制是非常适合的。此外，还可利用数据库在数据管理上的优势，以及数据库自身的特点来保证符号化控制过程的正确性。从控制表自身来看，在这种方式下，符号化控制表较少，表中的控制项相对简单，共用的控制项均以字典表的形式出现，控制表与字典之间利用关系数据库的主键与外键间的约束建立关联，控制表结构简单明了，表与表之间的逻辑关系清楚，维护起来简单方便。

10.4.2　系统功能

1. 数据处理功能

数据处理功能实现了多种分级模型，等差分级模型、等比分级模型、标准差分级模型、分位数分级模型、级数分级模型及最优分割分级模型，并对各种分级方法进行了评价，如分级精度评价、总体精度评价、信息量评价、多属性决策评价。用户可以自己选择分级模型，也可以通过选择评价方法，得到一个相对符合数据特征的数据处理模型。当选择信息量评价法时，系统自动推荐分位数分级模型；选择分级精度评价法时，系统推荐级数分级模型。数学模型推荐功能有利于非专业用户在制图过程中选择合理的数据处理方法，增强了统计地图制图的科学性。同一数据采用不同评价模型得出的分级方法及其效果如图10.29所示。

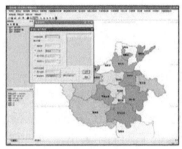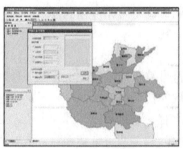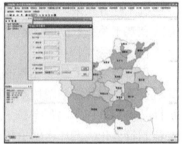

图 10.29　等差分级、分位数分级、标准差分级的效果图

2. 符号绘制和组合功能

根据符号构成变量、基本图形及其与专题地图符号的关系，结合专题符号需要根据数据动态构建的特点，能够较好地实现专题数据对各个符号构成变量的控制。符号绘制功能主要是指能够实现基本图形及符号的绘制。符号绘制和组合功能提供了多个图形库，有基本图形库、基本统计符号库和组合统计符号库，库中内置了常用的基本图形和大量的常用符号供用户选择，如图 10.30 所示。这样对于非专业用户来说简化了制图流程，使操作变得简洁易懂。另外，本模块能够构建各类实用的组合符号，更贴合实际制图需求。

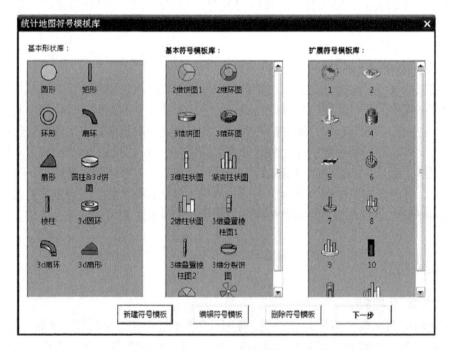

图 10.30　基本图形库、基本统计符号库和组合统计符号库

3. 主题设置功能

1）色彩主题设置功能

用色彩主题控制色彩变量采用的方法是建立各种色彩主题库，用户想使用某种主题的色彩时，只需在列表框中选择该主题，系统就会调用相应的配置文件，从而把各个色彩的序号

赋给色彩变量，进而实现色彩的自动修改。

根据专题地图制图的需要，色彩主题设置功能提供了两类色彩主题：等级色主题和类别色主题。其中，等级色主题主要有冷色调主题、暖色调主题、由冷到暖色调主题和由暖到冷色调主题；类别色主题主要有清新淡雅主题、现代简约主题、恬淡田园主题、古朴中式主题和尊贵典雅主题，如图 10.31 所示。用户可以依据统计地图的制图目的和自己想要表达的情感来选择合适的色彩主题，不需要反复调试，就能够轻松地制作出美观、科学的专题地图。

图 10.31 分类色彩主题和分级色彩主题

2）形状主题设置功能

用形状主题控制形状变量采用的方法是建立各类形状库。用户想使用某类形状时，只需在库中选择该主题，系统就会调用相应配置文件，从而把各个形状的序号赋给形状变量，进而显示不同的符号。系统提供的形状主题主要有两类：平面几何形状主题和立体几何形状主题，如图 10.32 和图 10.33 所示。

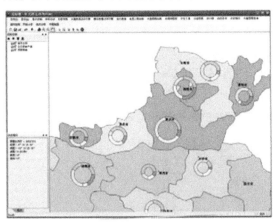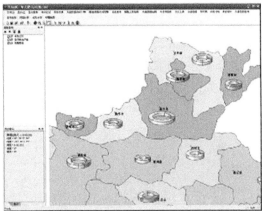

图 10.32 平面几何形状主题　　　　图 10.33 立体几何形状主题

形状主题使专题地图符号能够实现在平面几何符号和立体几何符号之间的快速转换，增强了专题地图符号的美观性和多样性，使得专题要素更加突出地显示在第一层面上，便于读图。

3）图片主题设置功能

用图片主题控制图片变量采用的方法是建立各种图片主题库，用户想使用某种主题的图片时，只需在列表框中选择该主题，系统就会调用相应配置文件，从而把各个图片的序号赋给图片变量，进而显示不同的图片符号。

如图 10.34 所示，模块提供了五类图片主题：雕刻主题、剪影主题、晶莹主题、牌照主题和夜间水晶主题。每类主题又按照专题要素的种类进行划分，提供了多类专题要素的多个符号，图 10.35 为剪影主题库。

图 10.34　图片主题库

图 10.35　剪影主题库

形状主题使专题地图符号能够实现在平面几何符号和立体几何符号之间的快速转换，增强了专题地图符号的美观性和多样性，使得专题要素更加突出地显示在第一层面上，便于读图。

4. 图形输出功能

图形输出功能模块不仅能构建专题地图符号，还能够实现专题地图的输出，制作电子专题地图，如图 10.36 所示。

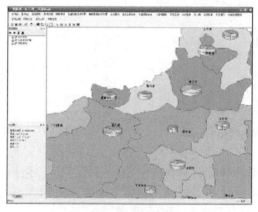

图 10.36　输出功能

第十一章 三维地理空间数据可视化

人们获取信息的第一印象是直观的感觉，也就是先从视觉、触觉、嗅觉、听觉等获取第一手的信息，然后才依靠思维能力，进行抽象的信息提取，这是通过医学观点论证的，并且符合人的生理功能。从这一点出发，对现实世界进行真实的表达，就引起了可视化技术的发展。其核心都是三维真实感图形，也就是三维可视化技术。地理空间数据三维可视化是指运用计算机图形学和图像处理技术，将三维空间分布的地物对象（如地形、建筑物模型等）转换为图形或图像在屏幕上显示并进行交互处理的技术和方法。近年来，随着计算机图形学、图像处理技术的不断发展及计算机图形显示设备性能的提高，以及一些功能强大的三维可视化渲染引擎的推出，在普通计算机上进行高度真实感的地理空间数据三维可视化已经成为可能。

11.1 三维地理空间可视化概述

三维可视化就是以三维立体的形式来表现数据的技术和方法。与传统的二维空间数据表达相比，三维可视化技术对空间现象的表达有完全不同的数学模型和表达方式。在数学投影方面，三维显示将所有的三维向量以一个倾斜的角度进行投影和表达，通过一个三维的透视将场景显示于显示器（cathode ray tube，CRT）或其他的计算机平面显示器上；在可视表现方面，三维可视化通过纹理的使用，大大提高了场景的逼真效果，具有更为自然的效果和更为直观的感知，也具有更多的吸引力。受制于技术方法，三维地理空间数据可视化表达最初以地形数据为主，表达方法有写景法、晕眩图法等。随着计算机技术，特别是计算机图形算法的发展及图形显示设备的升级，三维地理空间数据已经实现了大场景、多内容的三维可视化表达。

11.1.1 地形数据的可视化方法分类

地形数据作为地理空间数据的重要构成，其可视化表达一直是三维地理数据可视化研究的重点。按照不同的分类方法，地形数据的可视化表达可分为不同的表达类型。

（1）从维数上可分为三类：①一维可视化。一般是指地形断面（纵断面、横断面），即通过图示的方式反映地形在给定方向上的起伏状况。②二维可视化。将三维地形表面投影到二维平面，并用约定符号进行表达，根据所采用的方式，二维可视化又有写景法、等高线法、分层设色法、明暗等高线、半色调符号表达等。③三维可视化。通过计算机模拟的手段来恢复真实地形，包括线框透视、地貌晕渲、地形逼真显示、多分辨率地形模型等。

（2）从数据源角度，地形数据可分为等高线 DEM、格网 DEM 和不规则三角网 DEM。不同类型可分别实现地形的一维、二维、三维可视化，但各自的应用范围和实现方式不同。不规则三角网（triangulated irregular network，TIN）能较好地反映地形结构线等地形基本特征，但数据结构复杂，适用于小区域地形可视化和地形特征计算；格网 DEM 数据结构简单，易于与遥感影像集成，适用于大区域宏观地形特征。

（3）从技术角度，可分为静态可视化和交互式动态可视化两种：①静态可视化将整个地形区域范围以二维或三维图形图像形式显示成一幅图像；②动态可视化利用计算机动画等技术，实现交互式浏览。

（4）从地形模拟角度，分为真实地形和模拟地形两类：①真实地形是现实世界中真实地形的再现，具有非常高的真实度，一般是基于 DEM 实现的，特点是精度高，结构复杂，图形生成速度慢；②模拟地形对地形的逼真度要求不高，只满足感官上的要求，速度快，但不能和客观地形相对应。

（5）地形纹理可分为基于分形、基于遥感影像和基于纹理影像三类，三种方法实现过程相似，由于纹理来源不同，其纹理匹配和几何变换过程也不同。

（6）在技术方法上，地形数据可视化大致有以下几种。

a. 写景法。在早期地图上（15～18 世纪），地貌形态的表示主要采用原始的写景方法，表现的是从侧面看到的山地、丘陵的仿真图形。其描绘手法比较粗略，大多采用"弧形线""鱼鳞状图形"和类似"笔架山"的技法。这种方法对作者的绘画技巧有很大的依赖性，作品的艺术性多于其科学性，且大规模绘制比较困难。尽管后来有了一定的数学法则，但还是在小范围内使用。写景法一般有透视写景法、轴测写景法和斜截面法等（图 11.1）。

b. 等高线法。等高线法的基本点是用一组有一定间隔（高差）的等高线的组合来反映地面的起伏形态。从构成等高线的原理来看，这是一种很科学的方法。它可以反映地面高程、山体、坡度、坡形、山脉走向等基本形态及其变化。但等高线的缺点在于无法描绘微小地貌，缺乏立体效果（图 11.2）。

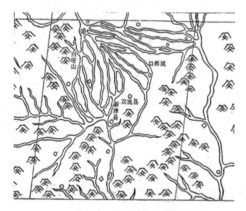

图 11.1　清乾隆内府图

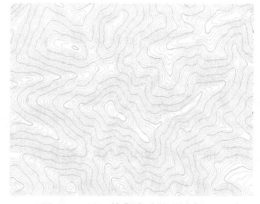

图 11.2　基于等高线法的地形表示

c. 分层设色法。分层设色法是在等高线地形图上的再次加工，其基本原理是根据等高线设置色感高度带（一定的高度范围），按一定的设色原则，给不同的高度带设置不同的颜色。它有两个主要特点：第一，它使等高线地形图能立即给人以高程分布和对比的印象；第二，它使等高线有了一定的立体感，不那么单调（图 11.3）。

d. 晕渲法。晕渲法是目前地图上产生地貌立体效果的主要方法，其基本原理是：描绘出在一定光照条件下地貌的光辉与暗影的变化，通过人的视觉心理间接地感受到山体的起伏变化，其立体感觉完全是人们日常生活中所积累的视觉经验使然，而非直接产生于生理水平的感知。晕渲法的关键是正确地设置光源和描绘光影，以及地面各点日照度的计算。由此区分出斜照晕渲、直照晕渲和综合光照晕渲三种类型（图 11.4）。

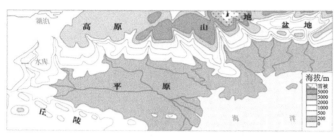

图 11.3　基于分层设色法的地形表示　　　　图 11.4　基于晕渲法的地形表示

e. 三维网格透视投影图。长期以来，线框形式的透视投影图一直被用来表达三维地形模型，以支持计算机辅助设计。由于地形采样的数量非常有限，加之只在线划经过的地方才传递了图形信息，所以线框透视图往往过度平滑了地形表面的许多细节，特别是像断层这一类重要的线性地表特征通常都不是很明显（图 11.5）。

f. 三维实景逼真显示。随着光栅图形显示硬件的发展，以真实感图形为代表的光栅图形技术日益成为计算机图形学发展的主流。由于自然地形是经过极其复杂的物理过程作用的结果，再加上人类活动的影响，一般都非常不规则且十分复杂，受数据量和费用的限制，各种勘测工作不可能完全翔实地获得关于地形各种微小细节的数据，而总是有所综合取舍。所以，逼真地形显示一直面临许多困难和问题（图 11.6）。

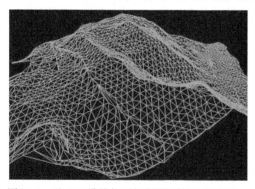

图 11.5　基于三维线框透视投影图的地形表示　　　图 11.6　地形的逼真显示

现有产生逼真地形显示的方法主要有两种：一种是将航空像片或卫星影像数据映射到数字地面模型上，建立实际地形的逼真显示。由于这种方法可以逼真地显示地面各种地物和人工建筑的颜色纹理特征，而表现地形起伏产生的几何纹理特征时却不甚明显，所以，常被用来表达地面较平缓而地物丰富和人类活动较频繁地区（如城镇、交通沿线等）的地形。另一种是用一定的光照模型模拟光线射到地面时所产生的视觉效果，经明暗处理产生具有深度质感的灰度浓淡图像，并用纯数学的方法模拟地形表面的各种微起伏特征（几何纹理）和颜色纹理。其中，基于分形模型的地面模拟被认为是最有希望的方法。

g. 近似三维实物模型。尽管这种方法可以取得比较全面的观察效果，但由于按比例创建实物模型（如沙盘）非常费时费力，成本很高；加之看起来人工痕迹很浓，有时视角也会因为空间的局限而受到限制。所以，一般仅限于展示最后的设计结果，而不便用来对设计进行优化决策（图 11.7）。

图 11.7　地形沙盘

11.1.2　三维体数据可视化表达

人们在地质、地理、医学、生物、流体力学等领域经常遇到大量的三维空间体数据，进行三维体可视化是科学计算可视化中最重要的一个研究方向。

1. 体数据

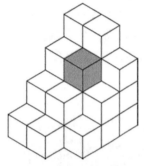

图 11.8　体数据图形表达

体数据的概念是二维图像数据在三维空间中的引申。二维领域中，图像数据由一系列二维离散采样数据组成，在存储器中的保存形式为二维数组，其基本单元是像素（pixel）。与之相对应，在三维领域中，体数据由一系列三维离散采样数据组成，在存储器中用三维数组的形式保存，其基本单元是体素（voxel）。体素是组成体数据的最小单元，一个体素表示体数据中三维空间某部分的值。图 11.8 中每个小方块代表一个体素。体素不存在绝对空间位置的概念，只有在体空间中的相对位置，这一点和像素是一样的。

体数据一般有三种来源：①科学计算的结果，如有限元的计算和流体物理计算；②仪器测量数据，如 CT 或 MRI 扫描数据、地震勘测数据、气象检测数据等；③几何实体的体素化数据，这种方法实质上是把三维空间中表示连续曲面的几何数据转化为三维空间中表示对象的离散体素，如工业造型设计、游戏及大规模地形可视化等领域中将几何实体体素化所获取的数据。

2. 体数据可视化方法

早期的体可视化方法是从体数据中提取曲线、曲面信息，如轮廓线、等值线、等值面等，再利用传统的显示方法加以显示，即通过几何单元拼接拟合物体表面来描述物体三维结构，这种体数据绘制方法通常称为表面绘制方法。但这种方法只能表达物体的外轮廓，不能深入表达物体内部组成和结构，整体信息损失得比较多。而另一类体可视化方法则是依据视觉原理将三维体元的采样数据直接投影到二维显示平面上。它不会丢失每个体元数据所包含的信息，使人们可以从一幅二维图像中感受到体数据的整体信息，所以通常称其为体绘制方法，又称直接体绘制（direct volume rendering，DVR）。但是这种绘制算法有一个致命的缺点，就是体可视化一般处理的是大规模的体数据，从而导致了体可视化方法计算速度比较慢、计算花费比较高。因此，若要交互地显示体数据就需要有很强的计算能力和很大的存储空间。

直接体绘制算法主要有光线投射法（ray casting）、错切变形法（shear warp）和抛雪球法（splatting）。其中又以光线投射算法最为重要和通用。究其原因，无外乎有三点：其一，该算法在解决方案上基于射线扫描过程，符合人类生活常识，容易理解；其二，该算法可以达到较好的绘制效果；其三，该算法可以较为轻松地移植到 GPU 上进行实现，达到实时绘制的要求。

抛雪球法又称足迹表法（footprint），是一种基于物体空间的绘制方法，将体数据看做一个个雪球，投射到显示平面上，正如雪球击打在墙上，产生溅射能量，以体数据对准的击打点为能量中心，随着离击打点距离的增加，能量减少，影响范围与能量大小受体数据与屏幕距离影响，算法实施中会建立足迹查询表，又称足迹表法。遍历体数据，对像素能量进行合成，形成最终的图像。直接体绘制方法绘制速度快，理解直观，但因能量扩散并不能精准描述体数据内部特征，会导致绘制精度有缺失。

错切变形法将投影变换过程分解为两步：第一步对体数据错切，三维空间以垂直投射角度按照初始切片顺序投影至二维图像空间，形成中间图像；第二步对中间图像进行变形，得到最终的体绘制结果。错切变形法避免了大量的重采样计算，有着速度快的优点，在早期直接体绘制中起重要作用。

光线投射法的基本思想是：从屏幕上的每一像素点发出一条视线，这条视线穿过三维数据场的体元矩阵，沿这条视线等距设置采样点，由距离采样点最近的 8 个数据点所组成体素的颜色值及不透明度进行线性插值，求出该采样点的不透明度及颜色值。然后，按从前至后或从后至前的合成公式对采样点的颜色和不透明度进行合成。对此光线上的所有采样点进行合成之后，就可以得到屏幕上该像素点处的颜色值。当对所有像素点都进行以上过程后，就会得到此数据场的体绘制结果图像。

体绘制中的光线投射方法与真实感渲染技术中的光线跟踪算法（参考 11.2.4 节光照模型）有些类似，即沿着光线的路径进行色彩的累计，但两者的具体操作不同。首先，光线投射方法中的光线是直线穿越数据场，而光线跟踪算法中需要计算光线的反射和折射现象。其次，光线投射算法是沿着光线路径进行采样，根据样点的色彩和透明度，用体绘制的色彩合成算子进行色彩的累计，而光线跟踪算法并不刻意进行色彩的累计，而只考虑光线与几何体相交处的情况。最后，光线跟踪算法中光线的方向是从视点到屏幕像素引射线，并进行射线和场景实体的求交判断和计算，而光线投射算法，是从视点到物体上一点引射线，不必进行射线和物体的求交判断。

3. 体数据绘制的流程

直接体绘制法的作用就是将离散分布的三维数据场，按照一定的规则转换为图形显示设备的帧缓存中的二维离散信号，即生成每个像素点颜色的 R、G、B 值。体绘制算法很多，但基本流程大致相同，主要包含数据生成、数据预处理、可视化映射、绘制与显示四个步骤。

（1）数据生成。这个阶段主要是可视化应用领域里如医学可视化中及核磁共振图像（magnetic resonance imaging，MRI）、数值模拟、计算流体力学等产生出三维连续数据场，由计算机对它们进行数值模拟，如有限元分析、断层扫描、采样等操作形成可视化系统接受的三维离散数据场。

（2）数据预处理。在数据生成阶段往往会产生大规模或超大规模的数据，需要在保证最大限度地减少有用信息丢失的前提下，对数据进一步处理以减少数据量。

（3）可视化映射。这个阶段是整个体绘制流程的核心。其含义是将预处理后的数据转化为可供绘制的几何图素，如点、线、面和属性元素（梯度、法向量等）。

（4）绘制与显示。借助计算机图形学中的基本技术，将可视化映射生成的几何图素和属性元素转化为可供显示的图像。

11.1.3　地理空间环境虚拟现实

虚拟现实（virtual reality，VR）技术是 20 世纪末发展起来的以计算机技术为核心，集多学科高新技术为一体的综合集成技术。虚拟现实是综合利用计算机的立体视觉、触觉反馈、虚拟立体声等技术，高度逼真地模拟人在自然环境中的视、听、动等行为的人工模拟环境。这种虚拟环境是通过计算机生成的一种环境，它可以是真实世界的模拟体现，也可以是构想中的世界。

1. 立体视觉三维可视化技术

为了在三维可视化时增加用户的沉浸感，人们根据人眼立体视觉的原理，在三维可视化中引入了立体视觉来增强用户身临其境的感觉。人工立体视觉形成必须具备下列条件：①所观察的两幅图像必须有一定的左右视差，即立体像对；②左右两眼分别观察左右各一幅图像，即分像；③像片所放置的位置必须使相应视线成对相交，即无上下视差。

目前，在计算机上实现人工立体观察主要有下列几种方式。

（1）分光法：把左右两个视力显示在计算机屏幕上的不同位置或两个屏幕上，借助光学设备按照立体观察条件使左右眼分别只看到相应的一个视图，或者把它们再投影到一个屏幕上，用偏振光眼镜进行观察。

（2）补色法：将左右视图用红绿等两种补色同时显示出来并用相应的补色设备观察。该方法简便易行，除补色眼镜外不需要其他硬件设备，但它不适用于彩色立体观察。

（3）场（幅）分隔法：也称分制法，该方法是将左右视图按场（幅）序交替显示，在计算机屏幕前用液晶方式或偏振光方式进行视图分拣。当显示器采用隔行扫描时，左右视图按奇偶场交替显示；采用逐行扫描时，左右视图按幅交替显示。场（幅）分隔法是目前计算机立体显示中被广泛采用的方法。

采用液晶方式的立体显示方法是：在计算机显示上沿水平方向交替显示两幅用不同视线参数生成的透视景观图，利用液晶眼镜在显示屏与观察者之间分别设置一个像场遮光同步快门，该液晶快门受逻辑控制电路控制。逻辑控制电路的同步信号取自计算机的显示接口。在显示屏显示左视图期间，打开左眼液晶快门并关闭右眼液晶快门；在显示屏显示右视图期间，打开右眼液晶快门并关闭左眼液晶快门，从而获得立体视觉。与液晶方式的立体显示方法相比，偏振光方式的立体显示方法仅在于偏振屏和偏振光眼镜取代液晶眼镜来实现左右视图的分拣。

采用分光法来进行三维景观立体显示时，显示卡必须能够先后显示左右视图，并且有足够的显示内存以容纳高分辨率的彩色图像和为实现图像交互所必需的空间。为了克服图像闪烁，所采用显示器的显示场频应大于 120Hz。水平方向采用不同视线参数的两幅透视图的实时显示可通过软件来控制实现。基于计算机的立体视觉三维可视化的原理如图 11.9 所示。

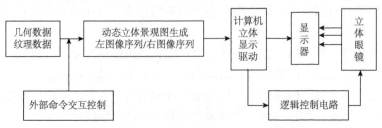

图 11.9　基于计算机的立体视觉三维可视化

2. 地理环境虚拟现实

虚拟现实具有三个重要的特征：沉浸感（immersion）、交互性（interaction）和构想性（imagination）。沉浸感从虚拟现实概念上讲就是操作者进入由虚拟现实技术提供的虚拟三维空间环境，并作为该环境中的一员，参与该环境中物质间的变化与作用。也就是说，对于任何一个虚拟现实系统，其操作者必须能浸入该系统提供的虚拟模拟环境中"身临其境"地观察、探索和参与环境中事物的变化和相互作用。目前，虚拟现实系统的浸入性是通过特殊设备[头戴式显示器（head mount display，HMD）和数据手套（data glove）]来实现的。头戴式显示器通常由两个液晶显示器（liquid crystal display，LCD）组成，并带有头部转动的跟随器。整个头盔连到一个高速实时图像处理机上。两个 LCD 显示器显示以人体为中心可视的虚拟画面，并保持有视角差。所显示的画面根据人体的移动和头部转动而变化，从而使人感觉像在虚拟的三维空间中移动一样。目前研制的数据手套带有几十个弯曲传感器、扭转传感器和位置（在虚拟空间中的位置）传感器。数据手套不仅要给出手指（掌）的变化数据，还要给出它在虚拟空间的位置，这样才能模拟用户参与操作的过程。虚拟现实的第二个特征——交互性，是指参与者用人类熟悉的方式与虚拟环境中的"各种客体"进行相互交互的能力。使用者的输入（动作）可使呈现给其界面（虚拟环境）发生相应的变化，这一变化将会使使用者的感觉产生新的内容；根据新的内容，使用者可做出新的输入（动作），使界面（虚拟环境）再次发生变化，以上交互过程反复进行，直至使用者感到所处的虚拟环境满意为止。虚拟现实不仅仅是一个媒体、一个高级用户界面，它更是为解决应用问题而由开发者设计出来的应用软件，它以夸大的视觉形式反映了设计者的思想。用户在虚拟世界中根据所获取的多种信息和自身在系统中的行为，通过联想、推理和逻辑判断等思维过程，随着系统的运行状态变化对系统运动的未来进展进行想象，以获取更多的知识，认识复杂系统深层次的运动机理和规律。虚拟现实技术可以让使用者从定性和定量的综合集成环境中得到感性和理性的认识，从而深化对概念的理解进而萌发新意。这是 VR 所具有的第三类特征，即想象性虚拟现实。这便是虚拟现实所具有的第三个特征——构想性。

随着 GIS 技术的发展，GIS 与虚拟现实结合的产物——虚拟地理信息系统（VRGIS）也已被提出并得以发展。VRGIS 把原先在二维地理信息系统中只占一般地位的三维可视化模块提高到了整个系统的核心地位，把用户与地学数据的三维视觉、听觉等多种感觉实时交互作为系统的存在基础。由于把观察者加入地理信息系统中，使之成为一个参与者，并以参与者作为系统设计的重心，从而使数据模型设计、数据图形符号表达呈现方式等相应的改变。例如，原先的森林，在二维地理信息系统中只用绿色表示，但在虚拟地理信息系统中，需要用许多真实的三维树表达。地理信息系统和虚拟现实系统集成后的虚拟地理信息系统，从技术和效果上看，就是沉浸式的虚拟地理环境。

11.1.4　三维地形可视化基本流程

三维地形可视化基本流程如下。

1）DEM 三角形分割（TIN 不需此步骤）

三角形是最小的图形单元，大多数图形系统都以三角形作为运算的基本单元。三角形片面的各种几何算法最简单、最可靠，构成的系统最优。DEM 三角形分割主要包含格网细化处理和格网三角划分两步。

当 DEM 格网较大时地形模拟容易失真，进行逐层细化，每次进行二分处理（内插一变四），细化的终止条件是每个 DEM 格网单元在计算机屏幕上的投影面积在 4 个像素之内。

DEM 的格网三角划分一般采用单对角线或双对角线剖分法，前者分为两个三角形，后者为四个三角形，对角线交点高程通过内插算法实现。当格网单元足够细时，不同剖分方案对可视化效果影响不大。

2）透视投影变换

建立地面点（DEM 结点）与三维图像点之间的透视关系，由视点、视角、三维图像大小等参数确定，即将 DEM 从其坐标系变换到屏幕坐标系。

三维环境下对三维模型进行全方位观察时需调整参数：观察方位角、观察高度角、观察距离、垂直放大因子（当垂直比例尺与水平比例尺一致时，微观地貌很难显现，为突出小地形特征，要将高程放大一定倍数）。

3）光照模型

建立一种能逼真反映地形表面明暗、彩色变化的数学模型，逐个计算每像素的灰度和颜色，即计算景物表面上任一点投向观察者眼中的光亮度大小和色彩组成。

不同光照模型考虑的共同因素有：光源位置、光源强度、视点位置、地面漫反射光、地面对光的反射和吸收特性。

4）消隐和裁剪

消去三维图形不可见部分，裁减掉三维图形范围外部分。为增强图形的真实感、消除多义性，在显示过程中一般要消除三维实体中被遮挡的部分，包括隐藏线和隐藏面的消除。线消隐采用二分法，通过对线段的逐步二分实现。面消隐算法主要有画家算法（深度优先算法）、Z 缓冲算法、光线跟踪法、扫描线 Z 缓冲算法、区间扫描算法、区域子分割算法等。

在使用计算机处理图形信息时，计算机内部存储的图形比较大，而屏幕显示只是图的一部分。必须确定图像中落在屏幕之内和之外的部分，这个选择处理过程即为裁剪。裁剪处理的基础为点在区域内外的判断及图形元素与区域边界求交。裁剪算法主要有 Sutherland-Hodgeman 算法和 Weiler-Atherton 算法等。

5）图形绘制和存储

依据相应的算法绘制并显示各种类型的三维地形图，并按相应的文件存储。

6）地物叠加

在三维地图上可叠加各种地物符号、注记，并进行颜色、亮度、对比度的处理。

11.2　地物表层可视化基本技术

使用计算机对地物三维模型进行可视化的过程，一般经过五步：①数据的准备。利用各种数据采集设备对三维地物模型的几何数据进行采集与处理[此部分内容可参阅《地理空间数据获取与处理》（崔铁军编著）一书]，同时利用纹理映射技术，构建集成几何与纹理的三维地物模型。②透视投影变换。建立地物三维模型与透视平面间的数学关系，将三维模型投影至平面，此部分内容见 5.4 节。③利用光照模型对三维地物模型进行真实感渲染，即建立一种能逼真反映地物三维模型表面明暗、颜色变化的数学模型，逐点计算每像素的颜色和灰度。④消隐和裁剪。消去（或不显示）三维图形的不可视部分，裁剪掉三维图形尺寸范围之外的部分。⑤图形绘制和存储。绘制并显示三维地物模型，进行动态可视化显示或以标准图像文件格式（如 Jpeg、Tif、Bmp 等）存储。绘制前，也可在三维透视图上添加各种地物符号、注记等，以提升可视化效果。

11.2.1　纹理映射

现实环境中，大量的不规则物体需要模拟，如树木、花草、路灯、路牌、栅栏、桥梁、火焰、烟雾等，它们是构成空间环境、提高模拟逼真度必不可少的部分。对于这些物体，如果都用实体表示，所带来的资源耗费将是无法接受的。可以采用纹理映射技术较好地模拟这类物体，实现逼真度和运行速度的平衡（图 11.10）。

(a) 纹理图像　　　　　(b) 无纹理的三维模型　　　　　(c) 纹理映射后的三维模型

图 11.10　纹理映射示例

纹理是对物体表面细节的总称。根据纹理定义域的不同，纹理可分为二维纹理和三维纹理；基于纹理的表现形式，纹理又可分为颜色纹理、几何纹理和过程纹理。颜色纹理指的是呈现在物体表面上的各种花纹、图案和文字等，如大理石墙面、墙上贴的字画、器皿上的图案等。几何纹理是基于景物表面微观几何形状的表面纹理，如橘子、树干、岩石等表面呈现的凸凹不平的纹理细节。过程纹理则表现了各种规则或不规则的动态变化的自然景象，如水波、云、火、烟雾等。

在计算机图形学中，可用如下两种方法定义纹理：①图像纹理。将二维纹理图案映射到三维物体表面，绘制物体表面上一点时，采用相应纹理图案中相应点的颜色值。②函数纹理。用数学函数定义简单的二维纹理图案，如方格地毯，或用数学函数定义随机高度场，生成表面粗糙纹理，即几何纹理。

定义了纹理后，还要处理如何对纹理进行映射的问题。纹理映射是把人们得到的纹理映射到三维物体表面的技术。对于二维图像纹理，就是建立纹理与三维物体之间的对应关系，而对于几何纹理，就是扰动法向量。

纹理一般定义在单位正方形区域（$0 \leqslant u \leqslant 1$，$0 \leqslant v \leqslant 1$）之上，称为纹理空间。理论上，定义在此空间上的任何函数均可作为纹理函数，但实际上，往往采用一些特殊的函数模拟生活中常见的纹理。对纹理空间的定义方法有许多种，下面是常用的三种：①用参数曲面的参数域作为纹理空间（二维）；②用辅助平面、圆柱、球定义纹理空间（二维）；③用三维直角坐标作为纹理空间（三维）。

1. 二维纹理映射

在纹理映射技术中，最常见的纹理是二维纹理。映射将这种纹理变换到三维物体的表面，形成最终的图像。

例如，二维纹理的函数可表示为

$$g(u,v) = \begin{cases} 0 & [u \cdot 8] + [v \cdot 8] 为奇数 \\ 1 & [u \cdot 8] + [v \cdot 8] 为偶数 \end{cases} \tag{11-1}$$

它的纹理图像模拟国际象棋上黑白相间的方格。

二维纹理还可以用图像来表示。用一个 $M \times N$ 的二维数组存放一幅数字化图像，用插值法构造纹理函数，然后把该二维图像映射到三维的物体表面上。为了实现这个映射，要求建立物体空间坐标 (x, y, z) 和纹理空间坐标 (u, v) 之间的对应关系，这相当于对物体表面进行参数化；反求出物体表面的参数后，就可以根据 (u, v) 得到该点的纹理值，并用此值取代光照模型中的相应项。

圆柱面映射和球面映射是两种经常使用的纹理映射方法。

对于圆柱面纹理映射，由圆柱面的参数方程定义，可以得到纹理映射函数。如果单位圆柱 $[(x^2 + y^2) = 1, 0 \leqslant z \leqslant 1]$，参数方程如下所示：

$$\begin{cases} x = \cos(2\pi u) & 0 \leqslant u \leqslant 1 \\ y = \sin(2\pi u) & 0 \leqslant v \leqslant 1 \\ z = v \end{cases} \tag{11-2}$$

那么，对给定圆柱面上一点 (x, y, z) 可以反求参数 $(u, v) = (\theta / 2\pi, z)$。

其中，$\theta = \begin{cases} \arccos x & y \geqslant 0 \\ 2\pi - \arccos x & y < 0 \end{cases}$。

同样，对于球面纹理映射，若单位球面参数方程为

$$\begin{cases} x = \sin(\pi v)\cos(2\pi u) & 0 \leqslant u \leqslant 1 \\ y = \sin(\pi v)\cos(2\pi u) & 0 \leqslant v \leqslant 1 \\ z = \cos(\pi v) \end{cases} \tag{11-3}$$

则对给定球面上一点 (x, y, z) 可反求参数 $(u, v) = (\theta / 2\pi, \varphi / \pi)$。

$$\theta = \begin{cases} \arccos \dfrac{x}{\sqrt{1 - z^2}} & y \geqslant 0 \\ 2\pi - \arccos \dfrac{x}{\sqrt{1 - z^2}} & y < 0 \end{cases} \tag{11-4}$$

其中，$\varphi = \arccos z$，注意上式在球面的南北极没有定义，需要额外处理。

2. 三维纹理映射

前面介绍的二维纹理域映射对于提高图形的真实感有很大作用。但是，由于纹理是二维的，而场景中的物体通常是三维的，因此纹理映射一般是一种非线性映射，在曲率变化很大的曲面区域就会产生纹理变形，极大地降低了图像的真实感，而且对于二维纹理映射，在一些非正规拓扑表面，不能保证纹理的连续性。假如在三维物体空间中，物体中每一个点 (x, y, z) 均有一个纹理值 $t(x, y, z)$，其值由纹理函数 $t(x, y, z)$ 唯一确定。那么对于物体上的空间点，就可以映射到一个定义了纹理函数的三维纹理空间上，这是三维纹理的基本思想。由于三维纹理映射的纹理空间与物体空间维数相同，在纹理映射的时候，只需要把场景中的物体变换到

纹理空间的局部坐标系中即可。

下面以木纹的纹理函数为例,说明三维纹理函数的映射。

为了从空间坐标 (x, y, z) 计算纹理坐标 $t(x, y, z)$。首先,求木材表面上的点到木材中心的半径值 R: $R = \sqrt{x^2 + y^2}$;为使木纹更真实,增加一些非规则变化,可对半径进行小尺寸的扰动,有 $R = R + 2\sin(20\alpha)$,式中, α 为关于 x 与 y 的随机函数。然后,对 z 轴进行小弯曲处理, $R = R + 2\sin(20\alpha) + z/150$。最后,根据半径 R 用下面的伪码来计算 color 值作为木材表面上点的颜色,就可以得到较真实的木纹纹理:

```
{
    grain= R MOD 60; /* 每隔 60 一个木纹 */
    if（grain <40）
        color=淡色;
    else
        color=深色;
}
```

3. 几何纹理映射

为了给物体表面加上一个粗糙的外观,可以对物体的表面几何性质做微小的扰动,产生凹凸不平的细节效果,就是几何纹理的方法,也称为凹凸映射(bump mapping)。定义一个纹理函数 $F(u, v)$,对理想光滑表面 $P(u, v)$ 作不规则的位移。具体做法是在物体表面上的每一个点 $P(u, v)$ 都沿该点处的法向量方向位移 $F(u, v)$ 个单位长度,这样新的表面位置变为

$$\tilde{P}(u,v) = P(u,v) + F(u,v) \cdot N(u,v) \tag{11-5}$$

新表面的法向量可通过对两个偏导数求叉积得到

$$\tilde{N} = \tilde{P}_u \cdot \tilde{P}_v \tag{11-6}$$

$$\tilde{P}_u = \frac{\mathrm{d}(P+FN)}{\mathrm{d}u} = P_u + F_u N + FN_u \tag{11-7}$$

$$\tilde{P}_v = \frac{\mathrm{d}(P+FN)}{\mathrm{d}v} = P_v + F_v N + FN_v \tag{11-8}$$

由于 F 的值相对于式(11-7)和式(11-8)中的其他量很小,可以忽略不计,因此有

$$\tilde{N} = (P_u + F_u N) \cdot (P_v + F_v N) = P_u \cdot P_v + F_u(N \cdot P_v) + F_v(P_u \cdot N) + F_u F_v(N \cdot N) \tag{11-9}$$

扰动后的向量单位化,用于计算曲面的明暗度,可以产生貌似凹凸不平的几何纹理。 F 偏导数的计算,可以用中心差分实现,而且几何纹理函数的定义与颜色纹理的定义方法相同,可以用统一的图案纹理记录。图案中较暗的颜色对应于较小的 F 值,较亮的颜色对应于较大的 F 值,把各像素的值用一个二维数组记录下来,再用二维纹理映射的方法映射到物体表面上,就可以成为一个几何纹理映射。

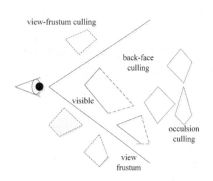

图 11.11　可视化裁剪技术的三种类型

11.2.2　可视化裁剪

　　可视化裁剪技术是实现三维空间场景实时绘制的一种重要方法。在三维空间场景中，受视点远近、视线方向性、视觉局限性、物体间的相互遮挡等的影响，视野范围常局限在场景中的一小部分。若将场景中的所有空间对象（包括不在视野范围内的空间对象）都交给处理器进行绘制，势必会造成系统资源的浪费，影响绘制效率。可视化裁剪就是在三维地物对象绘制前，快速地判断并裁剪其中的不可见对象，有效地降低场景规模和复杂度，加快绘制效率。当前，代表性的可视化裁剪算法主要有三类（图 11.11）：视景体裁剪（view-frustum culling）、背面裁剪（back-face culling）和遮挡裁剪（occlusion culling）。

　　（1）视景体裁剪。视景体通常被定义为一个六面体，分别是前、后、左、右、上和下平面，六个面组成了一个封闭的锥形结构。前平面和后平面分别被定义为可视的最近距离所在平面和最远可视距离所在的平面。如果一个多边形处在视景体之外，则它不可见，可以被直接剔除。如果它部分可见，通常直接渲染这个多边形或者将多边形进行切割，只渲染处在视景体之内的部分。因场景中的每一个对象都需要用这六个面进行可见测试，所以视景体裁剪的效率将与场景中对象的数量成正比。对于相对静态的场景，通过空间分割法（如八叉树、二叉树等）可有效地加快视景体裁剪计算。但对于动态且变化较快的场，花费在空间计算上的时间可能会超出实时算法的要求。

　　（2）背面裁剪。背面裁剪是根据背对视点的多边形无法被看到的原理而建立的方法，其处理方法相对简单，如果多边形的法线方向和视平面的正方向之间的角度大于 90°，则这些多边形可以直接被丢弃。背面裁剪一般可以减少处于视景体中大约一半的多边形。

　　（3）遮挡裁剪。遮挡裁剪与图形消隐有一定的相似性，可以认为遮挡裁剪是消隐计算的前期处理阶段，旨在减少绘制深度，减少消隐的计算量。遮挡裁剪需要利用场景全局知识，即需要考虑同一场景中的其他绘制元素和当前绘制元素之间的关系，相对于前两者它更加复杂。但在高度遮挡的复杂场景中，遮挡裁剪可以有效地提高场景的渲染效率。

　　可视化裁剪技术在三维地理空间数据可视化中非常有用，因为常常有大量的区域被近处的建筑物遮挡。可视化裁剪的核心就是将三维地物模型与金字塔形状的视景体进行相交。直接根据距离指标确定前景和背景是比较简单的数据裁剪方式。复杂一点的裁剪方法还可用于识别不同的细节层次。可视空间被划分为前景、中景和远景，分别从近到远具有精细到粗略不同的细节程度。可视化裁剪的基础是逐帧计算视场的锥体裁截范围，即由视场角定义的上、下、左、右四个面和由投影矩阵定义的远近两个面。利用 OpenGL 图形库函数可以直接得到远近裁剪平面。显然，落在该视景体内的所有目标是可见的，需要被读取并绘制出来，而那些完全落在其外面的将不被读取。尽管 OpenGL 之类的图形库函数具有数据裁剪的功能，但即使是不可见的目标数据，首先也要从数据库读入内存，然后经过一系列变换处理后才能被裁剪掉（其裁剪也仅仅是不绘制而已）。额外的数据裁剪处理将使得只有可见的对象被选择，确保尽量少的数据被计算机吞吐和处理，从而提高系统的整体效率。特别是对于城市尺度的应用，由于各种人工建筑物十分密集，加之视点靠近周围的地物，在视景体范围内其实还有许多地物相互遮挡，如果能有效进行遮挡裁剪，还可以进一步提高场景绘制的效率。最简单的遮挡裁剪方法就是在 OpenGL 中广泛使用的背面裁剪，通过简单测试即可排除那些模型背面的三角形而无须进行绘制处理。

11.2.3 透视投影

透视投影是用中心投影法将形体投射到投影面上，从而获得的一种较为接近视觉效果的单面投影图。它具有消失感、距离感、相同大小的形体呈现出有规律的变化等一系列的透视特性，能逼真地反映形体的空间形象。透视投影符合人们的心理习惯，即离视点近的物体大，离视点远的物体小，远到极点即为消失，成为灭点。它的视景体类似于一个顶部和底部都被切除掉的棱锥，也就是棱台。这个投影通常用于动画、视觉仿真及其他许多具有真实性反映的方面。透视投影的基本原理可参考 5.4 节。

11.2.4 光照模型

当光照射到物体表面时，光线可能被吸收、反射和透射。被吸收的部分转化为热，反射、透射的光进入人的视觉系统，使人们能看见物体。为模拟这一现象，建立一些数学模型来替代复杂的物理模型，根据有关光学定律，计算真实感图形中各点投射到观察者眼中的光线强度和色彩，这些模型就称为光照模型。在三维可视化中使用光照模型能够有效增强场景的真实感。例如，三维场景中的一个球体，如果没有应用光照模型，那么它看起来只是个二维填充圆，通过计算场景中的光线和球体表面材质反射光线和透射光线颜色的数学交互，使球体模型更接近于真实世界，进一步提高图形的真实感。

在光照模型中影响物体表面的色彩和明暗变化因素主要有两个，即光源特性和物体表面特性。光源特性涉及光源发射光的颜色、位置、光线的方向。物体表面反射光可分为漫反射光和镜面反射光、透射光。根据物体照明的实际情况，漫反射光又分为环境光（泛光）的漫反射和具体光源所发出的入射光（聚光）的漫反射。环境光的漫反射可以认为是周围物体，如墙壁、天花板、地面等反射到物体表面的光，没有直接的光源和固定的光线方向，即光线在任何地方都可认为是均匀的，在被照射的物体表面具有相同的明暗程度。物体表面特性由物体表面的材质对光线的反射、吸收和透射特性所决定，在计算机中分别用对不同色光的反射系数和透射系数的设置来模拟。另外，物体表面与光源照射方向对光强有着重要的影响，在模拟真实光照情况时还必须考虑光强随着传播距离的增加而不断衰减的问题。

1. 光源特性

1）光的色彩

光的色彩一般用红、绿、蓝三种色光的组合成分来描述。三种色光的不同比例合成便形成光的不同色相。因此，色光可视为一个由红（R）、绿（G）、蓝（B）三色光构成的坐标空间中的一个点，可用下式表示：

$$color\text{-}light = (I_r, I_g, I_b)$$

式中，I_r、I_g、I_b 分别为 R、G、B 三色光的强度。由于物体表面投射到观察者眼中的光的颜色取决于光源的颜色、物体的表面特性，因此在对某一光照模型的颜色相关进行设置时应考虑各种光源的光的颜色构成，根据物体表面对 R、G、B 三色光的反射、透射来设置不同的系数模拟物体表面所应呈现的颜色特性。

2）光的强度

光的强弱由 R、G、B 三色光的强弱来决定。三色光对总光强的贡献权值各不相同。总光强 I 为

$$I = 0.30I_r + 0.59I_g + 0.11I_b \tag{11-10}$$

可见，各色光对总光强的贡献权值大小次序依次为 G、R、B。

3）光的方向

按照光的方向不同，可以将光源进行分类。常见的光源有：①点光源（point light source）。点光源所发射的光线，是从一点向各方向发射的。灯泡可以看成是点光源。②分布式光源（distributed light source）。分布式光源所发射的光线，是从一块面，向一个方向发射的平行光线。太阳可以看成是分布式光源。③漫射光源（ambient light source）。漫射光源所发射的光线，是从一块面上的每一点向各个方向发射的光线。天空、墙面、地面都可以看成漫射光源。其中，点光源和分布光源合称为直射光源。

2. 物体表面特性

1）反射系数

物体表面的反射系数由物体表面的材料和形状所决定。反射系数分为环境光反射（ambient reflection）系数、漫反射（diffuse reflection）系数和镜面反射（specular reflection）系数。

环境光是由漫射光源产生的用于均匀照亮场景物体表面的一种光源。环境光反射系数记为 K_a，反映了不同物体表面对环境光的反射能力。由于环境光一般是自然光，因此应是具有一定强度的白光。K_a 的值介于[0, 1]，当其值为 0 时，表明物体为黑色完全吸收了环境光，其值越靠近 1，其对环境光的反射程度越大，则物体表面也越亮。

漫反射是物体表面对直射光源照射光线进行反射的描述，漫反射系数记为 K_d，表明当光射向物体表面时，物体表面向各个方向反射该光线的能力，可以分解为 K_{dr}、K_{dg}、K_{db}，分别为物体表面对入射光线中红、绿、蓝三种成分的反射能力。K_{dr}、K_{dg}、K_{db} 的不同比例，描述了物体表面的色彩构成。K_d 介于 0～1，由物体的材质和入射光的光波长度决定。

在直射光源照射下，物体表面可以产生高亮度或亮点的"高光"现象，镜面反射就是对物体表面产生高光现象的模拟，镜面反射系数记为 $W(i)$，表明物体表面沿着镜面反射方向（与光线入射角度相等、方向相反）反射光线的能力。其中，i 为入射角，即入射光线和表面法线的夹角。物体的镜面反射系数是入射角的函数。实验指出，镜面反射的光线的色彩，基本上是光源的色彩。

2）透射系数

透射系数记为 T_p，描述物体透射光线的能力。$0 \leqslant T_p \leqslant 1$，当 T_p 为 0 时，物体是完全不透明的。

3）表面方向

物体表面的方向用表面的法线向量 N 来表示。多面体物体表面上每个多边形的法线向量为 $N=(A, B, C)$。其中，A、B、C 为多边形所在平面方程中 x、y、z 的系数。物体的表面

方向与入射光线的夹角决定了反射光线的反射方向。

3. 光照模型

计算机图形学的光照模型分为局部光照模型和全局光照模型。局部光照模型仅考虑光源直接照射到物体表面所产生的效果，通常假设物体表面不透明且具有均匀的反射率。局部光照模型能表现出光源直接投射在漫反射物体表面上所形成的连续明暗色调、镜面高光及物体相互遮挡而形成的阴影。全局光照模型除了考虑上述因素外，还考虑周围环境对物体表面的影响，能模拟镜面的映像、光的折射及相邻表面之间的色彩辉映等精确的光照效果。全局光照模型常用于计算镜面反射，灯光透过玻璃的效果和阴影，还能模拟精确的直接照射光产生的阴影。

1）Phong 光照模型

Phong 光照模型是真实图形学中提出的第一个有影响的光照模型，该模型只考虑物体对直接光照的反射作用，认为环境光是常量，没有考虑物体之间相互的反射光，物体间的反射光只用环境光表示。

Phong 光照模型属于简单光照模型。简单光照模型是局部光照模型的一种经验模型，它仅考虑光源直接照射在物体表面所产生的光照效果，并且物体表面通常被假定为不透明，且具有均匀反射率。由此而来，虽然在计算处理上变得简单，但是其缺点也显而易见：不同的物体具有不同的亮度，而同一物体表面的亮度被看成一个恒定的值，没有明暗的过渡，导致真实感不强。由于简单光照模型假定物体不透明，所以物体表面呈现的颜色仅由其反射光决定。反射光由两部分组成：一是环境反射；二是漫反射与镜面反射。环境反射假定入射光均匀地从周围环境入射至景物表面并等量地向各个方向反射出去，而漫反射分量和镜面反射分量则表示特定光源照射在景物表面上产生的反射光。

Phong 光照模型的计算公式如下：

$$I = I_{p_a} k_a + I_p (k_d \cos i + k_s \cos^n \theta) \tag{11-11}$$

当光源有多个时，则上式可写为

$$I = I_{p_a} k_a + \sum (I_{p_d} k_d \cos i + I_{p_s} k_s \cos^n \theta) \tag{11-12}$$

式中，k_a 为环境反射系数；k_d 为漫反射系数；k_s 为镜面反射系数，并有 $k_d + k_s = 1$，$\sum$ 表示对所有特定光源求和。由上式看出，一旦反射光中三种分量的颜色及它们的系数 k_a、k_d 和 k_s 确定以后，从物体表面上某点达到观察者的反射光颜色就仅仅与光源入射角和视角 θ 有关。因此可以说，Phong 光照模型实际上是纯几何模型。

2）Whitted 光照模型

Whitted 在 Phong 简单光照模型中增加了环境镜面反射光强度 I_s 和环境规则进射光强度 I_t 来模拟环境光投射在物体表面所产生的理想镜面反射和规则透射现象。Whitted 模型做了这样的假定，即物体表面向视线向量方向 V 辐射的光强 I 由三部分组成：①由光源直接照射物体表面引起的反射光强度 I_c；②沿 V 的镜面反射方向 R 来的环境光 I_s 投射在光滑物体表面上产生的镜面反射光；③由 V 的规则透射方向 T 来的环境光 I_t 通过透射在透明物体表面上产生的规则透射光。I_s 和 I_t 分别表示周围环境物体在该物体表面上的镜面映像和透射映像。

Whitted 模型的这个假定在很大程度上是对自然界光照模型的一种简化,因为对于表面光滑的透明体来说,尽管除来自 R、T 以外,其他方向的环境光也会对物体表面的总光强有所贡献,但相对来说都可以忽略不计。因此,Whitted 模型的光强计算公式如下:

$$I = I_c + K_s \cdot I_s + K_t \cdot I_t \tag{11-13}$$

式中,K_s 和 K_t 分别为物体表面的镜面反射系数和透射系数。在 Whitted 模型中,I_c 的计算可采用 Phong 模型,因此,求解模型的关键是 I_s 和 I_t 的计算。由于 I_s 和 I_t 是来自 V 的镜面反射方向 R 和规则透射方向 T 的环境光亮度,因而首先必须确定 R 和 T。为此,可应用几何光学中的反射定律和折射定律。确定方向 R 和方向 T 后,下一步即可计算沿该二方向投射到物体表面上的光亮度。值得注意的是,它们都是其他物体表面朝 P 点方向辐射的光亮度,因此 Whitted 模型是一递归的计算模型。为了计算这一模型,需要使用光线跟踪(ray-trace)技术。

Whitted 光照模型与光线跟踪技术是密不可分的。光线跟踪是一种真实感地显示物体的方法,该方法由 Appel 在 1968 年提出。光线跟踪方法沿着到达视点的光线的相反方向跟踪,经过屏幕上每一像素,找出与视线所交的物体表面点 P_0,并继续跟踪,找出影响 P_0 点光强的所有的光源,从而计算出 P_0 点上精确的光照强度。用光线跟踪方法显示真实感图形有如下优点:①不仅考虑光源的光照,还考虑场景中各物体之间彼此反射的影响,因此显示效果十分逼真。②有消隐功能。采用光线跟踪方法,在显示的同时,自然完成消隐功能。事先消隐的做法也不适用光线跟踪,因为那些背面和被遮挡的面虽然看不见,但仍能通过反射或透射影响看得见的面上的光强。③有影子效果。光线跟踪能完成影子的显示,方法是从 P_0 处向光源发射一根阴影探测光线。如果该光线在到达光源之前与场景中任一不透明的面相交,则 P_0 处于阴影之中,否则,P_0 处于阴影之外。④该算法具有并行性质。每条光线的处理过程相同,结果彼此独立,因此可以在并行处理的硬件上快速实现光线跟踪算法。光线跟踪算法的缺点是计算量非常大,显示速度极慢。

4. 明暗处理

在三维图形的真实感绘制过程中,首先,根据物体被光源照射的情况,应用光照模型计算物体表面的光照强度值,再将强度值转换为用户所使用的计算机能支撑的图形系统所允许的亮度级之一或图形软件所支持的明暗模式,然后将亮度级或明暗模式用于物体表面的浓淡处理。如果物体的表面是由平面多边形所构成的表面,由于平面多边形内各点处具有同一向量,则此表面可使用同一亮度来表示,也可使用内插亮度值来显示光照下的平滑的浓淡效果。对于由曲面所构成的表面,可以计算曲表面的每一点亮度,从而生成高度真实的光照效果,但明暗处理时所花的时间较长。为了加快速度,通常将曲面划分为一系列的多边形网格(一般为四边形和三边形),用一组平面多边形来逼近曲面,计算每一个多边形的法向量,对每一个多边形使用同一个亮度,不同的多边形具有不同的亮度,从而产生具有层次感的明暗效果。下面主要介绍计算机图形学中所使用的几种算法。

常用的明暗处理方法主要有 Flat、Gourand 和 Phong。

1)Flat 明暗处理法

Flat 也称明暗度常数法,主要适用于平面体的真实感图形处理。如果三维场景中的光照条件满足:①光源处于无穷远处时,如太阳光的照射,或光源相对于物体很远时,所有入射光线几乎平行，此时，物体上的同一个多边形平面各点处的入射光线 R 和法向量 N 是恒定不变的，各点的 $\cos\theta$ 值为一确定值；②观察点离表面足够远，视线矢量 S 与反射光矢量 R 的夹角为一确定值，即 $\cos\alpha$ 值为一恒定值，则只要计算组成物体的每个多边形平面的明暗度，就可进行明暗处理。当不满足上述条件时，则可用平面多边形各点的入射光 L 和 S 的平均值或多边形中心点的 L 和 S 来代表平面的 L 和 S 进行明暗度的计算。用 Flat 明暗度处理曲面体时，将曲面用一组网格多边形来表示，当网格很密时，各多边形很小，表面曲率逐渐变化，计算多边形平面内点的亮度，对曲面上可见的多边形网路进行明暗处理。显然，不可见的多边形网格不必作明暗处理，从而产生比较光滑的浓淡效果。

2）Gouraud 明暗处理法

当物体相邻平面之间的法向量突然改变或者在使用平面迫近曲面中网格多边形划分得比较稀时，用 Flat 法处理明暗会造成一个多边形的明暗与其相邻的多边形有明显的差异，这种亮度的不连续性导致产生不真实和粗糙的明暗效果。因此，Gouraud 提出了一种明暗度插值的方法，以平滑亮度的不连续性，通常称为 Gouraud 法。它主要是通过线性插值的方法均匀地改变每个多边形平面的亮度值，使亮度平滑过渡，从而解决相邻平面之间明暗度的不连续性。在 Gouraud 明暗处理中，先计算各多边形顶点的明暗度，然后通过线性插值的方法确定扫描线上各点的明暗度。

Gouraud 明暗处理法克服了常数明暗法处理中物体表面亮度的不连续性，应用于简单的漫反射光照模型，可获得理想的效果。但由于明暗插值仅保证多边形边界两侧亮度的连续性，不能保证其变化的连续性，因此不能真实地反映出镜面反射所形成的高光（亮点）形状。

3）Phong 明暗处理法

针对 Gouraud 方法的缺点，Bui-Tuong Phong 提出明暗处理的法矢量插值法。Phong 方法不是对明暗度作线性插值，而是沿扫描线对其上各点的法矢量进行插值，因此在每一个像素点上都根据插值所得的法矢量按光照模型计算明暗度。在 Phong 方法中，先求出曲面网格上多边形顶点处的法矢量，顶点法矢量取包含该顶点的所有多边形平面的法矢量的平均值，然后根据顶点的法矢量应用线性插值法计算扫描线上每个点的法矢量。

将插值所得的法向量代入光照模型，即明暗公式中计算点的明暗度，作明暗处理。显然，Phong 法能较好地在局部范围内真实地反映表面的弯曲性，尤其是镜面反射所产生的高光显得更加真实，解决了 Gouraud 明暗法所遇到的一些问题，其真实感更强，在三维图形的真实感处理中获得广泛的使用，但其计算量比 Gouraud 方法大。

11.2.5 图形消隐

在真实环境中用眼睛观察物体并不能看到真实物体的全貌。从一个视点去观察一个三维物体，只能看到该物体的部分外表面，其余部分则被这些可见部分遮挡。若观察的是若干个物体，则物体之间还可能彼此遮挡。因此，如果想有真实感地显示三维物体，必须在视点确定之后，将对象表面上不可见部分消去。执行这一功能的算法，称为消隐算法。图 11.12 显示出消隐算法的功能。三维物体的线框图易存在二义性，消隐技术可以解决图形的二义性问题。

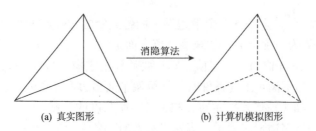

(a) 真实图形　　　　　　　　　(b) 计算机模拟图形

图 11.12　消隐算法功能

计算机图形处理软件通常将三维物体表达为多面体。消隐算法则将物体的表面分解为一组空间多边形,研究多边形之间的遮挡关系。消隐算法有很多种,按照操作对象的不同表达方式,消隐算法可以分为两大类:

1) 对象空间消隐方法

对象空间指的是描述对象所存在的三维空间。对象空间消隐方法(object space methods)通过分析对象的三维特性之间的关系来确定其是否可见。例如,利用对象存在三维空间 O-XYZ 的三个投影平面 XOY、XOZ、YOZ 作为分析对象,通过比较各平面的参数来确定对象的可见性。

2) 图像空间消隐方法

图像空间消隐方法(image space methods)是将对象投影到空间平面上并分解为像素,按照一定的规律,比较像素之间的亮度值,从而确定其是否可见。

目前实用的消隐算法经常将对象空间方法和图像空间方法结合起来使用:首先使用对象空间消隐方法删去对象中一部分肯定不可见的面,然后对其余面再用图像空间消隐方法细细分析。从应用角度考虑,主要研究两类消隐问题:线消隐,用于线框图;面消隐,用于填色图。

根据消除的是隐藏线还是隐藏面,消隐算法还分为两类:

(1) 线消隐算法。用于消除物体表面上不可见的边界线(即隐藏线)。该类算法主要是针对线框图模型提出的,消隐后只画出物体表面的各个可见的棱边。

(2) 面消隐算法。用于消除物体表面上不可见的多边形平面(即隐藏面)。该类算法主要是针对真实感图形(即面模型图)提出的,消隐后不仅要画出物体表面的各个可见的棱边,还要填充各个可见表面。现在已有多种成熟而有效的算法。其中最具有代表性的三种算法是画家算法(优先度法)、Z 缓冲区(Z-buffer)法、光线跟踪法(ray tracing)。

a. 画家算法。画家算法的原理:先把屏幕置成背景色,再把物体的各个面按其离视点的远近进行排序,离视点远者在表头,离视点近者在表尾,排序结果存于一张深度优先级表中。然后按照从表头到表尾的顺序逐个绘制各个面。由于后显示的图形取代先显示的画面,而后显示的图形所代表的面离视点更近,因此由远及近地绘制各面,就相当于消除隐藏面。这与油画作家作画的过程类似,先画远景,再画中景,最后画近景。由于这个原因,该算法习惯上称为画家算法或列表优先算法。

画家算法原理简单,其关键是对场景中的物体按深度排序。它的缺点是只能处理互不相交的面,而且深度优先级表中面的顺序可能出错。在两个面相交、三个以上的面重叠的情形下,用任何排序方法都不能排出正确的序,这时只能把有关的面进行分割后再排序。

b. Z 缓冲区算法。画家算法中，深度排序计算量大，而且排序后，还需检查相邻的面，以确保在深度优先级表中前者在前，后者在后。若遇到多边形相交或多边形循环重叠的情形，还必须分割多边形。为了避免这些复杂的运算，人们发明了 Z 缓冲区算法。在这个算法里，不仅需要有帧缓存来存放每个像素的颜色值，还需要一个深度（Z）缓存来存放每个像素的深度值，如图 11.13 所示。

Z 缓冲中每个单元的值是对应像素点所反映对象的 z 坐标值。Z 缓冲器中每个单元的初值取成 z 的极小值，帧缓冲器每个单元的初值可设置为对应背景颜色的值。图形消隐的过程

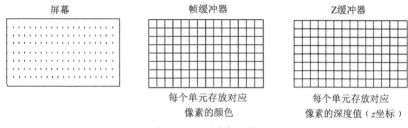

图 11.13　Z 缓冲区算法

就是给帧缓冲器和 Z 缓冲器中相应单元填值的过程。在把显示对象的每个面上每一点的属性（颜色或灰度）值填入帧缓冲器相应单元前，要把这点的 z 坐标值和 Z 缓冲器中相应单元的值进行比较。只有前者大于后者时才改变帧缓冲器的那一单元的值，同时 Z 缓冲器中相应单元的值也要改成这点的 z 坐标值。如果这点的 z 坐标值小于 Z 缓冲器中的值，则说明对应像素已经显示了对象上一个点的属性，该点要比考虑的点更接近观察点。对显示对象的每个面上的每个点都做了上述处理后，便可得到消除了隐藏面的图。

c. 光线跟踪法。光线跟踪法是一种利用光线的跟踪方法的面消隐算法，它是建立在几何光学基础上沿射线路径跟踪场景并进行可见面判断的有效方法，光线跟踪的内容可见本章 Whitted 光照模型。

光线跟踪法的基本算法思想：从屏幕的每个像素构造一条射线（该射线是虚拟的），该射线与 z 轴平行。将该射线与场景中的所有多边形求交，记录与该射线相交的多边形及交点处的 z 坐标值，并比较出 z 坐标值离视点最近的多边形，则使用该多边形交点处的颜色值填充该像素的帧缓存；若无交点则用背景色填充该像素的帧缓存。产生射线的条数与屏幕的分辨率有关。

光线跟踪算法可看做深度缓存算法的一种变形。只不过深度缓存算法需要计算每个多边形内每个像素点的深度值，而光线跟踪算法则是从每个像素出发反过来求与多边形的交点。深度缓存算法需要大量缓存区，而光线跟踪算法则需要进行大量的求交计算，在此可利用连贯性、包围盒技术来加速求交计算。另外，光线跟踪算法对于包含曲面，特别是球面的场景有很高的计算效率。

11.3　三维地理空间多尺度表达

11.3.1　细节层次模型

细节层次模型（LOD）是三维可视化中普遍使用的技术方法，它最早由 Clark 于 1976 年

提出。他提出，当物体覆盖屏幕较小区域时，可以使用该物体较低分辨率的模型来表示，以便对复杂场景进行快速绘制。LOD 也称多分辨率模型、层次模型，它们的共同目的是在满足用户视觉误差的前提下减少图形绘制数量，以降低对计算机软件和硬件设备的需求，从而提高数据操纵的速度，缩短人机交互操作的时间，因此在可视化速度上会有很大的提高。

1. 基本原理

根据三维可视化的实现原理，物体在屏幕上的投影面积由物体的实际面积、距离视点的位置及物体与屏幕的夹角共同决定，如图 11.14 所示。设视点张角为 α，投影平面的边长为 L，被投影线段的长度为 l，视点与该线段中心的距离为 d，线段与投影平面的夹角为 β，物体单位长度在投影平面上的像素数为 λ，则线段 l 在投影平面上的投影长度 τ 为

$$\tau = \frac{l \cdot \cos \beta \cdot L \cdot \lambda}{2 \cdot \tan \dfrac{\alpha}{2} \cdot d} \tag{11-14}$$

图 11.14 表明了投影面积与实际面积、距离视点的位置及视线与图形单元夹角的关系。物体的实际面积越小、距离视点越远、与投影平面的夹角越大，图形单元在屏幕上的投影面积就越小。根据人们的视觉特征，可以降低显示时使用的模型分辨率，而不会对视觉有太大的影响。LOD 模型通过降低图形模型的复杂度减少了图形单元的绘制量，从而提高了物体的绘制速度。

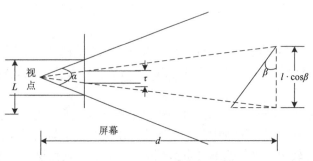

图 11.14　三维可视化的透视原理

使用 LOD 模型实现简化的基本原理是：物体绘制前，根据不同的控制误差 δ，提前生成若干个不同分辨率的简化模型，即金字塔模型；在绘制时，根据物体距离视点的位置 d、用户允许的屏幕误差 ρ 计算实际物体的最大允许误差 $\delta_{\max}$，即

$$\delta_{\max} = \frac{2 \cdot \tan \dfrac{\alpha}{2} \cdot d \cdot \rho}{\cos \beta \cdot L \cdot \lambda} \tag{11-15}$$

然后，在上述多个简化模型中选择 $\delta_i \leqslant \delta_{\max}$ 且与 $\delta_{\max}$ 最相近的简化模型。当视点位置变化时，重新计算 $\delta_{\max}$ 并选择相应的简化模型进行绘制。

各分辨率简化模型的生成原则是：在尽可能保持原始模型特征的情况下，最大限度地减少原始模型的三角形和顶点数目。它通常包括两个准则：①顶点最少准则，即在给定误差上界的情况下，使得简化模型的顶点数最少；②误差最小准则，给定简化模型的顶点个数，使

得简化模型与原始模型之间的误差最小。

2. 模型分类

LOD 从 20 世纪 70 年代提出到现在经历了静态 LOD、连续 LOD 和多分辨率 LOD 三个发展阶段。

1）静态 LOD 模型

在实时显示前，离散生成若干个精细度不同的模型副本，这些副本的分辨率大小是递减的，从而构成了一个金字塔模型。不同精度的模型之间没有必然联系，它们往往仅通过视距因素确定各自显示的时机。简单性是静态 LOD 算法的最大优点，如果能够对物体进行较好简化，就可以获取效果不错的 LOD 模型。

从静态模型的生成方法可以看出，在内存空间一定的情况下，LOD 模型的个数必然也是有限的，因此静态多分辨率表示的最大缺点是在实时显示时，有限个不同分辨率模型切换过程中的明显视觉跳跃感，而且在一定距离内，模型的分辨率也是始终不变的。为了克服跳跃问题，可以采用一些改进方法，如减少相邻分辨率模型之间的细节差别，或者将模型切换的视距适当加大、点插值过渡等，但这仍无法解决在模型切换前单一分辨率的大量数据冗余问题。当前静态 LOD 模型在数码城市漫游、计算机游戏等领域的应用比较广泛，且很多商业化的三维渲染系统都支持静态的多分辨率模型，如 Vega、Open Inventor、IRIS Performer 等。

2）连续 LOD 模型

为了解决静态 LOD 算法的缺点，20 世纪 90 年代中期 Lindstrom 提出了连续 LOD 模型的概念和算法，其后有不少学者跟进研究。连续 LOD 是模型的一种紧凑表示方法，从这种表示方法中可以离线生成任意多个不同分辨率的模型，从而能够在实时显示时连续表达。

连续 LOD 一般通过点删除、边折叠、面删除等迭代算法进行各种简化操作，前后两个简化模型之间仅在简化的点、边或面附近的局部区域存在较小的变化，且这些变化也是预先存储起来的。在模型切换时，由于两个模型之间的变化很小，因此引起的视觉变化也不大。

尽管很多学者在连续 LOD 算法方面提出了不少创新，但由于生成的同一模型在各处都具有同样的细节层次，且数据结构复杂，因此该模型只能适用于单个物体或者较小的地形简化。

3）多分辨率 LOD 模型

静态和连续 LOD 算法是适用于多种模型的通用方法，它们将整个模型作为一个整体考虑，通过一系列简化得到各处分辨率一样的模型。但现实生活中可视模型只有在距离视点较近或具有较为明显的轮廓线时，才看得清楚，也就是说只在这些地方采用较高的分辨率，其他地方可以适当粗糙。基于此，21 世纪初，很多学者开始研究采用多分辨率 LOD 算法来创建三维场景。

多分辨率 LOD 算法的主旨是：模型的简化根据规则自动进行，对不同的地形区域具有自动适应的特性，从而得到一个精度可能处处不同的三维场景。多分辨率在结构上多表现为一种层次结构。

3. 模型生成算法

由于三维地物多采用多边形网格（特例为三角形网格）来描述，因此 LOD 模型的生成就转化为三维多边形网格简化问题。网格简化的目的是把一个用多边形网格表示的模型用一个近似的模型表示，近似模型基本保持了原模型的可视特征，但顶点数目少于原始网格的顶点数目。

多边形网格简化算法进行分类的方法有多种：

（1）按是否保持拓扑结构分类。拓扑结构保持算法具有较好的视觉逼真度，但是限制了简化的程度，并且要求初始模型是流形。拓扑结构非保持算法可实现大幅度地简化，但逼真度较差。

（2）按简化机制不同分类。自适应细分型：首先建立原始模型的最简化形式，然后根据一定的规则通过细分把细节信息增加到简化模型中。该方法不常用，因为构造最初网格的最简模型相当困难，主要适用于均匀网格。

采样型：类似于图像处理的滤波方式，把几何包围盒中的一组顶点用一个代表顶点代替，适用于具有光滑表面的模型。

几何元素删除型：通过重复地把几何元素从三角形中"移去"来得到简化模型。这里的移去包括：直接删除、合并、折叠。这类算法实现简单，速度快。大多数的简化算法都属于这一类。

（3）局部算法/全局算法。全局算法是指对整个物体模型或场景模型的简化过程进行优化，而不仅仅根据局部的特征来确定删除不重要的元素。局部算法是指应用一组局部规则，仅考虑物体的某个局部区域的特征对物体进行简化。

典型的 LOD 模型生成算法概述：

（1）近平面合并法。Hinkler 等的几何优化方法检测出共面或近似共面的三角面片，将这些三角面片合并为大的多边形，然后用较少数目的三角形将这个多边形重新三角化。

方法的主要步骤为：①迅速地将面片分类为近似共面的集合；②快速合并这些集合中的面片；③简单而且鲁棒的三角化。面片分类依据的是各自法线之间的夹角。该算法的误差衡量标准可以归为全局误差，但是由于它仅仅依据法线之间的夹角，它的误差评估准确性较差，不能保证一定误差限制。

（2）几何元素（顶点/边/面）删除法。几何元素删除法由局部几何优化机制驱动，要计算每次删除产生的近似误差。

Schmeder 的顶点删除算法通过删除满足距离或者角度标准的顶点来减小三角网格的复杂度。删除顶点留下的空洞要重新三角化填补。该算法速度快，但不能保证近似误差。它是通过估算局部误差来考虑新面片同原始网格的联系和误差积累的。

Hoppe 渐进网格算法包含基于边折叠的网络简化方法、能量函数优化和新的多分辨率表示。算法采用了单步和可逆的边折叠操作，可以将整个简化过程存入一个多分辨率数据结构[称为渐进格网表示（progressive mesh，PM）]。PM 方案有一个简化网格 M_k 和一系列细化记录（通过与从原始格网 M_0 得到简化格网 M_k 的简化步骤的相反步骤得到），这些细化记录可以使网格 M_k 通过逐步求精得到任意精度的网格 M_i。在简化过程中，将每条边按照其折叠的能量代价排序得到一个优先级队列，通过这个队列实现边折叠操作。该算法也采用全局误差度量。

（3）重新划分算法。Turk 的重新划分算法先将一定数量的点分布到原有网格上，然后新点与老顶点生成一个中间网格，最后删除中间网格中的老顶点，并对产生的多边形区域进行局部三角化、形成以新点为顶点的三角形网格。其中分布新点采用排斥力算法，即先随机分布新点，然后计算新点之间的排斥力，根据排斥力在网格上移动这些新点，使它们重新分布。排斥力的大小与新点之间的距离、新点所在三角形的曲率和面积有关。这种方法对于那些较光滑的模型是很有效的，但对不光滑的模型效果较差；由于根据排斥力重新分布新点，涉及平面旋转或投影，计算量和误差都较大。

（4）聚类算法。Rossignac 等的顶点聚类算法通过检测并合并相邻顶点的聚类来简化网格。每个聚类被一个代表顶点取代，这个代表顶点可能是顶点聚类的中心或者是聚类中具有最大权值的顶点（定义顶点的权值是为了强调相对的视觉重要性）。然后，去除那些由聚类操作引起的重叠或者退化的边或者三角形。算法简化引入的误差由用户定义的准确度控制，这个标准用来驱动聚类尺寸的选择。该算法实现简单、速度快，但是没有考虑保持原始网格的拓扑和几何结构，有可能生成非常粗糙的近似网格。

（5）小波分解算法。Eck 等的基于小波变换的多分辨率模型使用了带有修正项的基本网格，修正项称为小波系数，用来表示模型在不同分辨率情况下的细节特征。算法的三个主要步骤：①分割。输入网格 M 被分成一些（数目较少）三角区域 $T_1, \cdots, T_n$，由此构成的低分辨率三角格网称为基本网格 K_0。②参数化。对于每个三角区域 T_i，根据它在基本网格 K_0 上相应的表面进行局部参数化。③重新采样。对基本网格进行 j 次递归细分就得到网格 K_j，并且通过使用参数化过程中建立的参数将 K_j 的顶点映射到三维空间中得到网格 K_j 的坐标。此算法可以处理任意拓扑结构的网格，而且可以提供有界误差、紧凑的多分辨率表示和多分辨率尺度下的网格编辑。

11.3.2　多分辨率纹理模型

受计算机内存的限制，在三维场景中浏览超大纹理时，只能将一部分数据读入内存。当前常用的方法是将纹理分割成很多小的纹理块，在场景浏览时通过数据切换对不同纹理块进行显示。此外，对大范围的三维地物模型可视化显示时，观察者视觉范围的有限性和一定的有效的观察距离，使得观察者在某一特定的观察条件下的可见范围十分有限，因此对三维地物模型使用统一分辨率纹理会造成内存空间的浪费及较差的视觉效果。可根据视点的位置确定不同区域、不同地物及地物不同部分的纹理分辨率，从而形成具有不同分辨率纹理的空间场景表达，即三维场景中的纹理也借助 LOD 模型的思想，采用分块分层次存储与显示。

1. Mipmap 和 Clipmap

当前，常用的多分辨率纹理模型有 Mipmap 和 Clipmap。

1）Mipmap 技术

1983 年，Williams 提出了 Mipmap 技术。它可在屏幕像素绘制过程中实现实时纹理反走样和支持多级纹理细化映射过程，是目前应用最为广泛的纹理映射技术之一，而且得到了硬件的众多支持。该算法的基本思想是以适当大小的正方形来近似表达每一像素在纹理平面上的映射区域，并预先将纹理图像表达为具有不同分辨率的纹理数组，作为纹理查找表，其中低分辨率的图像由比它高一级分辨率的图像取平均得到。

Mipmap 从原始图像开始，不断地从高分辨率图像中取多个像素求其纹理颜色的平均值，生成低一级图像的一个像素。低一级图像的分辨率简单地取高一级图像分辨率的二分之一，从而构成了分辨率从高到低的一组图像（图 11.15）。原始分辨率图像及各级低分辨率图像被存储到多个表中，各个级别分辨率的图像数据由红、绿、蓝三个分量组成的纹理数组组成。由于这一查找表包含了同一纹理区域在不同分辨率下的纹理颜色值，因此称为 Mipmap。在二维空间中，将这些分辨率逐层降低的图像堆积起来就形成了一个金字塔模型（图 11.16）。

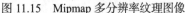
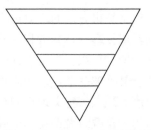

图 11.15　Mipmap 多分辨率纹理图像　　　　　图 11.16　Mipmap 金字塔结构

Mipmap 纹理映射在确定屏幕上每一像素内可见的平均纹理颜色时需要计算两个参数，即屏幕像素中心在纹理平面上映射点的坐标 (u,v) 和屏幕像素内可见表面在纹理平面上所映射的边长 a。其中，(u,v) 取屏幕像素内可见表面在纹理平面上近似正方形映射区域的中心，a 取该近似正方形的边长。显然，a 决定了应该在哪一级分辨率的纹理图像平面上查找 Mipmap 表。虽然很容易通过纹理映射变换和投影变换的逆变换求得屏幕像素中心在纹理屏幕上映射点的参数坐标，但 a 值却不容易确定。

2）Clipmap

当前，计算机的图形渲染设备限制了单次装载纹理的大小，如目前的 OpenGL 支持的单张纹理图像的最大范围为 2048×2048。但在三维地物可视化中，纹理的范围常远远地超出这个限制。为了适应 Mipmap 技术要求，必须对影像的大小先做一定的预处理使其满足要求，但是该条件往往引起图像的模糊或失真。为了改变这一限制条件，实现高分辨率纹理的映射，国外的一些计算机公司如 SGI 等在软件和硬件设备上做了一定的改进，提出了 Clipmap 技术。该技术能够突破 Mipmap 技术对纹理大小的限制，允许应用程序使用大量的纹理数据，但是每一时刻只保留必要的一小部分在内存中用于纹理映射，从而实现任意大小的影像的纹理映射。

Clipmap 技术通过定义一定的纹理大小，用于限制不同层的 Mipmap 层的大小，该限制纹理的大小称为 Clip-size。由于在 Clipmap 中定义了 Clip-size 的大小，从而任意一层的 Mipmap 的大小不会超出这个限制。如果某一层的 Mipmap 大于 Clip-size 的限制，则在映射时使用 Clip-size 的大小进行纹理数据的装载和映射，反之，则全部装入。Clipmap 充分利用上述的一些特性实现了任意范围影像的纹理映射。Clipmap 与 Mipmap 的异同如图 11.17 所示。

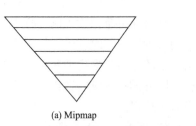
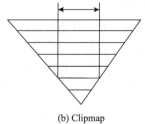

(a) Mipmap　　　　　　　　　(b) Clipmap

图 11.17　Mipmap 和 Clipmap 的异同

在三维地物可视化中，空间场景范围的广阔性，使得部分地物（如地形等）纹理的范围很大。可使用 Clipmap 进行地物纹理映射，从而改进纹理的显示，提高纹理的分辨率，减轻图形设备的负担。

2. 多分辨率纹理的构建

为了建立与观察位置相关的多分辨率纹理模型，同时克服 Mipmap 对纹理大小的限制，必须先对大尺寸纹理进行分割，使原始的大纹理变为一系列相连的纹理子块，然后对每个纹理子块建立多级分辨率的纹理子块。图像分割技术是一项十分复杂的任务，也有许多不同的方法，如基于小波的分割、顾及影像特征的分割等。多分辨率纹理模型中的纹理分割常是在平面空间上把纹理分割成一系列规则的区域，并不涉及影像特征的提取和顾及特征的分割，从而便于大范围的纹理分割和多分辨率纹理模型的建立。下面给出分割大纹理的一些规则：

设 I 是整个影像空间，$I_1, I_2, \cdots, I_n$ 是影像空间 I 上的一些子集，则在对影像进行分割时，上述子集空间满足下列条件：① $I = \bigcup_{i=0}^{n} I_i$；② $I_j \bigcap I_k = \varnothing, j \neq k$；③ $I_m \subset I, m < n$；④ $I_m \subset |X_1, Y_1, X_2, Y_2|$。

上述约束条件的几何意义是：条件①表示把影像 I 分割成 n 个区域；条件②表示任何两个不同的区域，它们的交集为空；条件③表示被分割成的任何一个区域 I_m 都是原始影像区域 I 的一个子集；条件④表示任何一个影像子区域在几何空间上对应一定的空间区域，(X_1, Y_1) 是几何区域左下角的空间坐标，(X_2, Y_2) 是几何区域右上角的空间坐标，从而能够确定影像空间到平面空间的正确映射。对于三维地物（如建筑物），由于其表面的纹理尺寸一般不是很大，因此不需要对它们分割。此类地物的纹理映射可以直接建立多级金字塔模型利用 Mipmap 机制进行映射。而空间区域较大的地物，如地形等则必须首先进行分割。原始纹理分割后，为了便于后续纹理映射并保证三维交互显示时纹理数据调度的高效性，必须建立合适的数据结构用于管理这些纹理数据。

多分辨率纹理模型构建中，需要处理的纹理存在两类：一类是地形表面纹理，需要进行图像分割；另一类是地物表面纹理，不需要进行图像分割。但是它们具有一个共同的特点，即对于分割后的区域都需要建立不同级别分辨率的纹理模型。为了便于纹理数据的管理及三维模型纹理映射时的有效调度和分辨率的合理确定，可设计相应的数据结构用于管理三维地物模型的纹理数据，如表 11.1 所示。

表 11.1 多分辨率纹理模型的数据

Image₁	影像属性	空间位置	分辨率级别	影像的大小	影像数据
Image₂	1	x_1, y_1, x_2, y_2	4	1024×1024	01010⋯
Image₃	1	x_1, y_1, x_2, y_2	3	512×512	01010⋯
⋮	⋮	⋮	⋮	⋮	⋮
Imageₙ	0	x_1, y_1, x_2, y_2	2	64×64	01010⋯

从表 11.1 可以看出，纹理数据由一些子块影像数据构成。其中每一子块影像具有一定的属性特征。表 11.1 的右半部分表示对应的子块纹理数据的属性特征，由五个属性字段组成，其中影像属性用于描述该影像所对应的几何对象，1 表示地形部分，0 表示建筑物或其他对象表面的纹理，空间位置表示该纹理被映射的区域范围，分辨率级别表示该子块区域在纹理映射时可供选择的分辨率数目，如 4 表示可以有 4 个不同分辨率的纹理供选择，依此类推。影像的大小表示该子块影像的高和宽。影像数据用于存储该子块纹理最高分辨率时的数据。

3. 多分辨率纹理模型的生成算法

多分辨率纹理模型的建立主要分为原始纹理的分割和建立每个子块区域的多级分辨率

纹理模型两个阶段，步骤如下。

（1）读入原始纹理，并判断原始纹理的大小。

（2）根据分割时设定的最小单元来计算原始纹理将要被分割的块数，假定最后分割的结果为 N 块。

（3）根据原始纹理及其所对应的三维地物模型的表面范围来确定每一子块区域的范围（x_1，y_1，x_2，y_2）及每一子块区域内的纹理数据。

（4）根据设定的子块区域的分辨率的级别数目，来建立每一个纹理子块的金字塔模型，直到所有的纹理子块建立完毕为止。

（5）逐个把建立完毕的纹理子块按照设计的数据予以存储，直到所有的图像子块处理完毕为止。

（6）对建筑物模型的纹理处理过程同步骤（4）和步骤（5）。

（7）结束。

对于分割后的纹理数据，可按照其对应的空间位置建立一定的索引机制，以便为进一步合理、快速的纹理调度打下基础。对于纹理映射，某一子块纹理区域分辨率级别的确定与调度可以在三维显示时，根据观察者的位置和观察角度来动态确定。

4. 纹理模型与几何模型间的映射

利用分割算法只是把原始的影像进行了分割，建立了不同纹理区域的索引，但是在交互三维显示时，确定不同区域合理分辨率的纹理进行纹理映射，从而取得较好的显示效果和较快的渲染速度是至关重要的。在三维显示时，把一幅图像映射到一个空间曲面上，需要以下三个步骤：①根据空间索引确定需要装入的纹理数据；②把纹理装入内存；③把纹理由内存转入显存进行纹理映射，如图 11.18 所示。

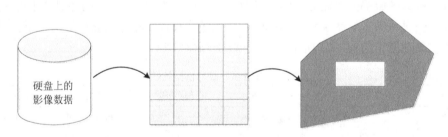

图 11.18　纹理映射示意图

实际情况中，由于三维空间场景的范围很大，为了保证纹理映射的高效性，而把所有影像数据都装载在内存中是不现实的。为了充分利用 Clipmap 机制，保证三维显示时较好的视觉效果和较快的漫游速度，必须确定三维显示时内存中存在较少的影像数据，但是交互显示时观察位置的不断变化使得内存中的影像数据也必须不断地变化从而能够适应几何模型空间范围的变化，保证正确的纹理映射。根据上述分析，能够取得较快的纹理映射速度和好的显示效果的前提条件是建立高效的空间索引机制，从而为快速的影像检索打下一定的基础。由纹理存储的数据结构可以知道，不同的纹理区域对应不同的模型区域，由于视点的不断变化导致模型显示范围不断交换，因此建立高效的空间索引机制是快速的纹理映射和高效的内存交换的前提条件，从而能够在交互显示的过程中快速检索到需要显示的数据，以及能够快速确定不同区域合理的纹理分辨率。

在三维交互显示时，对于几何模型而言，几何模型上一定大小的变化（如长度）会在投影子面上产生一定大小的投影值。如果该投影值的变化能够被视觉接受，则该变化不会引起视觉效果上的突变。显然，几何空间上的变化在投影面上的投影结果与观察者距离及方向（观察条件）具有一定的关系。把上述几何空间上的变化应用到纹理空间，即对于某一区域，如果使用同一纹理的两个不同分辨率的纹理作为该区域表面的纹理属性，根据纹理映射的原理可知，该区域所对应的纹理空间上存在一定的变化，同理，该变化在投影面上会产生一定大小的投影值。在观察条件一定的情况下，如果该投影值没有引起视觉效果的变化，则可以使用其中较低分辨率的纹理作为该表面的纹理属性，从而能够减少纹理数据的装载量，提高纹理映射的速度。因此，需考虑基于视点与模型位置之间的关系建立纹理分辨率与观察位置之间的相互关系。

11.3.3 三维地物模型的细节层次

三维地物模型的数据内容繁多、数据结构复杂的特性造就了其数据的海量性，大范围复杂场景的高精度表达和有限的计算机软硬件性能之间的矛盾日益显著。LOD 是解决这一矛盾重要的方法之一。当前，三维地物模型的自动化 LOD 算法研究已相对较多，相比较而言，由于地形数据组织相对统一，地形数据的 LOD 算法已相对成熟。与地形 LOD 所取得的进展相比，对建筑物模型等这样的不规则几何体及其相应的表面属性如纹理图像等的 LOD 算法研究尚处于初级阶段。

1. 三维地物模型的 LOD 划分

当前，对三维地物模型的 LOD 划分的标准主要有城市三维模型标记语言（city geography markup language，CityGML）及《城市三维建模技术规范》（CJJ/T 157—2010），其 LOD 模型划分皆面向城市区域内的五类三维地物模型：地形模型、建筑模型、交通设施模型、管线模型、植被模型及其他模型。

CityGML 是开放地理空间信息联盟（OGC）制定的基于 Xml 格式的用于存储及交换三维地物模型的开放数据模型。CityGML 中定义了城市中的大部分三维地理对象的分类及其关系，而且充分地考虑了模型的几何、拓扑、语义、外观属性等特征。其中，包括了主题分类之间的层次、聚合，对象之间的关系、空间属性等。这些专题信息不仅是一种图形交换格式，还支持将三维地物模型应用到各种领域中的复杂分析任务，如仿真、城市数据挖掘、设施管理、主题查询等。使用 CityGML 来存储管理空间数据，使得由数据模型差异所导致的数据难以共享问题得以彻底解决，所有的 GIS 空间数据都可以得到有效的集成与共享，同时它还为空间数据的互操作提供了很好的解决方案，是未来 GIS 空间数据库的重要发展方向。

《城市三维建模技术规范》是由住房和城乡建设部发布的，是面向三维地物模型的生产与整合、跨行业和部门的数据共享与服务的技术规范。其主要目的是统一城市三维建模技术要求，及时、准确地为城市规划、建设、运营、管理及数字城市建设提供城市三维建模技术支持、数据共享和应用服务。规范的主要内容包含：模型数据组织与命名规则、数据采集与处理、三维模型制作、数据集成与管理、数据更新与维护。

1）CityGML 对三维地物模型的细节层次划分

CityGML 支持 5 个连续等级细节层次的描述（LOD0～LOD4），随着 LOD 等级的提高，实体信息描述的详细程度也逐渐提高。对 LOD 的需要体现在不同应用者对数据精度的要求有所不同。另外，通过 LOD 能够提高可视化的效率，方便数据分析时使用。在 CityGML 数据集中，允许同时将同一个实体进行多个 LOD 的描述，这样做的好处是方便在可视化和数据分析中，对于同一个实体数据根据不同的需求进行处理。并且，两个 CityGML 文件中如果包含同一个实体的不同 LOD 描述，可以将这两个数据整合到一起。

CityGML 中最粗的模型 LOD0，就是一个 2.5 维的数字地面模型，在这个等级的模型上，可以直接将航片或者地图贴到上面。LOD1 中定义的模型是简单的块模型，由一些建筑体块组成。相比之下，在 LOD2 模型中，建筑的屋顶结构被描述了出来，同时包括对植被等的描述。在 LOD3 中，定义的建筑模型有详细的屋顶和墙壁结构，有阳台、隔间等，同时还有阴影效果、在建筑的表面有高分辨率的贴图。另外，具有详细结构的交通设施和植物都包含到了 LOD3 的描述中。LOD4 模型就是在 LOD3 的基础上，增加了建筑物内部的结构。例如，一个建筑中可能包含的起居室、卫生间、楼梯、家具等都被描述出来。图 11.19 中，分别表示了 LOD0～LOD4 的各种描述。

(a) LOD0　　　　　　(b) LOD1　　　　　　(c) LOD2

(d) LOD3　　　　　(e) LOD4

图 11.19　CityGML 中的不同 LOD 描述

不同的 LOD 对精确度和最小的尺度的要求不同（表 11.2）。

表 11.2　LOD0～LOD4 中模型定义中精度的比较

模型	LOD0	LOD1	LOD2	LOD3	LOD4
模型描述的范围	大的地域	城市	城市中的区域	建筑模型（外部结构），地标	建筑模型（内部结构）
精度	最低	低	适中	高	最高
三维精度	<LOD1	5/5m	2/2m	0.5/0.5m	0.2/0.2m
概括度	最大程度的概括	实体为基本的组成部分>6×6m/3m	实体作为基本的组成部分>4×4/2m	实体以真实结构作为基本的组成部分>6×6/3m	由基本的组成元素表示
建筑	—	—	—	只表示外观	真实组成都表示出来
屋顶结构	No	平顶	结构的类型定义	真实实体结构	真实实体结构
城市中基本设施	—	重要设施	统一的模型	真实实体结构	真实实体结构

在 LOD1 等级中，一个点的二维坐标，位置和高度的精度应该不大于 5m，同时，实体只有占到 6m×6m 以上的空间才会被表示出来。在 LOD2 中，位置和高度的精度应该为 2m 或者更小。LOD2 只有面积达到 4m×4m 以上的实体才会被表示。同样，在 LOD3 中点位的最小精度是 0.5m，最小表示区域是 2m×2m。在 LOD4 中，位置和高度的精度应该不大于 0.2m。通过以上定义，根据 5 个等级的分类可以获取不同三维地物模型的精度。

2）城市三维建模技术规范对三维地物模型的 LOD 划分

划分的标准如表 11.3 所示。

表 11.3　模型分类与细节层次

模型类型	LOD1	LOD2	LOD3	LOD4
地形模型	DEM	DEM+DOM	高精度 DEM+高精度 DOM	精细模型
建筑模型	体块模型	基础模型	标准模型	精细模型
交通设施模型	道路中心线	道路面	道路面+附属设施	精细模型
管线模型	管线中心线	管线体	管线体+附属设施	精细模型
植被模型	通用符号	基础模型	标准模型	精细模型
其他模型	通用符号	基础模型	标准模型	精细模型

不同细节层次的地形模型应符合下列规定：①地形模型 LOD1 应为反映地形起伏特征的模型；DEM 格网单元尺寸不宜大于 10m×10m；平坦地区的高程精度不宜低于 2m，丘陵地区不宜低于 5m，山地不宜低于 10m，高山地不宜低于 20m。②地形模型 LOD2 应为反映地形起伏特征和地表影像的模型；DEM 格网单元尺寸不宜大于 5m×5m；平坦地区的高程精度不宜低于 1.4m，丘陵地区不宜低于 2m，山地不宜低于 5m，高山地不宜低于 10m；DOM 分辨率不宜低于 1m。③地形模型 LOD3 应为反映地形起伏特征、地表形态及其影像的模型；DEM 格网单元尺寸不大于 2.5m×2.5m；平坦地区的高程精度不宜低于 0.7m，丘陵地区不宜低于 1m，山地不宜低于 2.4m，高山地不宜低于 5m；DOM 分辨率不宜低于 0.2m。④地形模型 LOD4 应为逼真反映地形起伏特征和地表形态的模型，宜以 1：500、1：1000、1：2000 等比例尺的地形图、航空影像及实地采集数据为基础，采用真实的地表铺地纹理反映地表的质地、色彩、纹理等特征。

不同细节层次的建筑模型应符合下列规定：①体块模型应根据建筑基底和建筑高度生成平顶柱状模型；建筑物基底宜以 1：500、1：1000、1：2000 等比例尺的地形图建筑轮廓线为依据；建筑高度可根据建筑性质采用对应的平均层高间接获得，也可通过航空或近景摄影测量、车载激光扫描、机载激光扫描或野外实地测量等方式直接获得；平面尺寸精度不宜低于 2m，高度精度不宜低于 3m，对于高层建筑的高度精度可放宽至 5m。②基础模型应表现建筑物屋顶及外轮廓的基本特征，平面尺寸和高度精度不宜低于 2m。③标准模型应精确反映建筑物屋顶及外轮廓的基本特征，平面尺寸和高度精度不宜低于 0.5m。④精细模型应精确反映建筑物屋顶及外轮廓的详细特征，平面尺寸和高度精度不宜低于 0.2m。

不同细节层次的交通设施模型应符合下列规定：①道路中心线模型应反映道路走向，宜利用城市道路中心线及其高程数据生成三维道路中心线。②道路面模型应真实表现道路走向、路面起伏等情况，宜以 1：500、1：1000、1：2000 等比例尺的地形图或数字正射影像图为基准，构建道路面的三维几何面。③道路面及附属设施模型应基本反映道路的起伏、车道、隔离带、照明、交通站点等，路面纹理和道路附属设施可采用通用纹理、通用模型建立和表现。④精细模型应包含道路模型及交通附属设施模型，应真实准确反映道路及附属设施的结构、尺寸、质地、色彩等特征。

不同细节层次的管线模型应符合下列规定：①管线中心线应表现各类管线的走向及空间拓扑关系，应以管线普查和管线竣工测量数据为基础建立。②管线体模型应表现各类管线走向、空间拓扑关系、管线口径及埋深等，根据管线类型、管线断面尺寸等信息建立管线体模型。③管线体及附属设施模型应表现各类管线的主从关系、连接及分流情况，附属设施可采用通用模型。④精细管线模型应真实准确地反映各类管线的形态、结构、管线点、管网布设及附属设施等，并宜增加模型的细腻度和质感。

不同细节层次的植被模型应符合下列规定：①通用符号模型宜以 1∶500、1∶1000、1∶2000 等比例尺的地形图或数字正射影像图为基础，宜反映植被的分布，可基于通用纹理库实现。②基础模型宜采用单面片、十字面片或多面片的形式表现，宜采用通用纹理，基本反映树木的形态、高度、分布等主要特征，树木高度与实际误差宜在 3m 以内。③标准模型宜采用简单几何树干模型和多面片树冠形式，真实准确地反映树木的形态、高度、分布、位置、种类及色彩等特征，树木高度与实际物体误差宜在 2m 以内。④精细模型宜采用逼真的几何模型与纹理相结合的方式对树木整体进行建模，真实准确地反映树木的形态、高度、分布、位置、种类及色彩等特征，树木高度与实际误差宜在 1m 以内。

不同细节层次的其他模型应符合下列规定：①通用符号模型可使用通用模型表达模型的分布和特征，宜以 1∶500、1∶1000、1∶2000 等比例尺的地形图为基础，反映其他模型物体的分布及主要特征，可采用通用模型或通用纹理示意表现。②基础模型应以实际测量数据为依据，结合真实的纹理图片，宜采用单面片、十字交叉面片、多面片等方式表现建模物体的基本形态、样式、高度、分布、位置及纹理特征，纹理宜采用简单贴图，高度精度不宜低于模型自身高度的 20%。③标准模型应根据实际测量的物体尺寸和外业采集的纹理信息精细建模，真实、准确地反映物体的各部位几何特征、样式、高度、分布、位置、质地、色彩及纹理等，模型细部可根据实际情况进行取舍，取舍掉的细部结构可采用纹理进行辅助表现，纹理贴图要求细节清晰，高度精度不宜低于模型自身高度的 10%。④精细模型应根据实际测量的物体尺寸和外业采集的纹理信息精细建模，真实、准确地反映物体的各部位几何特征、样式、高度、分布、位置、质地、色彩及纹理等，模型细部可根据实际情况进行取舍，取舍掉的细部结构可采用纹理进行辅助表现，纹理贴图要求细节清晰，高度精度不宜低于模型自身高度的 5%。

2. 地形数据的 LOD 算法

地形数据一般用数字高程模型（DEM）来表示。数据高程模型就是一个二维数组，数组中的每一点都相当于地形上相应点的高度值。DEM 通常组织成两种方式：正方形格网（grid）或者称为规则正方形格网（regular square grid，RSG）和不规则三角网（TIN）。不同的数据组织形式对应了不同的 LOD 算法及地形渲染方式。

基于 RSG 的 LOD 算法生成的三角形数目较多，但是存储量小，非常便于使用和管理，同时模型顶点的等间距均匀分布，使得基于这种模型对地形进行各种分析、量算和查询等操作十分方便，易于裁剪和自顶向下简化，也易于地形跟随和碰撞检测，对动态地形的处理也较方便。国内外很多学者都对基于网格的地形算法进行了大量的研究，其中有代表性的就是四叉树的地形剖分、基于二元三角树的实时优化适应性网格模型（real-time optimal adaptive meshes，ROAM）和随着 GPU 技术发展出现的 Geometry Clipmap 算法。基于 TIN 的 LOD 算法虽然生成的三角形数目不多，但是处理时需要占用较大内存，实时计算量较大，灵活性差，效率较低，也较难与连续细节层次处理相结合，因此对于这方面的研究相对较少。比较有代表性的是 Hoppe 提出的视点相关的 LOD 动态地形生成算法（view dependent progressive meshes，VDPM）。该算法在预处理阶段对不规则网格构造边折叠序列，在实时显示时根据视点到地形块的距离及地形本身的粗糙度来进行选择性的细化和粗化，动态更新网格。

　　1）基于四叉树结构的地形 LOD 模型

　　基于四叉树数据结构的地形 LOD 模型算法的基本思想是：根据四叉树结构的要求，地形模型的行和列的取样数目满足（2^n+1）×（2^n+1）要求，其最高级别的 LOD 模型的行数目和列数目的个数均为原来的行数和列数目，根据四叉树算法的原理对原始的模型进行分割，则 4 个子块的行数目和列数目均为原来的一半，依次对 4 个子块区域进行四叉树分割，直到最后每个子块的大小均为 2×2 单元为止，如图 11.20 所示。

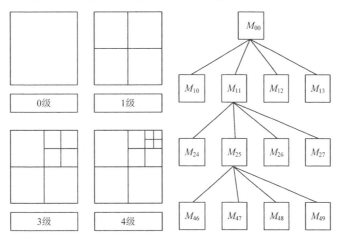

图 11.20　基于四叉树结构的 LOD 模型算法数据结构

　　按照上述分割方法，整个分割过程可以用一个四叉树来表示，其中相邻块间的边界行和列是共享的。当所有块的大小固定后，块的空间范围可以是高度场取样分辨率的 2 的幂次方倍。低分辨率块可以这样来获得：对 4 个高分辨率每隔一行和一列选取一个顶点获得，并把删去的顶点称为块中的最底层顶点。

　　基于四叉树结构的 LOD 模型算法有两种：一种为自顶向底的构建方法；另一种为自底向顶的构造方法。前者首先取整个地形为根节点，然后判断该节点是否要求细分，如果该节点满足某种条件，则认为它就是叶节点，否则将该节点分为 4 个节点，再使用递归方法分别检查 4 个新的节点是否满足成为叶节点的条件。这样一直进行下去，直到节点全都不能细分为止，最后的叶节点即为简化的模型。后者和前者正好相反，它是从原始的地形模型最底层即最高分辨率的四叉树叶节点开始，判断该节点是否要求合并。

　　2）三角形二分树结构的地形 LOD 模型

　　基于三角形二分树结构 LOD 模型算法的基本思想是：对于一个规则的格网，可以沿着对角线分为两个直角三角形，对其中一个直角三角形的斜边进行剖分，使其变为两个直角三角形，其剖分规则是取直角三角形的顶点和斜边的中点连线作为新生成两个直角三角形的公共边，每次剖分都会使一个直角三角形变成两个新的直角三角形。其剖分结果可以用一颗二叉树的形式予以描述，如图 11.21 所示。这种二叉树层次结构，节点对应的图元是直角三角形。每一个非叶节点的两个子节点，对应三角形细分后得到的两个三角形。因此称为三角形二分树结构。

利用二叉树构造地形 LOD 模型有两种方法：循环合并法和循环分裂法。循环合并法从最详细或最精确的原始模型开始，通过循环调用三角形的合并操作，用较大的三角形替换较小的三角形，逐渐减小模型的复杂度直到满足要求为止，这实际上是从树的叶节点开始，由下到上遍历树结构的方法。而分裂法则相反，它由最粗略的模型即树的根节点为起点，由上而下不断分裂三角形，从而产生更多的三角形，这样逐渐来加密模型的复杂度来实现对树的构造。在地形可视化中，如果对模型的精度要求比较高时，选择循环合并法比较科学；如果对模型的精度要求比较低时，选择分裂法会缩短遍历树的过程和时间。图 11.21 表示了三角形二分树的数据结构。

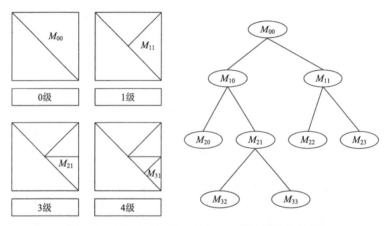

图 11.21　基于三角形二叉树 LOD 模型的数据结构

在基于三角形二分树的结构的地形绘制算法中，Duchaineau 提出实时优化适应性网格算法，该算法是目前应用最广的一种算法。该算法基于三角形二叉树表示地形网格，并在三角形之间建立显式的相邻关系，通过强制剖分保证各个 LOD 模型连接时避免出现裂缝。ROAM 算法采用自顶向下的自适应剖分，能有效避免裂缝。此外，ROMA 算法提出了物体空间和屏幕空间的误差测度。该算法在高分辨率的地形绘制中效率不高，同时在三角形数目达到 10 万以上时，交互绘制性能会大大降低。

3）基于 TIN 的 VDPM 算法

视点依赖的渐进网格是在 PM 基础上发展起来的一种基于 TIN 数据结构的动态 LOD 算法。该算法首先根据 DEM 信息生成 TIN 数据。将原始网格按照边的重要性排序，进行一系列的边折叠操作，最后生成一个低分辨率的模型。PM 数据结构保存了该模型及从原始网格到低分辨率模型所做的一系列简化动作。每个简化动作都是可逆的，所以可以恢复到任意精度。根据视点位置及 TIN 本身的几何信息，对需要高精度模型的地方进行点分裂操作，对需要低精度的地方进行边折叠操作。最终在不损失显示质量的情况下，有效地减少了需要渲染的多边形数量。图 11.22 展示了 PM 算法中的点删除操作。

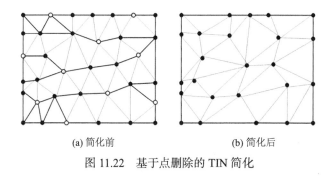

(a) 简化前　　　　　　　　　　(b) 简化后

图 11.22　基于点删除的 TIN 简化

11.4　地理空间数据的三维可视化

由于数据的海量性、复杂性等特征，对空间场景内的地理空间数据进行三维可视化绘制时，渲染的实时性就变得非常重要。这就要求：一方面提高与可视化绘制相关的硬件性能（如配置高档图形加速卡等）；另一方面，在现有硬件条件下，实现高效可视化渲染。在海量地理空间数据的三维可视化应用中，取得三维可视化实时交互时理想的性能，通常要遵循以下三个原则：①仅加载需要处理范围的数据；②仅显示可见的物体；③仅显示必要的细节层次。具体来讲，以下技术被认为是海量空间数据实时可视化应用的关键技术：数据分块和动态装载技术、图形优化绘制技术、数据裁剪技术、与视点相关的 LOD 模型动态生成和渐进描绘技术等。

11.4.1　图形绘制加速

为了加速图形的整体绘制效率，计算机科学工作者从硬件和软件两个方面提出了加速图形显示的方法。基于硬件的加速方法是指通过提高计算机的硬件性能，如 CPU 的主频、内存的容量、图形显示加速芯片及硬件的并行等策略，使计算机在尽可能少的时间内处理、显示更多、更为复杂的对象。在过去的十几年中，几乎所有的计算机核心硬件设施都在性能上得到了突飞猛进的提高。以 CPU 为例，CPU 的功能和复杂性几乎每 18 个月会增加一倍，而成本却呈比例地递减。

除了 CPU、内存等核心部件的快速发展外，图形加速卡性能的提高也是值得一提的。第一代 3D 图形加速卡的峰值性能为每秒绘制 1×10^6 个顶点、充填 25×10^6 个像素；1999 年 NVIDIATM 推出的图形处理器（GPU）可以承担以往由 CPU 负责处理的几何变换、光照、图形及纹理渲染等复杂计算，减轻了 CPU 的负担。Geoforce 256 的峰值性能为每秒绘制 15×10^6 个顶点、充填 480×10^6 个像素；到 Geoforce FX5700，峰值性能增加为每秒绘制 356×10^6 个顶点、充填 1.9×10^9 个像素。尽管如此，对于海量的三维地理空间数据来讲，这些性能也还是远远不够的。实际情况中，应用需要图形的复杂度总是比硬件能实时显示的数据量大一个或多个数量级。鉴于此，仅靠硬件加速得到的效果远远达不到用户的期望性能。

基于软件的加速方法包括图形软件或应用软件两个层次，前者通过优化图形包（graphics toolkits）的设计来加速图形的显示速度，如对底层硬件的调用支持、场景图 （scene graph）结构、显示列表（display list）、三角形条带（triangle strip）或三角形扇（triangle fan）结构、顶点数组（vertex array）等。这一点与基于硬件的加速方法类似，也存在设计上的理论上限问题。应用软件层次上的加速是指根据人眼的视觉特征，在视觉效果和实际的图形绘制数量间进行折中，即在保证用户视觉效果的前提下，减少场景中需要绘制的图形数量。这类加速方法有后向面及被遮挡对象的消隐、视景体的裁剪、模型的简化、基于图像绘制等。当前的硬件水平下，在期望硬件性能和现实硬件水平之间搭建了一座桥梁，是一种更有发展前景的图形加速策略。近年来，这一策略已成为计算机图形学、地理信息系统、虚拟现实等领域的研究热点。

总之，针对海量数据可视化，目前的主要解决思路如图 11.23 所示。其中，硬件的解决思路侧重于提高图形的绘制效率，软件的解决思路侧重于降低实时绘制的对象数量。

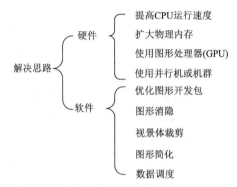

图 11.23　海量数据可视化的主要解决思路

11.4.2　数据的分块与动态装载

三维空间场景内的地理空间数据量非常大，如果按常规可视化机制，需要一次性把所有数据都装载到计算机内存后再进行显示，这既导致计算机内存和 CPU 计算图形资源的严重不足，同时也是不必要的。因为任何用户都只会对一个较小地区的细节感兴趣并逐步延伸至其他地区。随着关注范围的扩大，需要的空间细致程度其实在降低，这同人的眼睛一样。计算机屏幕在一个时刻总的显示容量是一定的，因为其屏幕像素个数是固定的，如 1024×768。因此，根据视点当前所在位置，从多尺度三维模型实时检索并装载一定范围内特定对象的数据，是人们利用普通个人计算机处理海量空间数据实时应用问题自然而然的选择。

为了达到三维空间场景实时可视化的目的，建立基于三维地物模型数据的数据分块、自动分页和存储机制是一种常用且有效的方法。每一帧场景的渲染数据对应计算机内存中的一个数据页，即由若干连续分布的数据块构成的一个存储空间。在动态渲染过程中，随着视点的移动，需要不断更新数据页中的数据块。基于数据分层、分块及数据页动态更新的算法，在理论上可以实现多层次、大范围的城市场景实时描绘。当需要更新数据页中的数据时，从硬盘中读入新的数据会耗用一定的时间，带来视觉上的"延迟"现象。这种"延迟"现象将大大影响虚拟表现的交互效果。为了消减这种延迟，常用的方法是用多线程运行机制充分利用计算机的 CPU 资源，即在横方向漫游及纵方向细节层次过渡的过程中，根据视点移动的方向趋势，预先把即将更新的数据从硬盘中读入内存，而其后实际的数据更新由于是在内存里

实现的，可大大消减"延迟"现象。对于单 CPU 的机器来讲，这种多线程的方法实际上还要
将数据读取的时间拆分成几段，分别插在视点移动的过程中，即将一个连续的、较漫长的等
待时间分散为各自独立的、间断的小时间段，以更好地消减"延迟"现象。而如果计算机具
有双 CPU 或多 CPU，则数据预读入的过程与场景绘制的过程可以分别由不同的 CPU 承担，
从而将数据读取过程分解到图形描绘的同步过程当中（图 11.24）。这种动态的数据装载需要
建立前后台两个数据页缓冲区，并通过多线程技术实现两个缓冲区之间数据内存的交换。前
台缓冲区直接服务于三维显示，后台缓冲区则对应于三维地物模型。这也是典型的以空间换
时间方法。

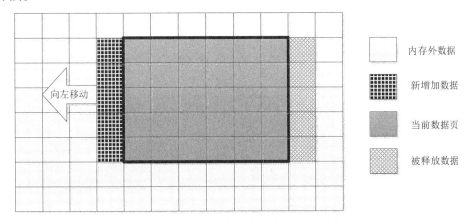

图 11.24　基于分块数据的动态数据页的建立

　　三维地理空间数据的动态调度时，整个三维场景将划分成一个个栅格形状的索引块。根
据当前视点的位置、视距与视角等范围控制参数，即可确定当前可见范围内的数据块。根据
数据块与视点的位置及视线的关系还可以分别设定不同的 LOD。在场景实时绘制过程中，通
过判断当前视点位置与数据页几何中心之间的平面位置关系，采用多线程技术实现数据页缓
冲区的全部或部分数据的动态更新。在同一尺度三维地物模型的实时漫游中，当视点从右向
左运动时，每经过一定时间就要更新数据页中的一列数据块。数据块的更新包括两个步骤，
即首先要释放超出视场范围的最右列数据块，然后读入即将进入视场范围的最左列数据块。
如果在漫游过程中视点高度发生变化，还要重新计算视场范围。如果视场范围与数据页对应
的范围面积相差大于某一阈值，则需要更换到相应尺度的数据层进行整个数据页的数据更新，
即跨尺度的漫游。由于跨尺度漫游涉及整个数据页面的数据更新，所以要实时调度的数据量
很大，需要不同尺度数据之间具有高效的联动机制，最好是具有同样的空间索引方法和数据
调度策略等。

11.4.3　多细节层次模型的渐进绘制技术

　　当在场景中穿行或以飞越的方式进行三维地物模型浏览时，城市景观是以动画的形式展
现出来的。理论上每一屏幕图像帧的数据内容都可能不一样。常规的静态数据显示模式由于
数据已经全部装入内存，只需要直接执行 OpenGL 显示列表预存的一系列显示命令即可。视
点位置改变导致的场景内容更新是由标准的 OpenGL 图形库函数自动完成的。与此不同，要
保证动态数据显示连续流畅（至少 15～25 帧/s 的刷新速率），必须根据相匹配的图形绘制质

量对场景绘制的刷新频率进行优化，进而控制场景内容的不断更新，即渐进绘制（progressive rendering）的思想（图 11.25）。如 11.4.2 节介绍的数据的分块与动态装载，为了消减数据检索和选取大量的三维地物模型数据造成的时间延迟，有经验的做法往往是把数据的动态装载平均分解到各个图像帧进行，以保证绘制每一帧图像的时间是均衡的。特别是，由于透视显示的场景内不同远近的对象可能具有不同的细节程度，所以即使同一个对象在不同的图像帧上也会有不同的细节程度。还有，不同复杂程度的三维地物模型的大小与疏密分布往往也是随机的；在漫游过程中由于人机交互操作，场景的变化更加剧烈。所有这些导致动态装载数据量与实时绘制工作量非常不均衡，为实时规划和控制动态场景细节层次的连续变化和无缝漫游增添了许多困难。因此，场景细节层次变化的合理控制显得尤为重要。实际上，由于客观条件如仪器设备、成本及应用的限制，任何对象数字化表示的细节层次总是有限的。为了能把这些尺度变化不连续的数据以连续的细节层次表现出来，还需要一些特殊的图形绘制技巧，如运动模糊等。

图 11.25　三维模型的渐进绘制

渐进绘制是解决实时绘制中普遍的逼真度与性能矛盾最有效的折中方法。渐进绘制的实现关键是生成若干连续 LOD 模型，并根据屏幕刷新率能够实时控制后台模型的精华或简化层次，这也被称为是可中断的渐进绘制技术。一般方法是，根据离视点的远近选择或生成不同 LOD 的模型，即进行依赖于视点的模型动态简化处理，并且希望每个详细的模型应该包括并覆盖所有粗略的模型，这样可以最大限度地减少数据动态装载和实时处理的工作量。渐进绘制要同时考虑速度原因采用粗略近视模型绘制引起的空间误差和绘制本身延迟产生的时间误差，当时间误差超过空间误差时，进一步的模型精华失去意义，因此要及时把当前细节程度的模型图像显示出来。

第十二章　地理时空数据动态可视化

地理时空过程是指地理事物现象发生发展的过程。人们常常需要在对地理实体及其空间关系的简化和抽象基础上，利用专业模型对地理对象的行为进行模拟，分析其驱动机制、重建其发展过程，并预测其发展变化趋势。任何一种地理要素或现象，都伴随着复杂的时空过程，如景观空间格局演变、河道洪水、地震、森林生长动态模拟、林火蔓延等都是典型的地表空间过程。时态性、空间位置和属性信息是地理空间数据三个基本构成，而有效的动态可视化是展现时空数据的重要方式。地理空间数据的动态可视化可应用于时空地理信息表达，可以对地理现象进行过程推演、过程再现、实时跟踪及运动模拟，从而表现地理现象的内在本质和发生规律。

12.1　地理时空过程可视化概述

地理时空过程可以理解为地理时空对象的形态或属性随着长期或短期时间推移所产生的连续或离散的变化过程。时空数据是对地理时空过程的时间、空间和属性的描述，能够反映地球表层空间地理对象随时间变化而变化的时空过程信息。与传统的空间数据相比，时空数据增加了时间维度，在数据的语义理解、数据结构、数据互操作、存储上都更为复杂。时空数据动态可视化，是借助计算机图形学和图像处理技术动态表达地表现象的空间和属性在时间维上的变化，便于理解和分析地理时空过程演变的规律和趋势。

1. 地理时空过程可视化要求

地理时空过程的动态可视化主要是展示地理信息数据随时间变化而变化的动态过程。与传统的地图可视化、地理信息可视化相比，动态可视化对技术方法和表达效果的要求更高，包括以下几个方面。

（1）动态效果。时空数据可视化最大的特点是能表现出时空数据的变化过程，反映动态现象在时间上的趋势性、顺序性和周期性，产生动态效果。这种动态效果是在时间轴上对时空过程进行捡选或插值而产生的伸缩后的近似效果，与人们对动态现象的过程感知相一致。

（2）可交互性。交互是人与计算机互动的过程，按需实现人对动态可视化的介入和控制，而不是计算机单方面按程序指令进行展示，这也是科学可视化发展的需要。可交互性是方便人们对地理时空过程观察和感知的有效手段和方法，需要研究和发展诸如多通道界面的多种人机交互方式，提高人机信息的交流和感知。

（3）可回溯性。时空数据蕴含丰富的历史信息，是时空数据区别于静态现势数据的价值所在，回溯时空数据的历史状态是动态可视化的基本要求之一，其作用：一是再现历史情景；二是不同历史状态的对比，从而使人们感知历史的状态和发生的变化。

（4）平滑流畅。动态可视化需要实时从数据库中访问和调度时空数据，并随时间变化展示相应的时态数据，所以高效地检索和提取所需的数据，是动态可视化流畅性的保障，可增强动态可视化的用户体验。

2. 时空过程动态可视化方法

根据动态可视化表达的目标要求，对地理时空过程的动态可视化方法进行了探索，设计并实现了以下几种可视化方法。

1）时间映射

地理时空过程动态表达的一个关键问题是对地理实体时间维的表达，直接关系人们对动态变化的感受与认知。人们对地理实体或地理现象的时间描述方式多种多样，如有的采用公历或农历计时、有的采用年代或朝代计时。计时的颗粒度也不同，有的计时到秒、有的计时到天等，需要对这些多种时间表示的数据进行时态预处理，实现在数据库中对地理实体或地理现象有效时间和事务时间的同一时间参照系和相同时间颗粒度的一致化存储。

时间的一致化存储，使得地理实体或地理现象的有效时间在数据库中被量化为精确的数值数据，时间数据可以精确地参与时空变化的过程计算，但同时也丧失了时间表达的多样性。考虑应用的具体环境，不同领域的用户有着本领域独特的时间描述习惯，在用户层面需避免直接以数值形式表达有效时间来描述地理实体或地理现象的时间信息。

数据库中存储的有效时间跨度有长有短，几十年或几微秒，在进行时空数据的动态变化展示过程中，系统不可能也没有必要按照真实的时间来展示时空过程，即播放时间根据有效时间跨度和颗粒度进行伸缩映射。借鉴地图比例尺概念，以时间比例尺概念将有效时间伸缩至播放时间，并反向伸缩至供用户识读的指示时间，有效时间与指示时间是相同的，指示时间可以根据需要通过时间映射变换为不同表示方法的时间，如将数据库存储的公元计时转换为显示时的朝代/年代计时。

2）时间轴动画

时间轴动画通过指定一定的时间跨度，按时间轴正序或逆序的方式来直观地表达区域内各地理实体的变化过程，是人们研究时空过程变化中最直观、最有效的方式之一。在时间轴动画中，用户需指定起始指示时间（ITB）和结束指示时间（ITE）及动画实际播放时间（PT），通过时间映射数据库，可将指示时间映射为数据库中存储的有效时间数据格式（VTB、VTE），限定整个变化过程的时间范围及播放方向，参与时空筛选计算。指定确定时空过程模拟的实际播放时间，则此时的时间比例尺为 $TS=(VTE-VTB)/PT$，利用过程的有效时间（VTB，VTE）及时间比例尺（TS）即可得到任意播放时间 pt 所对应的窗口当前时间 $Tnow=VTB+pt \cdot TS$，通过时空筛选机制即可得到任意播放时间 pt 所对应的场景。在播放过程中，为了有效地表达地理时空过程，减小表达中实体变化过程的跳跃性，可基于地理实体各类变化的一般特点，采用抽象的方法，设计并实现若干符合典型变化过程的动画模式，如建筑物由底至上的变化过程被抽象为上升的动画模式、地形变化的渐变特性被抽象为渐变的动画模式等。

3）多时态对比

用户通过指定一系列预进行对比的时间点，以多视口的方式，直观展示同一区域内不同时态下各地理实体的差异，对于人们研究区域的发展变迁有着重要的意义。针对用户指定的每一个时间 t，基于时空筛选机制，从现势库、历史库、过程库重构生成对应时空的版本库，然后将版本数据进行可视化。当用户指定了 n 个时间对比点后，相应的将会生成 n 个时态的场景数据，将每个时态的场景数据分别在一个单独视口中进行可视化，使多个时态的场景数据得以同时显示，同时各个视口由一个统一的漫游器来控制场景的浏览，实现多时态数据在同一位置、同一视角进行漫游，观察、对比同一区域内的发展、变化。

4）实体的历史回溯

以地理实体为目标，以地理实体的唯一检索条件（如实体 ID），查询数据库中该地理实体在各时间范围内的存在方式和状态，是直观展示特定地理实体历史变迁的一种方法。在实体的历史回溯中，主要通过指定某一时期内特定的地理实体为唯一标识，利用时空数据库中的历史库及过程库等检索并重构该地理实体在各个时期内的存在状态，按时间顺序在面板中依次显示该地理实体在各时段内的状态数据，简单直观地表现实体随时间的变化及变化趋势等。

3. 时空数据动态调度

时空数据动态可视化表达技术，需要高效地检索和提取所需数据。上述对动态可视化几个方面的要求归根结底是对时空数据快速有序调度的要求，均须建立在时空数据合理高效的组织管理基础之上。在传统空间数据库的可视化中，数据的提取调度基于空间位置的筛选。当窗口空间位置改变时，根据窗口的空间范围筛选空间数据库中所对应的空间数据并进行可视化。在时空数据库中，这种基于空间位置的筛选思路，同样可以被用于时间维，即根据窗口当前时间，筛选出数据库中所对应的时空数据。

在漫游或动画播放时，当前可见区域是随视点的移动或窗口当前时间的变化而变化的。为了提高数据动态加载的效率，实现场景漫游或动画播放的流畅性，从逻辑上可将场景区域划分为当前可见区域、缓冲区域和不可见区域。根据当前视锥体及窗口当前时间，通过时空筛选机制可以很方便地筛选出场景当前可见区域。场景数据的缓冲区域由空间缓冲区域与时态缓冲区域共同组成。在空间域上，基于时空数据分块组织策略，以当前可见区域为基础，向外各个方向扩展一个子块大小的空间区域作为空间缓冲区域；在时间域上，以窗口当前时间下加载和预加载数据的空间范围为基础，在时间轴上沿动画播放方向扩展一个时间颗粒度的时空区域作为时态缓冲区域。进入缓冲区域内的地理对象，若对象状态变化是由不可见区域变换为缓冲区域，则需进行数据的预加载工作，保证场景漫游或动画播放时的流畅性。

12.2　动态视觉变量

传统的地图符号设计原则是基于 Bertin 视觉参量体系建立起来的，依据符号的七个视觉参量——大小、色相、方位、形状、位置、纹理及密度来设计描述地理实体不同方面的性质特征。显然，为了表达动态特征，这一体系是有局限性的，或者说它只能描述实体运行过程中的一个快照或一个断面，是为静态地图服务的，这就需要对地图符号的视觉变量进行扩展，引入动态特征描述，即考虑影响地理空间数据动态表示与可视化的动态视觉变量。

12.2.1　基础动态视觉变量

在动态视觉变量研究中，1992 年 Di Biase 等学者率先提出六个动态视觉变量，1995 年 Mac Eachren 等学者将其进一步完善，这里称这六个新的视觉变量为基础的动态视觉变量，其他的动态视觉变量都是它们内容的延伸或者形式的变换，使用它们可以控制动态场景中的视觉转变，也可以让用户控制所有的可视化操作。

1. 时刻

时刻（moment）指的是一个现象和实体变为可视时的时刻，即地图符号或者要素在动态可视化过程中开始显示的瞬间（图 12.1）。

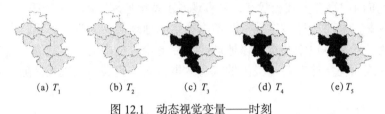

(a) T_1 (b) T_2 (c) T_3 (d) T_4 (e) T_5

图 12.1　动态视觉变量——时刻

2. 持续时间

持续时间（duration）是指各个静态场景之间的时间长度，它决定动态可视化的步调。主要用于表现动态现象的延续过程，值越大，现象生成的时间或者延续的时间就越长（图 12.2）。

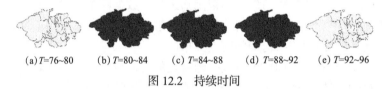

(a) $T=76\sim80$　(b) $T=80\sim84$　(c) $T=84\sim88$　(d) $T=88\sim92$　(e) $T=92\sim96$

图 12.2　持续时间

3. 频率

频率（frequency）变量指的是符号或者要素在地图中反复出现的次数，即每秒显示多少帧的动画或者图像帧以多快的速度接连显示（图 12.3）。

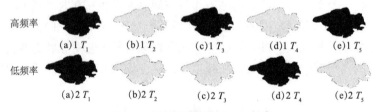

高频率
(a)1 T_1　(b)1 T_2　(c)1 T_3　(d)1 T_4　(e)1 T_5

低频率
(a)2 T_1　(b)2 T_2　(c)2 T_3　(d)2 T_4　(e)2 T_5

图 12.3　动态视觉变量——频率

4. 显示次序

显示次序（order）用于描述符号状态改变过程中各帧状态出现的顺序，依据时间分辨率，可以将连续变化状态离散化处理成各帧状态值，使其交替出现。显示次序可以用于任意有序量的可视化表达，升序变化对应着特征的显著性增强，降序变化对应着特征的显著性减弱（图 12.4）。

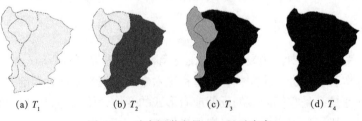

(a) T_1　　(b) T_2　　(c) T_3　　(d) T_4

图 12.4　动态视觉变量——显示次序

5. 变化率

变化率（rate of range）可以用 M/D 来表示，M 指 Magnitude，即幅度，相继场景之间变化的大小程度，大幅度可以产生跳跃感强的动态可视化，小幅度可以产生平滑感好的动态可视化。D 指 Duration，即场景持续的时间（图 12.5）。

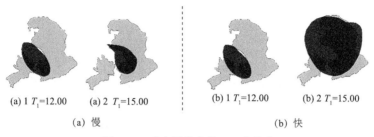

(a) 1 T_1=12.00　　(a) 2 T_1=15.00　　　　　(b) 1 T_1=12.00　　(b) 2 T_1=15.00

(a) 慢　　　　　　　　　　　　　　　　(b) 快

图 12.5　动态视觉变量——变化率

6. 同步

同步（synchronization）是指两个或多个现象之间的关系。次序和同步对表达因果关系非常重要。如图 12.6 所示，降水总是稍早于植物的生长期。

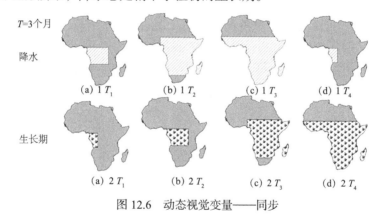

T=3个月

降水

(a) 1 T_1　　　(b) 1 T_2　　　(c) 1 T_3　　　(d) 1 T_4

生长期

(a) 2 T_1　　　(b) 2 T_2　　　(c) 2 T_3　　　(d) 2 T_4

图 12.6　动态视觉变量——同步

在这六个动态视觉变量中最重要的是时刻、持续时间和显示顺序，它们对动态可视化的描述起着很大的作用，有时还可以直接描述空间数据特征，如可以使用不按正常显示顺序闪烁的点状符号来表示动态地理现象和实体的不确定性。由上面列举的实例可以看出，其他的动态视觉变量或者是依从于这三个变量，如频率和变化率，或者是这三个变量相互结合的用法，如同步。

12.2.2　扩展的动态视觉变量

动态视觉变量一经提出，便引起了诸多地图学者的关注，但是在实际设计和制作地图时，制图者发现仅仅有六个动态视觉变量是不够的，许多动态信息的显示必须使用新的动态视觉变量来实现，所以他们对动态视觉变量体系进行了深入的研究，提出一些新的动态视觉变量，具有代表性的有以下几个。

1. 闪烁

1986 年，Zihl 和 Cramon 提出闪烁（flicker）变量，即地图符号或者要素由显示到隐藏再到显示的变化。闪烁变量是显示时刻变量在二维动画地图中形式变化的应用（图 12.7）。

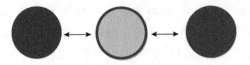

图 12.7　动态视觉变量——闪烁

2. 直线变速

2002 年，Burr 和 Ross 提出直线变速（speed lines）变量，即地图符号或者要素在直线方向上作变速运动的变化。直线变速变量是静态视觉变量中的位置变量和动态视觉变量中的显示时刻变量、顺序变量相结合后的一种应用（图 12.8）。

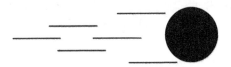

图 12.8　动态视觉变量——直线变速

3. 运动趋势

2004 年，Wolfe 和 Horowitz 提出运动趋势（direction）变量，即地图符号或者要素将要移动的方向、达到的位置和变化的形状等属性特征的变化。运动趋势变量是静态视觉变量中的位置变量、形状变量和动态视觉变量中的时刻、变化率相结合后的一种应用（图 12.9）。

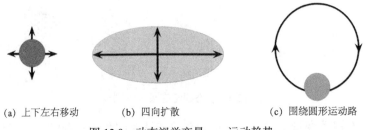

(a) 上下左右移动　　　　(b) 四向扩散　　　　(c) 围绕圆形运动路

图 12.9　动态视觉变量——运动趋势

12.3　地理空间数据动态表示方法

　　研究表示方法是地理空间数据动态可视化设计工作中必然要遇到和必须要解决的问题。地理空间数据动态表示方法指的是用于表示事物或现象及其各方面特征（特别是动态特征）的图形组合方式及技术的分类，即一种事物或现象及其不同方面的特征可以用某一种固定的表示方法来表示。地理空间数据动态表示方法不仅包含动态符号设计，还考虑了技术实现的可能性。

12.3.1　地理空间数据动态表示方法的分类

　　根据事物或现象的空间分布特征、可视化用途等，可以将动画地图表示方法分为如下两类。

1. 基于空间分布特征的表示方法

地理空间数据动态表示可以按照地理现象和实体的空间分布特征（点状符号、线状符号、面状符号）进行分类。符号的变化包括随时空变化产生的位置和大小的变化、旋转的变化、速度的变化、颜色和透明度的变化等。表示方法涉及了符号设计的基本理论、感知变量的应用、空间认知理论和视觉感受理论、地图交互技术等。

1）点状符号的表示方法

点状符号的表示方法可以用来表示呈点状分布要素的属性特征及其运动和变化的过程，如居民点的位置和随时间产生的变化、目标点的渐显、指向符号的旋转等，以此起到重点强调其存在的重要性、位置及其属性特征等。

点状符号的表示方法主要有闪烁、渐变显示、改变符号的属性特征、改变符号的位置、鼠标点击后符号显示、增加特效显示、按时间先后显示等。例如，用按时间先后显示的方法来表示区域内目标出现的先后顺序，同时点状符号的密集程度也可以表示该区域内目标分布的密集程度，如图 12.10 所示。

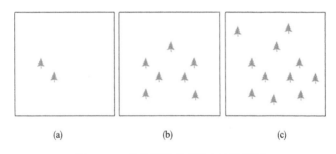

图 12.10　点状符号的表示方法示例图

2）线状符号的表示方法

线状符号的表示方法可以用来表示呈线状分布要素的属性特征及其运动和变化的过程，如行进的路线、飞机的飞行、人口的迁移、河流的变化等动态地理现象的变化过程，以此使得线状符号的表示更具备动态性，尤其是可以产生真实的路径运动效果。

线状符号的表示方法主要有闪烁、渐变显示、改变符号的属性特征、改变符号的位置、鼠标点击后符号显示、增加特效显示、箭头符号动线法、线状符号的自动蔓延等。例如，结合渐变显示效果利用线状符号的自动蔓延可以表示行进路线、进攻路线、人口迁移路线等，同时改变符号的属性特征可以强调线状符号的密度、强度等，如图 12.11 所示。

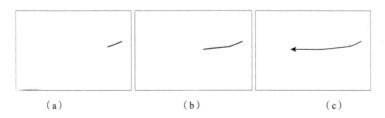

图 12.11　线状符号的表示方法示例图

3）面状符号的表示方法

面状符号的表示方法可以用来表示呈面状分布要素的属性特征及其运动和变化的过

程，如区域被占领、区域的扩张、区域的移动、洪水的泛滥等动态地理现象的变化过程，还可以用来对比区域的属性特征，如人口数量的对比、地区 GDP 的对比、地区之间降水量的对比等。

面状符号的表示方法主要有闪烁、渐变显示、改变符号的属性特征、改变符号的位置、鼠标点击后符号显示、增加特效显示、分层设色、符号扩张变化等。图 12.12 就是某地区的渐变显示的动画地图。

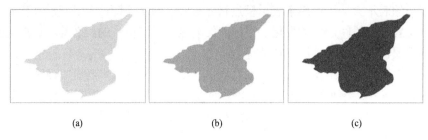

(a)　　　　　　　　　　　　(b)　　　　　　　　　　　　(c)

图 12.12　面状符号的表示方法示例图

2. 基于可视化用途的表示方法

（1）过程再现法：是对地理现象和实体变化、运动的过程进行动态再现的表示方法，如军事行动的过程、人口流动与增长、城市的变迁、自然地貌的变化等。在描述这些现象和实体复杂的变化过程时，地理空间数据动态表示与可视化是最有效的手段，通过它可以更加直接地找出现象和实体变化、运动的整体规律，还可以通过暂停播放等交互功能观察某一时刻的变化，以此获取变化和运动过程中的各种信息。此方法在历史地图、战史地图中被广泛使用。

（2）变化推演法：是对地理现象和实体可能的变化趋势进行动态演示的表示方法，如行进的路线改变、人口和城市可能发生的变化、风向可能变化等。在找出现象和实体变化、运动的整体规律后，可以对它们变化的趋势做出预测，而预测的结果可以通过动态可视化的形式显示出来，这样让读图者清晰明了地了解到现象和实体可能的变化趋势，从而更容易发现其内在的变化规律。

（3）运动模拟法：是对运动的地理实体的变化过程进行动态模拟的表示方法，如人、车、船、机、弹等的移动和变化等。在描述这些实体运行的尺寸、轨迹和位置等属性的变化时，使用动态可视化的形式来帮助完成，可以减少动态信息转化的负荷，提高动态信息的认知效率，使得读图者在最短的时间内掌握运动的实体变化规律。

（4）显示分布法：是对地理现象和实体的存在、分布、重要程度等属性特征进行动态显示的表示方法，如人口分布、重要目标的分布、地理区域的显示等。通过闪烁、定时出现、渐显和不同亮度的显示等方法，可以直观地反映各种地理现象和实体的空间分布规律，包括分布范围、质量和数量等特性，同时也可以让读图者认识到它们之间的相互联系和相互制约的关系，以此进行对比，加深读图者对地理现象和实体的印象。

12.3.2　影响表示方法选择的因素

地理空间数据动态表示方法的选择，主要受到以下因素的影响。

（1）用户的认知心理因素。用户的认知心理因素主要是由制图者的年龄、文化水平、制图经验、认知能力、对视觉感受的理解能力、美学知识等综合决定的，根据用户的认知心理因素的水平应该选择不同的表示方法。

（2）地理现象和实体的空间变化规律。地理现象和实体的空间变化规律一方面指的是地理现象和实体在空间上的分布特征（呈点状分布、线状分布或者面状分布）；另一方面指的是其动态特征的规律。应该根据其不同的特征和变化规律选择相应的表示方法。

（3）可视化的用途。可视化的用途不同，则其表示方法也有差别，如是过程推演还是分布显示，是交互式显示还是自动演示播放等。

（4）动态可视化技术。地理空间数据的动态效果或动态视觉变量的实现主要依赖于动态可视化技术，不同的技术将直接影响可视化的动态效果和表现力。

12.4　地理空间数据动态可视化技术

目前，国内外用于时空数据的动态可视化技术主要分为以下三类：计算机动画技术、动态符号和时间序列快照。

12.4.1　计算机动画技术

20 世纪 60 年代中期发展起来的计算机动画技术具有显示时间变化的功能，它用计算机表现真实对象或模拟对象随时间变化的行为和动作。人们常常将动画理解为运动。实际上动画包括视觉印象的所有变化，不仅是位置随时间的变化，还包括形状、颜色、透明度、结构和纹理的变化，以及光照、摄像机的位置、方向、聚焦的变化和绘制技术的变化。图像与图形都是动画处理的基础。

计算机动画可划分为关键帧动画和算法动画两大类。帧是动画中最小单位的单幅影像画面，相当于电影胶片上的每一格镜头。而关键帧则相当于动画中的原画，指角色或者物体运动或变化中的关键动作所处的那一帧。关键帧动画是根据动画制作人员所提供的一组关键帧，自动产生中间画面的方法。关键帧动画有两个基本方法：形状插值和参数关键帧。前者是以图像为基础的关键帧动画，方法简单，但线型插补产生的效果不太理想，通用性很差。后者通过插补物体模型本身的参数，可以产生较佳的图像，通用性较好，但需找出最佳的参数。算法动画是研究较多的计算机动画方法之一，它是将物理定律运用到动画实体的参数中，并通过面向导演的方式交互地实现这些物理定律对于动画的控制。使用这一方法，任何一类定律都可运用到参数中，动画动作由算法加以描述，通用性好，但是人机接口或人工干预可能受限，且代价昂贵。计算机动画由简单到复杂，由二维平面动画到三维立体动画在逐步地发展。

当前，计算机动画与地图学相结合的产物——动画地图在理论和技术上也得到了较快的发展。动画地图的内涵可概括为：是运用计算机动画技术，利用动态视觉变量，描述和表达地理现象或实体在时间和空间上发生变化的电子地图。动画地图制作技术有很多，大致可以分为编程制作和矢量动画软件制作两大类。编程制作动画地图难度不小，而且比较费时费事，但是与数据库联系紧密及制作标准统一等特点使得其在制作动画地图方面有着明显的优势。使用矢量动画软件制作动画地图相对来说比较简便，效率也很高，制图者不需要掌握编程语言，而且效果要比编程制作的动画地图好，所以是许多动画地图制作的首选。

编程制作动画地图指的是通过编程软件，不断绘制或产生一系列具有不同特征，但有一定相似性和连续性的可视对象（如图形、动态符号、文字等），并且按照一定的时间间隔刷新显示这些可视对象，以此在地图上产生动画效果来传递动态的信息。编程制作二维动画地图的关键技术主要有以下三点。

（1）数据组织。数据组织是编程制作动画地图关键技术中的基础环节。属性、空间和时间是地理现象和实体的一个最基本的特征。动画地图侧重动态时空信息的表达（同时也可以表达属性信息），所以在制作过程中要注意三种特征的数据组织，如如何使数据的冗余度最小、如何提高数据在实际应用中的效率、如何把大量的数据分门别类等。

（2）显示规则。显示规则的定义是编程制作动画地图关键技术中的主要环节，需定义动画地图的比例尺缩放情况、哪些要素信息需要动态显示、需要动态显示的信息该如何显示（闪烁、渐变、快速移动等）、显示的持续时间、动态符号是抽象的还是具体的、动态符号或者要素的属性特征等。

（3）控制播放与交互。控制播放指的是对编程制作的动画地图的整体播放的控制，即播放动画地图时速度的快慢，播放时是否添加声音或者音乐来辅助传递动态信息，播放时是否添加交互工具实现对动画地图的控制等。

近年来，计算机动画技术发展得非常快，制作动画的软件也有很多，其中有不少被用于动画地图的制作。矢量动画软件把矢量图的精确性和灵活性与位图、声音、动画和交互性巧妙地融合在一起，功能十分强大，且操作较编程实现二维动画地图的制作要简便得多，其主要原理是基于帧的设计和操作。使用矢量动画软件制作二维动画地图的代表软件有 Flash、Corel RAVE 等。矢量动画软件制作动画地图的关键技术主要有以下三种。

（1）帧动画技术。帧动画技术是矢量动画软件制作动画地图关键技术的基础。使用矢量动画软件制作动画地图的基本原理是改变连续帧的内容，不同的帧代表不同的动画，对应着不同的时间。整个动画地图的播放就是通过帧来控制的，在帧与帧之间可以生成补间动画等变化，利用这些变化可以制作出连续播放的二维动画地图，实现感知变量在动画地图中的应用。

（2）时间轴特效技术。时间轴特效技术用于制作动画地图中地理现象和实体的特殊效果，如阴影显示效果、由清晰逐渐变成模糊的显示效果、符号或者要素分离成碎片的效果等。这些都是通过对时间轴上的关键帧执行相应的命令来实现的，使用时间轴特效可以快速创建复杂的动画，提高信息的传递效率。

（3）动画交互技术。动画地图中很多画面的播放不一定能满足使用者获取重要信息的需求，所以需要使用交互工具来控制动画的播放，其中包括播放、暂停、快进和后退等普通的播放功能键，还包括使用鹰眼工具、比例尺的缩放工具来控制动画地图的显示规则，以及长度测量、位置计算等交互工具对局部进行数据和信息的分析，这些都是使用矢量动画软件自带的编程语言实现的。

12.4.2　动态符号

传统的地图符号主要描述一个时间节点的空间地理要素和现象的空间分布，以及它们之间的相互关系、质量和数量特征。因此是静态的，这种表现手段以常规纸质地图符号为代表。而动态符号则是表示一定时期内事物数量指标发展变化的符号，它可以揭示事物历史发展的量变过程及演变趋势，量化图形按时间序列排列。相应的，动态符号的应用及地图在现象变化过程上的功能表达则产生了新的地图图种——动态地图。动态地图可认为是基于用户读图角度，可以从中获取关于地理实体空间位置、属性特征运动变化的视觉感受的地图。动态符号作为动态地图的表现形式和接口控制工具，可以帮助用户了解时空数据的变化状况，如变化的时间点（何时变）、变化的时间跨度（整个变化持续的时间）、变化发生的时间频率（变化发生的频率）、变化的速度（整个变化有多快）、变化的顺序（这次变化是以什么样的次序完成的）。

在实际应用中，人们常常把动画地图和动态地图的概念混淆在一起，可以说二者既有联系又有区别：①从定义上看，动态地图包括动画地图，换言之，动画地图是动态地图的一种，但动态地图不一定是动画地图，还可能是交互地图等其他地图。②从特点来看，动态地图强调的是交互性和动态性，强调逻辑层面。动画地图强调的是时间性和动态性，强调技术层面。③从实现的过程来看，动态地图的实现要比动画地图的制作复杂得多，需要经过对数据进行获取、分析和处理，并生成动态地图等步骤。④从数据的更新程度来看，动态地图的数据更新更能体现实时性，而动画地图的数据更多的是采用已有的数据来制作地图传输信息。

动态地图反映了变化过程中的空间地理要素时空转变特征，因此地图的动态符号具有时空特性。动态符号是将时空数据库中存储的多时态或多版本的地理数据，按照时间和发展规律，以动态的方式在一定的媒介（如计算机显示器）上表达的过程。动态符号在时空数据环境下的主要实现过程包含三个步骤。

（1）时空数据读取。时空数据以多个时态（或版本）的形式存储在时空数据库中，在数据发布时将其读入计算机内存。

（2）时态关联。时空变化包括沿时间轴的空间变化、拓扑变化和属性变化。在不同的时刻，空间要素的空间状态、拓扑关系和属性特征可能全部变化、两项变化或单项变化；后一时刻的拓扑关系、空间状态、属性特征与前一状态的相应值相互关联。时态关联根据要素的空间位置关系、拓扑关系和属性，采用栅格化匹配、结点匹配、属性匹配和三角网匹配等方法，找出各版本数据中发生时空变化的相应要素，并把它们标记起来，作为进行动态可视化时地图符号匹配的对象和条件。

（3）动态符号可视化实现。动态符号可视化的实现通过动态要素的可视化实现，即对经过时态关联标记的动态可视化对象采用动态符号和动态地图的形式表达。

12.4.3 时间序列快照

时间序列数据是按时间顺序排列的序列值或事件，这些值或事件通常是在等时间间隔测得的。与一般的定量数据不同，时间序列数据包含时间属性，不仅要表达数据随时间变化的规律，还需要表达数据分布的时间规律。

时间序列快照最早是由 Langran 于 1989 年提出来的，其基本思想是记录当前数据状态，数据更新后，旧数据的变化值不再保留，即"忘记"了过去的状态。时间序列快照模型是将一系列时间片段快照保存起来，反映整个空间特征的状态，根据需要对指定时间片段的现实片段进行播放。序列快照播放是最容易实现的动态可视化表现方式，这种动态可视化的实现对数据及技术要求低，但快照播放失去了时间和变化的连续性，时间的跳跃前进方式使得动态可视化极大失真，需要不断减小版本间的时间间隔或通过版本间的插值来实现时空数据的

"平滑"和"无裂缝",实现起来需要较大的存储空间,并产生了巨大的数据冗余。此外,时间序列快照不表达单一的时空对象,较难处理时空对象间的时态关系。因此,时间序列快照模型往往只是一种概念上的模型,不具备实用的开发价值。但是,它在表现特定的地理现象上往往会有出人意料的效果。

随着现代化的不断发展,网络信息也高速发展,一个十分友好的网页可以给人带来事半功倍的效果。Web 页面加上最新技术 Ajax、Svg 就可以做到自己设计页面。除了温度波动应用这种技术外,风力、风向、降水、气压等气象信息都可以用动态的波动图来显示,给人一种直观、一目了然的效果。例如,以全球降水气候计划中全球气候研究项目的风向数据为数据基础,结合 WebGL 技术,在数字地球上实现了基于 Web 的气象三维可视化,可以使人们更好地了解天气变化情况,达到直观、有效的目的。

第十三章 图形交互技术与用户界面

人机交互是研究人与计算机在相互理解基础上进行交流和沟通的一门科学技术，研究的目的是使人和计算机最大限度地相互协作来共同完成某项任务。一个地理信息系统，通常必须支持用户动态的输入位置坐标、指定选择功能、拾取操作对象、设置变换参数等。因而，在地理空间数据可视化中，具备图形交互能力的用户界面是必不可少的。

13.1 人机交互概述

13.1.1 人机交互发展

由于交互技术在计算机图形学中的普遍使用和重要性，早期的交互技术与用户接口和应用程序相互渗透、嵌套、融为一体，因而严重依赖于应用程序。20 世纪 80 年代初开始，交互技术与用户接口从应用程序中独立出来，并逐渐形成相应的学科。

计算机出现直至现在，人机交互技术经历了巨大的发展，主要表现在：

（1）就用户界面的具体形式而言，经历了批处理、联机终端（命令接口）、（文本）菜单到多通道、多媒体用户界面和虚拟现实系统。

（2）就用户界面中信息载体类型而言，经历了以文本为主的字符用户界面（character user interface）、以二维图形为主的图形用户界面（graphic user interface）和多媒体用户界面、兼顾视听感知的多媒体用户界面（media user interface）及综合运用多种感觉（包括触觉等）的虚拟现实系统。

（3）就人机界面中的信息维度而言，经历了一维信息（主要指文本流，如早期电传式终端）、二维信息（主要指利用了色彩、形状、纹理等维度信息的二维图形技术）、三维信息（主要是三维图形技术，但显示技术仍以二维平面为主）和多维信息（多通道的多维信息）空间，计算机与用户之间的通信带宽不断提高。

人机交互技术的发展蕴含着对人机交互中两个主体不同侧重点的映射方式演化。一种是以机器为中心的受限方式。这种方式强调将计算机的信息处理需求有效地呈现给用户，为用户提供一个形式化、半双工、串行的低维度信息展现和操作界面。另一种是以用户为中心的非受限方式。这种方式强调将人类自然能力（尤其交流、运动和感知能力）与计算设备及其感知和推理结合起来，通过采用多种模态（multimodal）感知人类的自然行为，并以易理解的多媒体（multimedia）形式实现多通道（multichannel）通信，建立"以人为中心"的感知用户界面（perceptive user interface，PUI）。这种方式的用户界面则代表着人机交互技术的发展方向，体现了对人的因素的重视，标志着人机交互技术从"人适应计算机"向"计算机不断地适应人"方向发展。

以人为中心的人机交互界面的主要特性体现在以下三个方面。

（1）以用户为中心。以用户对人机交互的需求变化为出发点，使人机交互的外在形式和内部机制能符合不同用户的需要。人类的交互行为是自然的，用户可利用语音、手势、笔划等自然方式，不受地点限制地与计算机进行交互，既能满足用户个性化的需要，又使得用户不脱离自然社会关系（包括社会经济环境和人类沟通交流）。

（2）多模态和多通道。充分利用人类多种感觉和效应通道的互补特性，并使之可选择地、充分地并行和协作来捕捉用户的交互意图，从而增进用户交互的自然性。

模态（modal）指人类通过视觉、听觉、触觉、味觉和嗅觉这五种感官的信息发送和接收来实现与世界交互，一种模态对应一种官能；而通道（channel）是指信息传递的过程或途径。

（3）多媒体感知。机器利用其感知及推理能力对来自用户感觉和效应通道的交互信号进行识别、集成和协调，并获取用户动作和行为习惯、偏好及其他相关信息，并以人类易理解的多媒体信息方式为用户提供输出信息，从而提供不受时空限制而又效能最大化的个性化计算服务。

13.1.2　交互任务

任务是人们为了完成某一个特定的目标而执行的活动集合。任务分析是指对人们在实际执行任务过程中的数据进行收集和分析，其目的是深入理解用户需要完成的目标、用户执行任务的过程和环境。对任务分析过程所获取的数据进行逻辑分析，并且将其结构化的过程称为任务建模。

任务模型是任务分析和任务建模的产物。任务分析和任务模型在交互系统开发的需求分析、用户界面设计、可用性评估及测试等阶段均有着重要的作用。任务分析是软件设计阶段不可缺少的环节，是交互系统可用性的保障。

不管任务分析还是任务模型的研究已经不再是一个新的话题了，但是至今为止没有一种统一的任务分析和建模的方法。最早的任务分析是 HTA（hierarchical task analysis）模型，它是任务模型发展的基石，任务模型中很多的概念都来源于 HTA 模型。为了强调任务模型的共享性和可复用性，任务模型常常以任务本体即元模型的形式出现，它包含了任务模型的概念元素及它们之间的关系。后来学者又陆续发展出 GOMS（goals operators methods selectors）模型、TKS（task knowledge structure）任务知识结构模型、方法分析描述（method analysis description，MAD）模型、GTA（groupware task analysis）模型和 CTT（councer task tree）模型等多种任务分析模型。不同的任务分析建模方法都在元模型中通过实体–关系–属性的形式定义了各自概念元素和任务之间的关系，从不同的方面去描述用户和它们的任务世界。

在任务描述方式上，早期的任务模型主要是为了记录生产过程中的技术经验，大多采用文本方式描述。GOMS 模型采用程序方式和序列方式组织描述文本，注重任务活动的逻辑关系；CPM-GOMS，采用了简单的图形方式描述。随着任务分析技术的发展，人们需要从更多的维度去了解任务世界，任务模型的描述方式也越来越丰富。TKS、MAD、GTA 和 CTT 模型主要是通过图形方式去表示任务模型，目的是更好地强调层次结构。CTT 层次结构自上而下，图形符号包含丰富的语义；MAD、GTA 模型层次结构从左到右，并且通过模板方式来描述设计细节内容。

描述任务世界的概念元素的选择反映了描述任务世界的角度，决定了在任务分析过程中，什么信息是需要被记录下来的，什么信息是任务建模过程需要的。下面对几种较为通用的概念元素进行简要论述。

（1）任务。所有的任务模型中都有任务（task）概念元素，它是任务建模的核心内容；任务的描述可以在高级抽象层次，也可以逐步分解为面向行为层次的具体任务，即任务可以分为复合任务和原子任务；复合任务是由原子任务组成的，而原子任务是那些不能进一步分解的任务。

（2）目标。目标是指任务成功执行后，用户希望系统呈现的状态。多数任务分析模型中都包含目标（goal）概念。每个任务可以与一个目标相联系，通过执行任务来实现目标状态；同一个目标可以有多个任务。

（3）操作/动作。操作/动作是指为了达到目标所做的具体的活动，是任务分解的最底层。通过对以上任务元模型的分析，任务是通过具体操作序列来实现的，它们之间的映射关系是多对多的关系，一个任务可由一个或多个操作实现，而同一个（组）操作也可应用于不同的任务之中。

（4）对象。对象是指在执行任务的过程中，操作的实体内容。当一个特定任务确定后，接下来就是要指出在执行任务时所需要操作的对象。

13.1.3 交互设备

图形软件所需的信息从各种各样的图形设备中输入。为了使图形软件包独立于具体的硬件设备，图形输入命令不涉及具体的输入设备，而只涉及该命令所需的数据性质。根据图形输入信息的不同性质，早先的 GKS（graphics kernel system）和 PHIGS（programmer's herarchical interactive graphics system）把输入设备在逻辑上分成以下几类。

（1）定位设备（Locator）。定位设备用来指定用户空间的一个位置，如用来指定一个圆的圆心、指定一个组装零件的装配位置、指定图上加注文字的起始点等。其输入方式包括：直接或间接在屏幕上进行、通过方向命令、数值坐标等。其对应的物理设备包括光笔、触摸屏、数字化仪、鼠标、操纵杆、跟踪球、键盘的数字键等。

（2）描画设备（Stroke）。描画设备用来指定用户空间的一组有序点的位置，如用来指定一条折线的顶点组、指定一条自由曲线的控制点等。其输入方式与对应的物理设备和定位设备相一致。

（3）定值设备（Valuator）。定值设备用来为应用程序输入一个值（实数），如在旋转某一对象时用来输入一个旋转角度，缩放时输入一个比例因子，以及输入文字高度、字体大小比例因子等。其输入方式包括：直接输入数值、通过字符串取值、通过比例尺输入、上下计数控制命令等。对应的物理设备包括旋钮、键盘、数字化仪、鼠标、方向键、编程功能键等。

（4）选择设备（Choice）。选择设备用来为应用程序在多个选项中选定一项，如用来选择菜单确定目标。其输入方式包括：直接或间接在屏幕上进行、字符串名字、时间扫描、手写输入、声音输入等。其对应的物理设备包括光笔、触摸屏、数字化仪、鼠标、操纵杆、跟踪球、字符串输入设备、编程功能键、声音识别仪等。

（5）拾取设备（Pick）。拾取设备用来在处理的模型中选取一个对象，从而为应用操作处理确定目标。其输入方式包括：直接在屏幕上进行拾取、时间扫描、字符串名字。其对应的物理设备包括：各种定位设备、编程功能键、字符串输入设备。

（6）字符串设备（String）。字符串设备用来向应用程序输入字符串，如为某一对象确定名字，为某一图纸输入加注文字。其输入方式包括：键盘、手写输入、声音输入、菜单输入，其对应的物理设备有数字、字母键盘、数字化仪、光笔、声音识别仪、触压板等。

13.1.4　用户接口模型

交互式用户接口就是基于某种模型，在图形系统支持下以系统程序实现用户所需对图元的输入、选择、拾取、增、删、改等操作。用户接口可分为两大类：程序开发接口和用户交互操作接口。

1. 用户接口模型

随着计算机应用系统的交互性特点越来越突出，人们对系统用户界面（user interface，UI）也提出了越来越高的要求。为了对 UI 开发提供技术支持来提高应用系统的开发质量和开发效率，1982 年出现了用户界面管理系统（user interface management system，UIMS），它是一种支持交互式应用系统用户界面的设计、实现和维护的模型和工具集。1985 年提出的 Seeheim 模型中所包含的应用程序与 UI 相分离的思想，构成了 UIMS 发展的基础。Seeheim 模型是一种界面和应用明确分离的软件结构。它对 UIMS 理论进行了实例化，将软件体系结构分为四个部分：功能核心（functional core）模块、功能核心适配器（functional core adapter）、对话控制器（dialogue controller）和表示构件（presentation component）。功能核心模块用来对领域应用进行建模；功能核心适配器为用户界面与应用之间建立一个缓冲区，以减少二者之间的耦合，通过交互协议在用户界面与应用之间提供同步或者异步的数据交换；对话控制器是 Seeheim 模型中最主要的部分，它通过界面构件接收来自用户的各种输入请求，通过转换后利用功能核心适配器与功能核心模块进行数据交换，保证多个视图间的一致性；表示构件可对界面的具体交互动作和输入输出进行设计。

2. 交互命令的执行过程

图 13.1 为交互技术、交互设备和交互任务三者的关系。用户通过交互界面向系统提出交互任务，交互界面通过交互技术操作交互设备完成数据的输入与输出，并通过交互接口调用系统程序图形库显示交互任务的处理过程和结果。具体的，在交互命令的执行过程中，由操作系统的图形用户界面负责接收用户的图形和文字的信息输入。操作系统将用户的输入信息以回馈信息的方式显示给用户，并将用户的输入数据传递给用户接口部分。用户接口部分接收输入的命令或数据，并对其进行合法性检查，对于不合法的命令或数据作为错误信息提示，由显示处理部分进行处理显示给用户。对于合法的命令进行解析，然后由操作系统调用应用程序的对应功能模块，执行该应用程序，最终将执行结果通过显示处理部分显示给用户。

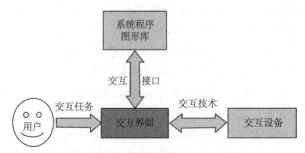

图 13.1　交互技术、交互设备、交互任务三者的关系

13.2 图形输入控制方式

在交互式图形系统中，由于物理输入设备的多样性，系统可能会同时运行多个应用程序，而对每一个应用程序均可有多个输入设备在工作，同一个设备也可能为多个任务服务。图形输入控制方式包括请求（request）、采样（sample）、事件（event）及组合。

在用六种逻辑输入设备设计一个交互系统时，应用程序必须指定用于输入数据的物理设备类型及其逻辑分类，其他参数取决于输入数据。在应用程序和输入设备之间，输入控制的方式是多样的，这些方式又取决于程序和输入设备之间的相互作用。可用程序来初始化输入设备，或者是程序与输入设备同时工作，或者由设备初始化输入数据。这三种工作方式即与请求、采样、事件方式相对应。对这三种输入控制方式都可定义相对应的输入命令，而且图形交互系统允许对每一种逻辑设备执行相应的输入操作。例如，可设置如下命令：

set_locator_mode（ws，device_code，input_mode）

这是用来设置定位器输入方式的命令，其中，input_mode 对应请求、采样、事件三种方式；ws 是工作站的标志号；device_mode 是用来指定被采用的物理定位设备的设备码，常用设备编码如表 13.1 所示。

表 13.1　常用设备编码

设备编码	物理设备类型	设备编码	物理设备类型	设备编码	物理设备类型
1	键盘	5	指拇轮	9	鼠标器
2	图形输入板	6	刻度盘	10	轨迹球
3	光笔	7	按钮	11	语音输入器
4	触摸屏	8	操纵杆		

命令 set_stroke_mode（4，2，event）就是把 4 号工作站上的图形输入板设成事件输入方式，一个设备在同一时刻只能被设成一种方式，多台设备同时可在不同输入方式下工作。

13.2.1　请求方式

在请求方式下，只有输入设置命令相对应的设备设置所需要的输入方式后，该设备才能做相应的输入处理。应用程序和输入设备轮流处于工作状态和等待状态，由程序支配输入设备的启动。命令 requst_XX（ws，device_code，DATA）中，DATA 用来接收输入设备输入数据的中间变量，其形式与输入数据类型有关。

此时，只有用输入方式设置命令（或语句）将相应的设备设置成需要的输入方式后，该设备才能做相应的输入处理，如

request_locator（ws，device_code，x，y）

该命令是把定位器设置成请求输入控制方式，其中 x, y 用来存储一个点的坐标值。在输入命令中，每一种逻辑设备所包括的参数是与输入数据类型有关的，如在请求方式下的笔画输入是：

request_stroke（ws, device_code, n, xa, ya）

这里输入的 n 个点的坐标存放在数组 xa 和 ya 中, 类似的在请求方式下的字符串输入是:

request_string（ws, device_code, nc, text）

这里 nc 指定了输入字符串的长度（即字符个数）, 输入的字符串存放在字符缓存 text 中。为了能在应用程序中拾取到输入的图段, 需要用下列命令设置图段的标志, 即

request_pick（ws, device_code, segment-id）

用于请求方式下的输入命令还可以包括其他参数, 如有些应用需要对图段中的图素设置标志, 如线段、圆、矩形等; 也可对图段设置标号, 以加快对图段的搜索。

请求方式的工作过程如图 13.2 所示。当程序运行到 request 语句就向输入设备提出输入请求; 同时停止运行, 等待输入设备的输入数据。直到请求满足之后, 程序才继续运行。当程序运行时, 输入设备处于等待状态, 等待程序的请求。待到程序的请求出现, 输入设备立即进入工作, 直到满足程序的这一请求为止, 又重新处于等待状态。

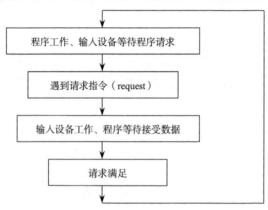

图 13.2　请求输入方式的工作过程

13.2.2　采样方式

在采样输入模式工作过程中, 程序和输入设备同时运行。一旦对一台或多台设备设置了采样方式, 就可以立即进行数据输入, 而不必等待程序中的输入语句。输入设备不断地产生数据, 并把数据输入数据缓冲区, 从而不断用新数据覆盖缓冲区的旧内容。命令的一般形式如下:

sample_XX（ws, device_code, DATA）

例如, 操纵杆已被置成在采样方式下的定位设备, 则操纵杆的当前位置坐标立即被存储起来, 如操纵杆的位置在变化, 就立即用当前的坐标来代替以前位置的坐标值, 当应用程序一遇到采样命令, 就把相应物理设备的值作为采样数值。设置定位设备为采样方式的命令是:

sample_locator（ws, device_code, x, y）

对其他逻辑设备设置为采样方式的命令也与此类似。

采样方式的工作过程如图 13.3 所示。在采样模式输入过程中, 程序和输入设备同时运行。输入设备不断地产生数据, 并把数据输入数据缓存区, 从而不断刷新数据缓存区的内容。程序在运行中当遇到采样语句时, 就到数据缓存存储区中去取数据, 所取的是最新刷新的输入数据。

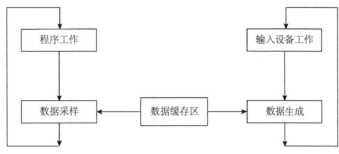

图 13.3 采样方式的工作过程

13.2.3 事件方式

当某一台设备被设置成事件方式，程序和设备将同时工作。从设备输入的数据都可存放在一个事件队列或输入队列中。所有被设置成事件方式的输入数据（或事件）都可存放在一个事件队列中。在任一个时刻，事件队列按输入数据的顺序存放数据，并含有一个最大的数据类型项，在队列中的输入数据可按照逻辑设备类型、工作站号、物理设备编码进行检索。在应用程序中，检索事件队列可用下述命令：

await_event（time，device_class，ws，device_code）

time 是应用程序设置的最长等待时间，当事件队列为空时，事件处理进程就挂起，直到最长等待时间已过或又有一个事件进入，才恢复事件处理进程。若在输入数据之前，等待时间就已过去，则参数 device_class 就返回一个空值。当 time 被赋成零或当队列为空时，程序就立即返回到其他的处理过程。

当用 await_event 命令使某设备进入事件输入控制方式，而且事件队列为非空时，在队列的第一个事件就被传送到当前事件记录中，对于定位器、笔画设备，在 device_class 参数中存放了它们的类型。为了从当前事件记录中检索一个输入的数据，还需要采用一个事件输入方式命令，其格式类似于请求、采样方式的命令，但在此命令中不需要有工作站和设备码参数，因为在数据记录中已有这些参数。用户可用下述命令从当前事件记录中得到一个定位数据：

get_locator（x，y）

下述的一段程序是用 await_event、get_locator 命令从 1 号工作站的图形输入板上输入一个点集，并用直线段连接这些点：

set_stroke_mode（1，2，event）；
if（device_class==stroke） ｛
await_event（60，device_class，ws，device_code）；
｝
get_stroke（n，xa，ya）；
polyline（n，xa，ya）；

这里 if 条件循环是为了把从其他设备来的在队列中的数据过滤掉；设置的等待时间为 1min，以保证输入数据接收完毕。当然在事件方式下，若只有这台图形输入板处于激活状态，那么这个 if 条件循环就不要了。

在事件方式下，可同时应用多台输入设备以加快交互处理。下面的程序是从键盘输入属性和从图形输入板输入数据画折线：

```
set_ployline_index（1）；
set_stroke_mode（1，2，event）；
set_choice_mode（1，7，event）；
do {
await_event（60，device_class，ws，device_code）；
if（device_class==choice） then {
get_choice（option）；
set_polyline_index（option）；
}
else
if（device_class==stroke） then {
get_stroke（n，xa，ya）；
polyline（n，xa，ya）；
}
} while（device_class）
```

此例中通过将 device_class 设成空来终止此过程。若等待 1min 后，还没有新事件进入事件队列，就会发生终止的情况。在事件方式下，还需应用其他一些命令，如事件队列等。

事件方式的输入过程如图 13.4 所示。在事件模式数据输入过程中，输入设备和程序分别各自运行。输入设备所产生的数据被组织成事件结点，排入事件队列中等待程序的处理。程序运行到事件处理语句时，就从事件队列中取出队首事件予以处理。如果事件队空，程序则等待一定的时间，等待事件的发生。

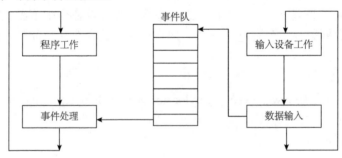

图 13.4　事件方式的输入过程

13.3　交互式绘图技术

交互技术就是使用输入设备进行输入的技术。为了帮助操作员完成某种输入操作，计算机在操作员进行输入操作的过程中显示某些反映操作员操作的信息（称为反馈）。例如，在定位操作时，屏幕上的游标跟着操作员在定位设备上的动作而移动，以便让操作员了解目前的位置从而正确的定位。本节介绍一些常用的交互技术，这些交互技术可作为设计应用系统用户接口的基本部分。

13.3.1　回显

回显是人机交互的主要手段之一，它要求计算机在人们进行一定的数据操作后，立即以某种合适的方式显示对应操作的效果。

13.3.2　约束

约束就是以指定的绘图方向和端点坐标对齐规则作用于输入的坐标值，使绘制的图形达到预想的效果。

13.3.3　橡皮筋技术

橡皮筋技术是一类针对图形的位置和尺寸由两个点来确定的辅助绘图技术，通过将起点位置固定，动态地改变另一点坐标的方式，使得绘制的图形达到人们的要求。例如，在绘图时，已经存在一个圆 C 和圆外一点 A，现在要确定另外一个点 B，使二点连线 AB 与圆 C 相切。如果在用定位器移动点 B 时屏幕上始终有一线段联结 AB，犹如有一根橡皮条联结着 AB 两点一样，这就是橡皮条线段技术。图 13.5 显示出了橡皮条线段的处理。

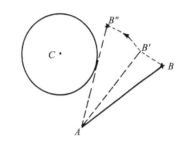

图 13.5　用橡皮筋技术定位（显示线段用异或方式）

有了橡皮筋技术，操作员只需在移动 B 点使 AB 与圆 C 相切时按下定位按键，就能准确的定位。橡皮筋技术除了用于橡皮条线段外，还可用于其他一些方面，如橡皮条矩形、橡皮条圆等（图 13.6）。

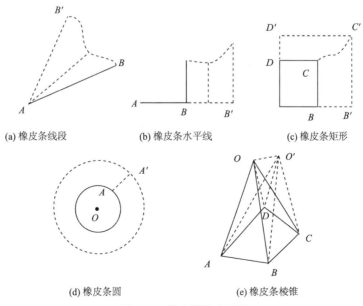

(a) 橡皮条线段　　　　(b) 橡皮条水平线　　　　(c) 橡皮条矩形

(d) 橡皮条圆　　　　　　(e) 橡皮条棱锥

图 13.6　橡皮筋技术图例

　　橡皮条矩形的一个顶点是固定的。在用定位器移动与该顶点相对的另一个顶点时，始终有一个矩形跟着变化。橡皮条圆的圆心固定，当圆上一点移动时，生成的圆跟着变化。一旦符合要求，按下定位键，圆上该点就得到确定。也可以将两点交换，即圆上一点固定，圆心变化。当按下定位键时圆心得到确定。橡皮条棱锥的底多边形是固定的，随着顶点的移动，棱锥的各棱线跟着变化，当按下定位键时，顶点确定，棱锥也随之确定。

13.3.4　拖曳技术

　　拖曳技术就是将选定的图形对象从一个位置利用鼠标拖动的方式，将其移动到欲放置的位置，其移动过程中为了给人以移动的视觉效果会动态、连续地将图形对象显示并不断擦除。

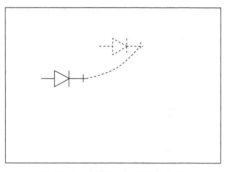

图 13.7　拖曳一个二极管符号

在复杂物体的模型设计中，常用到拼装操作。拖曳技术常被用于拼装定位和其他一些操作，如布局操作中去，以便使上述工作直观、简便、高效。

　　拖曳技术以采样定位输入为基础，应用程序不断地读取定位器位置，在上一位置上擦去原有对象图形后，在新位置上显示该对象图形，从而使对象图形被操作员在屏幕上拖曳到适当位置。这里，显示和擦除图形的操作与橡皮条一样使用异或方式，以便不影响其他图形。图 13.7 为拖曳一电路元件的示意图。

13.3.5　网格技术

　　网格技术是一种在屏幕绘图区域中绘制一定密度的矩形网格以辅助图形对象定位和对齐的技术。网格化是帮助绘制整齐、精确图形的一种技术。网格化一般用在用户坐标系统中，按从用户坐标系统的窗口到屏幕视口的变换映射到屏幕上去。网格一般是规则的，且覆盖整个显示区。应用程序将定位器坐标舍入到最近的网格交叉点上去，从而使绘制的图形规整、精确。

13.3.6　拾取技术

　　拾取是对图元进行编辑、修改、删除等操作的基础，其目的是要在众多的图元或结构中选择要进一步操作的部分。

　　（1）光标定位拾取法。将屏幕光标移到被选择的对象上，按下相应的键指示要拾取的图元，并将光标位置与场景中的各个图元或结构的坐标范围相比较。

　　（2）拾取窗口法。在光标所在位置指定一个拾取窗口，窗口以光标所在位置为中心，根据事先确定的拾取精度确定拾取窗口的大小，然后通过候选对象与窗口的相交性来确定对象的拾取与否。

　　（3）特征点法。通过判断拾取点和特征点的距离来确定哪个图元对象被拾取。

　　（4）指定名称法。通过键盘输入欲拾取的图元对象的名字来拾取图元对象。

　　在图形系统交互作用的许多操作中，常常要在一个分层的对象结构或虽不分层但很复杂的对象结构中拾取一个基本对象或一些基本对象的集合，然后对其施加某种操作。

拾取一个基本的对象可以通过以下一些方法来实现。

（1）指定名称法：操作员可以通过指定欲拾取对象的名称来实现拾取。但记住这些名称并不是容易的事。

（2）特征点法：选择时让图形的特征点（如线段的端点、圆和圆心等）以强光醒目显示[图13.8（a）]，操作员通过选择特征点来拾取对象，这样涉及的内部计算较少。

（3）矩形法：为每一基本对象确定一外接正规矩形（其四边分别平行于坐标轴），只要选中矩形内就表示拾取该对象[图13.8（b）]。该方法只能用于边界矩形非重选情况。

（4）分类法：将折线、点、弧等分别在有关按键的控制下进行拾取[图13.8（c）]，这也有助于减少计算。

（5）直接法：使用游标拾取，只要有线条穿过以游标所在位置为中心的小正方形（边长在设计时确定）内，即认为该对象被拾取了[图13.8（d）]。例如，同时有多个对象被拾取，可以按从近到远的原则拾取唯一的一个。

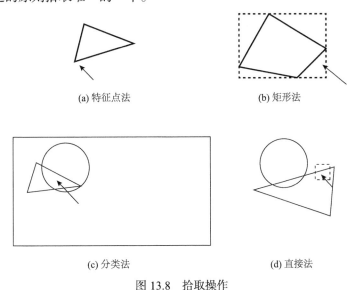

(a) 特征点法　　　　　　　　　　(b) 矩形法

(c) 分类法　　　　　　　　　　　(d) 直接法

图13.8　拾取操作

13.3.7　吸附技术

图形系统提供了一种"引力域"的点吸附技术，可以将靠近已画好线段的任意输入位置转换到该线段上一个坐标位置，从而实现精确连接。有时要从已有的某线段上的点或它的顶点开始绘制另一条线段或其他图形，直接使用定位设备来定位很难保证其重合性。吸附技术则可克服上述困难。图13.9显示了带有引力场的一条线段，当定位位置落入引力场区域时被吸引到顶点或线上，这就保证了所需的连续性。

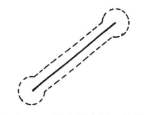

图13.9　带有引力场的线段

13.3.8　定位技术

定位操作是图形输入和图形操作中常用的输入操作之一。例如为了画一个圆，要确定该圆的圆心和圆上一点的位置等。定位有直接定位和间接定位两种方式。直接定位是指使用定位设备直接在屏幕上指定一个点的位置，如使用触感屏幕时，可直接用手在屏幕上指定一个点的位置，或用光笔在屏幕上指定一个点。间接定位是指通过定位设备的运动控制屏幕上的映射光标来进行定位，如使用数字化仪时，定位触头在数字化仪上的位置坐标映射到屏幕上的光标坐标。鼠标器、游戏棒、轨迹球、光标键等均通过其相对运动来控制屏幕光标位置从而实现定位。在键盘上用字符串形式输入定位点的坐标值也是一种形式的间接定位。图 13.10 标示出了使用数字化仪和鼠标等定位设备进行定位操作的流程。

定位时常用的位置反馈信息有箭头、十字游标和大十字光标等。与制图工作中的"丁"字尺类似，大十字光标的使用便于精确地参考屏幕上的标尺或另外物体来定位（图 13.11）。另外，定位点的用户坐标数值的跟踪显示有时也很必要。

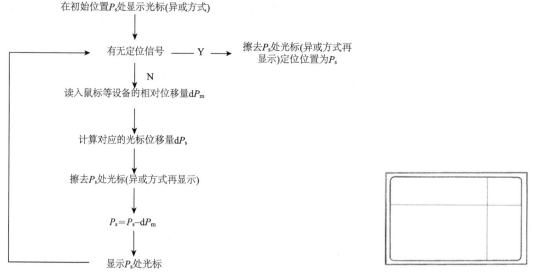

图 13.10　鼠标等设备的相对移动控制光标定位（异或方式显示光标）　　　图 13.11　大十字光标

13.3.9　定值技术

定值输入用于给出物体旋转的角度、缩放的比例因子等。定值输入设备可以是键盘、旋钮等，也可以是各种指点设备，如鼠标、数字化仪等。

使用键盘键入某值，是最基本的和直接的方法。旋钮输入定值是利用电阻大小的原理将旋钮位置转换成输入值。此外可以使用刻度尺、比例尺、旋转盘等模拟办法输入定值。

刻度尺和比例尺是屏幕上显示的两种均匀和非均匀的尺子。操作员通过使用指点设备控制光标在尺子上的移动，同时在屏幕上给出与位置对应的值，在适当时刻，按下定值键来获得要输入的值，这种方法比较直观（图 13.12）。

图 13.12　刻度尺与比例尺

旋转盘与刻度尺、比例尺原理相同，也可以有均匀和非均匀两种，操作员控制从圆心出发的线段绕圆心的旋转，根据显示的角度读数或数据读数来定值（图13.13）。

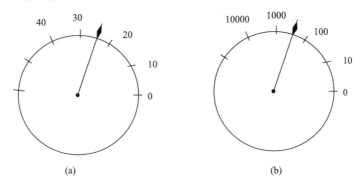

图 13.13 圆形刻度尺与圆形比例尺

13.4 三维交互技术

三维交互技术采用有六个自由度的输入设备实现人机交互。六个自由度，指沿三维空间 *X*、*Y*、*Z* 轴平移和绕 *X*、*Y*、*Z* 轴旋转，而现在流行的用于桌面型的图形界面交互设备，如鼠标、轨迹球、触摸屏等通常只有两个自由度（沿平面 *X*、*Y* 轴平移）。自由度的增加，使三维交互的复杂性大大提高。目前，三维交互设备还处于探索阶段，还没有一种输入装置能像二维图形界面中的鼠标那样处于主流地位。

13.4.1 三维交互设备

1）三维鼠标

三维鼠标有六个自由度，因为可以跟踪它的位置（三个自由度），同时它的向上/向下角度（叫做倾斜度）、左/右方向（叫做偏航角）和相对于原来坐标轴的扭转量（叫做翻滚度）都可以被跟踪（图13.14）。不仅可以在桌面上移动这种鼠标，还可以拿起它，在三个维度上移动、旋转鼠标及将它向前或向后倾斜。用磁性线圈、超声波甚至是机械连接等传感器实现鼠标的位置和方向跟踪（图13.14）。

图 13.14 一种三维鼠标产品

作为输入设备，此种三维鼠标类似于摇杆加上若干按键的组合，由于厂家给硬件配合了驱动和开发包，因此在视景仿真开发中使用者可以很容易地通过程序，将按键和球体的运动赋予三维场景或物体，实现三维场景的漫游和仿真物体的控制。

2）数据手套

数据手套由一个合成弹力纤维的手套组成，沿着手指布满了光学纤维，可以感知拇指和其他手指的关节角度。当手指弯曲的时候，光纤也随着弯曲；弯曲得越厉害，从光纤中漏出的光越多。手套可以感知光线强度的变化，而且这种变化与关节弯曲的程度有关。手套的顶部有两个传感器，用超声波确定三维的定位信息和翻滚的角度，即手腕旋转的程度（图13.15）。

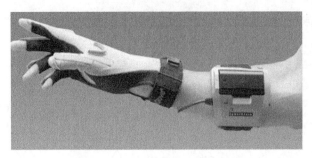

图 13.15　一种数据手套产品

数据手套的设计是为了满足从事运动捕捉和动画工作的专家们的严格需求。使用简单、操作舒适、驱动范围广、高数据质量等特点使得它成为虚拟仿真用户的理想工具。适用于机器人系统、操作外科手术、虚拟装配训练、手语识别系统、教育娱乐等诸多领域。

数据手套的优点是容易使用，功能强大，可以表达丰富的信息。缺点是价格比较昂贵，很难与键盘一起使用。

3）虚拟现实头盔

虚拟现实头盔，也称虚拟现实头戴式显示器，是一种利用头戴式显示器将人对外界的视觉、听觉封闭，引导用户产生一种身在虚拟环境中的感觉。头戴式显示器是最早的虚拟现实显示器，其显示原理是左右眼屏幕分别显示左右眼的图像，人眼获取这种带有差异的信息后在脑海中产生立体感。头戴式显示器作为虚拟现实的显示设备，具有小巧和封闭性强的特点，在军事训练、虚拟驾驶、虚拟城市等项目中具有广泛的应用。

虚拟现实头盔的工作原理是将小型二维显示器所产生的影像由光学系统放大。具体而言，小型显示器所发射的光线经过凸状透镜使影像因折射产生类似远方效果，利用此效果将近处物体放大至远处观赏而达到全像视觉（hologram）。液晶显示器的影像通过一个偏心自由曲面透镜，使影像变成类似大银幕画面。

图 13.16 所示为 HTC 与 Valve 联合开发的 Vive 虚拟现实头盔设备，包括一个头戴式显示器、两个单手持控制器、一个能于空间内同时追踪显示器与控制器的定位系统（lighthouse）。

图 13.16　Vive 虚拟实现头盔

在头显上，HTC Vive 开发者采用了一块 OLED 屏幕，单眼有效分辨率为 1200×1080，双眼合并分辨率为 2160×1200。2K 分辨率大大降低了画面的颗粒感，用户几乎觉察不到纱门效应，并且能在佩戴眼镜的同时戴上头显，即使没有佩戴眼镜，400 度左右近视依然能清楚看到画面的细节。画面刷新率为 90Hz，2015 年 3 月的数据显示延迟为 22ms，实际体验几乎零延迟，无眩晕感。

13.4.2　三维交互方式

三维用户界面必须便于用户在三维空间中通过观察、比较和一系列操作来改变三维空间和对象的状态。常见的三维交互方式包括直接操纵、导航、系统控制和符号输入等。

（1）直接操纵。虚拟对象的操纵任务涉及选择和移动对象，有时也包括对象的旋转。通过手部动作的直接操纵是最自然的方法，因为用手操纵物理对象对于人类更为直观。另外一种方式是在对象上放置三维控件（3D widgets），用户可以利用这些三维控件实现对象的定位、缩放、平移和旋转。

（2）导航。三维系统需要为用户提供关于位置和运动的信息。导航由漫游和路径规划两个组成部分构成。漫游是指从当前的位置移动到所需位置。在虚拟环境中路径规划是指查找和设置去往目的地的路线。

（3）系统控制。系统控制涉及向应用程序发出命令更改系统模式或激活某些功能。支持三维系统控制任务的技术通常包括图形菜单、声音命令、手势交互和具有特定功能的虚拟工具。

（4）符号输入。允许用户输入和编辑符号（如文本），从而实现对三维场景和三维对象的标记。

13.5　图形用户界面设计

图形用户界面是用户接口中最为重要的一部分，是用户与计算机系统打交道的主要媒介。

从软件开发的角度来看，图形用户界面的核心在于设计，即软件设计人员能否对系统使用人员的业务流程有本质的理解，能否对各种用户界面元素传达信息的方式有很好地理解，能否从用户的角度考虑图形用户界面的布局、操作流程，能否有一定的美学修养来设计界面的布局、用色和使用表意能力强的图符和图像。

13.5.1　图形用户界面主要对象的设计

图形用户界面设计的最终对象为系统界面要素，主要包括系统启动画面、按钮、面板、菜单、工具栏、图标、滚动条及状态栏、安装过程、包装等。结构设计、交互设计和视觉设计的所有原则都应体现在这些具体要素的设计之中。

1. 系统启动画面设计

系统启动画面应该为高清晰度的图像，大小为主流显示器分辨率的 1/6 大，所采用的色彩不宜超过 256 色，最好为 216 色安全色，而且在启动画面上应该醒目地标注制作或支持的公司标志、产品商标、软件名称、版本号、网址、版权声明、序列号等信息，以树立软件形象，方便使用者或购买者在软件启动的时候得到提示。

2. 按钮设计

按钮大小基本相近，忌用太长的名称，以免占用过多的界面空间。按钮大小与界面的大小和空间相协调。重要的命令按钮与使用较频繁的按钮要放在界面上醒目的位置。错误使用容易引起界面退出或关闭的按钮不应该放在易于点击的位置。按钮应具备简洁的图示效果，应能够让使用者产生功能关联反应，群组内按钮应该风格统一，功能差异大的按钮应该有所区别。此外，按钮设计还应该具有交互性，应能根据不同的情况进行状态改变，如将与正在进行的操作无关的按钮加以屏蔽或使之无效。

3. 面板设计

系统面板应对功能区间划分清晰，同时还应与对话框、弹出框等风格匹配。

4. 菜单设计

主菜单的宽度要接近，字数不宜过多。主菜单数目不应太多，最好单排布置。下拉菜单项要根据菜单选项的含义进行分组，并按照一定的规则进行排列。当一组菜单项的使用有先后要求或有向导作用时，应该按先后次序排列。没有顺序要求的菜单项按使用频率和重要性排列，常用的放在开头，不常用的靠后放置。菜单深度一般控制在三层以内。如果菜单选项较多，应该按加长菜单的长度而减少深度的原则排列。对与进行的操作无关的菜单要用屏蔽的方式加以处理，最好采用动态加载来显示需要的菜单。菜单前的图标不宜太大，与字高保持一致最好，能直观的代表要完成的操作，常用菜单项应有对应的快捷方式。

5. 工具栏设计

工具栏的长度最好不超出屏幕宽度，工具栏中的每一个按钮要有提示信息，其图标应能直观地代表要完成的操作。系统常用的工具栏应该设置默认放置位置。此外，还要求工具栏可以根据用户的需要自己定制。

6. 图标设计

图标应该使用有典型特征和强烈表意性的图符，确保图形质量清晰，便于用户的识别和操作。图标大小通常为 16×16 像素或 32×32 像素，其色彩不宜超过 64 色。

7. 滚动条及状态栏设计

滚动条主要是为了对区域性空间的固定大小内容量的变换进行设计，应该有上下箭头、滚动标等，有些还有翻页标。滚动条的长度要根据显示信息的长度或宽度能及时变换，以利于用户了解显示信息的位置和百分比。状态栏是对软件当前状态的显示和提示，应该随用户操作状态的变化而变化。状态条要能显示用户切实需要的信息，如目前的操作、系统状态、用户位置、用户信息、提示信息、错误信息等。

13.5.2　图形用户界面交互设计原则

为了使系统的交互性更科学合理，在进行交互设计时，应该遵循以下原则。

（1）引导用户操作。包括引导用户进行合法的操作，按要求进行输入，还包括引导用户进行较复杂的操作。引导用户操作可以通过诸如根据不同的操作阶段显示菜单或按钮的不同状态，显示提示说明信息或图解信息等方式来实现。

（2）快速反馈。反馈是人机交互中计算机作用于人的重要对话形式之一，通常由计算机图形终端在适当的时机以适当的形式给出反馈信息，用来帮助用户对系统进行操作和了解系统的工作状态。及时的反馈不仅可以给用户心理上创造一个有进展和成就的良好感觉，还可以让用户知道操作是否合法，结果是否正确，系统是否在运行，以帮助用户做出正确的判断和反应。而任何延迟都会让用户焦急等待，干扰用户的工作，降低用户对系统的信心。对诸如进行数据转换与处理等需要花费较长时间的操作，需要提供进度条，以显示工作的进度。此外，系统中的提示与反馈信息尽量使用用户熟悉的语言。对于用户的误操作所给出的提示信息要有较强的针对性，让用户知道错在哪里，而不应该仅仅提示"操作错误"等字样。

（3）遵循用户的操作习惯和已有的经验。在交互界面中采用用户已经在现实世界中学到的概念和技术，以及以往的经验，可以让他们立刻利用系统开始工作并确保进展顺利。

（4）减少记忆量。帮助用户记忆，减轻用户记忆各种操作的负担。系统应该尽量保存用户经常需要使用的设置或数据内容，如上一次的配置、文件名或者其他的一些细节，减少用户手工输入的工作量。当系统检测到用户界面中输入的某个数据不正确而要求用户重新输入时（如用户登录），不应该将用户上次所输入的内容全部清空，而应该保留用户的上次输入，以便用户进行少许的修改即可进行下一步操作。此外，可输入控件检测到非法输入后除了给出说明信息外，还应该能自动获得焦点。

（5）保证系统安全。系统安全包括避免用户的错误操作或错误输入后发生严重的错误而导致系统崩溃，同时包括保证数据不丢失或遭到破坏。为了避免用户非法操作而引发严重的错误并导致系统崩溃，需要对可能引起致命错误或系统出错的输入字符或动作加以限制或屏蔽。在输入有效字符之前应该阻止用户进一步的操作。另外，对可能发生严重后果的操作要有补救措施或支持可逆性处理，如取消操作回到原来的正确状态。为了避免数据丢失或遭到破坏，在进行无法恢复的数据编辑修改前，必须提供确认信息。

（6）回退与出错处理。系统允许用户沿着操作步骤的逆过程，即一步步倒退并取消所做操作，回到用户所期望的某些操作位置的过程。

（7）可定制。提供"上一步""下一步""完成"等按钮，以针对不同情况提供多种选择，给用户提供多种可能性。还允许用户根据自己的需要进行界面的定制，对可能造成等待时间较长的操作提供取消功能。

（8）提供不同的交互方式。对具备不同操作技能、身体条件、操作习惯和使用环境的用户提供不同的交互方式。允许用户选择最适合自身情况的交互方式，这就要求交互界面能灵活地提供多种选择，例如同一功能，既允许用户使用鼠标点击操作，又允许用户通过键盘和快捷键来进行操作。

第十四章 地理空间数据可视化设计

地理现象的客观存在形式与其图解表示之间存在着错综复杂的关系。地理现象存在的形式主要有点、线、面、体、时空关系。可视化是一种将抽象地理实体转化为几何图形的计算方法，以便研究者能够观察其模拟和计算的过程和结果。地理空间数据可视化（本章简称可视化）设计主要根据地理信息系统用途、地理空间数据资料和区域地理特点确定可视化内容取舍及其分类、分级系统，然后针对所选内容，设计表示方法、相应的符号和可视化显示比例尺。它主要研究人和计算机怎样协调一致地接受、使用和交流视觉信息。

14.1 可视化设计概述

地理空间数据是一类具有多维特征，即时间维、空间维及众多的属性维的数据。空间维决定了空间数据具有方向、距离、层次和地理位置等空间属性；属性维表示空间数据所代表的空间对象客观存在的性质和属性特征；时间维描绘了空间对象随着时间的迁移行为和状态的变化。地理空间数据可视化集科技性、艺术性、实用性于一体，成为空间信息的图形表达、分析研究与认知的手段，越来越受到经济建设、科学研究、文化教育、国防军事等各部门的高度重视与广泛应用，在许多部门和学科的分析评价、预测预报、规划设计、决策管理中发挥着重要作用。

14.1.1 影响可视化设计的因素

1. 目的与用途

随着社会的发展和科学技术的进步，地理空间数据作为一种具有地理信息传输的载体，已被普遍认同。特别是在高新技术广为应用的今天，地理空间数据在国民经济、城市管理和社会生活等方面的应用越来越广泛。地理空间数据可视化较其他表现形式有更直观、表现力强、易于理解的优势，它发挥着展示、指导、辅助规划、说明、记载的作用，集观赏性与实用性于一体，是一种非常好的形式和载体。

地理信息系统都是为某种目的而建立的。随着地理信息系统的应用方向不同、使用目的不同、可视化的比例尺的变化，地理现象的表现形式也不断发生变化。地理信息系统应用目的直接影响可视化内容的选择、可视化的尺度和可视化符号设计。

2. 地理空间数据类型

地理空间数据内容十分广泛，种类也很繁多，但概括起来，主要有矢量数据、遥感图像资料、数字高程模型数据、统计与实测数据、文字资料等。对地理空间数据进行认真分析和评价，确定出数据的使用价值和程度，并从数据的现势性、完备性、精确性、可靠性、是否便于使用和定位等方面进行全面系统的分析评价，以对数据的使用做到心中有数。

3. 可视化内容的选择

地理空间数据的内容十分丰富。地理空间数据的内容不可能全部用可视化方式表达。根据地理信息系统的应用需求，选择可视化的主题。可视化各种地理要素的选取和表示程度，主要取决于应用的主题、用途、比例尺和制图区域的特点，如气候与道路网无关。因此，每天新闻联播后的天气预报图上，就不需要把道路网表示出来；平原地区的土地利用现状图，无需把地势表示出来；随着地图比例尺的缩小，地理底图内容也会相应的概括减少。

4. 可视化比例尺确定

地理空间数据表达尺度是空间数据表达的一个重要特征，从认知科学的观点来看，它体现了人们对空间事物、空间现象认知的深度与广度。从尺度含义上看，尺度变化在地球空间数据中表现为空间范围上的可变性、空间模式的变化、粒度的可变性、时间上的可扩展性和属性内容的可归并及可抽象的综合性。在相同的空间参考系中，大尺度数据在空间上表现为占有较大的空间范围；在时间上表现为相对于人可以接受的时间长度较长；在语义上表现为反映现象和过程的整体、抽象、轮廓趋势。地理空间数据表达尺度反映的则是表达对象的详细、具体的内容。同一地物在不同尺度中的表现有可能是截然不同的。一个城镇在大比例尺中具有二维特征，即用面表示。具体的形状特征、方位特征都可得到详尽的表现。但在小比例尺中可能仅抽象成零维的点表示。例如，一条道路在小比例尺中由两点之间的直线表示，仅具有线状符号特征，而在大比例尺中，可能还会有路面宽度的体现，即具有面状特征成为一个面。此外设计符号中采用不同的视觉变量（如颜色、方向、大小等），会使整个图面的效果发生变化，给人的感受效果截然不同。对于面积符号，颜色变量总是比形状变量更能体现类型的变化，亮度和尺寸变量在反映等级变化的方面总是比其他变量更加直观。

5. 表示方法的选择

图形表示方法很多，几乎表达了所有的自然和社会经济现象，既能表示有形的事物，又能表示无形的现象；既能表示现在的各种事物，又能表示过去和将来的事物；既能表示出事物现象的数量、质量和空间分布特征，又能展现出事物内在的结构和动态变化规律。

地理空间数据可视化在展现地理空间数据内容时，采用不同的表示方法，形成了独特的表现形式和符号系统。表示方法的选择受多方面因素的影响，如数据内容的形态和空间分布规律、数据的详细程度、可视化的比例尺、可视化区域的特点等都会对可视化表示方法选择产生影响。但其中最主要的因素是数据内容的形态和空间分布规律。在实际设计中人们不断地将人类的视觉习惯、生活习惯、以往的设计经验和约定俗成的方式来应用于地理空间数据可视化的设计中去。这一切的手法背后都存在地图符号学原理的影子。符号学的运用，影响着图形符号设计的思维表述，正是它的存在使人们的符号设计更具有科学性，表现手法更加丰富。

14.1.2 可视化设计的基本原则

地图符号是一种专用的图解符号，它采用便于空间定位的形式来表示各种物体与现象的性质和相互关系。与普通地图相比，地理空间数据的用途、内容、比例尺、资料更为多样，因此，在可视化设计时，除了遵循设计（普通）地图的一般原则外，还应遵循如下原则。

1. 严密的科学性

地理空间数据可视化是一门科学，它所研究的对象是自然、社会、经济现象，反映的内容均经过分析研究综合，有着严密的科学性、系统性和规律性。

2. 高度的综合性

地理空间数据可视化反映的内容是某一专门的主题，目的是揭示这一特定现象的分布规律。地理空间数据可视化既要反映地理环境各要素的质量、数量特征和动态变化，也要反映人类和自然环境的相互作用和影响，进而揭示自然、社会、经济的发展规律。

3. 精美的艺术性

计算机图形是采用绘画艺术中广泛运用的线划和颜色来表示的，以此绘出实际情况的视觉形象，展现统一性和整体性，并给人以生动的感受。但地理空间数据可视化又不同于绘画艺术。它是根据精确的测量和观测资料、各种各样专题资料的科学概括，借助于计算机显示的颜色，配合建立于地理现象的严格分类系统基础上的表示符号来表达实际情况的。

4. 较强的实用性

地理空间数据是最佳的地理信息载体之一。地理数据可视化是将地理空间数据中大量非直观的、抽象的或者不可见的数据，借助计算机图形学和图像处理等技术，以图形图像信息的形式，直观、形象地表达出来，不仅要客观地反映所描述对象的分布、发生发育的规律及其动态变化，还要使这些地图为国民经济建设和生产实践服务。在分类上既要以相关学科的分类为标准，又要根据实际的用途要求，对原有的分类进一步实用化，强调符号、图表的可读性和可量度性，为地理研究和地理决策实时提供多种空间和动态的地理信息。

14.1.3 可视化设计的主要内容

1. 符号运用

空间对象以其位置和属性为特征。当用图形图像表达空间对象时，一般用符号位置来表示该要素的空间位置，用该符号与视觉变量组合来显示该要素的属性数据。例如，道路在地图上一般用线状符号表达，通过线型来区分不同的道路级别，如粗实线表示高等级公路，而细实线表示低等级公路。

地图符号系统中的视觉变量包括形状、大小、纹理、图案、色相、色值和彩度。形状表征了图上要素类别。大小和纹理（符号斑纹的间距）表征了图上数据之间的数量差别，例如，一幅地图可用大小不同的圆圈来代表不同规模等级的城市。色相、色值和彩度，以及图案表征标称（nominal）或定性（qualitative）数据。例如，在同一幅地图上可用不同的面状图案代表不同的土地利用类型。

矢量数据和栅格数据在符号运用上不尽相同。对栅格数据而言，符号的选择不是问题，因为无论被描述的空间对象是点、线还是面，符号都由栅格像元组成。另外在视觉变量的选择上，栅格数据也受限制。由于栅格像元的问题，形状和大小这两个视觉变量并不适合于栅格数据，纹理和图案可用于较低分辨率的制图要求，但像元较小时就不适合。因此，栅格数据的表达就局限在用不同的颜色和颜色阴影来显示。

运用符号表达空间对象时，要注意以下几点。

（1）符号定位。地图上常常以符号的位置表达其实际空间位置，这就是常说的符号定位问题。符号定位的一般原则是准确，保证所示空间对象在逻辑和美观上的和谐统一。但有时由于实际空间对象的位置重叠或相距很近，当用符号表达时，容易产生拥挤现象，破坏了图形的美观性和易读性。

（2）易读性。空间对象属性通过符号的视觉变量来进行区分，可通过视觉变量的不同组合来表达。因此，符号的布局、组合和纹理直接影响图面的易读性。一般情况下，线状符号比较容易分离，图案、形状、颜色和阴影要截然不同，并且形状要清晰可辨。

符号的可见性还涉及符号自身的可见性。如果线状符号比较容易识别，其宽度就不必很大。不同颜色的组合也可改变符号的可辨性。经典的例子就是交通符号，形状各异的交通符号可以使行人和驾驶员不必读文字而获得交通信息。

（3）视觉差异性。图形元素和背景、相邻元素的对比是符号运用中最为重要的一点。视觉上的差异性可以提高符号的分辨能力和识别能力。符号运用过程中，要尽量使用符号视觉变量的不同组合来提高易读性，但过多的符号差异会导致图面的繁杂，也不利于符号的识别。

2. 颜色运用

地图中颜色的运用为地图增添特殊的魅力，一般条件下制图者都会首选制作彩色地图，其次才是黑白地图。实际上地图中色彩的运用经常被误解与错用。

可视化中色彩的运用首先必须理解色彩的三个属性，即色相、色值和彩度。色相（又称色别）是一种色彩得以与另一种色彩相区别的性质，如红色与绿色即为不同的色相。色相也可定义为组成一种颜色的光的主波长。一般将不同的色相与不同类型的数据联系起来。色值是一种颜色的亮度或暗度，黑色为低值而白色为高值。在一幅地图上通常感到较暗的符号更重要。彩度又称为饱和度或强度，指的是一种颜色的丰富程度或鲜明程度。完全饱和的颜色为纯色，而低饱和度的颜色则偏灰。通常，颜色饱和度越高的符号其视觉重要性也越大。

地图上色彩的运用遵循一定的经验法则，一般有以下几个原则。

（1）感情色彩。色彩与人的情感有广泛的联系，而不同民族的文化特点和背景又赋予色彩各自的含义和象征。地图中色彩一般分为暖色和冷色两种，如红色为暖色而青色为冷色，与色相相结合，则有干湿之分，如浅黄色象征干燥，而蓝色象征湿润。制图中要充分考虑人的感情色彩和情绪，使效果更加人性化。

（2）习惯用色。在长期的研究实践中，制图人员总结出一系列的习惯用色，有的已约定成俗，有的已形成规范。数据表达中，要充分考虑人们在长期阅图中形成的习惯和专业背景。

（3）色彩方案。色相是适于表征定性数据的视觉变量，而色值与彩度则更适合于表征定量数据。定性数据属于标称数据（nominal data），而定量数据则属于需用排序（ordinal）、区间（interval）和比率（ratio）等尺度来量度的数据。对定性地图而言，找到 10 种或 15 种易于相互区别的颜色并不难。如果地图需要更多种颜色，则可将另一种定性的视觉变量的图案或者文字与颜色组合在一起形成更多的地图符号。

色彩的配置方案主要是通过色相、色值（亮度）和彩度（饱和度）的综合运用来表达不同制图对象的属性信息，按色彩有单变量、双变量和三变量的颜色之分，按变量性质有定性方案、二元方案、顺序方案、分支方案等，它们又可组成不同的色彩配置方案。

3. 注记运用

地图都需要用一定的文字或者注记来标记要素，制图者把字体当做一种地图符号，因为与点状、线状、面状符号一样，字体也有多种类型。运用不同的字体类型表征出悦目、和谐的地图是制图者所面临的一项主要任务。

字体在字样、字形、大小和颜色方面变化多样。字样指的是字体的设计特征。字形指的是字母形状方面的特征。字形包括了在字体重量或笔画粗细（粗体、常规或细长体）、宽度

（窄体或宽体）、直体与斜体（或者罗马字体与斜体）、大写与小写等方面的不同变化。

（1）字体变化。字体变化可以像视觉变量一样在地图符号中起作用。字样、字体颜色、罗马字体或斜体等方面的差异更适合于表现定性数据，而字体大小、字体粗细和大小写等方面的差异则更适合于表现定量数据。例如，在一幅显示城市不同规模的地图上，一般是用大号、粗体和大写字体表示最大的城市，而用小号、细体和小写字体表示最小的城市。

（2）字体类型。在选择字体类型的时候要考虑可读性、协调性和传统习惯性。注记的可读性必须与协调性相平衡。注记的功能就是传达地图内容。因此，注记必须清晰可读，但不能吸引过多的注意力。通常可以通过在一幅图上只选用1～2种字样，并选用另一些字体变化用于标注不同要素或符号来取得协调美观的效果。例如，在制图对象的主体中较少采用修饰性字体，但在图名和图例等部分习惯用修饰性字体。已经形成的习惯有：水系要素用斜体，行政单元名称用粗体，并且名称按规模大小有字体大小的区分，太多的字体类型会使图面显得不协调。

（3）字体摆放。地图上文字或标注的摆放与字体变化的选择同样重要。一般遵循以下规则：①文字摆放的位置应能显示其所标识空间要素的位置和范围。点状要素的名称应放在其点状符号的右上方。②线状要素的名称应以条块状与该要素走向平行。③面状要素的名称应放在能指明其面积范围的地方。

4. 图面配置

图面配置是指对图面内容的安排。在一幅完整的地图上，图面内容包括图廓、图名、图例、比例尺、指北针、制图时间、坐标系统、主图、副图、符号、注记、颜色、背景等内容，内容丰富而繁杂，在有限的制图区域上合理地进行制图内容的安排，并不是一件轻松的事。一般情况下，图面配置应该主题突出、图面均衡、层次清晰、易于阅读，以求美观和逻辑的协调统一而又不失人性化。

1）主题突出

制图的目的是通过可视化手段来向人们传递空间信息，因此在整个图面上应该突出所要传递的内容，即地图主体。地图主体的放置应遵循人们的心理感受和习惯，必须有清晰的焦点，为吸引读者的注意力，焦点要素应放置于地图光学中心的附近，即图面几何中心偏上一点，同时在线划、纹理、细节、颜色的对比上要与其他要素有所区别。

图面内容的转移和切换应比较流畅。例如，图例和图名可能是随制图主体之后要看到的内容，因此应将其清楚地摆放在图面上，甚至可以将其用方框或加粗字体突出，以吸引读者的注意力。

2）图面平衡

图面是以整体形式出现的，而图面内容又是由若干要素组成的。图面设计中的平衡，就是要按照一定的方法来确定各种要素的地位，使各个要素的显示更为合理。图面布置的平衡不意味着将各个制图要素机械性地分布在图面的每一个部分，尽管这样可以使各种地图要素的分布达到某种平衡，但这种平衡淡化了地图主体，并且使得各个要素无序。图面要素的平衡安排往往无一定之规，需要通过不断的反复试验和调整才能确定。一般不要出现过亮或过暗、偏大或偏小、太长或太短、与图廓太紧等现象。

3）图形背景

背景是图形背景，以衬托和突出图形。合理地利用背景可以突出主体，增加视觉上的影响和对比度，但背景太多会减弱主体的重要性。图形-背景并不是简单地决定应该有多少对象和多少背景，而是要将读者的注意力集中在图面的主体上。例如，如果在图面内部填充的是与背景一样的颜色，则读者就会分不清陆地和水体。

图形-背景可用它们之间的比值进行衡量，称为图形-背景比率。提高图形-背景比率的方法是使用人们熟悉的图形，例如，分析陕西省内黄土高原的地形特点时，可以将陕西省从整体中分离出来，使人们立即识别出陕西的形状，并将其注意力集中到焦点上。

4）视觉层次

视觉层次是图形-背景关系的扩展。视觉层次是指将三维效果或深度引入制图的视觉设计与开发过程，它根据各个要素在制图中的作用和重要程度，将制图要素置于不同的视觉层次中。最重要的要素放在最顶层并且离读者最近，而较为次要的要素放在底层且距读者比较远，从而突出了制图的主体，增加了层次性、易读性和立体感，使图面更符合人们的视觉生理感受。

视觉层次一般可通过插入、再分结构和对比等方式产生。插入是用制图对象的不完整轮廓线使它看起来像位于另一对象之后。例如，当经线和纬线相交于海岸时，大陆在地图上看起来显得更重要或者在整个视觉层次中占据更高的层次，图名、图例如果位于图廓线以内，无论是否带修饰，看起来都会更突出。

再分结构是根据视觉层次的原理，将制图符号分为初级和二级符号，每个初级符号赋予不同的颜色，而二级符号之间的区分则基于图案。例如，在土壤类型利用图上，不同土壤类型用不同的颜色表达，而同一类型下的不同结构成分则可通过点或线对图案进行区分。再分结构在气候、地质、植被等制图中经常用到。

对比是制图的基本要求，对布局和视觉层都非常重要。尺寸宽度上的变化可以使高等级公路看起来比低等级公路、省界比县界、大城市比小城市等更重要，而色彩、纹理的对比则可以将图形从背景中分离出来。

14.2　可视化内容取舍与概括

地图最重要、最基本的特征是以缩小的形式表达地面事物的空间结构，这个特征表明，地图不可能把地面全部事物毫无遗漏地表示出来。地图上所表示的地面状况是经过概括后的结果。地图与实际地面相比，是缩小的。地图上所表现的地面景物，从数量上看是少的，从图形上看是小的、简化了的，这是因为地图上所表现的内容都是经过取舍和化简的。这种把实地景物缩小或把原来较详细的地图缩成更小比例尺地图时，根据地图用途或主题的需要，对实况或原图内容进行取舍和化简，以便在有限的图面上表达出制图区域的基本特征和地理要素的主要特点的理论与方法，称为地图综合（地图概括）。制图综合的程度受三种基本因素的影响：一是地图的用途，主要决定地图所应表示和着重表示哪些方面的内容；二是地图比例尺，主要决定地图内容表示的详细程度；三是制图区域的地理特点，即应显示本地区地理景观的特点。对地理空间数据可视化而言，进行复杂的制图综合处理会占用很多计算资源。

一般情况下，只对地理空间数据进行简单的内容取舍和分类概括，主要解决地理空间数据表达丰富与人类视觉感受及分辨能力有限之间的矛盾。取舍和概括是地理空间数据可视化的主要手段，即采取简明扼要的手法，从地理空间信息中提取主要的、本质的数据，删弃次要的细部，用简单的图形进行表达。

14.2.1 可视化内容的取舍

根据地图用途和比例尺、地理环境条件，将重要的物体保留在可视化屏幕上，称为"取"，将次要的物体去掉，称为"舍"。取舍是制图综合中最重要和最基本的方法。取舍就是从数据库中选取某些实体，而舍去另一部分实体，以保证输出结果的清晰性，并反映制图物体的分布特点和密度比。选取的目的是强调主要的事物和本质的特征，而舍去次要的事物和非本质的特征。例如，居民地的数量综合，随着比例尺的缩小，居民地除了因形状缩小而不断变成点状地物之外，还有一个新问题，就是居民点的密度在地图上急剧增大，于是在缩小到一定程度后很多点挤在一块，根本无法分辨。所以在进行缩小处理时还必须省略掉一些不太重要的居民点，使图面上的居民点密度维持在一个可以接受的范围内。但是要注意，同一区域不同部位的省略标准要保持一致，使图中各部分居民点的密度对比基本与原图保持一致。

1. 选取指标确定

选取指标确定方法：图解计算法、区域指标法、回归分析法和开方根规律。

（1）图解计算法是一种以地图符号的面积载负量确定符号选取数量指标的方法。这种方法一般用于确定居民点选取数额。居民点的面积载负量 s 由两部分组成，即居民点符号的面积 q 和居民点注记的面积 p。一般公式为 $s=n(q+p)$，n 为每平方厘米的居民点个数；s 为无量纲。

（2）区域指标法是一种不等精度的选取方法。由于地理位置的差异，在同一范围内进行定额选取时要采取不同的分类标准。

（3）回归分析法采用相关分析与回归分析方法建立地理数量的选取指标。居民点的选取程度，同实地居民点密度之间存在着相关关系。

（4）开方根规律是德国地图学家特普费尔提出的方案，解决原始地图与新编地图由于比例尺的变换而产生的地物数量递减问题。开方根规律的基本特点：①直观地显示了从重要到一般的选取标准，是一个有序的选取等级系统。②是线性方程，在地图比例尺固定的条件下，地物选取的比例一致。③未考虑地理差异，特别是制图地物分布的密度变化。④改正系数的调整可适当弥补地理差异的影响。

2. 地物选取

选取指标的确定仅仅解决了地物的选取数量，落实到选取哪一个地物是地物取舍，是根据应用需求对地理空间数据内容、指标或细小图斑进行选择的过程。选取目的在于根据地理空间数据、应用需求、可视化尺度和数量要求，选择和保留最主要的、典型的点状与线状地物或面状图斑，舍去次要的点状与线状地物或细小的面状图斑。为避免主观任意性，采用选取指标的数量方法，即选取标准（选取资格）和选取限额（选取程度）作为具体控制。主要考虑以下几点：①依据应用需求，按某种属性及其分类分级选取。例如，道路按技术等级可分为高速道路、一级道路、一般道路、农村道路和土路等；按管理层次可分为国道、省道、县道和乡道。②依据尺寸标准，保留地物的最小尺寸（长度、面积），如规定河流选取标准为 1cm，即保留 >1cm 的河流。③依据重要性，如沙漠地区林地、水泉等。④区域特点。

地图内容要素的选择是主题展开和限制的总和：一方面，要求反映与主题有关的内容；另一方面，表达内容受地图用途、比例尺、载负量、制图表示方法、符号的特点和颜色的数量等限制。

实际工作中，地图内容的选择一般由制图工作者根据用图者的用途要求并参考已有的同类地图先予拟定，然后由专业工作者予以补充、修订，在考虑图面表示的可能性后，再确定下来。可以这样说，从事专题地图的制图工作者，其知识面越宽，对所要编制的这一主题领域了解越深，在表达内容的选择上越正确、越科学。

14.2.2　可视化内容的概括

概括是指减少地理实体或现象在质量和数量方面的差别，包括质量特征的概括和数量特征的概括，它是通过地理实体的分类分级实现的。质量特征的概括是指用概括的分类代替详细的分类；数量特征的概括是指扩大要素属性信息的数量分级间隔，减少分级数目，以减少不同实体间的数量差别。空间数据的类别合并，并不是类别删除，而是将其中的几种类别合并组成新的一类。

1. 分类

分类即归类，是指按照种类、等级或性质分别归类。分类是从种到属，而划分则是从属到种，二者方向相反，但又相辅相成，往往同时并用，结果一致。地理空间数据分类就是依照地物的属性划分将地理空间数据进行排序、分级或分群。

2. 分级

分级就是将空间信息数量统计划分为数学定义的级别，如高程值、人口等。对于国家的基础地理信息数据，国家部门独立的制定规范和标准、图式，使基础地理信息数据按不同的比例尺纳入规范要求；对于其他专业地理空间数据，遵从该专业的学科分类。经过归类后的空间数据，具有明确的先后层次顺序，随比例尺的缩小，按数据的质量和数量特征合并等级，减少级数扩大级差。分级数目主要取决于读者阅读能力能够辨认的等级数。单色 3~5 级，多色 7~9 级。在选择分级数时，还要看区域单元的数量和数据的分布特征，只是一般不要超过上述级别。分级可用等差、等比、标准差或任意分级方法，统称分级比值法。

（1）固定系列或等梯度。最简单的分级方法是等梯度的固有系列，即找出数据集中的最高值和最低值，将二者之差被拟定的分级数去除，得到每一级的级差，按此级差构成分级序列。

第二种固定系列是利用一个正态分布参数来构成的，即对一个数据集求其平均数 X 和标准差 S，以平均值为中心加减若干标准差即构成分级数列的界限。

第三种固定系列称为嵌套平均值。其基本方法是先用总平均值将原始数列分成两部分，再求每部分的平均值将其各自又分为两部分，依此类推，达到需要的级数，各平均值即为分界极限。

（2）分级间隔有系统的高端或低端变小。根据数据的分布状态，如低端包括的单元数较多，则把低端的间隔变小，反之亦然。可以采用下面的六种方式之一：按某一恒定速率递增；按某一加速度递增；按某一减速度递增；按某一恒定速率递减；按某一加速度递减；按某一减速度递减。

若采用算术级数，其增减速度是稳定的；若采用几何级数，就会造成加速或减速。

（3）不规则的梯级的分级界限。不规则的梯级分级是根据每一级中包含的单元数由人为制定分级界限，既可有意识地将低端的单元数多一些，然后逐渐减少，也可以使中间的单元数多一些，两端都比较少，其分级界限不一定遵循变化的固定规则。

14.3 多尺度可视化设计

人类信息获取实际上是以一种有序的方式对思维对象进行各种层次的抽象，以便使自己既看清了细节，又不被枝节问题扰乱了主干。因为超过一定的详细程度，一个人能看到的越多，他对所看到的东西能描述的就越少。

由于地球表层的无限复杂性，人们不可能完全地、详细地观察地理世界的所有细节，只有经过合理的尺度抽象的地理信息才更具有利用价值，因而尺度必定是所有地理信息的重要特性。

从哲学和认识论观点看，多尺度、分层次的分析也是一种思想方法。作为一种分析和思想方法，地理空间信息多尺度可视化不仅是为了满足向读者自动化地、合理地、自适应地提供多种详细程度的空间数据，还是一种更自然的空间认知和空间分析方法。空间数据的多尺度表达满足了人类根据推理习惯研究对象的需要。地理空间数据可视化设计最难解决的问题是可视化尺度（比例尺）。可视化尺度设计主要受两个方面制约：一是地理空间数据多尺度组织设计；二是可视化多比例尺设计。

14.3.1 地理空间数据多尺度组织设计

地理空间数据多尺度表达是为了给用户提供由整体到局部、由抽象到具体的地理实体和地学过程分析及可视化功能，有效解决用户对不同尺度数据的需求。根据地理空间数据的多尺度表达方法，人们可以以不同的抽象程度描述现实世界，使每一类用户的注意力集中在其感兴趣的基本信息上。地理空间数据作为地理信息的数字载体和客观地理世界的抽象表达，试图以离散方式描述、模拟自然界的连续分布现象，势必受采样分辨率（也是一种尺度）的约束，数据的真实度随分辨率的不同而变化。

1. 地理实体多尺度表达

空间数据的多尺度表达是指随着在计算机内存储、分析和描述的地理实体分辨率（尺度）的不同，所产生和维护的同一地理实体在几何、拓扑结构和属性方面的不同数字表现形式。空间数据的尺度依赖，使得地理要素的几何形状、空间关系、属性也是尺度依赖的。在不同的尺度下，地理实体表达的多尺度特征表现在以下几个方面。

（1）在几何层面上，同一地理实体在不同的尺度下具有不同抽象程度的几何形状，反映在地理数据中则表现为具有相同或不同的抽象几何类型。这是因为尺度不同，对地物的抽象和化简的程度也不尽相同。图 14.1 中所示的居民地，在比例尺为 1∶1 万时，用一个复杂的多边形进行表示；当比例尺变为 1∶5 万时，可以将居民地简化为一个简单多边形进行表示；而在 1∶10 万及更小比例尺下，居民地通常被简化成一个点进行表示。

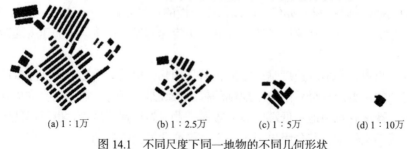

(a) 1∶1万   (b) 1∶2.5万   (c) 1∶5万   (d) 1∶10万

图 14.1 不同尺度下同一地物的不同几何形状

（2）在要素的语义层次上，几个要素可在不同的抽象层次下，基于不同的几何、时态或语义准则聚合成新的复合要素。这样要素在不同比例尺转换时可能会发生聚集/分解或出现/消失的情况，此时，复合要素与底层的对应要素间具有层次性关系，高层要素由低层要素组成，例如，一条街区公路的交叉口，在小比例尺地图中可抽象为一个简单节点，而在大比例尺地图中则对应着由多个节点和车辆行驶路段表示的汇交路口。

由大比例尺尺度向小比例尺尺度转换的过程中，同一属性的地物在不同的尺度条件下会出现聚类、合并或者消失现象。这是因为对于同一属性的地物，当对它们进行由大比例尺到小比例尺尺度的变换时，它们所遵循的几何、时态和语义等方面的规则都会发生变化。如图 14.2 所示，比例尺为 1∶500 时三个相互独立的同类地物，当比例尺变为 1∶1 万时，这三个地物合并为一个地物进行表示。

(a) 1∶500　　　　　　　　　　　　　　(b) 1∶1 万

图 14.2　同一属性地物在不同尺度下的聚类、合并和消失现象

同一地理实体不同尺度下的表达目标所表现出的属性也不相同。低层表达所传递的属性值比高层表达所传递的属性值更准确。例如，点、线、面等几何要素在不同尺度背景下反映出不同层次的要素属性信息；同一地物在不同尺度的表达中会表现出不同的属性。以公路为例，依据交通部的技术标准来划分，交通公路分为汽车专用公路和一般公路两大类。汽车专用公路包括高速公路、一级公路和部分专用二级公路；一般公路包括二、三、四级公路。

人们从不同的角度认知客观世界时，对于不同的应用目的，对地理实体表达需求的详细程度（尺度）是不一样的。例如，在城市中旅游一般采用 1∶1 万～1∶3 万比例尺的地图比较合适，这个尺度范围的地图提供了比较详细的信息；而对于城市之间的旅行则应使用 1∶5万～1∶20 万的地图；国家之间的旅行则应使用 1∶30 万～1∶100 万的地图，这样可以确定总的方向和方位概念并满足一览性的要求。此外，人类对客观地理世界的认知是分层次的，所进行的地理空间分析有很强的区域性。例如，研究全球范围内石油分布情况时，通常将国家看做点，国家内部石油分布的差别就成为次要因素，不需着重考虑；但如果要研究每个国家的石油分布情况，则应把注意力放在国家内部石油分布的差异上。基于空间推理实现辅助决策时，多尺度、分层次的空间表示有助于在空间推理的不同阶段集中推理的注意力，减少不必要的信息干扰，从而提高解决问题的效率。例如，通过概略图、区位图、索引图等方式配合主地图内容实现地物目标的搜索和空间信息的查询；模拟人脑思维活动的智能化推理工具使用自适应的分层推理方法等。

根据人的视觉规律，当把同一地区或同一物体放在远近不同的位置时，人眼所能观察到的该地区或物体的详细程度是不一样的。细节层次模型技术就是根据人的这种视觉规律，为同一地区或同一地物构建一组不同详细程度的数据模型。

　　2. 多比例尺地理空间数据组织

　　借鉴一库多版本和 LOD 的思想，构建了一种多比例尺多层次空间数据库模型结构。该方案的基本思想是：首先，基于 LOD 将目标区分成 4 个层次，每个层次含有 4 种比例尺版本的数据且彼此独立，其中每一层类似于一个单库多版本，所不同的是库中各个版本是独立采集、而不是从主导版本派生而来。然后，对每一层中的数据进行标准分幅、分块，且以标准块为单位在同一地域单元以高精度数据代替低精度数据，实现多比例尺数据融合，最后将标准块中的数据基于地理要素属性分层并根据用户需求取舍层次空间数据。

　　为了满足不同领域不同层次用户在不同应用背景下对多尺度数据的需求，目前构建多尺度地理空间数据库，可以有多种途径或方案，本节主要介绍几种典型方案。

　　（1）多库多版本。该方案的基本思想是：依据目前已存在多个比例尺数据的现实，寻求策略将各比例尺表达目标链接起来，从而组织成一个逻辑上无缝表达的数据结构。多库多版本实现简单，但存在诸多不足：各比例尺数据均为独立采集，造成人力、物力和财力的浪费；图形显示时，一种比例尺转换到另一种比例尺会出现明显的不协调和不连续的现象；由于各比例尺的数据之间没有任何联系，数据维护比较麻烦，各比例尺的数据必须分别进行更新，空间数据的一致性很难得到保证。

　　（2）一库多版本。该方案的基本思想是：用系统中最大比例尺的数据作为主导数据版本，基于这个主导数据版本，采用自动或人机交互的方法进行制图综合，派生出其他关键比例尺的数据版本。其中，"关键比例尺"的选取取决于特定的应用背景。一库多版本需要一个层次数据结构以实现各版本同一地理要素之间的联系，从逻辑上讲，可以有三种实现方法：第一种方法是在目标层支持多尺度表达，在数据库中存放同一个地理要素的多个具有不同分辨率的目标，允许要素在不同数据类别中有不同的目标；第二种方法是在要素层支持多尺度表达，即在要素层存储空间数据的多尺度表达结构，同一要素的各目标间用特定的方法链接起来；第三种方法是在语义层支持多尺度表达，允许对象在它的生命周期内扮演不同的角色，来反映多尺度时空数据库中对象的变化轨迹。一库多版本的优点是：所有数据都从一个主导版本派生而来，省去了重复采集所需要的人力、物力；由于建立了不同比例尺同一地理要素之间的联系，数据易于更新、数据一致性容易保证。但该方案存在以下不足：各个版本是从主导版本派生而来的，存在大量的数据冗余；将大区域的海量数据存放在一个数据库中实现难度较大。

　　（3）一库一版本。该方案的基本思想是：在数据库中只存储一个最高精度的单一比例尺的数据作为主导版本，当需要其他比例尺的数据时，数据库系统能自动导出所需尺度的数据，这也是地图自动综合所希望达到的目标。这种方法是公认的最理想的方法，它几乎能帮助解决目前多尺度地理空间数据中存在的所有问题，如数据冗余、数据不一致等，但至今仍没有一个关于自动综合问题的明朗的解决方案。地图综合，无论过去、现在或将来，都是地图制图的一个核心问题。

14.3.2　可视化多比例尺设计

　　空间数据浏览的尺度变化主要是利用计算机的处理能力，既要满足人们对地理环境宏观上的认识，又考虑人们观察局部细节，即微观上的要求，这就要探讨空间数据浏览内容和尺度之间的关系，即空间数据浏览内容随尺度的变化规律。

1. 可视化尺度变化规律

针对某种比例尺图形数据，在计算机屏幕上浏览图形时，随着比例尺变小，图形符号和图形间距离也呈比例缩小，当比例尺缩小到一定程度后，屏幕图形将拥挤难辨。空间图形的浏览虽也遵循一般图形的缩放规则，但当比例尺达到一定程度时，只有采取图形综合（减少图形数量或图形化简）的办法才能保证屏幕空间数据的视觉效果。

方根模型和回归模型只是描述了图形数目随比例尺的变化，并没有具体解释当尺度变化到什么情况时应该综合。李云岭等（2003）通过屏幕视觉传输来研究空间数据的尺度问题。该研究中，定义了一个与具体形状无关的单元图形，通过单元图形的缩放来研究单元图形随尺度变化的规律，在此基础上总结出地理空间数据屏幕可视化空间信息随比例尺缩小的变化规律，依据此规律，提出"4倍原则"。其描述如下：针对某种比例尺空间图形，在比例尺未缩小4倍前，图形不综合的生存空间与综合情况下的比值小于比例尺变化；当缩小倍数超过原比例的4倍后，图形不综合的生存空间与综合时相比加速下降，此时为采取综合措施的最佳时机，即空间数据的分级应以比例尺变化4倍为参考依据。

1）单元图形定义

针对某种比例尺图形数据，假设在计算机屏幕上图形由一个个大小相等的正方形构成，每个正方形代表着可视的空间实体，称此正方形为该比例尺下的单元图形。

从视觉角度来看，图形间隙是人眼区分不同图形的主要因子，对单元图形来讲，单元图形周围的间隙是它的生存空间[图14.3（b）]，当间隙随着比例尺缩小而缩小到一定程度时，便会产生视觉上的图形合并，此时是采取数据综合的最佳时机。

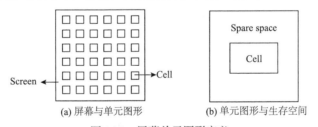

(a) 屏幕与单元图形　　　　　(b) 单元图形与生存空间

图14.3　屏幕单元图形定义

2）单元图形可视化的尺度变化规律

在比例尺缩小的情况下，比较单元图形综合与不综合两种处理方式的生存空间变化，总结出图形随尺度的变化规律。

（1）比例尺缩小，数据不综合。随着比例尺变化，图形的缩放仅仅是相似变换。当比例尺缩小时，单元图形和生存空间呈比例缩小。假设当前基础比例尺分母为 S_1，屏幕内单元图形数目为 N_1，单元图形的生存空间面积（以下统称单元图形面积）为 A_1；比例尺缩小后的分母为 S_2，此时面积 A_1 变为 A_2，A_2 的计算方法：

$$A_2 = A_1 \cdot (S_1 / S_2)^2 = A_1 \cdot M^2 \tag{14-1}$$

式中，$M = S_1 / S_2$，$M < 1$，M 为比例尺缩小倍数的倒数。

可见，当比例尺变小，对图形数据不进行综合时，原单元图形的面积变化与比例尺缩小倍数成平方关系。

（2）比例尺缩小，数据综合。假设当前比例尺分母为 S_1，屏幕内共有单元图形数目为 N_1，单元图形面积为 A_1；缩小后比例尺分母变为 S_2，则原 N_1 个单元图形在新的比例尺下占有面积 A'_{total} 为

$$A'_{\text{total}} = N_1 \cdot A_1 \cdot (S_1 / S_2)^2 \qquad （14\text{-}2）$$

由于采取了综合措施，原屏幕范围内的 N_1 个单元图形变成了新比例尺下的 N_2 个单元图形，单元图形的面积也由 A_1 变为 A_2'。根据式（14-2）有

$$N_2 \cdot A_2' = A'_{\text{total}} \Rightarrow N_2 \cdot A_2' = N_1 \cdot A_1 \cdot (S_1 / S_2)^2 \qquad （14\text{-}3）$$

参照特普费尔的开方模型的扩展公式（14-2），综合时选取图形数量符合开方规律，因此可将式（14-2）代入式（14-3），即 $N_1 \cdot (S_1 / S_2)^x \cdot A_2' = N_1 \cdot A_1 \cdot (S_1 / S_2)^2$，得到综合后单元图形的面积 A_2' 为

$$A_2' = A_1 \cdot (S_1 / S_2)^{2-x} = A_1 \cdot M^{2-x} \qquad （14\text{-}4）$$

比较式（14-2）与式（14-4）得知，综合后单元图形面积是不综合时的 $1/M^x$ 倍，即

$$A_2' / A_2 = M^{-x} = 1/M^x \quad （M = S_1 / S_2,\ M < 1） \qquad （14\text{-}5）$$

令 $y = A_2 / A_2'$，则有函数关系

$$y = M^x \qquad （14\text{-}6）$$

该函数表示了综合与不综合两种做法单元图形面积随比例变化的关系。M 为 1 时，表示比例尺没变化，此时两种情况下面积相等；M 越小（$M < 1$），表示比例尺缩小的倍数越大，不综合与综合两种情况下单元图形的面积差距越来越大。虽然，当 M 小于 1 时，A_2 / A_2' 也小于 1，但在 $M \in （0，1）$ 的区间内，A_2 / A_2' 与 M 的变化率并不相等，只有当 y' 恒为 1 时，二者才具有相等的变化速度。因此，对式（14-6）求导，求 $y' = 1$ 时，即 $xM^{x-1} = 1$，得

$$M = (1/x)^{1/(x-1)} \qquad （14\text{-}7）$$

由式（14-7）得到图形的缩小规律：针对某种比例尺空间图形，随着比例尺缩小，其图形的生存空间也在缩小。在比例尺未缩小 $(1/x)^{1/(x-1)}$ 倍前，图形不综合的生存空间与综合情况下的比值小于比例尺变化，即 A_2 / A_2' 小于 M；当缩小倍数超过原比例尺的 $(1/x)^{1/(x-1)}$ 倍后，A_2 / A_2' 大于 M，即图形不综合的生存空间与综合时相比加速下降，此时为采取综合措施的适当时机，即空间数据的分级应以比例尺变化 $(1/x)^{1/(x-1)}$ 倍为参考依据。

2. 可视化尺度分级设计

根据空间数据可视化的尺度变化"4 倍"规律，空间数据可视化的尺度从最大比例尺向最小比例尺的逐步综合便可形成多比例尺数据分级体系。依据在图形信息的显示过程中，屏幕上超过最大比例尺，图形的详细程度也不会再增加的原则，界定某比例尺图形数据的有效范围，从而指导空间数据可视化的多比例尺分级。

1）空间数据最大与最小比例尺确定

空间数据可视化最大、最小比例尺是空间数据尺度分级的两端，确定两端所采用的数据尺度有助于中间尺度数据的确定。一般来说，满足于用户使用的比例尺为空间数据的最大比例尺，如城市规划部门一般使用1：2000城市地形图，城市详细规划一般使用1：500城市地形图，农村土地调查使用1：10000地形图，军事上一般使用1：50000地形图。最小比例尺是在屏幕上能够将整个区域全部显示出来的比例尺。其计算公式如下：

$$S_{min} = L_{main} / L_{screen} \qquad\qquad (14\text{-}8)$$

式中，S_{min} 为最小比例尺分母；L_{main} 为区域主轴线长度（m）；L_{screen} 为屏幕的有效显示宽度（m）。

2）空间数据的多比例尺分级

空间数据的多比例尺分级与人们使用空间数据的习惯密切相关。关于尺度分级的定性研究，Beer（1967）曾提出分级的概念模型，即"空间分辨率圆锥"模型。作为概念模型，Beer只是示意了不同分辨率空间数据之间的关系，笼统地要求研究者应对多比例尺表现范围做一个约定，但它并没有给出具体规定（图14.4）。

在形成具体的分级体系时，可将趋于已有小比例尺数据也作为体系中的一个节点。构建分级体系的步骤为：①根据用户对空间数据精度要求确定空

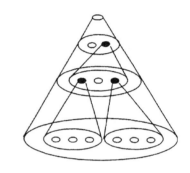

图14.4　Beer的地理信息系统等级概念模型

间数据的最大比例尺 S_{max}，确定空间数据显示的最小比例尺 S_{min}；②以最大比例尺空间数据为基础，根据单元图形随比例尺变化规律，计算比例尺 S_i 缩小4倍后的比例 S_{i+1}；③若在 S_i 与 S_{i+1} 两种比例尺之间存在其他比例尺数据，则用该比例尺替换 S_{i+1}；④判断 S_{i+1} 与 S_{min} 的关系，若 S_{i+1} 大于 S_{min}，重复步骤②；若 S_{i+1} 小于 S_{min} 则结束计算。按照上述步骤可形成的分级体系为 S_{max}，…，S_i，S_{i+1}，…，S_{min}。

14.4　可视化符号设计

地理空间数据可视化离不开地图符号，就单个地理符号而言，它可以表示某个事物的空间位置、大小、质量和数量特征；就同类符号而言，可以反映各类要素的分布特点；而各类符号的总和，则可以表明各类要素之间的相互关系及区域总体特征。地图符号不仅具有确定客观事物空间位置、分布特点及质量和数量特征的基本功能，还具有相互联系和共同表达地理环境各要素总体的特殊功能。因此，地理空间数据符号化是表示地理空间数据内容的基本手段。

14.4.1　可视化与符号化

地图符号用于记录、转换和传递各种自然和社会现象的信息，在地图上形成客观实际的空间形象。作为地图信息表达和传递的必不可少的工具可以被认为是地理的"语言"。同语言具有语义、语法和规则一样，地图符号也具有相应的含义、关系、系统性和逻辑性及结构

规则等，正因如此才可表达十分丰富的信息。尤其是符号之间的线、相互关系是表达和传递信息的核心和关键。因此，地图符号的概念实质上被定义为"地图符号系统"。此外，这种符号系统本身不仅包括地图上的图形符号，还包括地图注记。二者互相结合共同构成完整的地图符号系统。

1. 地图符号的本质

地图符号是物质的对象，用来代指抽象的概念，它是以约定关系为基础的。地图符号的设计过程，就是一种代指过程。它是由地图设计者将错综复杂的地理空间对象进行分类、分级，抽象出这些对象的主要特征，并用专门的符号表示它们。

地图符号在表达事物个体之间的属性差异的基础上也不断反映着客观事物之间的有机联系，并以最佳的方式传递实地的信息，向使用者提供最直接、最基础、最真实的信息。这就是地图符号的本质所在。只有理解地图符号的本质才能更好地应用符号学原理去设计最佳效果的地图符号。在符号的设计中个体的差异仅仅是表面性的问题，问题的本质在于用符号系统揭示事物内在规律的信息。地图符号在表达地理信息上有如下特点：①从事物的外表特征通过简化、抽象等方式产生对应的形成符号；②表达事物之间的联系；③符号是空间信息和视觉变量的混合体；④地图符号的使用局限性，只能由地图的种类用途所决定。

"没有什么问题像与符号有关的问题那样与人类的文明关系如此复杂如此基本的了，符号与人类知识和生活的整个领域有关，它是人类世界的一个普遍工具，就像物理自然界中的运动一样"（法国哲学家，马丽坦·迪利），这句话使人们更加理解地图符号的含义。

2. 地图符号图形设计

1）符号的构成要素

地图符号是一种图解语言，它与文字、算法语言相比，更加形象直观，一目了然，既可显示空间信息的空间分布特征，又能表示它们的数量、质量特征及其发展变化。每类具体的符号都以其一定形状、尺寸、颜色（包括色彩与色调）、结构（包括晕线、花纹与图案）相互区别，因而形状、尺寸、颜色与结构称为地图符号的构成要素。

（1）符号的形状主要是表示事物的外形和特征，面状符号的形状是由它所表示的事物平面图形决定的；线状符号的形状是各种形式的线划，如单线、双线；点状符号的形状往往与事物外部特征相联系。

（2）符号尺寸大小和地图内容、用途、比例尺、目视分辨能力、绘图与印刷能力等都有关系，不同比例尺的地图，其符号大小也有所不同。

（3）符号的颜色可以增强地图各要素分类、分级的概念，简化符号的形状差别，减少符号数量，提高地图的表现力。颜色主要用以反映事物的质量特征、数量特征和等级。

由形状、尺寸和颜色变化组成的各种具有内在联系的符号可以表达地图内容的分类、分级、重要、次要等不同情况。

2）地图符号的设计

地图符号作为符号的一个子类，起着提供使用者实地真实信息，保证地图能够快速、准确、方便地被用图者理解的作用。因此应对此进行研究和认识，更准确地利用符号学原理进行更准确、简洁、美观的地图符号设计。一般地图符号的设计可总结为以下几步：①通过分析制图对象，明确其感受效果；②选择体现这种感受效果的最佳视觉变量；③利用视觉变量依据合理的构图方案设计出图形；④构图过程应综合考虑设计原则中的各项要求，反复斟酌，直至明确最佳方案。

地图符号的设计应从分析事物的特征与联系入手。也就是说，首先要分析可视化对象的特点及分类分级的关系，从而明确应着重体现何种效果、进而选择最好的体现这种感受效果的视觉变量，利用视觉变量依据合理的构图方法设计出图形符号。

（1）地图符号具有图形视觉变量的特征。就是说，它具有形状、尺寸、方向、亮度、密度和色彩六个基本结构元素（即波尔顿视觉变量）。其中，形状、尺寸和色彩是地图符号的最基本、最重要的要素，任何符号都必然同时具有这三方面的基本特征。形状反映事物的类别及个体差异，同时是区分事物的重要标志，具有象形或会意的特点。尺寸反映事物的数量差异和等级差异，如多少、大小、主次等，是实物分级表示的基本手段。色彩在地图符号的设计中既体现事物的类别属性差异，又体现分类等级差异，减少了地图符号的种类和数量，提高了符号系统和地图的清晰性。

（2）设计地图符号时还要考虑符号相互之间的逻辑性，将一种基本的符号进行变化，派生出一类符号。这是体现逻辑性的主要途径，可大大简化符号设计，增强符号可读性、系统性，也便于记忆。例如，以桥梁为基本图形进行变化，衍生出了拦水坝、过桥水坝等。各类要素都可以利用符号的派生性使它们具有一定的图形共同特征，以反映事物的共同特性。

（3）事实上，符号设计还受多方面的影响与制约，只有综合考虑这些因素，才能使设计工作真正合理有效，如设计者自身的主观因素（理论水平、感受能力、喜好和习惯）和可视化设计的客观因素（使用方用途、比例尺、计算机可视化环境、人眼分辨率）。另外，符号设计的方案必须通过样图的实验分析去实际感受符号的使用效果来最终确定，这是符号设计必不可少的工作。

综上所述，可视化设计应与应用功能、应用要求、地理空间数据本身的性质相一致，所挑选、组合、抽象、加以运用的符号元素应具有明确的指示功能，恰如其分地发挥符号应有的功效。这就要求设计者必须把握住所设计符号和存在的变量、综合多方面的因素，保证这些符号准确反映出设计者所表达的思想、符合实际应用的需要，而不会给使用者造成困扰，误导使用者理解符号所反映的真实内容。

14.4.2　符号设计涉及的因素

地图符号设计的必要条件是必须规定符号构形的阈值。这里有两层含义：一层是符号作为整体的最小尺寸，也就是最小的可见度；另一层是符号内部在构形上的差异度，即符号的可分辨性。同时，进行符号设计时还要受到地图用途、比例尺、生产条件、地图内容及制图技术等方面的制约。

1. 符号构形的知觉阈值

视觉变量使人们可以设计出极其多样的符号，要使这些符号在地图上能被清晰地读出，就要求视觉变量的变动范围有一定的限度，这里最主要的问题是符号及其构成部分的尺寸大小。为了能够准确而不致发生混淆，必须使符号及其构成部分的尺寸大于阈值。

图形阈值的大小还与符号及所处的背景颜色、明度有关。不同符号及结构对不同的背景底色有着不同的阈值。图14.5列举了部分符号及其构成部分的辨认阈值。

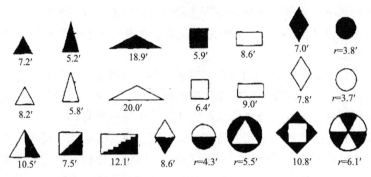

图 14.5　符号辨认阈值

2. 符号设计的制约因素

（1）地图内容：地图中表示哪些内容，是符号设计的基本出发点。地图内容决定了符号设计的方向。

（2）地图比例尺：同样的内容在不同的比例尺条件下会在面积、形体上产生非常大的差异，所以在地图内容确定以后，只有规定了表达的比例尺，才能界定所表达的内容哪些可用点状符号形式表示，哪些用线状符号形式表示，哪些用面状符号形式表示。所以地图比例尺决定了符号的形式。

（3）地图用途：地图的用途决定了是表现地图内容的质量特征还是数量特征，决定了质量特征分类、分级的层次要求，决定了地图内容数量表达是等级的还是数量的，决定了内容表达的精确程度，由此而涉及形象、结构及颜色方面特征的表现。

（4）所需的感受水平：地图一般都需要几个特定的感受水平。地图中的各项内容往往由内容主次及图面结构要求确定。凡主题内容，均需要有较强的感受效果。内容主次的不同，需要不同的感受水平。

（5）视觉变量：不同的视觉变量有不同的感受效果。因此，视觉变量的选择及组合会直接关系符号的形象特点。

（6）视力及视觉感受规律：如前所述，人眼在阅读地图各符号时，对符号的可见度和可分辨性限定了一些最小的阈值，这些可作为符号大小、线划粗细、疏密及图形结构设计的参考。但这些都只是在较好的阅读环境下的最小尺寸，实际上还应根据阅读距离、读者特点、环境等做必要的调整。

（7）技术和成本因素：计算机辅助制图的实现，使得再小的符号及其不同的图形结构都可以绘制出来，但是最终还必须能通过印刷得以实现，因此符号的设计必须考虑印刷技术水平。另外，印制成本也应考虑：单色印刷成本低，但符号的可读性和可分辨性在同等条件下要差；多色彩印刷则不一样，但其成本比单色印刷高。符号设计应尽量利用现有条件以降低成本。

（8）传统习惯与标准：专题地图中绝大部分的地图内容表达尚无标准化的规定，但仍应遵循制图的一般规律和传统习惯。一些已较成熟的、约定俗成的符号可继续使用；在用色上，暖色表示温暖、干燥、前进、增长，冷色表示寒冷、湿润、后退、减少。

14.4.3　地图的符号设计要点

符号系统应满足反映一定信息的要求，图形的复杂程度应力求与所显示信息的特征（如数量、质量和动态）相适应。地图符号在整体表达上应有主次并力求简练，在表象的上层平面仅显示主要的内容特征，在保持其系统特征的基础上反映其系统内的差异。当将象形符号用一定的几何形状框起后，符号就被赋予了系统的特征。这种几何形状外框可以是正方形、矩形、椭圆形、梯形、菱形或其他规则几何形状的组合，每一种几何外框表示一种高级的门类，而同一几何外框下不同的颜色或不同的内在象形符号代表这一门类下的低一级或低两级的小门类。符号系统的设计应有一定的逻辑性、可分性和差异性。符号应按语义性质区分，通过图形手段的统一性来表达，符号系统应只有联想性，符号设计时应顾及符号与物体或现象间固定的、习惯的联想。

1. 点状符号设计要点

点状符号包括几何符号、艺术符号和透视符号三种类型。

1）几何符号

几何符号是指以简单几何形状为轮廓的、表示呈点状分布物体的一种符号类型。

（1）几何符号的构图方法。几何符号的基本图形是圆形、三角形、方形、菱形、五星形、六边形及梯形等，如图 14.6 所示。几何图形的基本形状虽然不多，但是通过多种变化和组合可以形成丰富的几何符号族。

图 14.6 几种主要的几何符号族

几何符号的构图方法有以下几种：①轮廓变化。几何图形的轮廓线可以有粗细、虚实和结构的变化。粗细、虚实的变化可以造成主、次的感受。但因定性的几何符号大多尺寸较小，所以轮廓的变化很有限，主要限于粗细变化。②内部结构变化。指在几何轮廓内附加简单的直线、曲线或叠加简单的几何图形从而形成众多的符号，这是几何符号构图的主要手段。③方向变化。它是视觉变量中的一种，但对基本几何图形而言则十分有限，如圆形没有方向性、方形只有 45° 角的旋转变形、矩形有 90° 角的旋转变化等。但是，当符号内部出现了方向性结构后，方向变化引起的符号变化的幅度就增加了。④变形。基本几何图形可以通过变形演变出很多的形状来，如圆可以演变成椭圆，方形可以演变为菱形、矩形、平行四边形、梯形等。⑤组合。将几个基本几何图形或不同基本图形的局部进行组合，可以得到一些新的形状，使几何符号更为丰富。实际上，许多象形符号就是在对所表达的物体进行了抽象和简化后，运用几何图形的组合而形成的。⑥颜色。用同一形状乃至同一结构的几何图形，赋予不同色相后，就出现了差异，可以表达不同的属性；不同的结构，在改变了内部结构的颜色后，就能出现更多类别的符号。

（2）几何符号的系列结构。在设计几何符号时，应该按照系列设计的概念，利用不同的基本形态表现一级分类，依各自的差异表现二级分类，再依不同的颜色表现三级分类。当符号不大时，颜色差异比结构差异更明显。所以，也可依颜色差异区分二级分类，依结构差异区分三级分类，如图 14.7 所示。按照系列概念来设计符号，

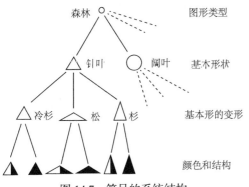

图 14.7 符号的系统结构

是提高符号可读性和自明性的最好途径。

2）艺术符号

艺术符号是区别于几何符号的另一种以表示呈点状分布物体为主的符号类型，由于符号形象、逼真、美观，有较强的自明性，被称为艺术符号。艺术符号广泛应用于人文经济地图和旅游地图。设计艺术符号时要抓住对象最本质的、最有代表性的形象（这一形象有时并不具备被描述对象的外表特征，但却十分富有联想性），然后通过符合美学构图原则的处理，形成十分理想的艺术符号。艺术符号的设计是一个艺术提炼和加工改造的过程，归结起来有以下三种手段，即提炼、夸张和结合。

（1）提炼。删除烦琐、重叠、交叉的部分，抽出具有特征的点、线、面，组成笔画少而结构精炼的图形。

（2）夸张。将自然物体的某些有代表性的特征加以夸张、强调和突出，同时伴随着对非特征性形状的简化乃至舍去，使它的特征更加突出，更加精炼。

（3）结合。有些现象的特征不明显，用单一图形难以准确反映其性质特征。可以采用巧妙的构图、把不同的形象结合在一起，增加其表现力，使图形更加典型，更富联想性。

3）透视符号

透视符号是按照一定的透视原理绘制的，常用来表现各种建筑物，多用于各种旅游地图中。在制作透视图时，应当以多种角度的草图进行比较，以便选择最能表现设计意图的方案。

2. 线状符号设计要点

线状符号是指沿某一方向延伸并有依比例的长度特性，但宽度一般不反映实际范围的符号。在专题地图内容的表示方法中，线状符号法和运动线法中要运用线状符号，前者的线状符号主要是定性线状符号，也就是表示线状物体（或现象）的质量特征的符号；后者是定向并有量度概念的线状符号，它既有方向性又依其符号的宽度表示数量的特征。

定性线状符号的应用实例很多，如各级行政境界线、各级道路、不同通航程度河流、城墙、栏栅、不同类型的海岸、各种地质构造线、战争防御线、气候上的"锋"面线等。

单纯表示定名尺度对象的线状符号一般不宽，构图也比较简洁，常常用颜色、形状和结构这些图形变量来反映不同的质量特征。各种地质构造线，如各种断层线、不同形态的山脊线、城墙和栏栅等，都已有规定或已习惯使用的线状符号，可参照设计使用。

各级行政境界线多使用一种或两种图形单元连续的排列构成，各级道路则可使用宽度变化的方法，或在表现高级道路时使用增加图形单元的构建方法。这种体现等级顺序差别的线状符号，务必使宽度的变化或图形结构复杂度的变化与等级顺序对应起来。一般来说，等级越高的对象，线符宽度越宽，结构也越复杂；随着等级的降低，宽度、复杂度也应降低。

定量并有量度概念的线状符号用图形结构或颜色表示沿线状运动的物体或现象的构成，用宽度表示数量特征。若对象只有一个指标，如河流中水的流量、道路中旅客的输送量，虽然有多种指标，但若只归结为一种指标，如对外贸易中只归结为货币这一度量，那就是简单形式的运动线符号，只用简单的图纹或颜色普染即可。若要表示多个指标，则动线符号成为由不同图纹或颜色组成的不同复杂程度的复合"带"。

3. 面状符号设计要点

面状符号实际上是一种填充于面状分布现象范围内用于说明面状分布现象性质或区域统计量值的符号，可以表现从定名尺度到比率尺度的所有数据类型。面状符号主要表现为两种类型：一种是以图纹或色彩差异反映不同面状现象或物体的质量与特征，即性质差异；另一种是以明度差异表现等级概念。面状符号的形式主要有图纹与色彩两种。图纹按形式可归纳为三大类：

第一类是由基本图形单元通过规则的"四方连续"或不规则聚集构成点纹的面状符号。

第二类是由线条通过线的粗细、方向、疏密和交叉等结构形式形成的线纹面积符号。这类符号运用线的方向、交叉和各种结构形成不同的图案效果，反映面状要素的质别差异（定性），还可以通过线的粗细、间距和组合密度来反映区域间的数量等级差异（定量和等级）。

第三类是由点纹和线纹结合起来而衍生的混合图纹符号。混合图纹符号可以作为单一的图形标志，某些情况下也可以作为多重类别的叠置结果。

面状符号的另一种形式是以色彩差异为特点的符号，或按习惯称为"普染色"或"底色"。色域符号只有色相、明度、饱和度三个变量因素。专题地图中表示面状要素时通常用色相的变化来表示质量的差别（定性），用同一色相或近似色相的颜色体系中的明度或饱和度变化来反映数量差异（定量），或表示分类中次一级、次二级的分类（等级）。

14.4.4 地图的色彩设计

1. 点状色彩的设色要求

点状色彩整饰，是指色彩面积相对较小的一种色彩整饰，如点状符号（包括组合符号）的色彩、点数法中点子的色彩、分区统计图表法的图表色彩和定位图表的色彩等。

（1）利用不同色相表示专题现象的类别，即质量差异。设色时多采用对比色。

（2）利用不同色相反映数量的增减或数量级别的变化。一般来说，暖色表示数量的增长，冷色表示数量的减少。颜色饱和度的变化或色相由冷到暖的变化可显示数量级别的变化。

（3）利用色彩的渐变表示专题现象的动态发展变化。设色时多采用同种色类比或类似色类比。

（4）点状色彩的设计应尽量与实物的固有色相似，以引起读者的联想。

点状符号的面积较小，所以需加强其饱和度，多用原色、间色，少用复色，使符号之间有明显的对比。

2. 线状色彩的设色要求

（1）各类界线色彩。这是一种非实体现象的界线。应根据地图的性质、用途确定图中界线的主次关系。凡属主要界线者用色应鲜、浓、深，凡属次要界线者用色要灰、浅、淡。利用色彩之间的对比，形成不同的"层面"。

（2）各类线状物体。对于各类线状物体，应首先确定各类线状物体（如交通线、河流、海岸线、山脉走向、地质构造线）在图上的主次关系，然后依据上述原则处理，利用色彩对比表达主、次关系，达到图面层次明晰的目的。

（3）各类动线色彩。对于各类动线色彩，也应根据地图主题的性质，明确动线在地图中所处的主、从地位，属于主要内容的，应用鲜艳的颜色，不必完全考虑所示现象采用的习惯色，以突出、醒目为原则；属于次要内容的，则应用浅而灰的色彩，以免产生喧宾夺主的效果。

（4）带箭头的动线常有以下几种色彩整饰方法，如平涂法、渐变法、色带衬影法。

3. 面状色彩的设色要求

面状色彩在专题地图上应用极广，大致可分为以下四种情况。

（1）用以显示现象质量特征的面状色彩，设色时要求能正确地反映不同现象的固有特征及相互间的质量差别。例如，土壤图各类型单元的色彩原则上按土壤本身的天然色来设计，同样根据地图上各类型单元的面积大小可做有限度的调整；植被图的色彩设计则应与植被的生态环境和自身的特点相适应。

（2）用以表示现象数量指标的面状色彩，除了满足相互间应具有较明显的差别及互相协调外，还应具有一定的逻辑顺序性并正确地表达数量特征。具体地说，在设计地面高度的分层设色表及分级统计图各比值层时，随着数量指标的增大，颜色由冷色方向向暖色方向转变。反之，则由暖色方向向冷色方向转变，或者是同类色、类似色的饱和度发生变化。

（3）用以显示各区域分布的面状色彩，多用于政区图和各区划图中，其作用是显示各区域分布的范围及相互关系。设色时，应使它们之间具有较明显的差别，并使之在整个图面构成上显得比较均衡，不能造成其中某些区域显得特别突出和明显，而其他一些区域显得很平淡，有两个视觉平面的感觉。

（4）对于起衬托作用的底色，色彩要浅淡，既不能给读者以刺目的感觉，更不能喧宾夺主，影响主题要素的显示。

14.5　图面视觉效果的设计

14.5.1　图面视觉平面层次的构成

专题地图上"视觉层次"是指采取各种图解手段，使图面各内容要素分别处于不同的感受平面上，使得原来的平面地图产生一种假象，形成若干层面，有的图像现于上层，有的则隐退到下层，达到地图内容主次分明的目的。

1. 视觉层次的体现

专题地图上要素的视觉层次主要体现在以下三个方面。

（1）专题要素与底图要素的层次差别。专题地图中，专题要素是地图的主题，必须突出地表现于地图整饰效果的上层平面。地理底图要素是说明主题所发生的地理环境，作为专题要素定位与定向用的，一般来说它应处于从属的地位，处于视觉效果的下层平面。专题要素与底图要素的层次差别是专题地图中最基本的两个视觉层次。

（2）不同专题要素间的层次差别。很多专题地图上有十分丰富的专题内容。在这些专题内容中，由于重要程度或逻辑次序的不同，有的内容要安排在上层平面，有的内容要安排在下一层平面；有的专题内容之间并无明确的主次之分，但为了提高图面的清晰度，需要拉开它们的视觉层次；还有的是不同的内容用不同的表示方法，在表示方法的配合使用中对各自表达的内容要求产生不同的层次感。

（3）同类要素中不同等级符号的层次差别。同类专题要素间等级较高的应处于上层平面，等级较低的应处于下层平面。道路图中各级道路的表达及小比例尺按地图中各级行政区境界线的表达，是这一类层次要求最有代表性的例子。

2. 构成图面视觉层次的方法

在其他因素相同的情况下，图形的大小能直接影响感受的水平：符号大、线划粗，其视觉的选择度就高，从而使其处于视觉的上层平面；线划小而细的符号则自然处于视觉的下层平面。另外，如果符号的外廓大小不变，但符号内部结构的线划加粗，使符号的"黑度"加大，也同样可以起到拉开视觉层面的作用。

（1）色彩的变化。在地图上色彩变化是构建画面视觉层次最主要的手段。色彩的变化主要体现在色相、明度、饱和度三方面。色相中暖色、冷色及对比色的特性，可以拉开视觉层次。例如，暖色一般比较醒目、突出，冷色显得比较冷静，有后退之感。如果在用饱和度相对较小的冷色表示的分级统计图的背景上，安置鲜艳的暖色图表，两个层次一下就拉开了。

（2）利用色彩饱和度和明度的变化，效果也非常明显。专题地图中表示专题要素的符号或线划都用鲜艳而饱和度大的颜色，而底图要素则用偏暗且饱和度小的青灰或钢灰色，使专题要素和底图要素明显地形成了两个视觉平面。再如，在分级统计图法与分区统计图表法的配合上，分级统计图法常作为背景出现，运用的颜色应采用带灰的复色，饱和度不宜太大；而分区统计图表应采用比较明亮的间色，明度与饱和度的对比使这两种方法拉开了层次。

（3）不同的视觉形态。线划符号和面积色彩属于不同的视觉形态，在轮廓范围内由线划符号组成的线纹可以与面积普染一样反映面状现象的分布。当要利用线纹图案和普染色同时反映两种质量指标时（如地貌图中既要反映地貌类型，又要反映地面切割程度；土壤图中既要反映土壤类型，又要反映其机械组成），主要的质量系统用颜色表示（如表示地貌类型和土壤类型），次要的质量系统用线纹图案表示，而且线划的颜色最好用暗灰或黑色，密度要小，目的是减少线纹对色彩的干扰，形成两个视层平面。

（4）对符号的装饰。为了突出个体符号，将其置于视觉的上层平面，常常采用对符号进行装饰或干脆改用透视符号的做法。

（5）符号的主体装饰。为了体现体积感，遮挡叠置也是一种形成空间层次感的方法。远视符号由于其体积相对较大，形象生动美观，更容易突现于第一平面。

14.5.2　图面配置的视觉平衡

地图是由主图、图名、图例、比例尺、文字说明及附图等共同组成的。图面配置的设计是要将它们布置成一个和谐的整体，表现出空间分布的逻辑秩序，在充分利用有效空间面积的条件下使地图达到匀称和谐。"视觉平衡"就是指按一定原则布置各图形要素的位置，使之看起来匀称合理。影响视觉平衡的因素如下。

1. 视觉中心

读者读图时视觉上的中心与图面图廓的几何中心是不一致的，通常视觉中心比图面图廓的几何中心要高出约 5%。视觉平衡要求所有的图形都应围绕视觉中心来配置。对一幅地图中只有一幅主图的单元地图，由于该单元区的形状各异，它的图形几何中心常常不可能与图面的视觉中心一致，这就要靠其他的图形要素去平衡它。一幅地图中有两幅或两幅以上的多单元地图，则存在多个几何中心，不可能与图面的视觉中心一致，因此以整幅画面配置的平衡要素组成多单元地图的各个部分去平衡它。实现平衡有两个影响因素，即视觉重力和视觉方向。

2. 视觉重力

地图上的图形，由于所处的位置，图形本身的大小、颜色、结构及其背景的影响，有的给人感觉重些，有的给人感觉轻些，这就是视觉重力。

图形所处的位置。这里所说的位置是指相对视觉中心的方位和距离。感觉实验证明，同样一个图表，位于视觉中心上方显得重一些，位于视觉中心下方显得轻一些；位于视觉中心左侧显得重一些，位于视觉中心右侧显得轻一些。从距离来讲，距离视觉中心越远，显得越重一些。

图形的特征。图形本身的特征也影响视觉重力。按尺寸，大图形比小图形重；按颜色，对视觉冲击越强显得越重，红、紫色比蓝色重，饱和色比不饱和色重，明度大的比明度小的重，强烈对比色比调和色重；结构复杂的、规则的、紧凑的图形比简单的、不规则的、松散的图形重；背景孤立的图形比混杂的图形重。

3. 视觉方向

读者阅读地图的习惯是有方向性的，通常其视线从左上方进入，扫视全图后从右下方退出。这个进入点和退出点都是视觉上的重点。因此，往往把图名置于地图的左上方，把图例置于右下方。

方向的另一个问题是对称。地图中各图形的布局也要符合对称这一规律。在图面配置时，无论是主单元地图还是多单元地图，当地图的重心与视觉中心不一致时，应利用图名、图例、附图、插图，以及多幅地图的位置、尺寸、结构和色彩来达到整幅地图视觉上的平衡。

14.5.3 构图与定位

由于专题地图的内容、图例容量、主区单元图数（一图或多图）及有无附图、图表等情况各不相同，因此专题地图的配置样式是极为多样的。但是，地图构图有它自己的特殊性。对于专题地图，第一，地图构图要求保证地图主题得以充分表现，信息的传输符合合理的程序；第二，构图要符合一般意义上的形式美法则，即对称、均衡、和谐、统一。

1. 疏密均衡

普通地图在设计主比例尺时应尽可能地利用有效的幅面，设计较大的比例尺，专题地图则不一定。当某专题地图有较多的附属图件（如图例、附图和附表）时，这类画面的构图则不应将主区比例尺设计得过大，以免图面塞得过满；而要给各图形单元留出一定的空白，给人以宽松的、有变化的、轻快的感觉。

在统计地图中，分区统计图表法是一种主要的表示方法。分区统计图表的设计也要注意疏密匀称，即分区统计图表不能设计得很大、很满，使整个图面显得臃肿不堪。对于柱状形式的分区统计图表，在定位时除了要符合定位原则外，还应使其聚散有度，引导读者视线有规律地扫动，产生有节奏的美感。

2. 和谐统一

图幅内各地图间图像行号和结构方面有和谐统一的问题，各图的主图与附图、附表方面也有和谐统一的问题。从构图角度来看，和谐统一体现于三个方面：一是构图要紧凑，在图面有效范围内，各制图单元和非制图单元都要排列紧凑、避免松散；二是关系要协调，各单元配置时要明确各单元间的从属关系，同一单元内各单独构图要素之间的距离应小于各单元之间的距离，图形间不应发生冲突，要巧妙地利用画面空间；三是要整齐一致，图内各单元间在内容上各有表述。各单元的图例、图表都环绕其主体配置，但对整图幅而言，要视它们为一整体，所以由各单元组成的整体外围要按图面、版面的统一规格安排到位，外围整齐。图名、图边、版心大小、页码等都必须统一。

主要参考文献

艾丽双. 2004. 三维可视化 GIS 在城市规划中的应用研究. 北京: 清华大学硕士学位论文.

曹亚妮. 2010. 面向快速制作的专题地图符号生成研究. 郑州: 解放军信息工程大学博士学位论文.

陈业夫. 2004. 地理信息系统点状符号库的设计与实现. 哈尔滨: 哈尔滨工程大学硕士学位论文.

陈永华. 2000. WebGIS 三维可视化的研究. 郑州: 解放军信息工程大学博士学位论文.

杜培军, 程朋根. 2006. 计算机地图制图原理与方法. 徐州: 中国矿业大学出版社.

高俊. 2000. 地理空间数据的可视化. 测绘工程, 9(3): 1-7.

郭健, 李爱光, 任志国, 等. 2012. Visual C++空间图形可视化算法原理与实践. 北京: 测绘出版社.

郭庆胜. 1993. 线状符号的分解与组合. 武汉大学学报(信息科学版), (s1): 78-82.

何忠焕. 2004. GIS 符号库中复杂线状符号设计技术的研究. 武汉大学学报(信息科学版), 29(2): 132-134.

黄仁涛, 庞小平, 马晨燕. 2003. 专题地图编制. 武汉: 武汉大学出版社.

李娟妮, 华庆一, 张敏军. 2014. 人机交互中任务分析及任务建模方法综述. 计算机应用研究, 31(10): 2888-2895.

李军. 2000. 三维 GIS 空间数据模型及可视化技术研究. 长沙: 国防科学技术大学硕士学位论文.

李清泉. 2003. 三维空间数据的实时获取、建模与可视化. 武汉: 武汉大学出版社.

李晓梅. 1996. 科学计算可视化导论. 长沙: 国防科技大学出版社.

李云岭, 靳奉祥, 季民, 等. 2003. GIS 多比例尺空间数据组织体系构建研究. 地理与地理信息科学, 19(6): 7-10.

彭清山. 2008. GIS 系统界面设计方法探讨. 城市勘测, (1): 49-52.

彭仪普. 2002. 地形三维可视化及其实时绘制技术研究. 成都: 西南交通大学硕士学位论文.

秦佐. 2010. 基于 GDI+的地图符号库的设计开发与优化. 长沙: 中南大学博士学位论文.

邱婷. 2006. 知识可视化作为学习工具的应用研究. 南昌: 江西师范大学硕士学位论文.

芮小平. 2004. 空间信息可视化关键技术研究——以 2.5 维、三维、多维可视化为例. 北京: 中国科学院遥感应用研究所博士学位论文.

石教英, 蔡文立. 1996. 科学计算可视化算法与系统. 北京: 科学出版社.

孙家广, 杨长贵. 1995. 计算机图形学(新版). 北京: 清华大学出版社.

谈晓军, 边馥苓, 何忠焕. 2003. 地图符号可视化系统的面向对象设计与实现. 测绘通报, (1): 11-13.

唐泽圣. 1999. 三维数据场可视化. 北京: 清华大学出版社.

王家耀, 孙群, 王光霞, 等. 2006. 地图学原理与方法. 北京: 科学出版社.

王明孝. 2012. 地理空间数据可视化. 北京: 科学出版社.

王英杰, 袁勘省, 余卓渊. 2003. 多维动态地学信息可视化. 北京: 科学出版社.

毋河海, 龚健雅. 1997. 地理信息系统(GIS)空间数据结构与处理技术. 北京: 测绘出版社.

吴慧欣. 2007. 三维 GIS 空间数据模型及可视化技术研究. 西安: 西北工业大学硕士学位论文.

武强, 徐华. 2004. 三维地质建模与可视化方法研究. 中国科学(地球科学), 34(1): 54-60.

徐立. 2013. 地理空间数据符号化理论与技术研究. 郑州: 解放军信息工程大学博士学位论文.

徐青. 1995. 地形三维可视化技术的研究与实践. 郑州: 解放军测绘学院硕士学位论文.

徐青. 2000. 地形三维可视化技术. 北京: 测绘出版社.

徐庆荣, 杜道生, 等. 1993. 计算机地图制图原理. 武汉: 武汉测绘科技大学出版社.

许妙忠. 2003. 虚拟现实中三维地形建模和可视化技术及算法研究. 武汉: 武汉大学博士学位论文.

杨德麟, 等. 1998. 大比例尺数字测图的原理方法与应用. 北京: 清华大学出版社.

杨青生. 2002. 基于 OpenGL 的三维可视化研究. 西安: 陕西师范大学硕士学位论文.

杨涛. 2011. 地理空间信息符号化表达研究. 兰州: 兰州交通大学硕士学位论文.

殷畅. 2001. GIS 中的地形三维可视化. 郑州: 解放军信息工程大学博士学位论文.

银红霞, 杜四春, 蔡立军. 2005. 计算机图形学. 北京: 中国水利水电出版社.

游雄. 2002. 基于虚拟现实技术的战场环境仿真. 测绘学报, 31(1): 7-11.

赵忠明, 周天颖, 严泰来, 等. 2013. 空间信息技术原理及其应用(上册). 北京: 科学出版社.

郑海鹰, 李爱光, 郭黎, 等. 2014. 地理空间图形学原理与方法. 北京: 测绘出版社.

周宁. 2009. 基于 CityGML 的城市三维信息描述方法研究. 阜新: 辽宁工程技术大学硕士学位论文.

周杨. 2002. 数字城市三维可视化技术及应用. 郑州: 解放军信息工程大学博士学位论文.

Aigner W, Miksch S, Schumann H, et al. 2011. Visualization of Time-Oriented Data. London : Springer.

Beer S. 1967. Management Science. London: Aldus Books.

Herman, Ivan, et al. 2000. Graph Visualization and Navigation in Information Visualization: a Survey. IEEE Transactions on Visualization & Computer Graphics 6, 1: 24-43.

Lupp M. 2008. Open Geospatial Consortium. Springer US, 8747(3): 120-130.

Menno-Jan Kraak, Ferjan Ormeling. 2014. 地图学: 空间数据可视化. 张锦明, 王丽娜, 游雄译. 北京: 科学出版社.

Nielson, Gregory M. 1994. Visualization in Scientific Computing. London: Springer-Verlag.

Pang A T, Wittenbrink C M, Lodha S K. 1997. Approaches to Uncertainty Visualization. San Francisco: University of California Santa Cruz.

Schroeder W, Martin K M, Lorensen W E. 2006. The Visualization Toolkit (2nd ed.): an Object-Oriented Approach to 3D Graphics. Upper Saddle River: Prentice-Hall, Inc.